Conserver cette couverture

$1J^2$

PROCÉDÉS GÉNÉRAUX DE CONSTRUCTION

TRAVAUX D'ART

ENCYCLOPÉDIE
DES
TRAVAUX PUBLICS
Fondée par **M.-C. LECHALAS**, Inspecteur général des Ponts et Chaussées

PROCÉDÉS GÉNÉRAUX DE CONSTRUCTION

TRAVAUX D'ART

PAR

A. DE PRÉAUDEAU
PROFESSEUR A L'ÉCOLE NATIONALE DES PONTS ET CHAUSSÉES

Avec la collaboration de
E. PONTZEN
INGÉNIEUR CIVIL

PARIS
LIBRAIRIE POLYTECHNIQUE CH. BÉRANGER, ÉDITEUR
Successeur de BAUDRY & Cⁱᵉ
15, RUE DES SAINTS-PÈRES
MAISON A LIÉGE : 21, RUE DE LA RÉGENCE

1903

INTRODUCTION

Dans notre premier volume, nous avons étudié les éléments de la construction des ouvrages d'art dans quatre chapitres dont il suffira de rappeler les titres.

I. Généralités ;

II. Qualités et mode d'emploi des matériaux ;

III. Travaux préparatoires ;

IV. Travaux accessoires (cintres, échafaudages et ponts de service).

Le second volume, consacré à la « CONSTRUCTION DES TRAVAUX D'ART » est divisé en trois chapitres :

V. Fondations ;

VI. Travaux en élévation ;

VII. Prix de revient.

Le chapitre des FONDATIONS est le plus développé. L'importance du sujet n'a pas à être démontrée ; quelle que soit la destination des ouvrages, des procédés analogues sont employés dans leurs fondations et peuvent donner lieu à une étude d'ensemble qui intéresse tous les constructeurs, et dans laquelle interviennent moins que dans les parties des ouvrages en élévation les considérations tirées de la destination du travail. Car les solutions très multiples, auxquelles les ingénieurs ont à recourir, sont souvent applicables sur des chantiers très différents de ceux où elles ont été employées pour la première fois.

Nous divisons ce chapitre en trois sections : les fondations *à l'air libre*, les fondations *dans l'air comprimé*, les *questions communes* à toutes les fondations.

La PREMIÈRE SECTION comprend :

1° Les fondations ordinaires *à sec, par épuisements, sur béton immergé, sur enrochements, sur radiers généraux, par congélation du sol ;*

2° Les fondations *sur pieux en bois ou en fer ;*

3° Les fondations *sur blocs artificiels, sur puits en maçonnerie enfoncés par havage ;*

4° Les fondations en terrain inconsistant, généralement vaseux, donnant lieu à une étude spéciale à laquelle se rattache celle des procédés de consolidation du sous-sol.

La SECONDE SECTION concerne les fondations exécutées à l'aide de l'air comprimé.

A la suite de l'historique de ce procédé, qui a si profondément modifié les conditions d'exécution des travaux hydrauliques, nous étudions avec quelque détail les effets physiologiques de l'air comprimé et les précautions que son emploi exige en vue de ménager la santé des ouvriers.

L'exposé des multiples applications de ce mode de fondation comprend, à la suite des fondations *tubulaires :*

la construction de massifs reposant sur un *seul caisson* ou sur plusieurs *caissons isolés ;*

la construction de massifs reposant sur plusieurs *caissons contigus,* entre lesquels des jonctions sont pratiquées.

Cette section se termine par une étude d'ensemble sur les éléments de ces fondations et sur l'outillage qu'elles mettent en œuvre, notamment pour la compression de l'air.

La TROISIÈME SECTION a pour objet : les données générales sur la *stabilité* et sur la *solidité* des constructions ; la protection des fondations contre les *affouillements* et la *défense des talus.*

Un paragraphe spécial est consacré à l'entretien des ouvrages et aux réparations de fondations exécutées soit à l'air libre, soit à l'aide de l'air comprimé.

Enfin cette section se termine par l'étude des *conditions* et des *limites d'emploi* des différents modes de fondation, suivant la nature des terrains, les circonstances de l'exécution, la disposition et la destination des ouvrages.

Les TRAVAUX EN ÉLÉVATION (Chap. VI) s'exécutent d'après les

règles générales indiquées au chapitre II du tome premier ;
sans insister sur les questions de décoration qui sortiraient de
notre sujet, il a paru utile de montrer, sur un certain nombre
d'exemples, l'application de ces règles générales, notamment
au point de vue des précautions à prendre contre les intempéries pour assurer la conservation des matériaux. Ce chapitre
ne peut fournir que des indications applicables à tous les travaux d'art, quelle que soit leur destination. Nous avons cependant cru intéressant d'y faire figurer un certain nombre de
renseignements pratiques sur la construction des murs de
soutènement : elle ne fait pas double emploi avec l'étude concernant la fondation des murs de quai, placée dans le premier
volume.

Notre dernier chapitre : PRIX DE REVIENT résume un grand
nombre de documents, empruntés à des mémoires spéciaux
ou à des notes qui nous ont été directement communiquées
par des ingénieurs. Nous avons cherché à préciser autant que
possible la signification des chiffres cités pour en permettre
la comparaison. Mais celle-ci est souvent difficile pour les
ouvrages complexes de la navigation fluviale ou maritime.

Dans la construction des ponts, il est plus facile de trouver
des éléments de comparaison ; il serait désirable que, comme
on le fait dans un grand nombre de services de construction
en France, on mît partout en évidence, dans les comptes
rendus, tous les chiffres qui figurent dans les tableaux insérés
à la fin de ce chapitre.

Le programme de notre travail comportait, au début, l'outillage et l'organisation des chantiers. Ces questions s'y rattachent naturellement, mais les développements que nous avons
dû donner aux premiers chapitres nous obligent à ajourner ce
sujet spécial.

Nous en ferons ultérieurement l'objet d'une publication
séparée, dans laquelle nous chercherons à donner place aux
perfectionnements qu'on a pu réaliser depuis quelques années
sur plusieurs grands chantiers, notamment par l'emploi de
l'outillage électrique.

CHAPITRE V

FONDATIONS

---

442. Généralités. — Les principes des divers modes de fondation ont été sommairement indiqués dans les articles 26 et suivants du tome I, où l'on a exposé les règles générales relatives aux pressions sur le sol de fondation, aux poussées et aux actions extérieures.

Pour l'étude détaillée des procédés en usage, nous distinguerons les travaux exécutés à l'air libre de ceux qui s'effectuent à l'aide de l'air comprimé ; un certain nombre de questions communes aux fondations de toute espèce seront ensuite traitées séparément.

Ce chapitre comprend donc les divisions suivantes :

PREMIÈRE SECTION. — Fondations à l'air libre, à sec ou sous l'eau ;

DEUXIÈME SECTION. — Fondations exécutées à l'aide de l'air comprimé ;

TROISIÈME SECTION. — Questions communes aux divers modes de fondation.

PREMIÈRE SECTION

Fondations à l'air libre : à sec ou sous l'eau

§ 1. — FONDATIONS A SEC

444. Généralités. — Les fondations à sec, reposant directement sur le terrain solide, ne donnent lieu à aucune diffi-

1

culté spéciale, comme nous l'avons indiqué aux articles 7 et suivants du tome I, si l'on a reconnu par des sondages que la couche solide a une épaisseur suffisante et n'est pas, par sa superposition à des couches d'une moindre résistance, exposée à ne pas résister aux charges ; on devra prendre, pour araser la première assise, les précautions que nous avons indiquées en parlant des fouilles.

Il sera toujours bon, si la résultante des pressions n'est pas verticale, d'encastrer la fondation dans le sol, de manière à ajouter la butée du massif de fondation contre le terrain en place à la résistance due au frottement pour détruire l'effet des composantes horizontales des pressions.

L'emploi de la maçonnerie ordinaire avec moellons et mortier hydraulique, dans les fondations à sec, est considéré comme donnant le maximum de résistance, à condition d'employer des moellons bien gisants et de grandes surfaces, surtout près des angles et des parements ; dans les cours d'eau torrentiels, il est nécessaire que les matériaux des parements soient durs et de fortes dimensions en tout sens.

On réserve l'emploi du béton pour les fouilles humides ou présentant au fond une petite épaisseur d'eau, lorsqu'elles ne sont pas exposées au choc de matériaux entraînés par les crues.

Cependant la différence entre les deux espèces de maçonneries n'est pas telle qu'on ne puisse sans inconvénient substituer le béton à la maçonnerie, dans le cas d'une différence notable dans les prix.

Nous avons vu (tome I, art. 29 et 173) que les maçonneries de fondation peuvent supporter des pressions moyennes comprises entre 4 et 10 kilogrammes par centimètre carré, suivant qu'il s'agit de béton ou de maçonneries faites avec des matériaux ou avec des mortiers plus ou moins résistants ; pour la maçonnerie ordinaire avec moellons calcaires, on adopte fréquemment la limite de 6 kilogrammes (par centimètre carré).

Or, à l'exception des roches continues, les terrains de fondation ne doivent pas (art. 28) supporter, en moyenne, des pressions aussi élevées.

De là, la nécessité d'augmenter les surfaces des massifs de fondation à leur base, pour répartir les charges sur une plus grande surface, l'augmentation de surface étant d'autant plus grande que la résistance du terrain est moindre.

Dans les fondations, le raccordement entre les massifs de différentes largeurs se fait généralement par des retraites ; au-dessus, on a recours, suivant les cas, à des retraites ou à un fruit. Dans les piles élevées, le fruit a également pour objet de tenir compte de l'augmentation de pression produite par le poids des maçonneries elles-mêmes, et on est quelquefois conduit, pour les grandes hauteurs, à adopter des fruits croissant du sommet à la base, qui donnent à peu près le même aspect qu'une courbure continue, plus difficile à exécuter.

Même en dehors de la considération des pressions, on donne presque toujours aux massifs de fondation des dimensions horizontales plus grandes que celles des ouvrages qu'ils supportent, de manière à se mettre à l'abri des incorrections que peut présenter l'implantation de la base de fondation, surtout lorsque les fouilles présentent une forme compliquée et des niveaux variables.

A moins que le terrain soit très peu consistant, ces retraites suffisent le plus souvent pour donner l'empatement nécessaire aux fondations des ouvrages en maçonnerie. Pour qu'on n'ait pas à craindre des fissures au droit de ces retraites, on doit les rattacher au corps du massif par de nombreuses boutisses et leur donner des largeurs comprises entre 0 m. 20 et 0 m. 40 pour une hauteur de 0 m. 40 à 0 m. 80.

Indépendamment de l'augmentation des surfaces d'appui, les retraites des fondations ont également pour but de diminuer le poids des constructions. On peut atteindre au même résultat par des évidements intérieurs, mais il faut veiller à ce que les raccordements des semelles avec les cloisons verticales présentent une résistance suffisante pour recevoir les charges concentrées et les répartir uniformément.

Nous verrons à l'article 446 un exemple d'emploi d'armatures métalliques servant à relier les différentes parties d'une fondation évidée ; les constructions en ciment armé présentent fréquemment des dispositions de ce genre.

Coupe de la culée -
Armature des contreforts.

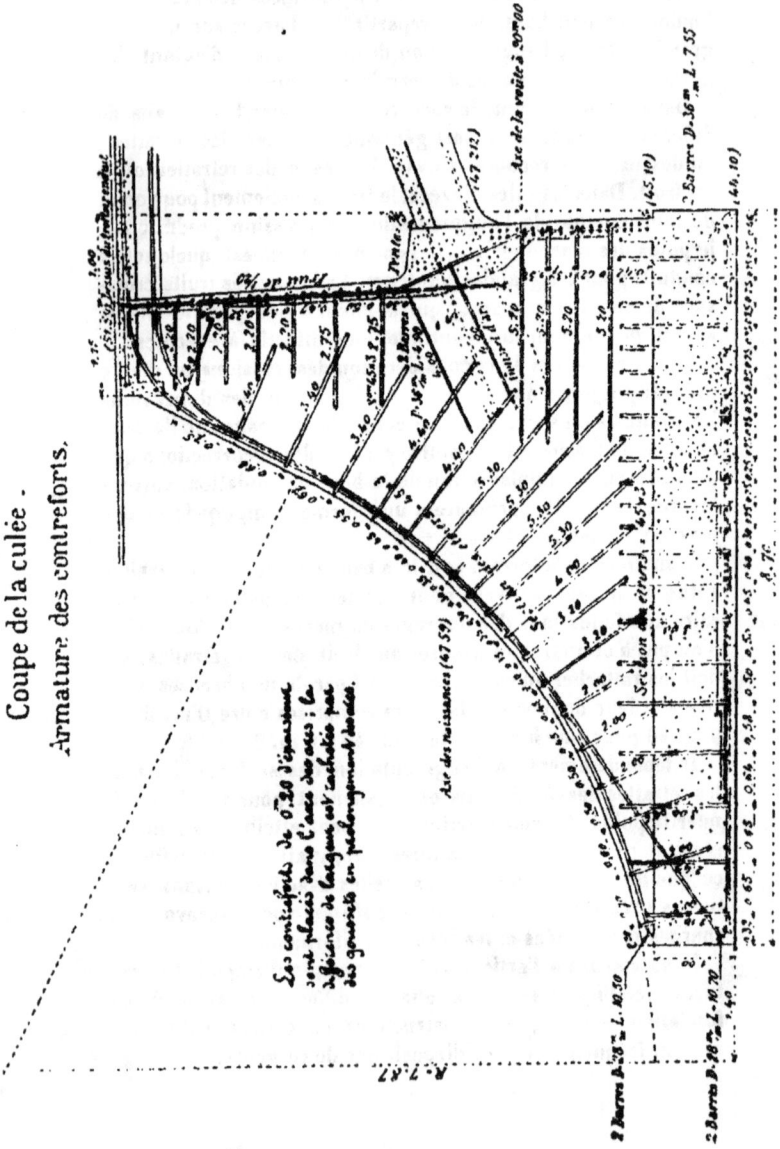

Fig. 503. — Pont de Châtellerault sur la Vienne. Culée.

En 1899, on a construit à Châtellerault, sur la Vienne, d'après un projet étudié et présenté par M. Hennebique, un pont fondé sur un terrain résistant (calcaire lithographique), qui pouvait supporter 4 k. 500 à 5 kilog. par centimètre carré.

Ce pont est composé de trois arches surbaissées au 1/10° ; les arches de rive ont 40 mètres d'ouvertures et l'arche centrale 50 mètres.

Les culées ont une largeur de 8 mètres sur 8 m. 70 de longueur ; au-dessous, le travail maximum du terrain de fondation varie de 3 k. 55 à 4 k. 500.

Ces culées comprennent une semelle d'un mètre d'épaisseur en béton armé, portant quatre contreforts de 0 m. 20 d'épaisseur, reliés par des cloisons de 0 m. 12 ; les contreforts reçoivent la retombée des quatre arcs de 0 m. 20 d'épaisseur qui, reliés par des dalles en béton armé, constituent la voûte et le tablier.

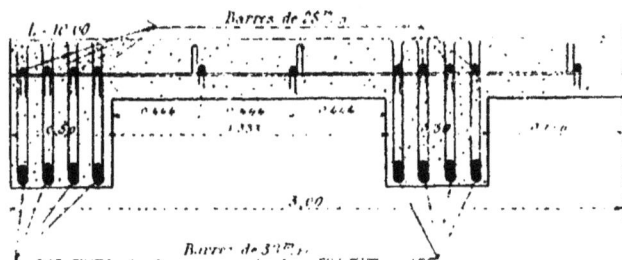

Fig. 510. — Demi-coupe transversale de la voûte centrale.

Voûte de 50 m surbaissée au 1,10. Épaisseur de 0 m 51 à la clef et de 0 m 91 aux naissances.

Bien que la largeur du pont entre garde-corps soit de 8 mètres, les têtes sont placées à 5 m. 90 l'une de l'autre, les trottoirs étant en partie en encorbellement.

Les piles sont supportées par des semelles de 10 mètres de longueur sur 6 m. 50 de largeur, bien que leur épaisseur, à hauteur des naissances, soit seulement de 2 m. 50 ; la pression sur le sol varie de 4 k. 70 à 4 k. 88 par centimètre carré.

Coupe transversale.

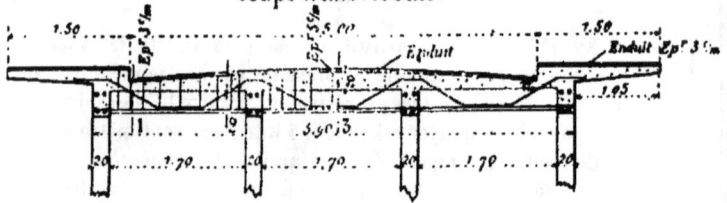

Hourdis _ Coupe 1.

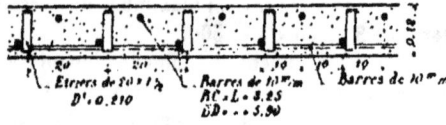

Etriers de 20 × 1½
D¹ - 0.210

Barres de 10ᵐᵐ
BC - L - 8.25
DD - - 5.90

Barres de 10ᵐᵐ

Coupe 2.

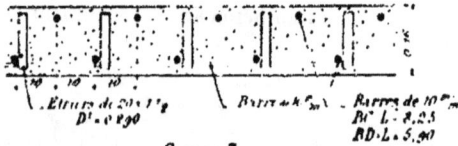

Etriers de 20 × 1½
D¹ - 0.190

Barres de 8ᵐᵐ

Barres de 10ᵐᵐ
BC L - 8.25
BD · L · 5.90

Coupe 3.

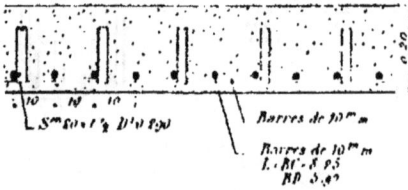

Sᵐ 20 × 1½ D¹ 0.190

Barres de 10ᵐᵐ

Barres de 10ᵐᵐ
L · BC · 8.25
BD 5.90

Détail des poutres et du trottoir.

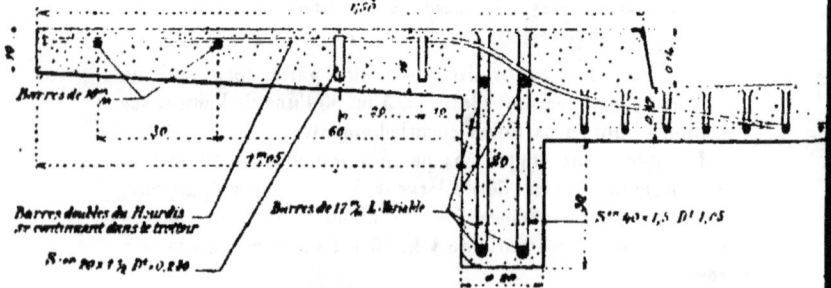

Barres de 10ᵐᵐ

Barres doubles du Hourdis
se continuant dans le trottoir

Sᵐ 20 × 1½ D¹ · 0.220

Barres de 17ᵐᵐ L. Variable

Sᵗᵐ 40 × 1,5 D¹ 1,05

Fig. 511. — Coupes transversales et Détails

Demi-coupe sur l'axe

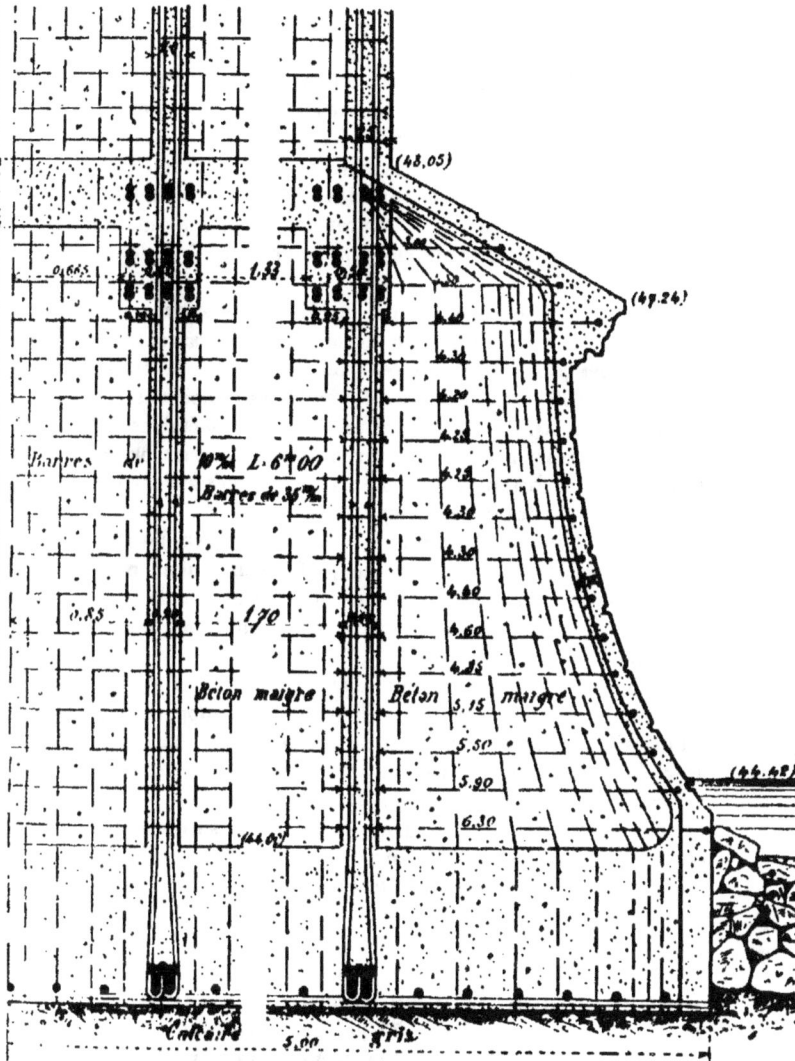

(48,05)

(49,24)

0,665   1,33

Barres de   10% L-6700

Barres de 35%

0,85   1,70

Beton maigre   Beton   5,15   maigre

5,30

5,90

6,30

(44,68)

(44,48)

Caillou   5,00   gris

Fig. 512. — Demi-coupe longitudinale d'une pile.

445. Fondations de constructions d'une hauteur exceptionnelle. — Dans les constructions de hautes maisons en Amérique (tall buildings, sky scrapers), qui ont 15 à 20 étages et dont la hauteur totale atteint de 80 à 100 mètres, l'ossature est une charpente métallique portée par des colonnes en acier ; les murs en maçonnerie ne sont qu'un remplissage, mais, pour se mettre à l'abri des dangers que pourraient produire les incendies en déformant les constructions métalliques, on entoure les colonnes d'un revêtement en maçonnerie de briques, laissant un vide entre la colonne et l'enveloppe maçonnée.

En comptant sur une charge de 130 kilog. environ par mètre carré et par étage, et en ayant égard aux surcharges accidentelles produites par le vent, on arrive à des pressions totales de 1.000 tonnes à la base des colonnes principales.

Suivant les cas, on répartit ces pressions considérables sur une surface assez grande au moyen de maçonneries ou de grils en fer et béton ou de poutres métalliques supportées elles-mêmes par des massifs homogènes ou mixtes.

Dans le bâtiment du journal *World*, à New-York, les fondations descendent à 9 mètres de profondeur, autant pour trouver un terrain assez solide que pour permettre la construction de deux étages de caves occupant 6 m. 60 de hauteur.

Le mur du rez-de-chaussée a une épaisseur de 1 m. 80 ; au-dessous du sol, il s'élargit à 3 m. 10 et est supporté par un massif de béton de 5 m. 85 de largeur sur 2 m. 80 d'épaisseur. La pression qui dépasse 6 kilog. par centimètre carré sur le béton n'est plus que de 3 k. 3 au niveau du sol.

Dans le sous-sol de New-York, le rocher ne se rencontre en général qu'à 12 ou 15 mètres de profondeur ; celui-ci est recouvert de 7 à 10 mètres d'épaisseur d'argile tendre, puis de 1 m. à 1 m. 25 d'argile compacte et de 4 m. à 4 m. 25 d'argile et de sable.

La couche d'argile compacte a paru trop mince pour supporter les constructions les plus lourdes et, en vue de réduire les pressions sur le sol à 1 k. 75 par centimètre carré, on a augmenté les empatements et supporté par des pieux la base de la fondation; nous reviendrons ailleurs sur ce mode de construction, au-dessus duquel les socles ont été disposés comme dans le cas précédent.

Au Park Row (New-York, 1896), la tête des pieux qui supporte les murs est empatée dans un béton de ciment qui porte des dalles de granit de 0 m. 25 d'épaisseur, puis des socles en briques et des chapiteaux de granit servant à recevoir la base des colonnes qui supportent les murs de façade.

Pour les colonnes isolées, on a employé des grils noyés dans du béton. Ils comprennent deux rangées de fers à double T croisés, pesant 60 à 120 kilog.; la rangée inférieure est faite de barres jointives, la rangée supérieure laisse des vides à peu près égaux aux pleins, les colonnes reposent directement sur ces fers par l'intermédiaire de semelles en acier.

Dans le Theater Alley, construit à la même époque, les piliers des façades reposent sur des poutres ou chevêtres, à treillis, de 2 m. 40 à 15 mètres de longueur et de 1 m. 10 à 2 m. 45 de hauteur, portés par des fers à double T jointifs de 0 m. 30 de hauteur sur 1 m. 20 de longueur, pesant 50 kilog. par mètre courant ; ces fers reposent eux-mêmes sur des blocs de granit superposés à de larges massifs de briques ou de béton.

416. Fondations de bâtiments légers en terrain inconsistant. — L'emploi du ciment armé dans les fondations fournit un moyen de réaliser de très larges empatements sans risquer qu'ils se fendent au droit des retraites ou empatements. À l'article 254, nous avons cité la construction de l'Institut Pasteur de Nantes, dans laquelle, sur un terrain de sables vaseux qui ne paraissaient pas pouvoir porter plus de 0 m. 400 par centimètre carré, on a employé, à la base des murs, des socles en ciment armé ayant 2 m. 50 de largeur pour des murs de 0 m. 60 d'épaisseur et 1 m. 10 pour des murs de 0 m. 40.

Sur le chemin de fer de Chartres à Bordeaux, à la gare de Brou, un réservoir d'alimentation de 6 m. 20 de diamètre est porté par huit piliers carrés de 0 m. 30 sur 0 m. 30 de section, qui sont fondés sur des semelles en béton armé de 1 m. 50 de longueur sur 0 m. 75 de largeur.

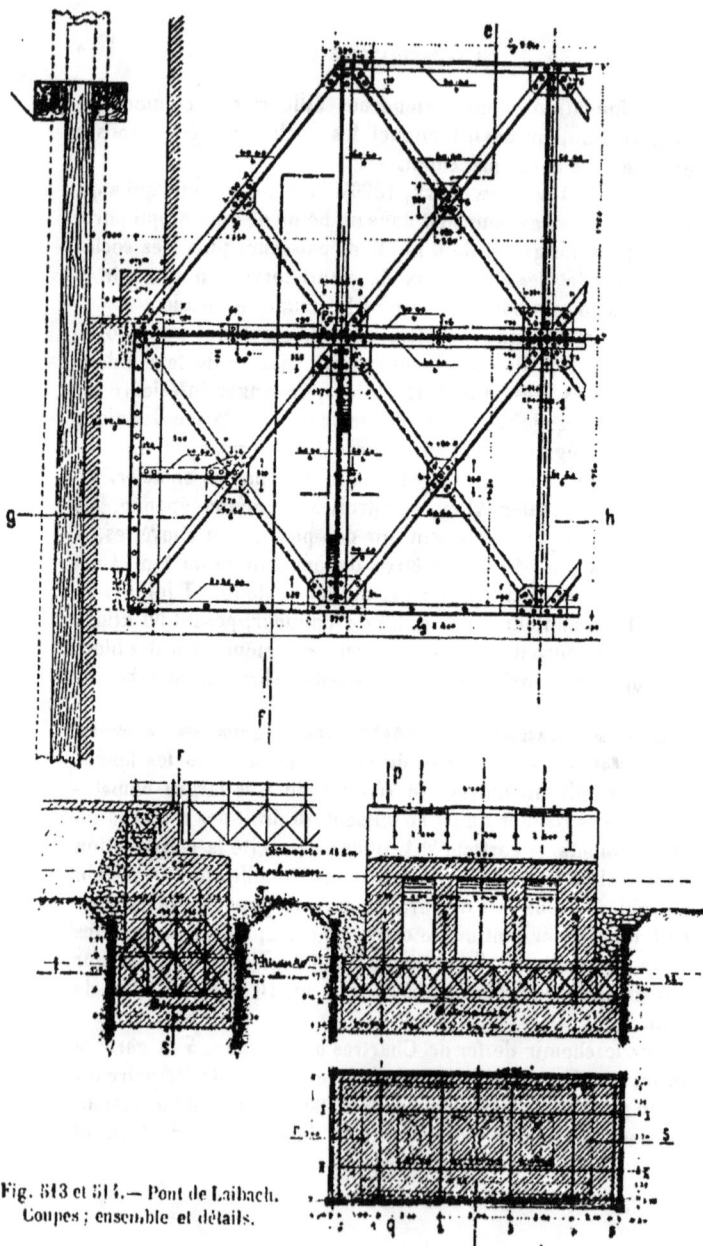

Fig. 513 et 514. — Pont de Laibach.
Coupes ; ensemble et détails.

447. Fondations d'ouvrages d'art en terrain inconsistant. — Lorsqu'il s'agit d'ouvrages d'art fondés à une grande profondeur sur terrain inconsistant, il peut être utile de combiner de grands empatements avec des évidements intérieurs ; lorsque ceux-ci diminuent beaucoup la section des supports verticaux, on est conduit à rendre les massifs solidaires par des armatures métalliques.

Le *Journal des ingénieurs et architectes autrichiens* (27 décembre 1901) a rendu compte de la construction, achevée en 1900, d'un pont de chemin de fer sur la Laibach (ligne de Vienne à Trieste) dont le sol tourbeux, très compressible et de résistance inégale, ne pouvait pas supporter une pression supérieure à 1 k. 8 par centimètre carré. La fondation repose sur un massif de béton de 5 m. 90 sur 13 m. 80 avec 3 m. 50 de hauteur, dans lequel sont noyées cinq grandes poutres à treillis de 1 m. 75 de hauteur, placées transversalement et entretoisées dans le sens de la longueur.

Au-dessus de cette plateforme, avec une retraite latérale de 1 m. 30 de largeur, le massif supérieur est divisé par trois évidements de 2 m. 40 et 1 m. 60 de largeur, mais des armatures métalliques verticales consolident les parois de ces évidements sur une hauteur de 1 m. 75 et les relient à l'armature inférieure. Les fig. 513 à 515 *bis* montrent en plan et en coupes les dispositions de ces poutres métalliques qui, pourvu qu'elles soient à l'intérieur de maçonneries bien pleines et qui ne soient pas traversées par les eaux, ne sont pas exposées à des causes spéciales de destruction. Leur emploi exige une surveillance très attentive de la bonne exécution des maçonneries.

Nous aurons à signaler plus loin, § 9, certaines observations intéressantes faites pendant la construction de cet ouvrage, à d'autres points de vue.

448. Fondations à sec en terrain humide. — Dans l'étude des maçonneries (art. 165), nous avons indiqué les procédés à employer pour mettre les parties basses des constructions à l'abri de l'humidité : emploi de matériaux peu perméables et de mortiers hydrauliques, radiers en béton,

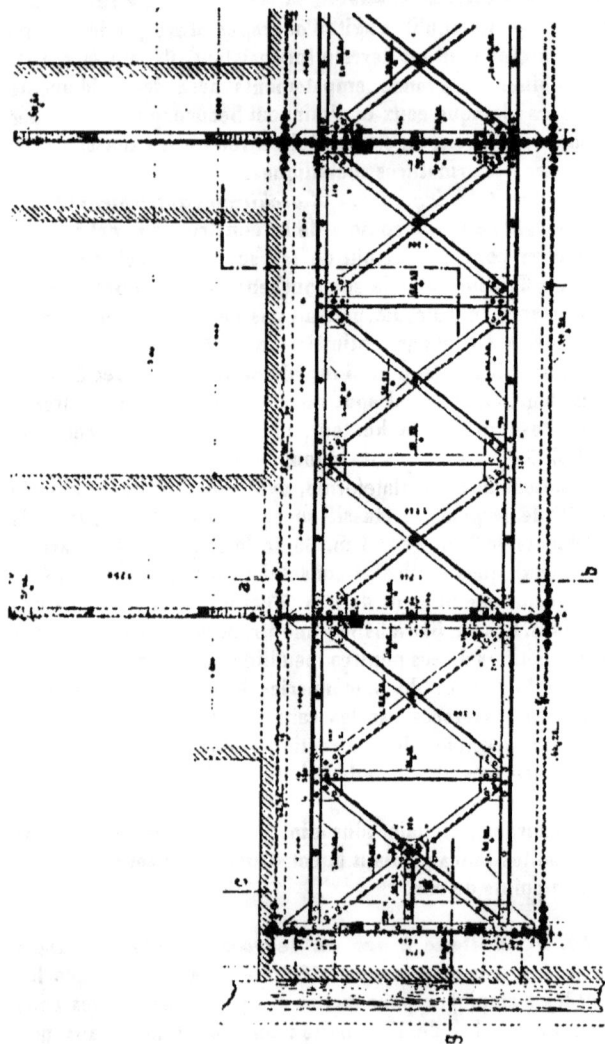

Fig. 515. — Pont de Laibach. Coupe sur ef.

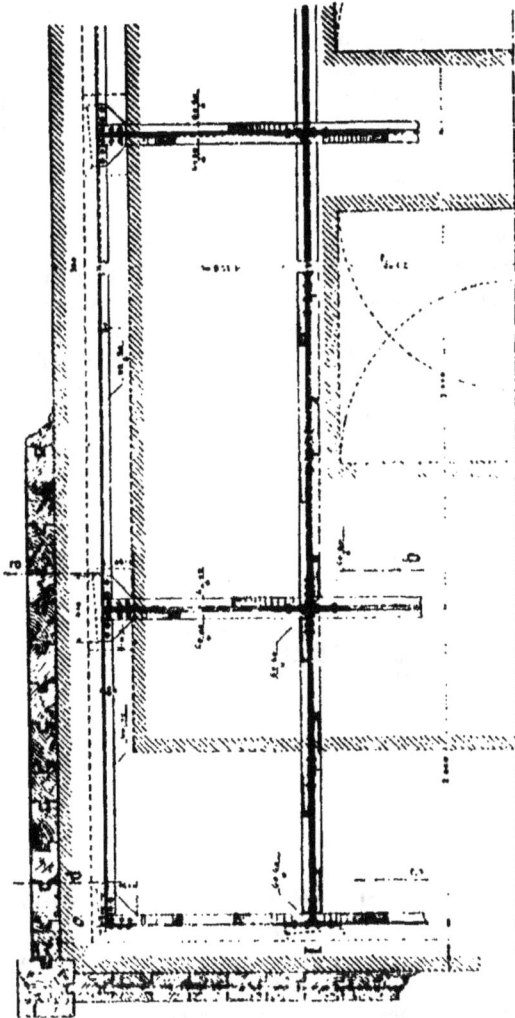

Fig. 515 bis. — Pont de Laibach. Plan-coupe sur gh.

enduits en ciment, chapes en asphalte ou en carton bitumi-
neux. Ces différents procédés suffisent généralement pour
assainir les rez-de-chaussée des bâtiments ; mais, les murs
restant en contact avec le terrain extérieur, les caves et les
sous-sols restent humides, lorsque le niveau des eaux extérieures est élevé.

En Angleterre, où les sous-sols sont fréquemment utilisés
comme dépôts de marchandises ou dépendances des habitations, on est souvent conduit à des dispositions spéciales qui
consistent en général à drainer le sol à l'aide d'un contre-mur,
laissant le long du mur un espace vide à la partie inférieure
duquel les eaux doivent avoir un écoulement ménagé.

Si, en outre, comme dans la fig. 516, le mur de fondation

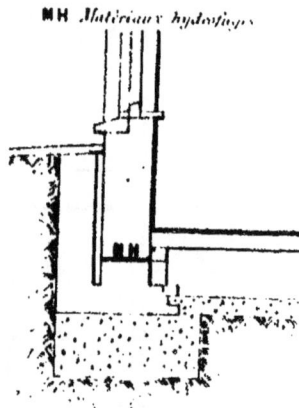

Fig. 516. — Assainissement des sous-sols.

présente un joint MH en matériaux hydrofuges au-dessous
du niveau d'un plancher élevé à quelques décimètres du radier
du sous-sol, on peut être assuré, à condition que l'écoulement
des eaux extérieures ne subisse aucun arrêt, d'avoir des conditions d'habitation très comparables à celles qu'offrirait un
rez-de-chaussée ordinaire.

Dans les régions humides, lorsqu'on emploie des briques

qui ne sont pas très bien cuites, on pratique quelquefois dans les murs en élévation des canaux d'aérage qui sont très favorables à l'assainissement des habitations : par exemple, un mur de 0 m. 44 comprendra deux parois, l'une de 0 m. 22, l'autre de 0 m. 11, séparées par un intervalle de 0 m. 11, généralement vide, sauf quelques jonctions ménagées de distance en distance pour relier les deux parois, tout en permettant l'écoulement des eaux et la circulation de l'air.

On peut également recourir à l'emploi de l'asphalte pour diminuer les filtrations qui se produiraient à travers des massifs de maçonnerie supportant une retenue d'eau.

Des expériences ont été faites à ce sujet par les ingénieurs de la navigation de l'Yonne (Note de M. Breuillé, ingénieur des ponts et chaussées, *Annales*, 1899, p. 300), en vue de l'amélioration du barrage des Settons, avec des pressions allant jusqu'à 18 mètres de hauteur d'eau.

Les résultats les plus favorables ont été obtenus en rendant la maçonnerie rugueuse par le refouillement des joints et en la chauffant préalablement à l'emploi de l'enduit composé de :

Mastic) 1/10ᵉ de bitume épuré ;
d'asphalte) 9 10ᵉ de mastic d'asphalte de Seyssel ;
Sable . . . 1 3 du volume du mastic.

Mais il est douteux qu'un revêtement de ce genre puisse résister d'une manière prolongée, dans le cas d'alternatives répétées de sécheresse et d'humidité ou de grandes variations de température.

§ 2. — FONDATIONS PAR ÉPUISEMENTS

449. Généralités. — Les fondations par épuisements s'effectuent dans des fouilles blindées ou à talus, comme nous l'avons précédemment indiqué, ou à l'abri de batardeaux.

Nous distinguerons deux cas, suivant qu'il s'agit de massifs isolés comme les piles et culées des ponts, ou de massifs continus comme les fondations de barrages en rivière ou de murs de quais.

Pour les massifs isolés, exécutés au moyen d'une seule fouille, la maçonnerie à construire sera, suivant les cas, entourée d'une enceinte de pieux et de palplanches moisés ou limitée par des murettes en maçonnerie ou par des panneaux en planches appuyés sur des piquets battus légèrement et laissant entre eux et le bord de la fouille ou le pied du batardeau la surface nécessaire pour le passage des rigoles conduisant les eaux d'infiltration au puisard.

A l'intérieur des enceintes, on peut employer, soit de la maçonnerie, soit du béton ; si la fouille est bien asséchée, la maçonnerie vaut mieux : si elle est très mouillée, le béton peut être préférable, mais on devra veiller à ce que, pendant son emploi, le niveau des eaux dans la fouille varie le moins possible, de manière que les sources s'écoulent par le sous-sol et par les rigoles et ne délavent pas le béton frais. Si on reconnaît que certaines sources abondantes tendent à remonter, on leur ouvrira, par des saignées, un passage vers les rigoles et on les recouvrira, s'il est utile, par un aqueduc, de manière à retarder, autant que possible, le moment où il sera nécessaire de les boucher, en les aveuglant avec du béton de ciment, à moins que, si la construction le permet, on ne puisse maintenir leur écoulement même après l'achèvement des travaux.

S'il s'agit, au contraire, d'exécuter un massif de grande longueur, en plusieurs parties devant être reliées entre elles comme pour des murs ou pour des barrages en rivière, on devra, après avoir exécuté toutes les maçonneries de la première fouille, en y laissant des arrachements pour faciliter la liaison des deux massifs, construire des batardeaux traversant les maçonneries déjà faites et se reliant à la partie du premier batardeau qui sera comprise dans la seconde enceinte (fig. 517). Ces liaisons des batardeaux avec les maçonneries sont difficiles à bien faire et donnent souvent lieu à des fuites et à des accidents ; il est bon de les préparer à l'avance en supprimant les moises et une partie des palplanches ou panneaux d'enceinte, pour mieux faciliter la liaison, et de construire, en même temps que la fondation, des massifs de maçonnerie brute en saillie, formant comme des tenons qui

pénètrent au milieu des batardeaux de raccordement ; ceux-ci
devront d'ailleurs être consolidés à l'intérieur par des moellons, et, à l'extérieur, par un contre-batardeau en terre revêtu
d'enrochements.

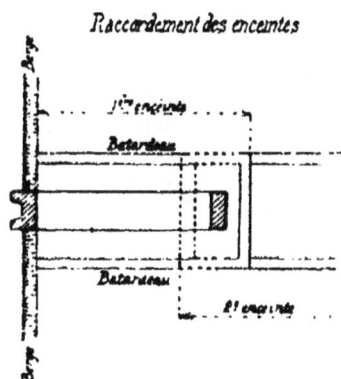

Fig. 517. — Fondation d'un barrage. Plan.

Deux questions doivent surtout préoccuper le constructeur
qui étudie un projet de fondation par épuisement :

D'abord, l'évaluation préalable, au moins approximative, de
la quantité d'eau à épuiser ; c'est de là que dépend souvent la
possibilité de recourir pratiquement à ce mode de fondation.

Puis l'aménagement des eaux des fouilles, pendant et après
le travail, pour qu'elles ne nuisent pas à la bonne construction et à la résistance des maçonneries.

**450. Évaluation de la quantité d'eau à épuiser dans
une fouille donnée.** — L'évaluation de la quantité d'eau
que peut fournir une fondation à exécuter par épuisement,
a pour objet de déterminer, autant que possible, les moyens
d'épuisement à préparer, ou même de discuter, si, eu égard
aux moyens dont on peut disposer, la fondation par épuisements doit être considérée comme pratiquement réalisable.
C'est un problème pratique très délicat, et à l'occasion duquel
on ne peut donner que des indications générales.

En dehors des vases anciennes et des argiles qui sont plus ou moins imperméables, les terrains à traverser pour atteindre le sol de fondation sont des alluvions plus ou moins récentes : sables, graviers, terres ou vases ; les plus gros graviers sont les plus perméables, les terres de dépôt récent et les vases s'affouillent aisément et donnent lieu à des éboulements ou à des fuites : dans le premier cas, on aura plus d'eau à enlever ; dans le second, plus de difficultés à combattre, et cela d'autant plus qu'il s'agira de dépôts plus récents, c'est-à-dire facilement mobiles, tandis que, dans des sables et graviers un peu anciens et de moyenne grosseur, surtout lorsqu'ils sont argileux, on peut espérer n'avoir ni trop d'eau ni des fouilles trop difficiles à tenir.

Dans les travaux en rivière, on est quelquefois porté à concentrer toute son attention du côté de la rivière et à y placer tous les engins d'épuisement. C'est souvent une erreur : les larges vallées d'alluvions peuvent renfermer des nappes souterraines à un niveau plus élevé que celui de la rivière : ces nappes se vident dans les fouilles avec une charge supérieure à celle du bief voisin et des sources venant du coteau peuvent aussi se faire jour dans le fond de la rivière. Dans le grand hiver 1879-1880, où la Seine a été gelée sur de grandes longueurs, on a pu reconnaître, notamment dans le bief en amont du confluent de l'Oise, des régions où la glace prenait plus tard et était moins forte que dans les parties voisines, par suite du réchauffement produit par des sources de fond ; le même fait s'est produit d'une façon très apparente dans les fouilles de l'écluse de Bougival, qui se construisait dans une île, et où la congélation a été beaucoup plus tardive que dans les biefs voisins de la Seine.

Les coupes géologiques de la vallée, la reconnaissance des niveaux des puits voisins peuvent donner quelques indications générales à ce sujet, mais il est difficile d'en tirer des données quelque peu précises, et il est toujours utile d'avoir des moyens d'épuisement énergiques, du moment qu'on doit, pour la première fois, faire des fouilles de grande profondeur dans un terrain dont on n'a pas encore pu évaluer la perméabilité par des expériences directes.

Les épuisements installés et la fouille s'approfondissant, on doit s'occuper de l'aménagement des eaux, avant et pendant l'exécution des maçonneries, en remarquant d'ailleurs que, pour certains ouvrages de grande longueur, par exemple des murs de quai, on peut, lorsque les eaux sont trop abondantes pour les moyens d'épuisement dont on dispose, diviser les fondations en procédant par tronçons successifs de longueur restreinte.

451. Aménagement des eaux pendant la construction des ouvrages : détournement ou étouffement des sources. — Nous avons vu que les eaux à épuiser sont rassemblées dans des puisards, où elles sont conduites par des rigoles : ces eaux proviennent soit des bords, soit du fond de la fouille : quand elles proviennent du bord, on dispose facilement les rigoles en dehors des maçonneries, et leur entretien soigné, qui est indispensable à la bonne confection des fondations, doit être constamment surveillé.

Mais, si les eaux viennent du fond même des fouilles, il faut des dispositions spéciales pour les amener aux rigoles, en évitant avec soin de les emprisonner : car si des eaux venant du fond étaient gênées dans leur écoulement par des maçonneries fraîches, elles ne manqueraient pas de les traverser et de les délaver.

Des drains ou aqueducs faits soit en tuyaux, soit en maçonnerie, avec ou sans radier, suivant la nature du fond, sont nécessaires pour écouler les eaux vers les rigoles.

Après l'achèvement du travail, on peut souvent laisser ces drains libres, l'écoulement arrête naturellement, ou, s'il continue, c'est avec peu de ge et un débit réduit.

Mais il est quelquefois cessaire d'étouffer certaines sources ou au moins de modifier leur direction : quand on doit le faire, on ménage, sur le passage des drains ou aqueducs provisoires, des cheminées passant à travers les maçonneries et dépassant, s'il est possible, le niveau des eaux extérieures, condition essentielle pour que le travail puisse être entièrement satisfaisant. Après la prise et le durcissement des maçonneries, les eaux étant remontées autant que possible, on remplit les cheminées et les drains à l'aide de mortier de ciment un peu liquide, ou même de coulis de ciment pur à la fin, et les eaux s'arrêtent en se répandant sous les massifs de fondation.

Mais les pressions qu'elles exercent sur les maçonneries sont toujours nuisibles, et on ne doit boucher les sources que quand il y a absolue nécessité.

Par exemple, dans un approfondissement d'écluse sur la Meuse, la quantité d'eau était minime et l'installation d'un épuisement à chaque tête d'écluse eût été onéreuse : on a pris le parti, pendant la construction, de faire passer les eaux par un aqueduc longitudinal sous le radier : il est certain que cet aqueduc ne pouvait être maintenu et qu'il fallait qu'il fût très complètement bouché sous les buses des têtes, de manière à ne pas laisser subsister de courant nuisible de l'amont à l'aval : pour y parvenir, on a dû détourner les eaux après l'achèvement du radier, au moyen de petits batardeaux et de rigoles provisoires, de manière à permettre d'épuiser et de nettoyer l'aqueduc et de le remplir de béton de ciment très gras.

Mais c'est là un cas particulier, et, d'une manière générale, on doit retenir que l'opération qui consiste à étouffer les sources est difficile et aléatoire, souvent inutile, et qu'on doit l'éviter autant que possible.

Les indications qui précèdent s'appliquent à toutes les fondations par épuisements : il est utile de les préciser par des renseignements spéciaux aux divers travaux qui s'exécutent le plus souvent par ce procédé.

Fondations par épuisement dans des batardeaux

452. Piles de ponts. — Pour les piles de ponts, d'après la profondeur relative de la fondation et des affouillements à prévoir, on aura d'abord à examiner si une enceinte est nécessaire pour protéger la fondation contre les affouillements et s'il faut la construire à l'intérieur des batardeaux, dont elle restera généralement indépendante ; on l'établira, suivant les cas, soit avant, soit après l'épuisement. Le plus souvent, lorsqu'il ne s'agira pas de fondations en pleine terre, on emploiera un batardeau pour chaque pile ou pour chaque culée à construire ; cependant, dans les rivières de grande largeur, surtout lorsque des arches de décharge devront être construites dans un lit majeur, il pourra être préférable de comprendre plusieurs fondations à l'intérieur d'une même enceinte et on pourra quelquefois remplacer les batardeaux par de simples digues en terre, lorsque l'emplacement le permettra et lorsqu'on n'aura pas à craindre de courants trop vifs.

Nous verrons plus loin comment ces dispositions se modifient lorsque le terrain de fondation est un rocher qui ne peut être pénétré par les pieux, et nous passons aux ouvrages de navigation, après avoir donné quelques indications sommaires sur les murs de soutènement.

153. Murs de soutènement. — Les murs de soutènement des remblais, appelés *murs de pied* lorsqu'ils n'occupent qu'une faible partie de la hauteur du remblai, sont généralement fondés à sec ou à l'aide d'un épuisement de peu d'importance ; leurs fondations sont rarement d'une manière permanente en contrebas du niveau des eaux ou exposées aux affouillements. Lorsque ces circonstances se présentent, ces murs rentrent, au moins en partie, dans la catégorie des murs de quai dont nous allons parler.

Pour les murs de soutènement proprement dits, nous renvoyons, en ce qui les concerne, au chapitre VI : *Travaux en élévation*.

154. Murs de quai. — Quant aux murs de quai, si, conformément à l'usage des travaux maritimes, on compte dans leurs fondations toute la partie construite au-dessous du niveau des plus hautes mers, la partie qui constituera l'*élévation* de ces ouvrages au-dessus des eaux n'aura plus qu'une importance restreinte, et il sera préférable de réunir ici tous les renseignements concernant leur construction.

Lorsque leur hauteur est inférieure à 3 mètres, on les construit souvent à parements verticaux, mais, au point de vue de la stabilité, il est toujours préférable de leur donner un fruit du côté de la rivière ou du bassin.

Le fruit des murs de quai des ports varie généralement de 1/6° à 1/10° ; ce n'est que par suite de sujétions spéciales qu'on peut être conduit à construire verticalement la base des murs ; non-seulement on doit éviter cette disposition, mais encore, lorsqu'un mur dépasse 8 à 10 mètres de hauteur, et lorsque le terrain n'est pas très solide, il est préférable d'augmenter ce fruit à la base. Cette disposition tend à diminuer, pour les murs exposés à des variations de niveau, le déplacement de la résultante des pressions suivant la hauteur des eaux, déplacement qui est si dangereux pour les fondations.

La figure 518 montre divers profils de murs de quais dans lesquels un supplément de fruit ou une certaine courbure a été donnée à la base du mur.

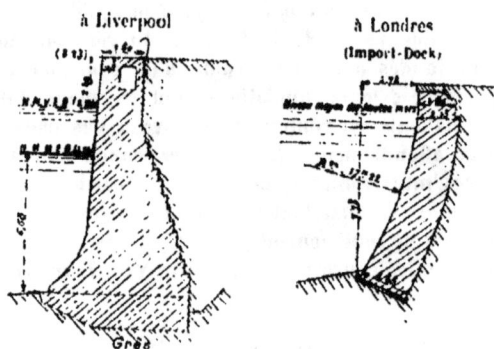

Fig. 518. — Murs de quai courbes.

A Londres, on a fait des murs tout à fait courbes (fig. 518), mais on a rarement recours à ce système qui, sans présenter d'avantages bien sérieux, entraîne certaines difficultés d'exécution et augmente le prix de revient.

Dans certaines fondations de Calais, du Havre, de Liverpool, on remarque que le dessus de la fondation a été incliné dans le sens opposé à celui où s'exerce la pression ; c'est une disposition favorable à la stabilité.

La largeur des murs dans leur couronnement varie de 1 mètre à 2 mètres ; en arrière, des retraites ou un fruit intérieur augmentent progressivement l'épaisseur de manière à assurer la stabilité et à abaisser la pression sur le sol de fondation à un taux compatible avec sa résistance (1).

Les remblais placés à l'arrière des murs tassant lentement, il est difficile, pendant plusieurs années, de maintenir les plateformes de terre-pleins au niveau des couronnements.

A Paris, cet inconvénient se présentait le long des quais hauts, et l'on a pris le parti de construire jusqu'à la largeur des trottoirs des voûtes légères s'appuyant sur un élargissement de la fondation, de manière à reporter les tassements à la limite du trottoir et de la chaussée, où ils sont moins visibles et plus faciles à réparer.

Quant à l'épaisseur des murs de quai, on ne descend guère au-dessous de 0,35 de la hauteur dans les rivières, dans les mers à niveau constant et dans les bassins à flot.

Dans les avant-ports et dans les bassins de marée, où les dénivellations sont fortes et journalières, on rencontre le plus souvent des épaisseurs égales ou supérieures à 0,40 de la hauteur, allant fréquemment jusqu'à 0,45.

En rivière, le mode d'exécution employé le plus souvent pour fonder les murs de quais est représenté par la fig. 519. Un batardeau indépendant est établi en rivière, à environ 3 mètres en avant du mur ; au fur et à mesure de l'épuisement, qui doit être opéré lentement, on se rend compte si les pressions qui s'exercent sur le batardeau et si l'état des talus de la fouille comportent des étaiements, dans lesquels on adoptera d'abord des étrésillons à peu près horizontaux, ensuite des contre-fiches s'appuyant sur les enceintes ou sur les maçonneries déjà faites.

Lorsque la place manque, et lorsqu'on craint des épuisements difficiles, on construit un radier général à l'abri d'une

(1) De nombreux profils de murs de quais ont été réunis dans la collection des dessins distribués aux élèves de l'École des Ponts et Chaussées ; 6e série, 28e livraison (1886).

double enceinte : on élève, d'un côté, un batardeau en béton,
destiné à être incorporé dans le massif du mur et, de l'autre,

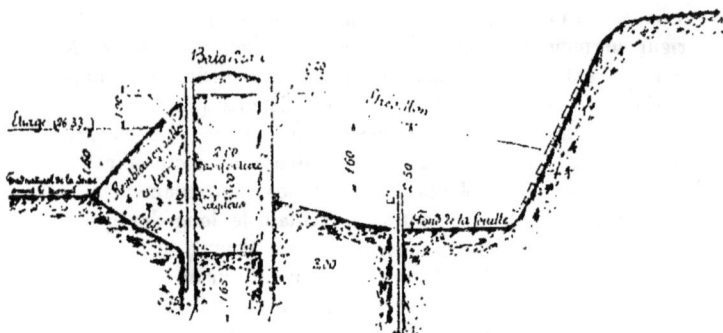

Fig. 519. — Fondation d'un mur de quai avec batardeau indépendant.

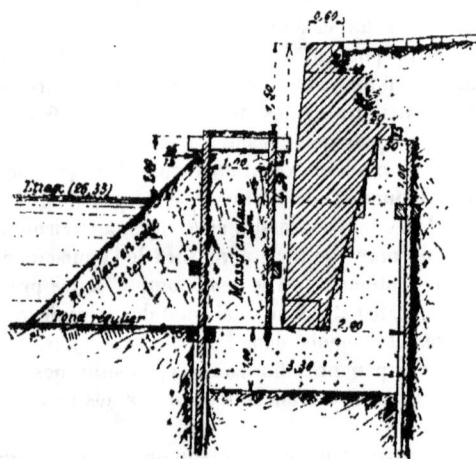

Fig. 520. — Batardeau en terre sur béton pour fondation d'un mur de quai.

un batardeau en argile compacte renforcé par un contre-batardeau ; le mur se construit à l'intérieur de cette double enceinte,

en se reliant par des arrachements avec le béton du batardeau
intérieur (fig. 520).

456. Quais maritimes. — Les mêmes procédés peuvent
être employés dans les ports pour les constructions ou reconstructions partielles : mais, lorsqu'il s'agit de constructions de
bassins, on a souvent recours à des épuisements généraux
auxquels s'ajoutent, pour chaque partie d'ouvrage, des épuisements partiels.

Si le terrain de fondation est un banc de rocher ou de tuf
solide et capable de résister aux affouillements ; si, en outre,
ce terrain est voisin du niveau du fond du bassin ou de la
rivière, on pourra s'y asseoir directement, avec un faible
encastrement, sans difficultés spéciales. On pourra, dans ce
cas, réduire les épaisseurs (Liverpool, quai d'Herculanum-
Dock, fig. 521).

Fig. 521. — Liverpool.
Quai d'Herculanum-Dock.

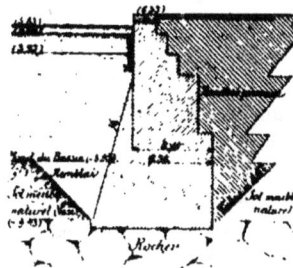

Fig. 522. — Bassin de Penhouët.

Quand le terrain solide sera en contrebas du fond du
bassin, si les affouillements ne sont pas à craindre, on des-
cendra par épuisements jusqu'au solide, soit à travers une
fouille à talus (Saint-Nazaire, bassin de Penhouët — fig. 522)
soit à travers une fouille blindée ; pour les grandes profondeurs, ce dernier système a surtout l'avantage de diminuer
beaucoup le cube des remblais, qui poussent plus que les

déblais qu'ils remplacent; il a été employé, sur une grande
échelle, au Hâvre, à Dieppe, à Saint-Valéry-en-Caux et à
Cette. A l'intérieur d'un bassin, les étaiements sont disposés
comme dans les fouilles blindées ordinaires, avec madriers
horizontaux, montants verticaux et étais transversaux disposés
par panneaux indépendants (Le Hâvre, fig. 523), ainsi que nous
l'avons indiqué en parlant des fouilles blindées. Sur la figure,
les étais ont été supposés coupés, pour laisser voir les maçonneries.

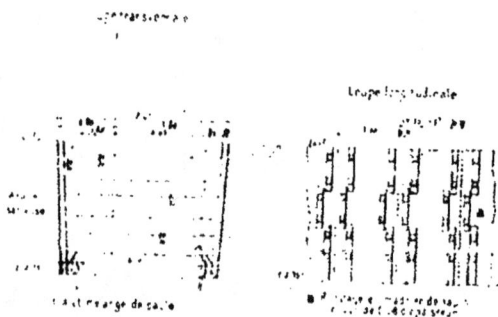

Fig. 523. — Le Hâvre. Quai Bellot.

Dans les avant-ports, pour les travaux à la marée, les
madriers de blindage sont cloués sur des pieux battus autour
de la fouille et étrésillonnés, au fur et à mesure de l'exécution du déblai (Le Hâvre, voir art. 354).

Si le niveau du terrain est plus élevé que celui du bassin et
constitué par un rocher suffisamment résistant, il suffit de
tailler ce rocher et de le revêtir d'un parement en maçonnerie, pour éviter que les aspérités ne causent des avaries aux
navires.

Afin que le parement ne se décolle pas, il est nécessaire de
pratiquer, de distance en distance, dans le rocher, des arrachements que l'on remplit de maçonnerie en même temps
que l'on monte le parement.

A La Pallice (fig. 524), le revêtement n'a qu'un mètre
d'épaisseur sur la plus grande partie de sa hauteur; mais,
tous les 15 mètres, il y a, dans le rocher, un encastrement

de 2 mètres de largeur sur 2 mètres de profondeur. Des barbacanes, percées dans le revêtement, écoulent les eaux qui peuvent s'infiltrer dans le rocher.

Fig. 524. — Bassin de La Pallice   Fig. 525. — Tancarville
Quai du bassin à flot   Quai du sas

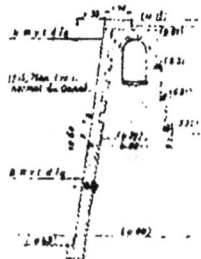

À Tancarville (fig. 525), le rocher ne se trouvant qu'à la partie basse de l'ouvrage, un mur complet a été établi sur la moitié environ de la hauteur.

Ce mur repose sur un rocher fissuré dont le parement a

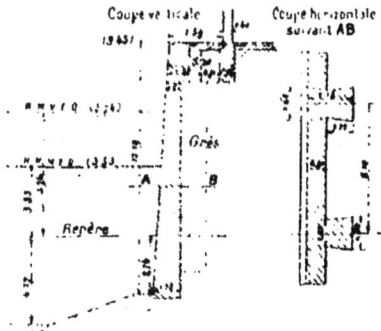

Fig. 526. — Liverpool. Partie des quais d'Herculanum.
Revêtement en dalles.

été revêtu par un placage de maçonnerie de briques de 0 m. 57 d'épaisseur ; mais pour permettre l'écoulement des eaux à

travers les fissures du rocher, de nombreuses barbacanes ont
été percées dans ce revêtement, renforcé de distance en distance par des contreforts.

A Liverpool (fig. 526), dans une partie des quais d'Herculanum et d'Harrington Docks, le revêtement est constitué par
des dalles appliquées contre le rocher. Le rocher a été taillé
verticalement ; puis, à des intervalles de 6 m. 10, on a pratiqué des excavations larges de 1 m. 52 et profondes de 1 m. 22,
présentant en plan une section en forme de queue d'aronde, de
manière à maintenir entre elles les dalles formant revêtement.

Ce système a bien réussi, mais cependant il n'est pas à imiter, eu égard aux difficultés de remplacement des dalles, surtout pour celles qui sont taillées en queue d'aronde.

Lorsque le terrain de fondation est résistant, et si on dispose de remblais de bonne qualité, on peut réaliser une économie sensible dans la construction des murs de quai, en
exécutant le parement seul en maçonnerie hourdée avec du
mortier et en faisant le corps même du mur en maçonnerie à
pierres sèches. Ce mode de construction est fréquemment
employé dans les ports de Bretagne pour des ouvrages d'importance moyenne (Port-Rhu à Douarnenez-Audierne, fig. 527
et 528).

Murs de quai à pierres sèches avec parement maçonné.

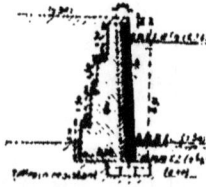

a. Moellons ordinaires avec mortier de
  ciment.
b. Moellons ordinaires posés à sec.

Fig. 527. — Douarnenez.
Quai de Port-Rhu.

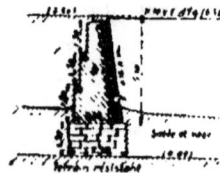

a. Moellons smillés avec mortier de
  ciment.
b. Moellons ordinaires posés à sec.

Fig. 528. — Audierne.
Quai de l'avant-port.

Il ne peut réussir que si le terrain est solide, les matériaux
lourds et gros, les remblais de faible poussée.

Lorsque le terrain, sans être très résistant, est peu compressible, et n'est pas exposé aux affouillements, les murs peuvent encore être fondés directement sur le sol, en aug-

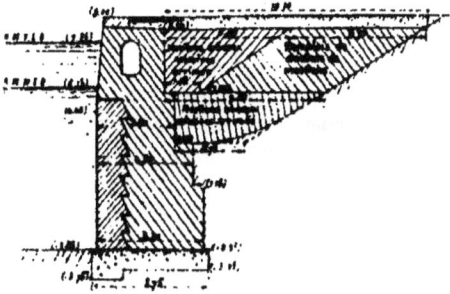

Fig. 529. — Le Havre.
Quai de la darse Est du bassin Bellot.

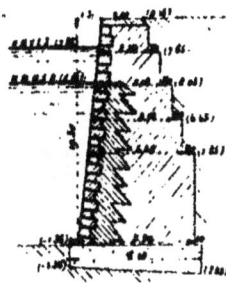

Fig. 530. — Le Havre.
Quai du bassin de l'Eure.

mentant la largeur des empatements et en encastrant plus profondément la fondation dans le terrain (Le Havre, quai de la Darse Est, bassin Bellot, fig. 529; quai du bassin de l'Eure, fig. 530).

Au point de vue de la stabilité, le second profil (fig. 530) est très supérieur au premier : les murs du bassin Bellot ont subi des mouvements et ont dû être l'objet de travaux de consolidation.

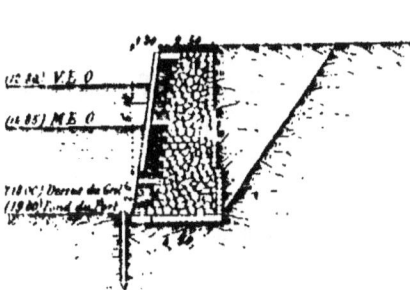

Fig. 531. — Liverpool.
Avant-port.

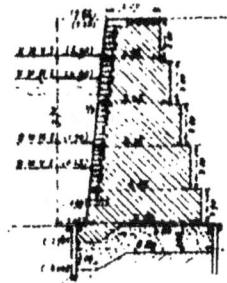

Fig. 532. — Dunkerque.
Quai à l'amont de l'écluse Freycinet

Dans le cas où, eu égard à l'emplacement du mur et à la nature du sol, des affouillements sont à craindre, le pied du mur doit être protégé par une file de pieux et de palplanches.

Les moises devront être généralement au fond du lit ou du bassin, sauf le cas où, prévoyant des approfondissements ultérieurs, on engage les pieux sous le parement même du mur.

Mais la première disposition (Liverpool, avant-port, fig. 531 ; Dunkerque, quai à l'amont de l'écluse Freycinet, fig. 532) est préférable au point de vue de la stabilité, puisqu'elle augmente l'empatement à la base des fondations, bien que, dans la seconde, les pieux supportent une partie de la pression (Anvers, bassin América, fig. 533 ; avant-port de Southampton, fig. 534).

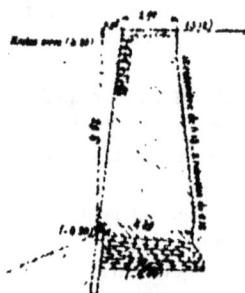

Fig. 533. — Anvers.   Fig. 534. — Southampton.
Quai du bassin America.   Avant-port.

Dans tous les cas, les épaisseurs des murs de quais doivent être en rapport avec les poussées des remblais : il y a donc intérêt à employer de préférence dans les remblais les matériaux qui poussent le moins : moellons, déchets de carrière, sable ; lorsqu'ils sont exécutés en terre, il est nécessaire de choisir les terres les plus sèches et d'écarter, lorsqu'on le peut, tout ce qui est vaseux ou tourbeux. Les remblais doivent être faits avec grand soin, régalés et pilonnés sur une certaine largeur : sous l'influence des pluies ou même de la force vive produite par le déchargement des wagons, il est arrivé que

des remblais aient produit des poussées brusques et disloqué
les ouvrages.

Mais, par économie, on est souvent conduit à limiter à
une certaine épaisseur en arrière du parement postérieur du
mur l'emploi des matériaux à faible poussée ; il n'est pas
moins nécessaire de surveiller les remblais à construire en
arrière, pour assurer leur assèchement aussi complet que
possible.

Lorsqu'une maçonnerie est en contact avec des terres
humides, il tend à se produire, près du parement remblayé,
une accumulation d'acide carbonique en excès ; de là, dans
les mortiers, la formation de bicarbonates solubles qui sont
entraînés par les eaux ; c'est pour ce motif qu'il y a toujours
un grand intérêt à isoler les maçonneries des terres humides,
par des remblais perméables ou par des drains.

Par le même motif, contrairement à la pratique ordinaire,
d'après laquelle des réductions de largeur sur le parement
postérieur des murs sont obtenues par redans horizontaux,
certains constructeurs préfèrent donner aux murs un fruit
intérieur qui permet aux remblais de tasser sans se diviser et
sans que les eaux soient arrêtées en aucun point. La question
a beaucoup moins d'intérêt lorsqu'un filtre à pierres sèches est
prévu sur toute la largeur des retraites.

Seulement, si, dans un mur de soutènement construit à
sec, on doit toujours écouler les eaux par des barbacanes,
pour assécher les remblais, il n'en est pas de même pour un
mur de quai soumis à des oscillations fréquentes dans le plan
d'eau : les barbacanes détermineraient des courants alterna-
tifs qui pourraient entraîner les remblais, et on ne doit y
avoir recours que lorsqu'on a à débiter des eaux de source à
un niveau généralement supérieur à celui de la mer, en
ménageant, derrière les barbacanes, un filtre en petits matériaux, d'un volume suffisant pour empêcher l'écoulement des
terres.

Mais, comme nous l'avons vu pour les murs de La Pallice
et de Tancarville, des barbacanes doivent être prévues dans
des revêtements minces s'appuyant sur un rocher fissuré.

457. Écluses. — Lorsqu'on fonde les écluses par épuisement, à l'abri d'un batardeau ou dans une fouille ouverte, on emploie deux systèmes, suivant la difficulté des épuisements.

Lorsqu'on peut amener le plan d'eau au-dessous du niveau de la fondation, on construit entièrement en maçonnerie le corps du radier et son revêtement, puis les bajoyers ; ce sont les conditions qu'on cherche à réaliser dans les écluses en canal ou en dérivation : elles ne comportent pas d'autres dispositions spéciales que l'ouverture de rigoles autour de la fondation pour conduire au puisard les eaux d'épuisement.

Lorsque les épuisements sont assez difficiles pour qu'on ne puisse maintenir régulièrement le fond à sec, il peut être préférable de laisser les eaux à un niveau intermédiaire et de couler sous l'eau une dalle de béton dont la surface dépasse son niveau, en observant les précautions que nous avons indiquées pour ce cas au n° 124.

C'est ainsi qu'on a opéré pour le béton des écluses de Calais et du bassin de Freycinet, à Dunkerque.

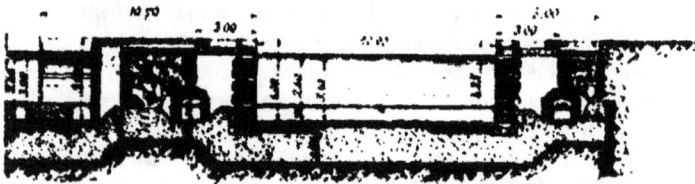

Fig. 535. — Écluses de la Haute-Seine.

Dans cette hypothèse, on surmonte quelquefois le béton du radier de batardeaux en béton qui forment une cuvette à l'intérieur de laquelle on épuisera pour poser le revêtement du béton, le busc et les premières assises des bajoyers dans l'épaisseur desquels les batardeaux sont incorporés.

C'est le système employé pour la construction des écluses de la Haute-Seine (fig. 535) et de la Marne (fig. 536), de 1850 à 1870.

Les écluses ordinaires de navigation intérieure, à sas, sont généralement fondées sur radier général ; au contraire, les écluses maritimes, qu'elles aient une ou plusieurs paires de

portes, c'est-à-dire qu'elles comprennent ou non entre elles
un sas ou bassin de mi-marée, ne sont généralement pas fondées sur radier général.

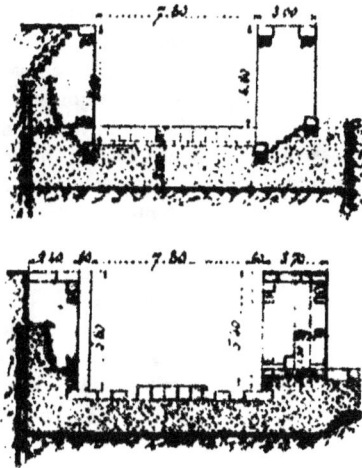

Fig. 536. — Écluses de la Marne.

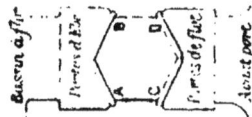

Les dispositions générales de ces écluses en plan sont
représentées par les figures 537 et 538. Dans la première,

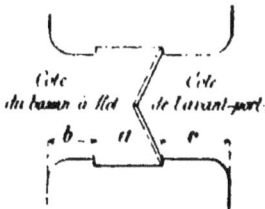

Fig. 537. — Écluse simple   Fig. 538. — Écluse à sas

une paire de portes busquées sépare seule un bassin d'un
avant-port ; elle est comprise entre deux bajoyers, dans lesquels sont pratiquées les chambres de portes *a*. La longueur
c de la maçonnerie qui supporte la poussée des portes est

3

plus grande que celle de la maçonnerie *b* qui sert seulement à protéger les charpentes des portes contre les chocs.

Dans la fig. 358, l'écluse présente, indépendamment des portes d'ebe ou de retenue, des portes de flot du côté de l'avant-port. Lorsque le bassin à flot est séparé de l'avant-port par un sas ou bassin de mi-marée, deux écluses semblables sont construites à chaque extrémité du sas.

Les têtes de ces écluses présentent toujours un radier qui supporte les pressions et empêche les filtrations de l'amont à l'aval : dans les sas, on se dispense souvent de construire un radier ou on le réduit à un simple revêtement et, dans les chambres des portes, on se contente quelquefois aussi d'un revêtement, lorsque le terrain est résistant.

C'est ainsi que dans les écluses fondées sur le rocher, à Saint-Nazaire, Fécamp, Tancarville et La Pallice, le radier maçonné au droit des buscs et aux abords constitue un diaphragme encastré dans le rocher. Le dallage de la chambre des portes n'a qu'une épaisseur de 0 m. 25 à Tancarville, portée à 0 m. 72 sous le busc, et de 0 m. 50 à l'écluse amont du bassin de mi-marée de Fécamp.

Si le rocher s'élève assez haut et est assez compact, les bajoyers peuvent, sur une partie de leur hauteur, ne se composer que d'un parement appliqué contre le rocher (écluse de

Fig. 539. — Saint-Nazaire : Ecluse de Penhouet

Penhouët, à Saint-Nazaire, fig. 539 ; écluse de La Pallice, fig. 540 et 541) ; il faut seulement ménager des arrachements suffisants pour qu'il n'y ait pas de décollement entre les massifs de différentes épaisseurs.

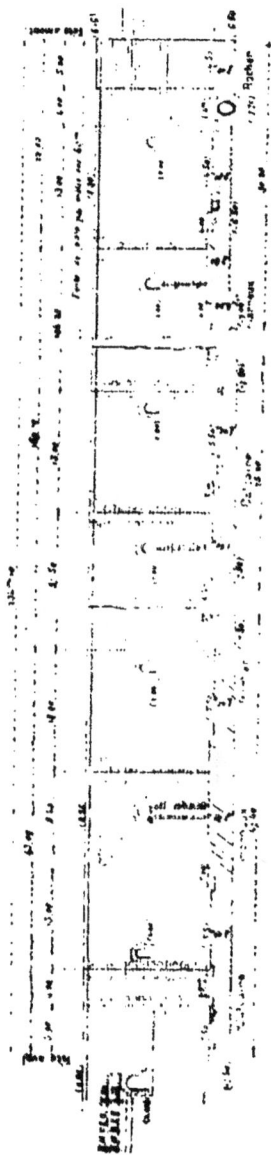

Fig. 540. — Écluse de la Pallice : coupe longitudinale

Fig. 541. — Écluse de la Pallice : coupe transversale

Lorsque le terrain est affouillable, on peut employer deux systèmes : ou descendre les maçonneries assez profondément pour n'avoir pas à craindre les affouillements, ou protéger les massifs par des enceintes jointives de pieux et palplanches.

C'est dans ce dernier système qu'ont été construites l'écluse

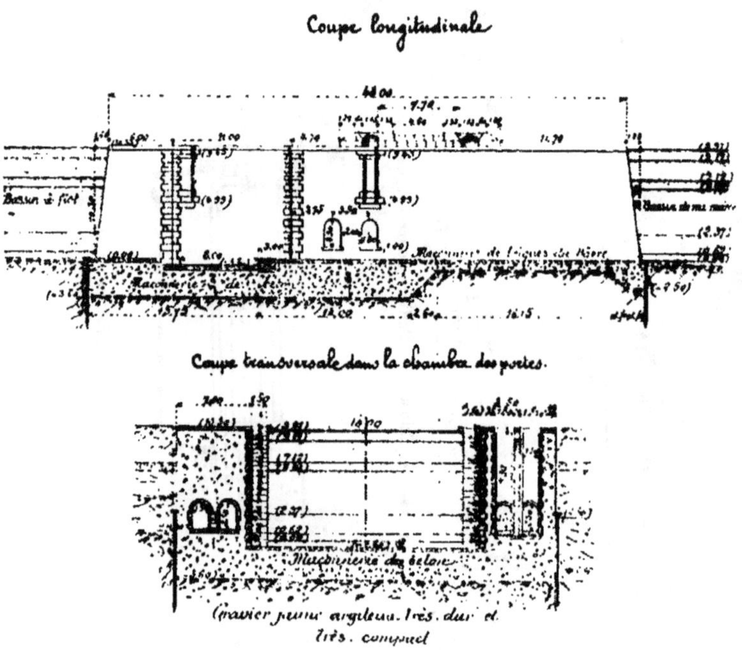

Coupe longitudinale

Coupe transversale dans la chambre des portes.

Fig. 542. — Ecluse d'amont du sas de Dieppe.

d'amont du sas à Dieppe (fig. 542) et les écluses de Calais (fig. 543).

Dans ces dernières, le terrain étant plus affouillable, on a admis, même sous le sas, une plateforme générale en béton de 1 m. 50 d'épaisseur, dont le dessous, généralement à la cote — 4 m. 78, s'abaisse au droit des chambres des portes à

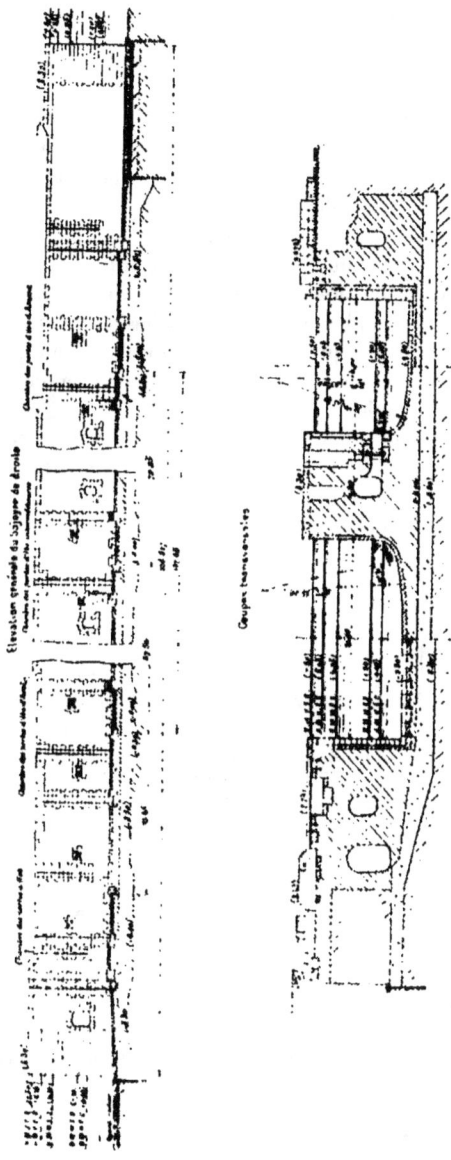

Fig. 53. — Écluse de Calais : coupes longitudinale et transversale.

— 5 m. 78, et le long des lignes transversales de pieux et de palplanches des têtes amont et aval jusqu'à — 6 m. 28, le busc étant à la cote — 2 m. 50.

Le béton de fondation est formé de galets et de mortier de chaux hydraulique, trass et sable. Le radier comprend, indépendamment de cette couche de béton, un massif de maçonnerie avec parement en moellons smillés. C'est à des fondations ainsi construites que s'applique la remarque que nous avons déjà eu occasion de faire sur la nécessité d'arracher, de distance en distance, les files de palplanches longitudinales et de couper les moises pour arrêter les filtrations, qui peuvent être très dangereuses, lorsqu'elles s'établissent le long de ces parois longitudinales.

Il arrive quelquefois que, pour diminuer les terrassements, on exécute en fouille blindée la partie basse d'une écluse.

L'écluse d'Alexandra Dock, à Hull, a été fondée par ce procédé (fig. 544). Dans ce cas, on construit d'abord la base

Fig. 544. — Écluse d'Alexandra-Dock, à Hull.

des bajoyers pour former une enceinte qui sert de batardeau pour la construction de la fondation et du revêtement du radier ; mais alors il faut avoir soin de laisser des arrachements profonds dans les premières maçonneries pour les relier à celles qui seront construites plus tard, et de couper tous les bois qu'on ne pourrait pas arracher sans inconvénient, notamment les pieux battus pour soutenir les parois des premières fouilles.

458. Formes de radoub. — Les formes de radoub s'exé-

cutent dans des conditions qui se rapprochent beaucoup de
celles où s'établissent les écluses de navigation. Il y a cependant quelques différences tenant à ce que la forme doit être
normalement tenue à sec, tandis que, dans les écluses, au
contraire, le radier est couvert d'une hauteur d'eau plus ou
moins grande. L'étanchéité, qui s'impose pour les formes,
conduit à prendre, pour leur établissement, des précautions
particulières et à recourir à quelques dispositions spéciales.

Il convient de fonder ces ouvrages dans des fouilles bien
asséchées toutes les fois que cela est possible sans donner lieu
à de trop grandes dépenses.

Les revêtements qui constituent le radier et les bajoyers
dans les formes creusées dans un terrain rocheux étanche
doivent être exécutés avec un mortier riche ; leur épaisseur
doit être plus forte que celle des revêtements analogues des
écluses ; elle ne descend généralement pas au-dessous de
2 mètres.

Si le rocher donne lieu à des filtrations, on doit assurer
leur écoulement derrière les revêtements, au moyen de drai-
nages ménagés aussi bien le long des bajoyers que sur le
fond du radier.

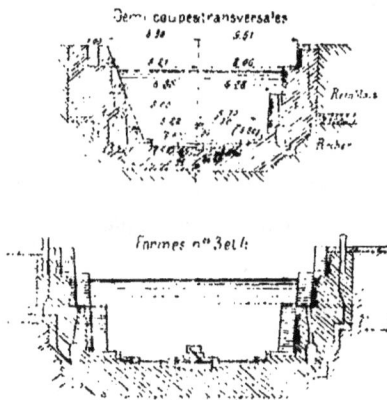

Fig. 545. — Formes de Marseille 3 et 4.

A Marseille (fig. 545), aux formes 1, 2, 3 et 4, il a été établi, dans l'intérieur même des massifs, un peu en avant du rocher, un drainage en briques creuses qui conduit dans l'aqueduc d'épuisement les eaux qui ont filtré à travers la première couche de maçonnerie. Il est alors prudent d'exécuter la partie postérieure des bajoyers avec un mortier de ciment de Portland riche, ou, tout au moins, de les rejointoyer ainsi.

459. Barrages. — Nous avons indiqué précédemment les dispositions adoptées pour les fondations des barrages, au point de vue de la jonction des différentes sections dans lesquelles on doit diviser leur construction pour ménager l'écoulement des eaux.

Les fig. 546 et 547 représentent les dispositions adoptées

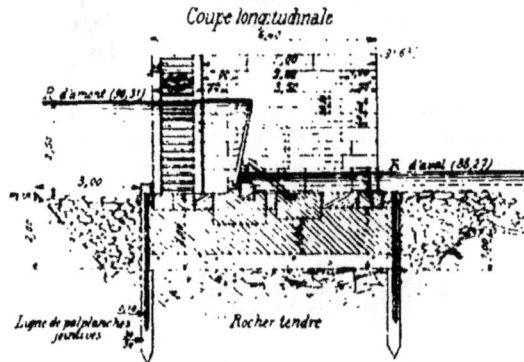

Fig. 546.

Fondation d'un barrage dans une enceinte de pieux et de palplanches.

dans un certain nombre de barrages, notamment sur la Meuse belge et sur la Moselle. Ces ouvrages ont été construits par épuisements, à l'abri de batardeaux ; nous aurons à discuter dans un autre article les dispositions qu'ils présentent pour résister aux affouillements.

Au barrage de Suresnes, sur la Seine, reconstruit de 1880 à 1885, le radier proprement dit a, dans la passe navigable, 4 m. 12 d'épaisseur normale composée d'une couche de béton de 2 m. 12 et d'une couche de maçonnerie de 2 m. 00 ; on a voulu encastrer les fondations dans l'argile plastique et ne pas

avec parafouilles en maçonnerie

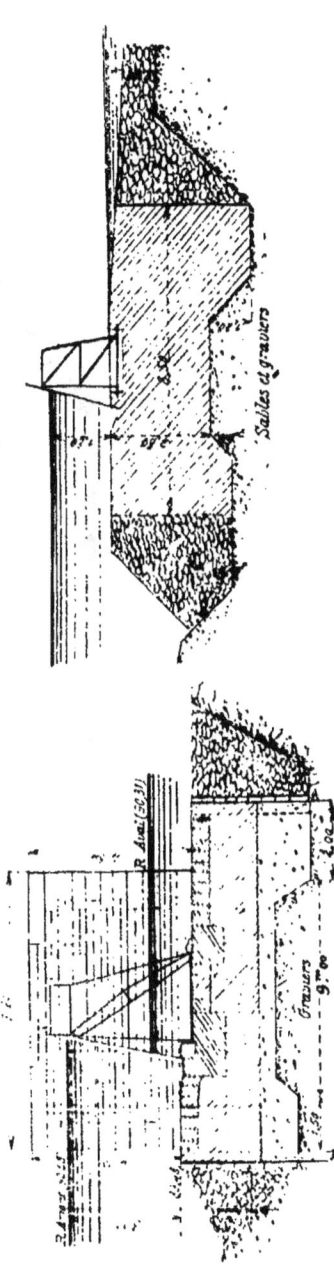

Sables et graviers

avec parafouilles et écran en palplanches

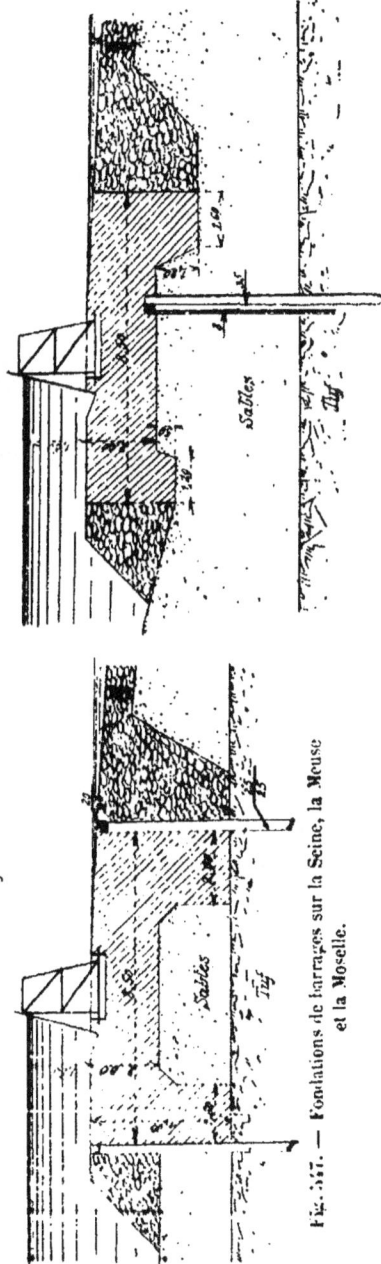

Sables

Tuf

avec murs de garde.

Graviers 9,00

R A.mi(50,31)

Sables

Tuf

Fig. 557. — Fondations de barrages sur la Seine, la Meuse et la Moselle.

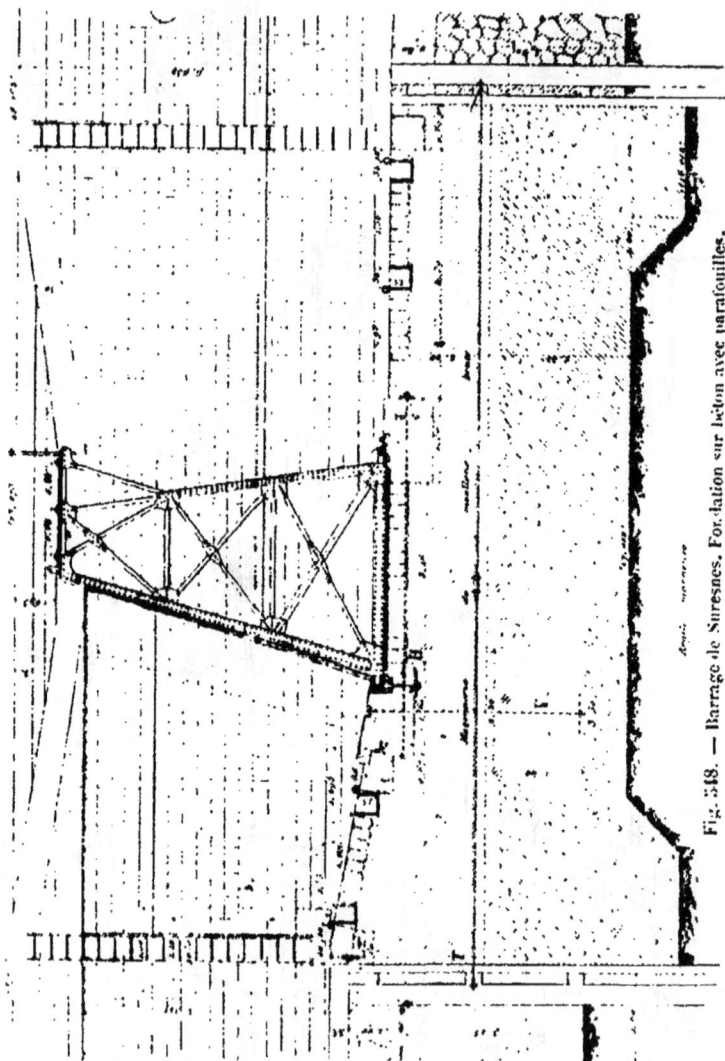

Fig. 548. — Barrage de Suresnes. Fondation sur béton avec parafouilles.

conserver sous les maçonneries une couche mince de sables et d'alluvions.

La largeur du radier a été fixée à 15 mètres, de manière à limiter sur l'argile plastique la pression à 1 kg. 50.

L'épaisseur normale du radier est augmentée : en-dessous, par des parafouilles remplis en béton sur 1 m. 00 de profondeur et 2 m. 50 de largeur moyenne ; au-dessus, par le seuil du barrage formant un plan incliné qui s'élève, à l'amont, à 1 m. 00 au-dessus du terre-plein du radier. Ce barrage est muni de fermettes, et la fermeture est assurée en partie par des rideaux Caméré et en partie par des vannes Boulé.

La coupe transversale (fig. 548) montre : les enceintes constituées par des files de palplanches jointives battues au moyen de lignes de pieux extérieures, et les dispositions prises pour constituer les avant et arrière-radiers dont les parties voisines du barrage ont été exécutées à sec, à l'abri des batardeaux ; c'est un des avantages du système qui consiste à construire les batardeaux à une distance assez grande des massifs définitifs.

Fondations par épuisements dans des caissons sans fond.

440. Ponts. — La première application de la fondation dans un caisson sans fond, par épuisement, paraît avoir été faite par M. Beaudemoulin, au pont de Port-de-Piles, sur la Creuse (1846-1848) ; le fond était à peu près régulier, le caisson, dont les bordages étaient calfatés, se terminait, à la partie inférieure, par des semelles sous lesquelles on avait disposé des bourrelets en toile remplis d'argile : leur appui sur le sol a suffi pour permettre un étanchement suffisant, et on a pu épuiser à l'intérieur et construire à sec (fig. 549).

Mais, pour le pont du Scorff, à Lorient, le fond du rocher étant incliné, on a dû placer la moise inférieure à une certaine hauteur au-dessus du fond : les poteaux d'angle, dont la longueur avait été calculée d'avance de manière à rendre le caisson vertical, s'appuyaient seuls sur le fond, et la fermeture

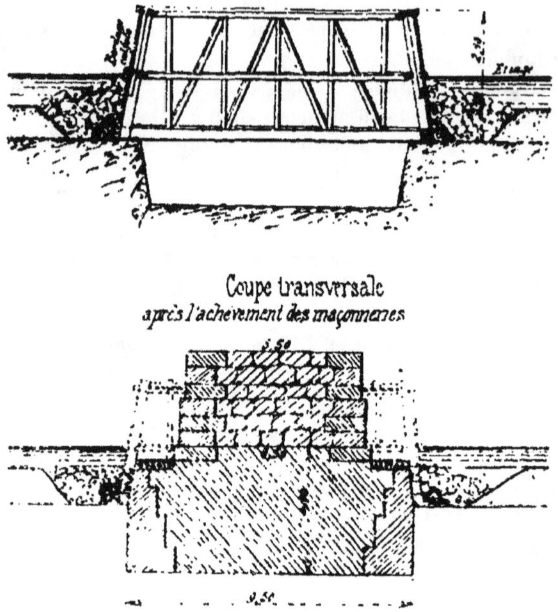

Coupe transversale
après l'achevement des maçonneries

Fig. 549. — Pont de Port-de-Piles, sur la Creuse.

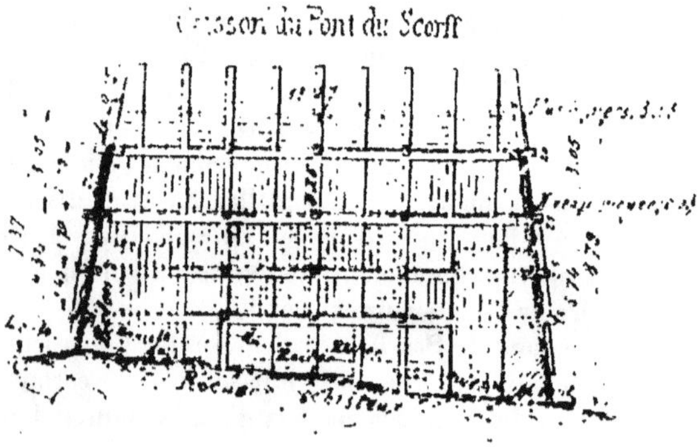

Caisson du Pont du Scorff

Fig. 550. — Pont sur le Scorff à Lorient.

était complétée par des palplanches glissant entre les moises
inférieures. Après avoir vainement cherché à étancher la
partie inférieure de la paroi au moyen de bourrelets de toile,
on a dû construire, à l'intérieur, des batardeaux en ciment
dont le dessus dépassait la moise inférieure et on a pu ensuite
épuiser, non sans difficulté, à l'intérieur de ces batardeaux
qui ont été incorporés dans les massifs (fig. 550).

A Port-de-Piles, la hauteur des caissons était de 5 m. 75 ;
elle atteignait de 7 m. 35 à 8 m. 79 au pont du Scorff. Dans
ce dernier ouvrage, les déviations des palplanches devaient
empêcher l'étanchement, autant que les vides qu'elles pouvaient laisser sur le fond.

Aussi, au viaduc de Quimperlé, construit peu après, prit-on
franchement le parti d'agrandir le caisson principal, de
manière à permettre d'établir à la base un petit caisson de
2 m. 50 de hauteur, laissant un intervalle de 1 m. 25 rempli
d'argile ; les parois du grand caisson pouvaient se démonter
de manière à servir plusieurs fois.

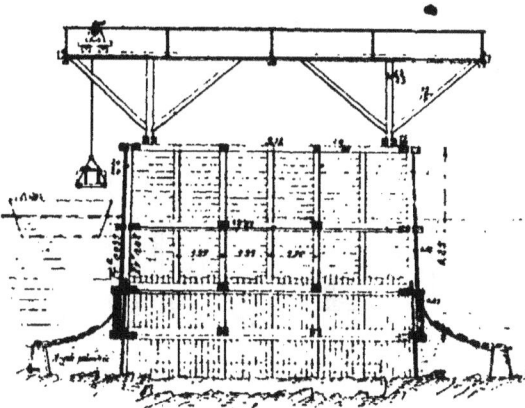

Fig. 551. — Caisson du pont de Port-Launay mis en plan.

Au viaduc de Port-Launay (fig. 551), où la mise en place de
grands caissons de 22 m. 75 sur 10 m. 60 était facilitée par les
manœuvres d'eau d'un barrage voisin, on est revenu aux

dispositions du pont du Scorff, mais l'étanchement à la base
a été obtenu en pilonnant de l'argile le long des palplanches,
à l'extérieur, et en recouvrant ce contre-batardeau avec de
fortes toiles.

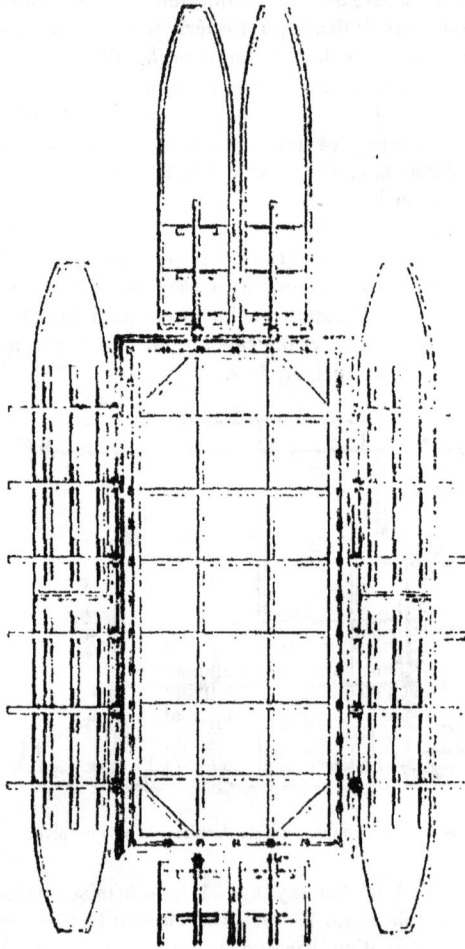

Fig. 332. — Mise en place du caisson. — Plan.

La fig. 552 montre en plan les dispositions des bateaux employés pour la mise en place du caisson, représenté au-dessus de son emplacement définitif par la fig. 553. Après

Fig. 553. — Mise en place du caisson. — Coupe.

l'échouage, on procède au battage des palplanches et la construction des batardeaux extérieurs a lieu conformément aux indications de la fig. 551.

Malgré une surface d'environ 240 mètres (22 m. 75 × 10 m. 60) et une charge d'eau atteignant quelquefois 7 mètres, une seule pompe ne fonctionnant que 2 ou 3 heures par jour épuisait la fouille creusée au-dessus d'un fond de roche schisteuse.

Au pont de Nogent-sur-Marne (Annales des Ponts et Chaussées, 2ᵉ série, p. 282, M. Pluyette) on a cru nécessaire, pour une enceinte qui n'avait pas de dimensions notablement supérieures : 23 mètres sur 11 m. 20, d'employer un caisson en tôle dans lequel, avant d'épuiser, on coulait une couche de 3 m. 00 de béton.

Sur la hauteur du béton et à des distances horizontales d'environ 4 mètres, trois cours de tirants horizontaux reliaient les parois opposées ; des tirants étaient également disposés dans la zône correspondant aux maçonneries construites par épuisement. Au-dessus, sur une hauteur de 2 m. 50, l'enveloppe en tôle devait être enlevée après la construction : elle était étrésillonée, au fur et à mesure des épuisements, au moyen de boisages provisoires qui descendaient jusqu'à la surface du béton.

La hauteur des épuisements a été inférieure à 5 m. 50 et le cube épuisé par heure n'a pas dépassé 30 mètres cubes ; le résultat a donc été entièrement satisfaisant, mais le poids de tôle a atteint 70.000 kilogrammes et par suite le prix total de la fondation a été assez élevé.

461. Barrages. — L'emploi des caissons sans fond, formant batardeau peut également s'appliquer à la construction des barrages.

Pour faciliter le contreventement de ces caissons, on peut avoir intérêt à les rapprocher de manière à ne laisser entre eux que la largeur du radier. Mais ce système n'est à recommander que si, à cause du voisinage du rocher, les épuisements paraissent devoir être peu abondants.

Si d'autre part, à cause de la grande surface des fouilles, on craint que la rigidité des parois du caisson soit insuffisante, on peut recourir à une double paroi avec matelas de terre formant batardeau.

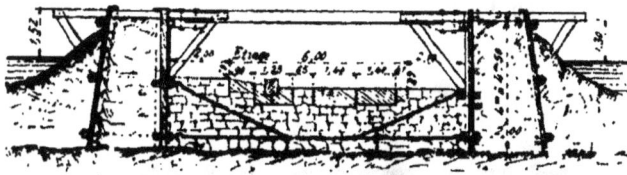

Fig. 554. — Passe navigable du barrage de la Citanguette fondé à l'abri de caissons sans fond.

Le figure 554 montre les dispositions adoptées pour la construction de la passe navigable du barrage de la Citanguette, sur la Haute-Seine.

Les coffrages définitifs ou provisoires délimitent deux enceintes, dont l'intervalle forme batardeau avec contre-batardeau extérieur ; les deux enceintes sont reliées par des traverses supérieures et par des tirants inférieurs : à noter l'emploi des tirants en fer au pied des batardeaux : cette disposition n'est pas à imiter.

462. Limites d'application des fondations par épuisement. — Les fondations par épuisement peuvent être appliquées jusqu'à une profondeur de 5 à 6 mètres pour les piles de ponts et de 8 à 10 mètres pour les culées de ponts et pour les barrages, lorsqu'on peut établir les batardeaux transversaux à une distance de 5 à 10 mètres des massifs à construire.

Avant d'arrêter les épuisements, les vides qui existent entre les batardeaux et les massifs de fondation seront utilement comblés par des enrochements. Pour les ponts, ces massifs de protection devront être arrêtés à un niveau assez bas pour ne pas nuire à la navigation ou à l'écoulement des eaux ; ils pourront être, lorsque la force des courants le comportera, recouverts d'enrochements de grande dimension et quelquefois de maçonnerie.

4

Aux abords des barrages, des enrochements souvent revêtus de maçonneries constitueront l'enracinement des avant
et arrière-radiers qui sont toujours nécessaires, sauf sur le
rocher compact, pour limiter les affouillements produits par
les chutes d'eau, les remous et les tourbillons.

Procédés divers

463. Fondation au moyen d'un puits de mine. — Un
autre moyen d'atteindre le terrain solide à travers des terres
ébouleuses est celui qui a été cité précédemment, à l'occasion
des fouilles blindées : il consiste à traverser par un puits de
mine le terrain supérieur et à construire ensuite les maçonneries de fondation à partir de ce puits, en s'élargissant successivement au moyen de galeries également blindées.

Ce procédé a été employé dans les Pyrénées par M. E. Gouin,
pour la fondation de la pile d'un viaduc à travers un flanc de
coteau argileux (fig. 555).

Le puits avait 3 m. 50 de longeur sur 1 m. 60 de largeur
et était divisé en trois cases, l'une au milieu pour les hommes,
les deux autres pour les seaux à déblais : la profondeur était
de 19 mètres.

Les galeries du fond avaient 2 m. 30 de hauteur et la moitié
de la largeur de la pile ; pendant qu'on maçonnait d'un côté,
on déblayait de l'autre en s'appuyant successivement sur les
maçonneries faites.

Ce système a bien réussi, mais on ne paraît pas avoir rencontré beaucoup d'eau dont l'extraction aurait été assez
difficile.

464. Emploi de galeries latérales d'assainissement.
— Dans ce cas, si on avait rencontré des eaux abondantes, on
aurait dû recourir au procédé appliqué, en 1896, par M. Male-
val, Ingénieur du chemin de fer de Paris à Lyon et à la Méditerranée, à la construction du viaduc du Grand-Echaud, sur
la ligne de Longeray à Divonne (fig. 556).

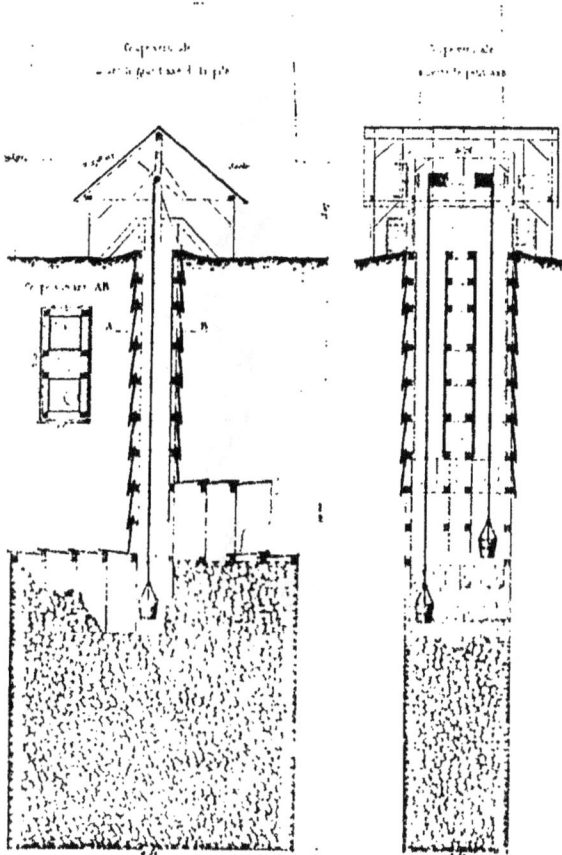

Fig. 555. — Fondation par épuisements à l'aide d'un puits de mine.

Avant de creuser les fouilles à travers des dépôts glaciaires
très-ébouleux, on en a assaini la base au moyen de galeries
présentant une pente vers le fond de la vallée et qui ont servi
d'abord à l'écoulement des eaux, ensuite à l'extraction des
déblais ; naturellement limité aux terrains à forte pente, ce
procédé est de nature, lorsqu'il est applicable, à diminuer

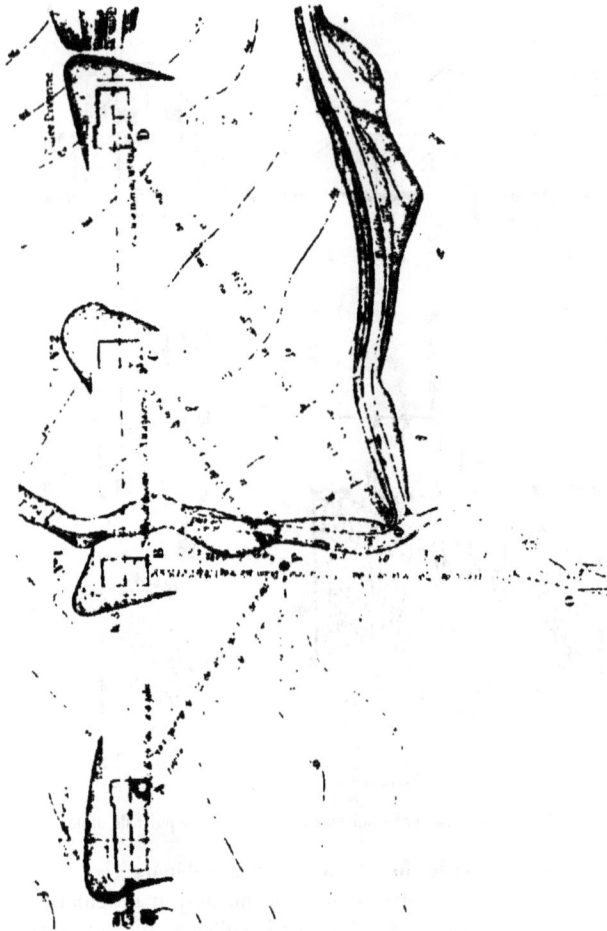

Fig. 58. — Fondation dans une fouille assainie par des galeries de drainage.

Plan des fondations de la culée côté engeray

Plan des fondations de la pile N° 2

Coupe suivant abc

Plateforme (cote 83)

Plateforme

Coupe s^me a o

Plateforme (cote 80)

Sondage

Sondage

Sondage

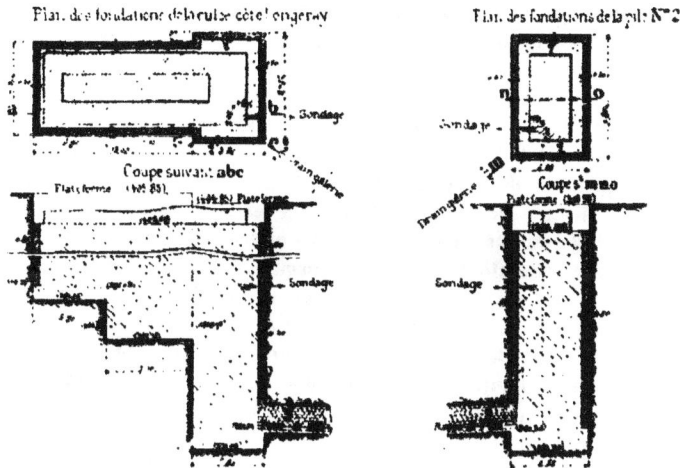

Fig. 336 bis. — Fondation dans une fouille assainie par des galeries de drainage.

notablement les frais d'épuisement et de montage des déblais dans les fondations profondes.

Lorsque les galeries sont achevées, elles assurent l'écoulement des eaux souterraines au niveau du fond de la fouille de chaque pile ou culée. On descend alors par épuisement un puits vertical blindé dans un des angles de la fouille ; il ne reste plus ensuite qu'à élargir la fouille en y employant des blindages qui seront d'autant moins coûteux que l'assainissement préalable aura été plus complet.

465. Emploi de la dynamite. — Dans la *Revue du Génie militaire* (1887) le capitaine Bonnefon a cité un procédé intéressant, destiné à permettre de traverser une couche peu épaisse de vase mouillée par des puits remplis ensuite de béton qui, reliés par des voûtes, ont servi de base à un mur de fortification.

Le procédé est fondé sur une remarque concernant l'action de la dynamite, quand elle fait explosion au milieu d'un terrain de vase argileuse ; la brusque compression des parois refoule

l'eau et assèche l'excavation pendant un temps suffisant pour
qu'on puisse régulariser la fouille et la remplir de béton avant
que l'afflux des eaux devienne gênant.

Après avoir exécuté, au moyen d'une barre à mine creuse
de 43 millimètres de diamètre, un forage vertical descendant
sur 2 m. 20 de profondeur jusqu'à la couche de gravier sur
laquelle on devait établir la fondation, on y descendit, fixé sur
une tringle en bois, un chapelet de cartouches de dynamite
de 100 grammes, à raison de 8 par mètre. L'explosion produisit une excavation, cylindrique jusqu'à 0 m. 70 de la surface du
sol et de 1 m. 10 de diamètre, dont le fond était partiellement
comblé par les terres provenant de la partie supérieure.

On descendit dans l'excavation un tambour cylindrique de
1 m. 50 de hauteur et de 1 m. 10 de diamètre, percé de trous
destinés à permettre son extraction ; on régularisa la fouille
à l'intérieur et on la remplit à moitié de béton. On put alors,
non sans quelques difficultés, arracher le tambour en tôle
et terminer le pilier en béton, dont la partie supérieure
était disposée pour recevoir la retombée de petites voûtes de
1 m. 40 d'ouverture, les piliers étant espacés de 6 mètres
d'axe en axe.

Ce procédé a été employé dans la construction de l'enceinte
fortifiée de Lyon et est considéré comme ayant permis de
réaliser, dans les circonstances indiquées, une économie de
74 0/0 sur l'emploi de dragages dans des fouilles blindées.

§ 3. — FONDATIONS SUR BÉTON IMMERGÉ

**405. Fondations dans des enceintes de pieux et de
palplanches.** — Dans les limites de profondeur qui ont été
indiquées pour les fondations par épuisement, la dépense,
souvent élevée, des batardeaux et des épuisements a conduit
à chercher des procédés plus économiques, et l'emploi du béton
immergé a fourni une solution, dont nous avons précédemment exposé les conditions générales d'application.

Lorsqu'on doit immerger du béton dans une enceinte, il y

a, en dehors du nettoyage de la fouille fait après le dragage et parachevé au moment même du coulage du béton, certaines précautions essentielles : il faut qu'aucun courant ne puisse traverser le béton et qu'en conséquence la paroi d'amont de l'enceinte soit aussi continue que possible ; si elle ne l'était pas, il faudrait boucher les vides au moyen d'enrochements sur lesquels on répandrait du gravier, ou qu'on pourrait revêtir de bâches en toiles ; au contraire, l'enceinte d'aval ne doit pas être étanche, pour faciliter la sortie de la laitance dont l'enlèvement est toujours difficile ; on laissera quelques vides dans les palplanches et on conduira le bétonnage de l'amont vers l'aval, le plus rapidement possible, en employant des enrochements à l'extérieur pour résister à la poussée du béton frais.

Les explications données précédemment sur le coulage du béton dispensent de revenir de nouveau sur cette opération, qui se fait généralement au moyen d'un pont roulant sur les enceintes de fondation et portant des caisses ou des trémies.

Lorsque l'épaisseur du béton à immerger dépasse 1 mètre, le coulage doit se faire par couches successives de 0 m. 60 à 0 m. 80 ; lorsque la surface n'est pas très grande, comme pour la fondation d'une pile de pont, le même appareil achèvera la première couche, en allant de l'amont à l'aval, puis reviendra en amont pour faire la seconde couche et ainsi de suite.

La fig. 557 représente les charpentes fixe et mobile employées pour la construction d'un aqueduc à Frouard (1854) ; les caisses vides étaient placées sur des trucs, mobiles sur de petites voies, et recevaient leur béton, fabriqué sur un plancher à l'extrémité du chantier ; les voies s'allongeaient au fur et à mesure du coulage du béton, pour diminuer la distance à franchir par le chariot roulant auquel on suspendait les bennes, pour les immerger.

Dans un travail analogue, le treuil était porté par un radeau construit à l'aide de barriques vides.

Dans ces deux cas, le coulage du béton s'effectuait à l'aide d'une seule benne.

Lorsque la surface à bétonner est plus grande, ce système

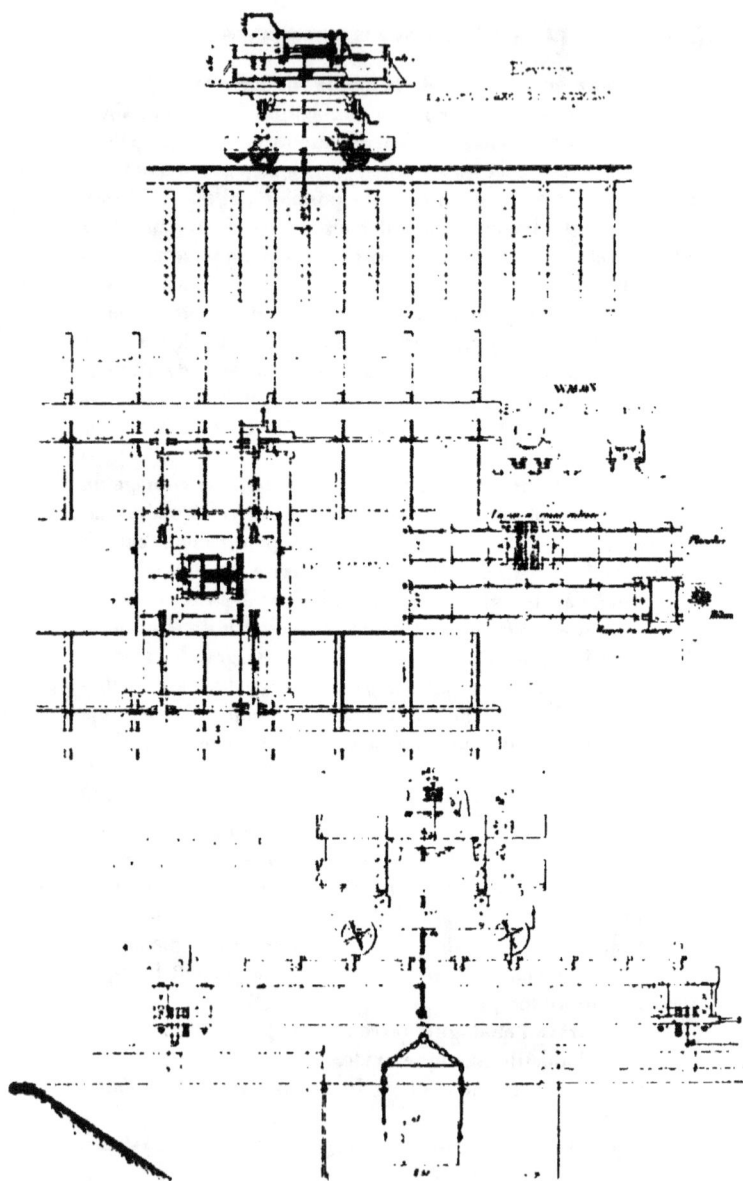

Fig. 557. — Coulage de béton à l'intérieur d'une enceinte de petite largeur.

aurait le double inconvénient d'une marche trop lente et de la superposition des couches nouvelles à des couches déjà anciennes avec lesquelles elles n'adhèreraient pas complètement.

On devra donc d'abord monter sur le même pont roulant plusieurs treuils portant des caisses ou trémies, puis mettre en œuvre successivement plusieurs appareils, de manière à faire en même temps les couches supérieures dès que les couches inférieures auront pris une certaine avance.

En 1880, à Bougival, pour la fondation de deux écluses accolées, on avait à bétonner, sur 260 mètres de longueur, une fouille dont la largeur était de 43 m. 20 dans une partie et 25 m. 50 pour le surplus.

L'épaisseur du béton devait varier de 3 à 4 mètres, dans une profondeur d'eau de 7 à 8 mètres.

A cause de la grande largeur de la fouille, surtout en amont, on a monté les ponts roulants sur des bateaux accouplés entre lesquels passaient des batelets, portant les caisses à immersion qu'on allait remplir sous les bétonnières.

Après avoir commencé la première couche au moyen de l'appareil n° 1, on a continué cette couche au moyen de l'appareil n° 2, puis mis en action l'appareil n° 3, de manière à obtenir les couches successives représentées par le croquis ci-dessous (fig. 558) avec le numéro de l'appareil qui a servi à les construire.

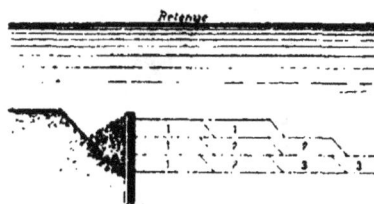

Fig. 558.
Coulage de béton par couches dans une enceinte de grande largeur.

L'emploi de ce matériel spécial était justifié par les circonstances locales, mais l'usage des ponts roulants portés sur échafaudages est d'une application beaucoup plus fréquente.

Dans le cas plus ordinaire du béton coulé à l'intérieur d'une
enceinte qui dépasse le niveau de l'eau, pendant la durée des
travaux, on constitue, au-dessus du massif ainsi formé, de
petits batardeaux en béton de ciment en surveillant avec soin
le nettoyage de la surface de contact et, après un certain temps
nécessaire pour la prise, on épuise à l'intérieur de cette
cuvette pour poser la première assise du socle s'il s'agit d'un
pont (fig. 559 et 560) ou bien les pierres du radier si on construit un barrage.

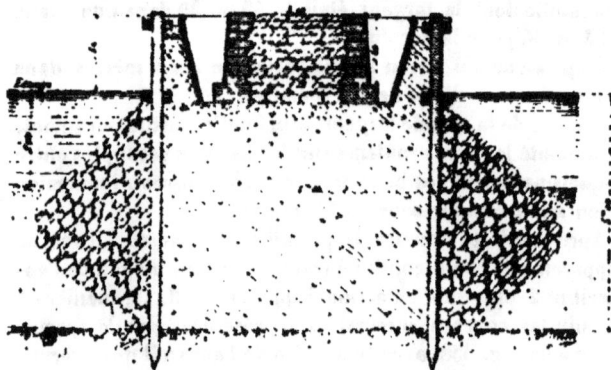

Fig. 559. — Fondation de pont sur béton immergé dans une enceinte.
Coupe verticale.

Avec des batardeaux très bien faits et auxquels on a laissé
au moins un à deux mois pour faire prise, on a pu par ce procédé, fonder des socles et des radiers sous une charge d'eau
de 1 m. 50, le batardeau ayant 0 m. 50 au sommet et 0 m. 90
à la base, mais souvent les épuisements ont une certaine importance, et si le béton ordinaire n'est pas très bien pris, on
risque de le détériorer. L'application du procédé oblige ensuite
à démolir le béton des batardeaux et à receper les pieux et
palplanches d'enceinte au-dessus des moises inférieures qui
sont établies ordinairement au niveau de l'étiage ; il conduit à
faire des massifs assez larges, qui donnent une bonne assiette

aux fondations, mais les saillies qu'ils présentent peuvent ne pas être sans inconvénient pour les arches marinières des rivières navigables.

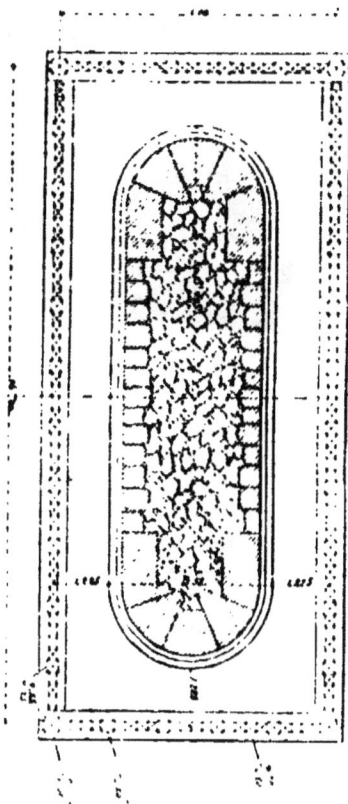

Fig. 560. — Fondation de pont sur béton immergé dans une enceinte. Coupe horizontale au niveau des naissances et plan.

Il est d'ailleurs nécessaire, comme le représente la fig. 561, que les enceintes soient entourées d'enrochements pour sou-

tenir les palplanches pendant le coulage du béton et pour
résister aux affouillements autour de la fondation.

Fig. 561. — Pont des Andelys sur la Seine.

La fig. 561 montre les dispositions d'ensemble du pont
des Andelys sur la Seine, construit de 1872 à 1873 dans ce
système.

Cette méthode, qui a donné de bons résultats pour la fondation de nombreux ouvrages sur la Seine et sur le cours
moyen de la Loire, a produit certains mécomptes sur la Haute-
Loire et sur la Garonne, rivières dans lesquelles les fonds
sont mobiles et où les affouillements, dans les crues exceptionnelles, descendent à de grandes profondeurs.

Certaines fondations ont été affouillées ; dans d'autres, où
les enceintes étaient faibles, les blocs roulés par la rivière
ont creusé des érosions dans le béton. Dans certaines démolitions, on a trouvé des parties de béton non prises, mélangées
de laitance ou de vase.

Dans son cours de Ponts, M. l'Inspecteur Général Croizette-
Desnoyers est arrivé, par la discussion de ces accidents,
dans lesquels il faut peut-être faire la part d'une surveillance
insuffisante, à la conclusion suivante, à laquelle nous ne
pouvons que nous rallier entièrement.

« Ce mode de fondation, qu'il serait très-regrettable de prohiber d'une manière générale, attendu que, dans un très grand nombre d'exemples, il a donné d'excellents résultats, ne doit être appliqué, à notre avis, qu'avec un fond de roche très compact, pouvant être facilement mis à nu, ou de gravier imcompressible, avec des enceintes descendues très bas et dans des eaux claires. Il faut l'écarter quand la dureté du sol inférieur est variable, quand ce sol est affouillable au-dessous des pieux, et enfin lorsque le cours d'eau est rapide, et que ses eaux apportent de la vase et de l'argile à la moindre crue. »

A ces observations, qui se recommandent par l'autorité de cet éminent Ingénieur, on peut ajouter qu'on doit proscrire l'emploi du béton immergé lorsqu'on n'est pas en mesure de faire rapidement et sans interruption tout l'ensemble de chaque fondation : car ce sont surtout les reprises et les apports des crues qui constituent les points faibles du système. En cas d'interruption, on ne saurait trop veiller à un nouveau nettoyage de la fouille et à un grattage à vif du béton, pour enlever toutes les parties superficielles qui peuvent être envasées.

Dans les barrages de navigation, on a souvent fait usage du béton immergé pour les fondations sur rocher ou sur gravier : les dispositions générales sont tout à fait analogues à celles des ponts ; mais lorsque l'emplacement disponible le permet, on remplace quelquefois les batardeaux supérieurs en béton par des batardeaux en terre.

La fig. 562 donne la coupe de la passe navigable de l'ancien barrage d'Ablon, sur la Haute-Seine, qui avait été fondé par ce procédé.

L'emploi du béton immergé a été très fréquent en Angleterre pour la construction des murs de quais, mais il tend à diminuer depuis qu'on connaît mieux l'action décomposante de l'eau de mer sur les mortiers, surtout avant qu'ils aient fait une prise complète ou lorsqu'étant perméables, ils sont exposés à être traversés par les eaux.

Ancienne passe navigable du barrage d'Ablon

Fig. 562. — Fondation d'un barrage sur béton immergé.

Les fig. 563 et 564 représentent les murs de Greenock et de Girvan (Ecosse).

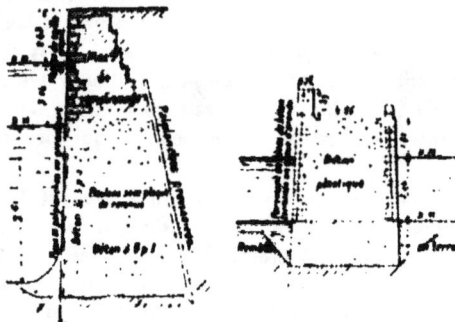

Fondations sur béton immergé. Murs de quai.
Fig. 563. — Greenock.   Fig. 564. — Girvan.

A Greenock, le coffrage était composé, à l'extérieur, de palplanches en bois de greenheart de 0 m. 178 d'épaisseur renforcées par des pieux de 0 m. 356 d'équarrissage, distants les uns des autres de 2 m. 13 d'axe en axe ; du côté des terres il n'y avait que des panneaux provisoires formés de palplanches. La partie supérieure du mur, paremontée à l'extérieur en moellons, est formée d'un massif de béton dans lequel sont incorporées de grosses pierres.

On remarquera que les pieux de l'enceinte extérieure sont

engagés sous les maçonneries un peu au-dessus du niveau des
basses eaux ; il est à craindre, malgré la résistance du bois
de greenheart, que la partie inférieure du mur ne se trouve
déchaussée, lorsque les bois auront été attaqués par la pourriture.

A Girvan, le béton était coulé dans une enceinte de pieux
et palplanches et surmonté au-dessus du niveau de basse-mer
d'une maçonnerie en béton, avec parements en blocs de béton
moulés en queue d'aronde.

Dans les ports de la Méditerranée, les formes de radoub
sont le plus souvent construites en coulant le béton sous l'eau.

A la suite de mécomptes éprouvés dans la construction
d'une forme établie à Toulon, à l'intérieur d'un caisson étanche en bois, on eut recours au béton immergé pour la
forme de Castigneau, à Toulon. A l'intérieur d'une enceinte

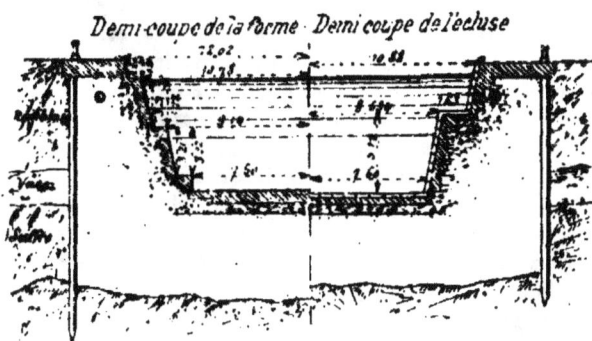

Fig. 565. — Forme de radoub de Castigneau à Toulon.

de pieux et de palplanches, on coula une couche de béton
d'une épaisseur suffisante pour former le radier, puis des
murs en béton destinés à être incorporés dans les bajoyers,
enfin un batardeau en béton du côté de l'entrée (fig. 565). Ce
radier en béton avait environ 5 mètres d'épaisseur sur 30 mètres
de largeur et 95 mètres de longueur jusqu'à la tête de la
forme.

Comme nous l'avons vu pour les ponts, on constituait

ainsi une cuvette qu'on devait épuiser après la prise du béton, mais on rencontra en pratique de grandes difficultés : les vases et la laitance empêchait l'adhérence des couches successives de béton qui n'avaient que 0 m. 50 d'épaisseur ; le radier était rarement étanche, et on a dû souvent établir des cloisons intermédiaires pour le construire par parties.

On s'explique ces difficultés en se reportant au mémoire (Annales, 1850 p. 199) dans lequel M. l'Ingénieur en chef Noel expose qu'on a passé toute une année à extraire du fond de la fouille creusée à 6 ou 7 mètres en contrebas du fond du port la boue qui s'y était accumulée ; cette opération a été continuée sans interruption, même pendant le bétonnage ; on était donc en présence d'eaux très vaseuses et par suite dans de mauvaises conditions pour la prise du béton qui était fait avec un mortier de pouzzolane d'Italie et chaux grasse ; on pompait la laitance à l'aide de pompes Letestu, et ce que les pompes n'enlevaient pas était dragué avec les vases du fond. La production de la laitance aurait été réduite si la chaux hydraulique avait été substitué à la chaux grasse.

A Gand, pour une forme de 110 mètres de longueur, on avait construit un radier de 1 m. 80 d'épaisseur, que l'épuisement, commencé trois mois après son achèvement, a disloqué ; des tubages pratiqués au travers ont montré que les trois couches dont le radier était formé étaient mal soudées, et on dut établir un drainage pour détourner les eaux, puis démolir le béton pour le reconstruire à sec.

Lors de la mise en service de la forme 6 au Havre, on constata certains décollements dans le radier ; après avoir vainement essayé de rendre étanches des maçonneries nouvelles, construites à la place de celles qui s'étaient décollées, on dut les ancrer avec celles du fond, à l'aide de tiges en fer de 0 m. 08 à 0 m. 10 de diamètre et de 0 m. 80 de longueur, ouvertes en queue de carpe à leurs extrémités et scellées, par injection de ciment, dans des trous percés dans le béton inférieur.

Ces accidents prouvent l'utilité des précautions indiquées pour l'emploi du béton immergé ; on doit l'éviter dans les eaux vaseuses, assurer un nettoyage continu de la fouille avec une extraction très soignée de la laitance, enfin mettre le béton en place par couches se succédant d'aussi près que possible.

Pour les formes de radoub et autres ouvrages destinés à être soumis très promptement aux sous pressions, on pourrait, lorsqu'on emploie du béton, recourir utilement à des armatures métalliques pour relier les différentes parties de la fondation.

467. Remarques sur la composition du béton immergé. — *Emploi du béton de ciment sous l'eau dans les travaux maritimes.* — Une question qui se pose dans ces travaux ainsi que dans la construction des jetées et des digues et quelquefois dans les autres travaux hydrauliques est de savoir s'il vaut mieux, pour le béton immergé, employer le ciment que la chaux.

Nous emprunterons notre réponse au Cours de travaux maritimes de l'Ecole des ponts et chaussées.

« Le béton avec mortier de ciment de Portland, dit M. l'inspecteur général Quinette de Rochemont, se coule assez difficilement sous l'eau ; quel que soit le dosage en ciment, il est moins gras, moins liant que celui qui est fait avec du mortier de chaux. Son emploi sous l'eau exige de grands soins et de grandes précautions qu'il est bien difficile, pour ne pas dire impossible, de prendre dans la construction d'une digue à la mer...

« La jonction des diverses couches de béton, difficile à réaliser en toutes circonstances, l'est particulièrement dans les conditions où l'on opère ; il reste trop souvent des plans de clivage tenant à un peu de vase ou de végétation marine ou simplement au défaut d'adhérence de deux bétons coulés à des époques différentes. »

Même dans des conditions moins difficiles que celles dans lesquelles se construisent les digues à la mer, la chaux hydraulique paraît devoir être préférée au ciment pour les bétons immergés, et on a obtenu de très bons bétons en ajoutant à la chaux hydraulique certaines pouzzolanes naturelles et particulièrement du trass.

Mais si le ciment immergé tend à se séparer du sable,

5

l'objection à laquelle donne lieu son emploi sous l'eau tombe, lorsqu'il s'agit de ciment pur, et on a fait près de **La Rochelle** des essais pour constituer au-dessous du niveau de la mer des massifs de fondation à l'aide de ciment pur coulé sous l'eau, en s'abritant contre la houle par des enceintes formées de treillages métalliques, présentant des jours assez grands pour laisser s'écouler la laitance.

Les résultats paraissent avoir été satisfaisants, mais les expériences sont encore trop récentes pour qu'on puisse les considérer comme entièrement concluantes.

464. Fondations sur béton immergé dans des caissons sans fond. — L'emploi du béton immergé dans des enceintes suppose que le sol de fondation peut être pénétré par des pieux ; avec le rocher tendre, en employant des sabots renforcés, terminés par des pointes aciérées, on peut établir des enceintes assez solides pour maintenir le béton.

Avec un rocher plus dur, où les pieux ne peuvent pénétrer, on a recours au système des caissons sans fond, employé d'une manière qui diffère de celle que nous avons vue combinée avec des épuisements.

Lorsqu'on doit couler du béton à l'intérieur des caissons, il n'est plus nécessaire de rendre leurs parois étanches jusqu'à un niveau voisin de la surface supérieure du béton ; au-dessus

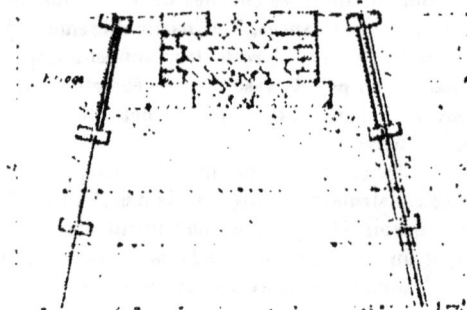

Fig. 346. — Caisson sans fond avec béton immergé (coupe transversale).

des moises qui sont placées un peu en contrebas de ce niveau, on obtiendra l'étanchéité au moyen d'une seconde paroi calfatée, placée à l'intérieur de la paroi courante, composée de panneaux de palplanches (fig. 566) ; la paroi étanche pourra être reliée à la fondation par un bourrelet en béton.

Les figures 567 à 569 représentent les dispositions d'un

Fig. 567. — Coupe transversale.

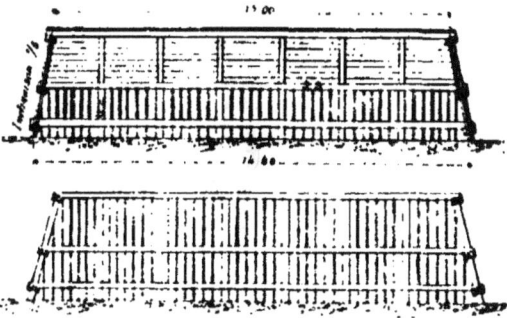

Fig. 568. — Coupe longitudinale et élévation.

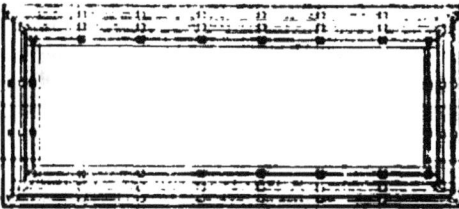

Fig. 569. — Plan d'ensemble.

Fig. 567 à 569.   Ensemble d'un caisson sans fond.

caisson analogue à celui dont nous venons de donner la coupe.

Pour une hauteur de caisson de 5 à 6 mètres, avec un socle arasé de 1 m. 50 à 1 m. 80 en contre-bas des moises supérieures, les poteaux, espacés de 1 m. 75 environ, ont $\frac{0 \text{ m. } 16}{0 \text{ m. } 16}$ d'équarrissage, les moises $\frac{0 \text{ m. } 20}{0 \text{ m. } 25}$ (3 ou 4 cours), les planches de remplissage 0 m. 06 à 0 m. 08, celles du bordage calfaté 0 m. 04. La résistance à donner au caisson dépend plus de la charge d'eau pendant les épuisements que de la hauteur totale, étant entendu qu'on montera les enrochements extérieurs, au fur et à mesure du coulage du béton.

Le détail (fig. 570) montre les couvre-joints cloués après calfatage pour assurer l'étanchéité des joints.

Fig. 570. — Détail du bordage calfaté.

C'est dans ce système qu'ont été faites de nombreuses fondations de ponts, dont il a été rendu compte dans les *Annales des Ponts et Chaussées* (M. Croizette Desnoyers 1849, 2ᵉ semestre ; MM. Bassompierre et de Villiers du Terrage, 1870, *l'usine du Pont du Jour* (1863-1866).

Dans ce dernier ouvrage, la hauteur des épuisements pouvant atteindre 2 m. 50, on a pris le parti, pour ne pas alourdir les caissons définitifs, de les surmonter d'un caisson-batardeau posé sur le béton et enlevé après l'achèvement du travail (fig. 571).

La fig. 572 montre l'installation employée pour le coulage du béton ; des caisses étaient manœuvrées sur des échafaudages portés par deux bateaux placés à l'intérieur d'une estacade fixe.

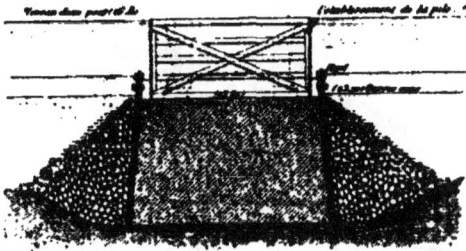

Fig. 571. — Viaduc du Point du Jour (coupe transversale de la fondation).

Au Canada, le pont de Coteau, à 60 kilom. en amont de Montréal (fig. 573), a donné lieu à une application intéressante de ce système par des profondeurs d'eau de 6 à 9 mètres, avec des courants de 3 à 4 mètres à la seconde qui rendaient la mise en place des caissons très laborieuse ; ceux-ci avaient, pour les piles, une surface de plus de 95 m² et se composaient d'une seule épaisseur de poutres horizontales de $\dfrac{0\,\text{m}.30}{0\,\text{m}.30}$ reliées par des broches et maintenues verticalement , de distance en distance, à des intervalles de 2 m. 50 à 3 mètres, par des moises doubles et 3 cours de poutres horizontales reliant les parois opposées. La hauteur était de 7 m. 32 ; sur moitié environ, on coulait du béton, après avoir fait le joint du fond au moyen de rideaux en toile placés à l'intérieur, à 0 m. 60 du fond et chargés de sacs de béton ; ces rideaux intérieurs n'auraient pas permis d'épuiser, ils avaient seulement pour objet de couper le courant. Le béton était entièrement fait avec du mortier riche de ciment de Portland, de manière à pouvoir supporter rapidement les épuisements pour la construction de la maçonnerie supérieure.

La partie correspondante du caisson s'enlevait après la construction de la pile ou était remplie d'enrochements.

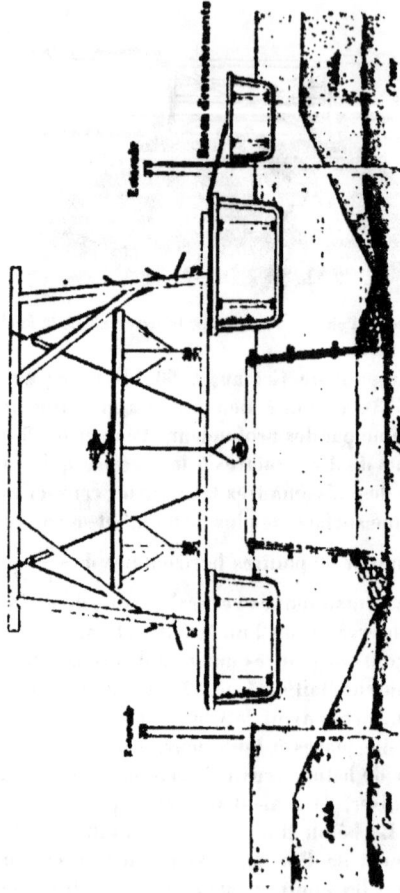

Fig. 572. — Viaduc du Point du Jour (coulage du béton).

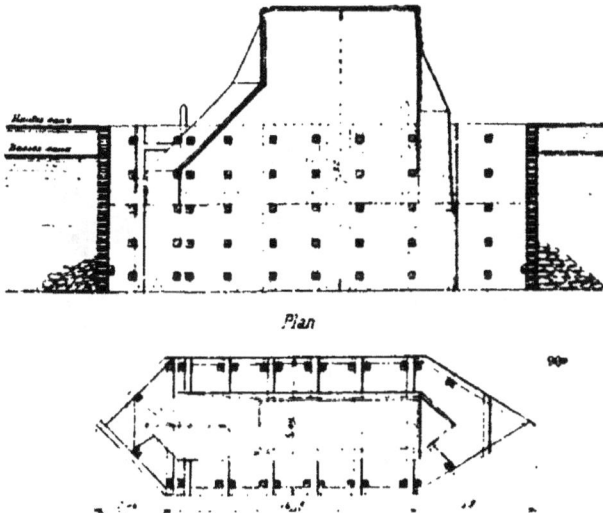

Plan

Fig. 573. — Pont de Coteau.

Les caissons sans fond se mettent en place, soit au moyen de pontons, soit à l'aide de vérins sur échafaudages, soit quelquefois au moyen d'un fond mobile, lorsqu'on doit les déplacer à une grande distance ; en tout cas, ils doivent être lestés pour être mis en place avant le coulage du béton.

Dans les ports, des murs de quais peuvent également être fondés sur des caissons sans fond.

Nous citerons comme exemple les nouveaux quais Godefroid et de l'Entrepôt à Anvers (fig. 574 et 575).

Les caissons, de 7 mètres de long sur 4 m. 50 de largeur, avaient une hauteur suffisante pour dépasser de 0 m. 25 le niveau de l'eau dans le bassin ; ils étaient formés de deux parties réunies par un joint étanche, susceptible d'être démonté avec l'aide d'un scaphandre.

La partie inférieure, haute de 2 m. 40, était en tôle de 0 m. 006 d'épaisseur ; la partie supérieure se composait de tôles d'épaisseur décroissant de 0 m. 009 à 0 m. 005, raidies par des fers à T horizontaux et verticaux. Ces derniers étaient

distants les uns des autres de 1 mètre environ. Le joint
étanche était obtenu par l'interposition, entre deux cornières,
d'une feuille de caoutchouc serrée avec des boulons en fer et
des écrous en bronze, afin de prévenir l'oxydation.

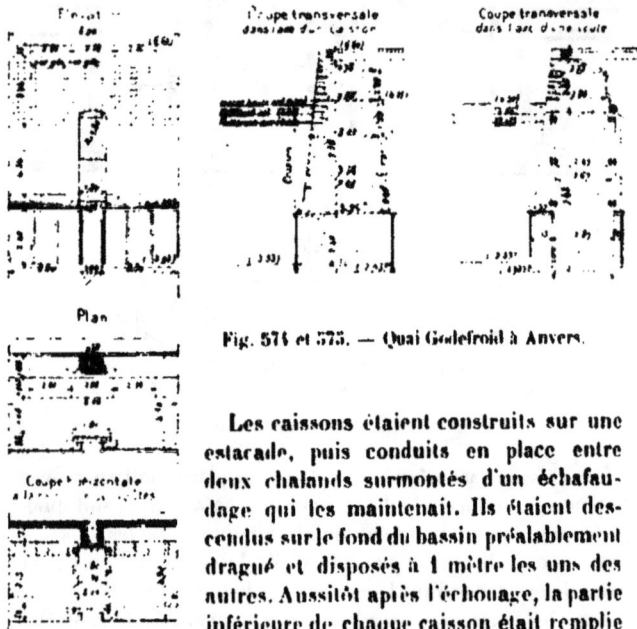

Fig. 574 et 575. — Quai Godefroid à Anvers.

Les caissons étaient construits sur une
estacade, puis conduits en place entre
deux chalands surmontés d'un échafaudage qui les maintenait. Ils étaient descendus sur le fond du bassin préalablement
dragué et disposés à 1 mètre les uns des
autres. Aussitôt après l'échouage, la partie
inférieure de chaque caisson était remplie
de béton coulé sous l'eau au moyen de caisses s'ouvrant par
le fond et de la contenance d'un demi-mètre cube.

Le béton étant suffisamment pris, on épuisait à l'intérieur
du caisson, après avoir eu soin de l'étayer et de le charger
pour éviter qu'il ne fût déformé ou soulevé par la pression de
l'eau extérieure. Le mur était alors construit dans le caisson ;
on enlevait les étais et les lingots formant la surcharge au fur
et à mesure de la montée de la maçonnerie. Mais il était nécessaire de soutenir encore les parois du caisson au moyen de
petits étais portant sur la maçonnerie. Quand celle-ci était
achevée, on introduisait l'eau dans le caisson, les étais flot-

taient alors, parce qu'en les plaçant on avait laissé prendre une légère flexion à la tôle vers l'intérieur.

On procédait ensuite au démontage du joint d'assemblage des deux parties du caisson. La partie supérieure était enlevée au moyen des deux chalands et de l'échafaudage qui avait servi à la pose ; elle était employée de nouveau à la construction d'un autre caisson.

469. Fondations sur béton immergé dans des caissons provisoires. — Dans ces applications, les caissons sans fond sont incorporés aux fondations : dans d'autres cas, des caissons ont été construits au moyen d'éléments démontables qui constituent simplement un coffrage qu'on enlève après la prise du béton.

Ce système a été notamment adopté pour la construction des murs de quai d'Aberdeen (fig. 576) et de Newhaven. La partie supérieure du mur, s'élevant au-dessus du niveau des basses mers, est ensuite construite en maçonnerie de moellons.

A Aberdeen et à Newhaven, le béton était retenu par des madriers horizontaux posés contre les montants verticaux de fermes en charpente.

Fig. 576. — Quais d'Aberdeen.

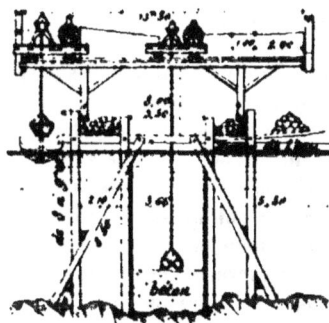

Fig. 577. — Murs de quai sur béton immergé (Marseille).

Des murs en béton coulé sous l'eau ont été construits par des procédés analogues, en France, à Marseille et à Cette, et en Algérie, à Bône et à la Calle. Quoiqu'ils aient donné de bons résultats, la tendance, dans les ports de la Méditerranée, est plutôt de substituer à ce mode de construction celui des blocs de maçonnerie superposés.

A Marseille dans un cas analogue (fig. 577), le béton devant être coulé sur un fond de rocher, il n'avait pas été possible de battre des pieux ; les enceintes destinées à recevoir le béton étaient formées de panneaux placés à l'intérieur de deux files de montants reliés par des traverses et consolidés par des contrefiches ; l'ensemble était surchargé par des moellons et le béton, amené par bateau, était coulé à l'aide de caisses.

§ 4. — FONDATIONS SUR ENROCHEMENTS, SUR RADIERS GÉNÉRAUX

470. Fondations sur enrochements. — Indépendamment des procédés qui précèdent et qui sont d'une application courante pour l'exécution des travaux de fondation, pour des profondeurs de 3 à 6 mètres en contre-bas de l'étiage ou des basses mers, un ancien procédé, très usité autrefois et encore employé aujourd'hui pour les ouvrages accessoires, abords des ouvrages d'art, ponts, barrages et écluses, ainsi que pour les travaux à la mer, est celui des fondations sur enrochements.

D'anciens ponts ont été fondés dans ce système, soit que les enrochements fussent maintenus à l'intérieur d'enceintes en charpente, soit qu'au lieu d'immerger des enrochements isolés on eût échoué, dans le lit du cours d'eau, des bateaux d'enrochements formant une sorte de radier général ; mais, à moins de construire des massifs très étendus, capables de résister aux courants et aux remous, on obtiendrait difficilement, par ce moyen, une assiette entièrement fixe pour les constructions supérieures.

Pour les travaux accessoires des ouvrages de navigation,

dont le poids est relativement faible, et dont la stabilité peut ne pas être absolue, on emploie les enrochements de deux manières : ou comme défense au pied des massifs de béton ou

Fig. 578 et 579. — Perré fondé sur béton.

le long des lignes de pieux avec panneaux ou palplanches qui forment la fondation proprement dite des murs de soutènement ou des perrés (fig. 578 et 579), ou comme fondation proprement dite en appuyant un massif d'enrochements, soit con-

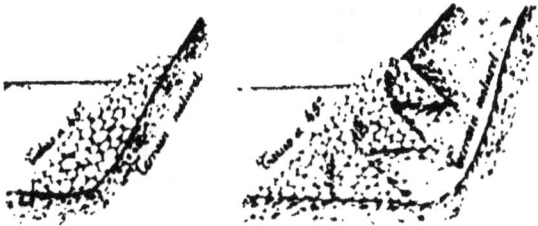

Fig. 580. — Enrochements sur berge.   Fig. 581. — Enrochements en rivière.

tre la berge (fig. 580), soit sur une fouille préalablement draguée ou creusée par les eaux (fig. 581). Il convient que les maçonneries à sec ou à mortier qu'on dispose au-dessus soient commencées le plus bas possible (fig. 582), qu'elles soient protégées, en avant, par une épaisseur d'enrochements suffisante, qu'on appelle une risberme, que ces enrochements

soient toujours bien entretenus pour ne pas exposer le pied
de la maçonnerie à être déchaussé, et que les courants ne
soient pas assez vifs pour entraîner les enrochements et les
transporter dans le chenal des bateaux.

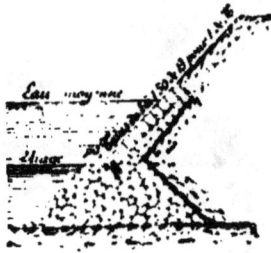

Fig. 582. — Perré fondé sur enrochements.

Aux abords des barrages et surtout des écluses, il est toujours utile de fonder solidement les perrés et défenses de rive,
soit directement sur le rocher, soit sur des enceintes de pieux
avec palplanches ou panneaux. Lorsqu'on fonde le corps des
ouvrages par épuisements, il y a un grand intérêt à donner
aux fouilles des dimensions suffisantes pour permettre d'exécuter dans de bonnes conditions ces travaux accessoires aux
abords.

Dans les travaux à la mer, la base des digues et des jetées
se construit souvent sur des massifs d'enrochements, dont
les grosseurs et le mode d'échouage sont combinés de manière
à résister aux lames et à donner autant de stabilité que possible aux maçonneries supérieures qu'on construit au moyen
de blocs en maçonnerie, soit sur place, soit en les apportant
d'un chantier établi sur le rivage.

Ce procédé a été employé par de grandes profondeurs : 20
à 25 m, à Cherbourg, Alger, Oran, Aurigny ; il est d'un usage
très fréquent dans les ports ; mais comme il se combine avec
l'emploi des blocs artificiels, nous en ferons l'étude à l'occasion de la construction des digues ou jetées.

Dans un grand nombre de ports, les enrochements, plus ou
moins combinés avec les blocs artificiels, ont également servi

à la fondation de murs de quai ; dans ce système, on construit, en dehors du chantier, des blocs de formes géométriques, dont la superposition forme le mur à établir ; il rentre donc dans une catégorie des procédés de fondation sur lesquels nous aurons à revenir plus loin.

478. Emploi de coffrages en charpente : crib-works. — En Amérique, un grand nombre de quais et même de digues sont construits au moyen d'enrochements renfermés dans des crib-works. Le crib est une crèche ou coffrage que l'on remplit le plus souvent de pierrailles ou d'enrochements ; il est formé de pièces de bois ayant généralement $\dfrac{0\ \text{m.}\ 305}{0\ \text{m.}\ 305}$ d'équarrissage, superposées de manière à former quatre parois pleines : les pièces qui constituent chacune des parois sont assemblées à leurs extrémités, à queue d'aronde, avec les pièces perpendiculaires ; les joints horizontaux sont en découpe d'une paroi à l'autre, deux des parois étant constituées à la base par des pièces de 0 m. 152. L'écartement des parois opposées est maintenu au moyen d'entretoises en bois, plus ou moins espacées, et constituant quelquefois, dans l'axe du crib, une paroi pleine ou mi-pleine ; ces entretoises sont assemblées à mi-bois entre elles ou à leurs extrémités ; les différentes pièces sont en outre reliées par des boulons en fer de 0 m. 035 de diamètre et de 0 m. 51 à 0 m. 81 de longueur. Un peu au-dessus du fond est placé un grillage en pièces de bois disposées de manière à retenir les pierres.

Les cribs sont placés les uns à côté des autres ; ils s'élèvent quelquefois jusqu'au couronnement (Milwaukee, fig. 583) ou s'arrêtent au plan d'eau et sont surmontés d'une charpente de moindre largeur (Montréal, fig. 584).

On a quelquefois construit des cribs à claire-voie (Saint-John, Canada), mais ils sont moins solides et plus rarement employés que les cribs pleins.

Ceux-ci résistent bien lorsqu'ils sont constamment immergés, à condition de protéger, s'il y a lieu, leurs parements par des revêtements en planches contre les chocs des navires ou des glaces.

Dans les parties exposées à des différences de niveau, on a souvent à refaire le haut des cribs : à Buffalo (fig. 585) et à Chicago, on y a employé de la maçonnerie ; dans ce cas, à moins que la charpente du crib ne fût très robuste, il pourrait être utile de ménager une risberme au pied du mur, au-dessus du crib.

CRIBS-WORKS

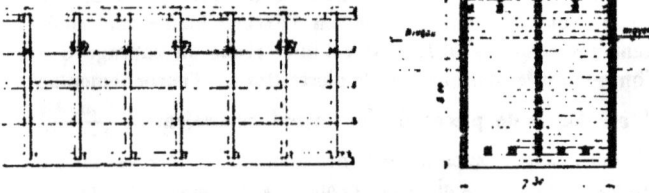

Fig. 583. — Quai de Milwaukee.

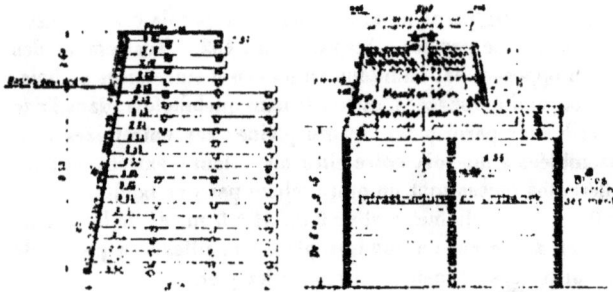

Fig. 584. — Quai de Montréal.

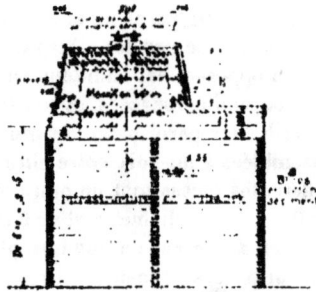

Fig. 585. — Quai de Buffalo.

En Russie, pour la construction du canal maritime de Saint-Pétersbourg à Kronstadt, on a fait un grand usage de coffrages en charpente remplis d'enrochements pour des défenses de rives descendant à des profondeurs comprises entre 3 m. 20 et 6 m. 40.

Pour la fondation des murs de quai, les coffrages sont immergés plus profondément : ils ont 8 m. 50 de largeur à la base et 4 m. 80 au sommet avec 5 m. 50 de hauteur ; les murs, construits au-dessus, ont 3 m. 20 à la base, 1 m. 40 au couronnement et une hauteur de 4 m. 40 (fig. 586).

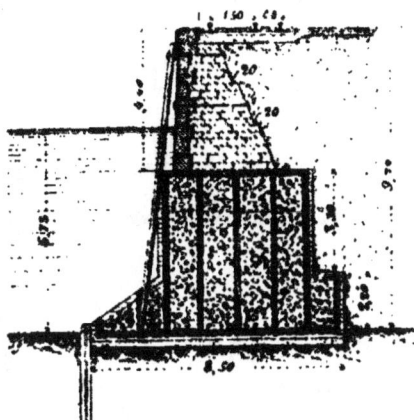

Fig. 586. — Murs de quai de Kronstadt.
Coffrages en charpente remplis d'enrochements.

Dans ce mode d'emploi des coffrages, l'ossature en charpente, faite avec des bois de 0 m. 20 à 0 m. 25 de diamètre au milieu et de 6 m. 40 à 8 m. 50 de longueur, est la partie de la construction qui porte les charges ; les enrochements à pierres sèches qui remplissent les intervalles entre les bois servent à produire l'immersion et à contreventer les parois en charpente ; ils sont également utiles pour résister à la poussée des terres.

412. Fondations sur radiers généraux. Écluses et barrages. — Les fondations de barrages et d'écluses en rivière se font le plus souvent sur radiers généraux. Ce sont des ouvrages qui chargent peu le sol ; nous avons indiqué les précautions à prendre contre les sous-pressions dans les dispositions des parafouilles ; on devra également en tenir compte dans le calcul des épaisseurs ; nous n'avons pas à y revenir.

Ponts. — Dans quelques ouvrages traversant des vallées

d'alluvions, on a employé, pour la fondation des viaducs ou
des ponts, des radiers généraux.

Pour les viaducs (fig. 587) dont la fondation n'est pas

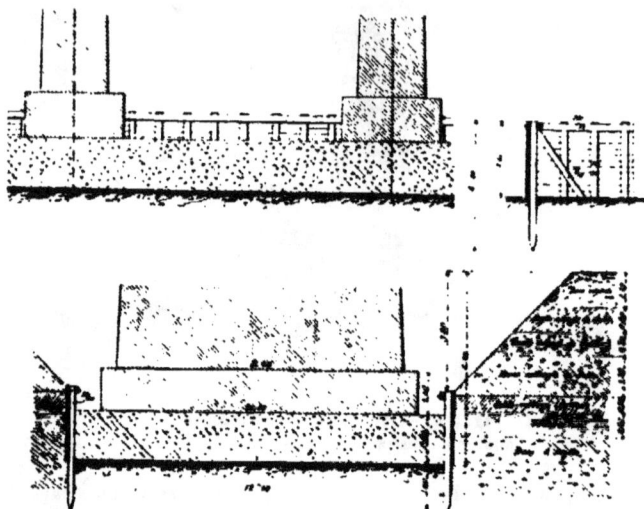

Fig. 587. — Fondation d'un viaduc sur radier général (coupes).

exposée à des affouillements, la seule question à examiner est
de savoir si, en augmentant la profondeur de maçonnerie sous
les piles, on ne peut pas arriver, sans radier, à un terrain
assez solide, moyennant une dépense équivalente.

Si la portée était plus grande et si on voulait pouvoir compter effectivement sur la résistance du radier, il faudrait,
comme on l'a fait récemment pour la fondation du viaduc de
l'Auzon (chemin de fer d'Argenton à la Châtre), appareiller
le radier en forme de voûte renversée, en donnant au moins
à celle-ci un surbaissement d'un septième et en la reliant par
des redans, avec les maçonneries des piles.

Pour les ponts, ce système, qui ne s'est pas développé, est
rarement avantageux, sauf le cas où il s'agit de créer une
retenue d'eau. Si le pont doit former barrage et si son radier

a une épaisseur suffisante pour résister aux sous-pressions, aux courants et aux remous, la combinaison des deux ouvrages peut être économique ; mais on devra considérer les

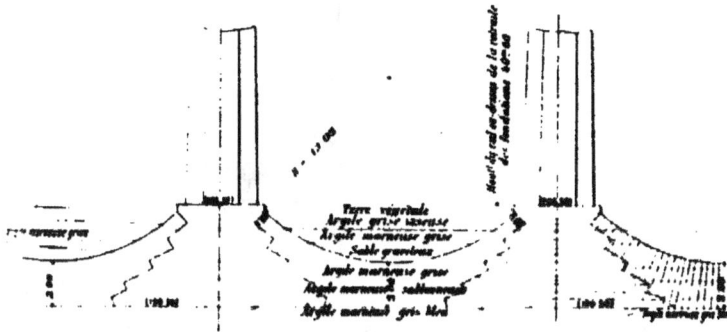

Fig. 588. — Viaduc de l'Auzon (chemin de fer d'Argenton à la Châtre).

fondations de chaque pile comme si elles étaient isolées et négliger dans le calcul la résistance du radier.

Si un aqueduc A de moins de 2 mètres d'ouverture est fondé sur un radier général *bb'* assez épais, on peut admettre que la pression se répartira sur toute la base des fondations assez également pour qu'il ne se produise pas de fissures (fig. 589). Mais s'il s'agit d'un pont B, dont l'ouverture est

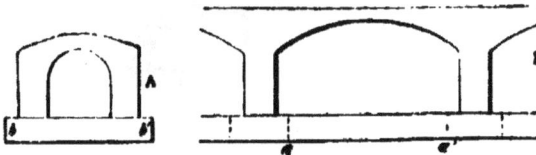

Fig. 589. — Fondation d'un aqueduc ou d'un pont sur radier général.

plus grande par rapport à l'épaisseur du radier, les charges transmises par chaque pile ne peuvent pas être considérées comme réparties sur une largeur *l* plus grande que celle de la pile, augmentée de l'épaisseur *e* du radier ; par suite de

6

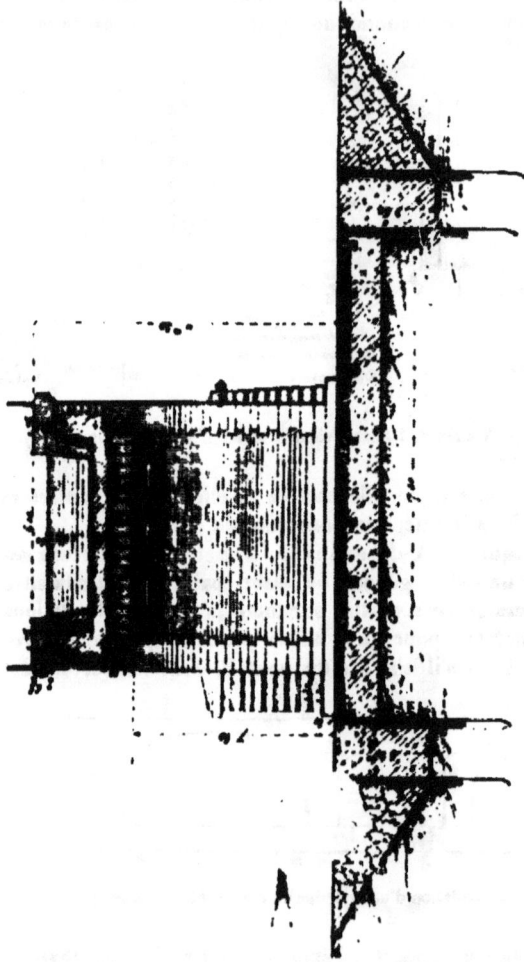

Fig. 580. — Pont aqueduc du Guétin sur l'Allier.

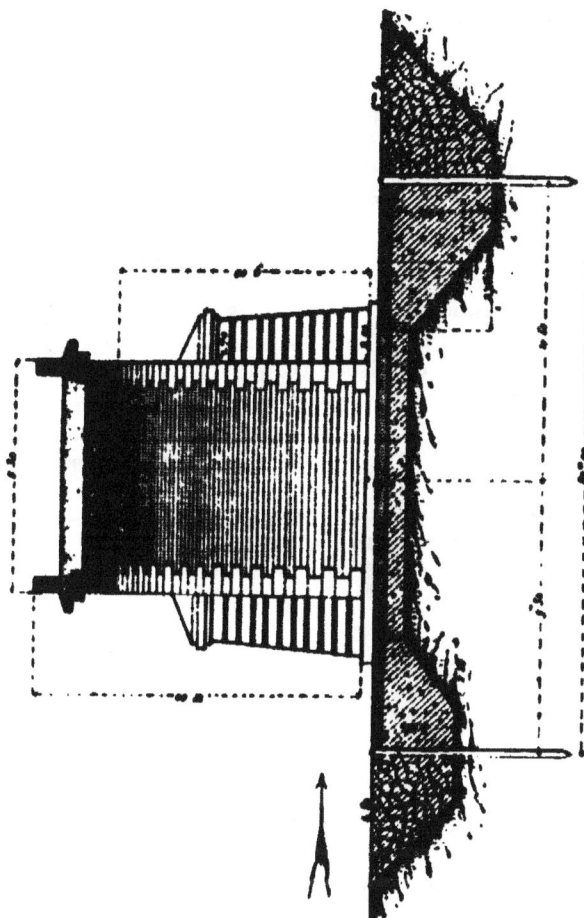

Fig. 591. — Viaduc du Gudin pour le chemin de fer du Centre. 14 arches de 20 mètres d'ouverture, 13 piles de 4 mètres d'épaisseur.

l'inégalité des pressions, les fissures *aa'* tendent à se produire, et cela d'autant plus que le radier est plus mince. La surface d'appui de la pile $l + c$ doit être en tout cas suffisante pour porter le poids total de la superstructure.

Les exemples les plus connus de ponts sur radiers généraux sont : le pont de l'Allier, à Moulins (1756-1764); le pont-canal du Guétin (1829, fig. 590), et le pont du chemin de fer, sur l'Allier (1846-1848, fig. 591).

Dans ces fondations, le radier produit généralement une diminution de la section d'écoulement et doit être défendu, à l'amont et à l'aval, contre les affouillements.

Au pont du Guétin, le radier a 17 mètres de largeur et 1 m. 60 d'épaisseur, mais il est défendu, à l'amont et à l'aval, par des parafouilles en béton de 2 mètres sur 3 m. 50, avec deux lignes de pieux et de palplanches et par des massifs d'enrochements extérieurs. On peut se demander si le même cube de maçonneries, employé pour descendre les fondations des piles au-dessous de la limite des affouillements, n'aurait pas conduit avec une moindre dépense au même résultat.

Il peut cependant être utile de protéger, par des radiers généraux, certains fonds très affouillables, mais il ne faut

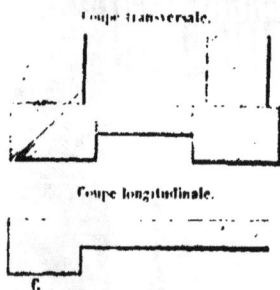

Fig. 592. — Radier de revêtement.

pas les compter dans la résistance de la fondation qui, normalement, doit descendre à une plus grande profondeur.

La fig. 592 montre la coupe transversale et la coupe

longitudinale d'un pont fondé dans ce système. Les fondations sont descendues assez bas pour trouver un terrain résistant. L'intervalle qui les sépare est revêtu d'un radier destiné
à mettre les couches supérieures à l'abri des affouillements,
ce radier étant lui-même défendu à ses extrémités par une
surépaisseur formant mur de garde ou parafouille.

Des différences analogues sont à signaler dans les fondations des écluses et des formes de radoub : lorsque ces
ouvrages sont construits sur le rocher continu, on n'y fait pas
de radiers, mais de simples revêtements dont la résistance
n'intervient pas dans les calculs de stabilité.

Les radiers de ces ouvrages, lorsque le terrain se compose
ou de roches fissurées ou d'alluvions, ont surtout pour objet
de résister aux sous-pressions ; dès lors, il y a des cas où le
radier, s'il était seul, serait soumis à une résultante montant
de bas en haut (écluse vide), mais il n'en est pas ainsi dans
toutes les positions (écluse pleine). Pour prendre une hypothèse certainement plus défavorable que la réalité, on devra
calculer les pressions des bajoyers sur le sol de fondation

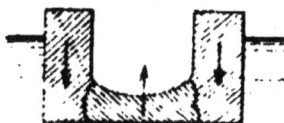

Fig. 593. — Résistance d'un radier d'écluse.

comme s'ils étaient séparés du radier (fig. 593), tout en disposant la construction de manière à relier autant que possible
toutes les maçonneries entre elles.

§ 5. — CONGÉLATION DU SOL

418. Procédé Poetsch. — Pour traverser des terrains
aquifères à grandes profondeurs, on emploie dans l'exploitation des mines un procédé par congélation du sol, dû à l'ingénieur allemand Poetsch, dont nous devons faire connaître

le principe, ainsi que le mode d'emploi. Il peut être appliqué
aux constructions proprement dites, de même qu'aux fonçages
de puits de mine, et nous aurons à exposer plus loin une
importante réparation d'ouvrage d'art exécutée par ce procédé.

Il consiste à entourer, sur toute sa hauteur, le terrain à traverser par un bloc de glace ou de terrain congelé d'une épaisseur suffisante pour qu'on puisse faire la fouille à l'abri de ce
batardeau annulaire ; la congélation s'obtient sur place, en
faisant circuler, à l'intérieur de tubes placés dans des trous
de sondages verticaux, une dissolution de chlorure de calcium
à — 20°.

De 1894 à 1895, la Compagnie des mines d'Anzin (1) a
creusé, par ce procédé, deux puits de mine destinés à servir
à l'extraction et à l'aérage : leur diamètre était de 5 mètres et
de 3 m. 65, la profondeur à atteindre de 102 mètres ; on devait
traverser 5 à 6 mètres de sables boulants, puis 20 mètres de
craie très aquifère, très ébouleuse ; ensuite des couches de
marnes et de calcaire. La hauteur totale du terrain aquifère
atteignait 91 mètres.

L'écartement d'axe en axe des puits était de 37 mètres ; on
les a entourés d'une couronne de 20 sondages pour le grand
puits et de 16 pour le petit. Les eaux qu'on devait rencontrer
étaient artésiennes, de sorte que si on les avait laissé s'écouler à la surface, on aurait eu un courant sans cesse renouvelé
qui aurait opposé un obstacle presque absolu à la congélation.
Au sommet de la craie, à travers laquelle passent ces eaux, on
a disposé des tuyaux en tôle, dont la base est noyée dans du
ciment, sur une hauteur suffisante pour obliger les eaux à
remonter à l'intérieur ; ces tuyaux ont été relevés au-dessus
du sol de la quantité nécessaire pour dépasser le niveau
piézométrique des eaux de la craie, de manière à supprimer
tout écoulement superficiel et à assurer l'immobilité des eaux
inférieures.

Après avoir vérifié la verticalité des sondages, on y a descendu une double couronne de tubes concentriques de 30 mm.

(1) *Bulletin de la Société de l'Industrie minérale de Saint Étienne*,
janvier 1895.

et de 116 mm. de diamètre destinés à la circulation du liquide
froid. Ce liquide, refoulé par des pompes dans une couronne
circulaire, descend par le tube intérieur, puis remonte par
l'espace annulaire pour être repris dans une seconde couronne et dirigé par une tuyauterie de retour vers le réfri-
gérant.

Des soupapes placées sur chaque circuit permettent de
régler la répartition du froid, qu'on suit au moyen de ther-
momètres enfoncés dans des tubes à 2 mètres en contre-bas du
sol et à 1 mètre de chaque tube vertical.

Le développement total des tubes formant le circuit de congélation a atteint 7.000 mètres ; la masse de liquide à refroidir
était de 70 mètres cubes d'eau tenant en dissolution 30.000 kgr.
de chlorure de calcium.

L'installation frigorifique était constituée par une machine à
vapeur de 200 chevaux commandant des compresseurs à gaz
ammoniac (1). Le gaz aspiré dans des réfrigérants est refoulé
par des pompes dans des condenseurs où il se liquéfie, il traverse des serpentins autour desquels circule un courant d'eau
froide, puis se détend dans des réfrigérants et est ramené par
la détente de la pression de 8 kgr. à celle de 1 kgr. C'est alors
qu'il est en contact, pour le refroidir à travers les parois des
serpentins, avec le courant de chlorure de calcium en dissolution ; puis il est repris par les pompes et recommence le
même cycle. Les pompes d'eau froide donnent un débit de
2 mètres cubes à la minute, c'est à peu près la vitesse du
courant formé par la dissolution de chlorure de calcium. La
charge de la machine était de 500 kgr. de gaz ammoniac anhy-
dre ; elle aurait produit 4.000 kgr. de glace si elle avait été
employée à la congélation directe de l'eau.

La fig. 594 indique les dispositions des tuyaux de forage et
de congélation ; dans ce dessin, les tuyaux traversent une
maçonnerie dont la présence est due à des circonstances locales et ne fait pas partie des conditions normales du travail On
a arrêté la congélation du sol avant que le terrain fût durci

(1) Cette puissance n'aurait sans doute pas été nécessaire pour la congélation seule, mais la Compagnie a préféré installer à l'avance les machines
d'extraction destinées à l'exploitation du puits.

autour de l'axe des puits, et on a trouvé à cette mesure un
grand avantage pour la facilité du déblai, la couche annu-

Disposition des tuyaux de forage et de congélation

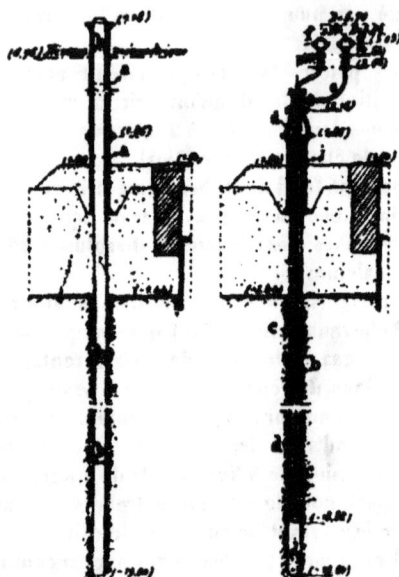

a. Tuyau amovible maintenant le niveau pézométrique. — *b*. Tuyau de forage. — *c*. Tuyau
d'arrivée du liquide congélateur. — *d*. Tuyau de circulation. — *e*. Tuyau de retour du
liquide. — *f*. Conduite générale d'arrivée du liquide congélateur. *g* Conduite générale
de retour du liquide congélateur. — *j*. Joints étanches en béton de ciment et au gravier.

Fig. 594. — Fondation de puits de mine à l'aide de la congélation.

laire de terrain congelé ayant une résistance suffisante pour
permettre de mettre en place, par les procédés ordinaires, le
cuvelage du puits au fur et à mesure de l'avancement du
déblai.

D'après les procédés ordinairement employés dans les mines,
ce cuvelage était composé de secteurs cylindriques en fonte,
assemblés par des boulons, mis en place de bas en haut, en
en reliant par de la maçonnerie de ciment le cuvelage aux
parois de l'excavation et en utilisant la propriété que possède

cell maçonnerie de faire prise, même après avoir été gelée, lorsque la température s'est suffisamment relevée.

Cet important travail a permis de vérifier en grand les données générales fournies par les forages analogues et qui ont fait l'objet, dans les *Annales des Ponts et Chaussées*, d'une note de M. Alby, ingénieur des Ponts et Chaussées (1887, II, p. 338).

Les ouvriers ne sont pas exposés dans un pareil puits à une température très inférieure à — 2° ou — 3° : à condition d'avoir des sabots, ils travaillent dans des conditions à peu près normales.

Des expériences ont été faites sur d'autres massifs congelés, au moyen d'installations spéciales ; elles ont montré que le sol peut être régulièrement congelé, suivant une surface cylindrique terminée à la base et au sommet par des troncs de cône. Tandis que la résistance de la glace pure à la compression n'est que de 20 kgr., les mélanges de sable et d'eau acquièrent une dureté plus grande, qu'on peut comparer à celle du calcaire ; de — 10° à — 14° elle va de 100 à 150 kgr. par cm² dans le sable saturé d'eau, diminue avec la quantité d'eau et avec la quantité d'argile mélangée au sable. Mais la congélation ne peut être régulière et durable que si les tuyaux ne présentent aucune fuite pouvant faire pénétrer le liquide incongelable dans le terrain ; de là l'importance d'une parfaite étanchéité dans les joints des tuyaux qui doivent, une fois en place, n'être soumis à aucun effort tendant à les déformer.

Il n'est pas besoin d'ajouter que l'application de ce procédé est très coûteuse et qu'elle ne peut être proposée que pour des travaux exceptionnels. Dans la construction proprement dite, elle permettrait d'établir des massifs de fondation à travers un terrain très-aquifère, à condition qu'on opérât au milieu d'eaux entièrement immobiles, et dans un terrain dans lequel les sondages pussent se répartir très régulièrement et être descendus verticalement, à condition encore que les charges produites par le terrain ne fussent pas trop inégales.

Par suite, si le procédé peut être appliqué pour le creusement de puits de souterrains dans des conditions exception-

nellement difficiles, il ne paraît pas pouvoir être employé dans
les souterrains eux-mêmes où les eaux seraient en mouvement et où le liquide incongelable ne pourrait pas être réparti
à volonté dans des tubes verticaux, régulièrement distribués.

Dans tous les cas, ce procédé peut exposer les ouvriers à de
graves accidents, si la rupture d'un tuyau renfermant la dissolution de chlorure de calcium produisait un dégel brusque,
contre les effets duquel on ne pourrait se défendre qu'en
isolant la conduite rompue et en la remplaçant promptement.

Un autre exemple d'application du même procédé à un puits
de mine est décrit par la *Revue technique* (25 avril 1901).

Au puits n° 1 de la mine de
fer d'Auboué (Meurthe-et-Moselle), on devait atteindre une
profondeur de 138 mètres avec
un diamètre utile de 5 mètres,
dans des terrains aquifères. On
a creusé 20 trous de sonde de
140 mètres de profondeur répartis sur une circonférence de
6 m. 50 de diamètre, et, pour
rendre ces sondages exactement verticaux, ou tout au
moins pour mesurer leurs déviations, on a employé le procédé représenté par la fig. 595.

Un tampon en bois C lesté,
d'un diamètre un peu inférieur
à celui du trou de sonde, est
suspendu à un fil d'acier qui
passe sur une poulie P' dans
l'axe de l'orifice du trou et qui
est tendu par un treuil T'.
Deux réglettes r et r' fixées sur
un plancher permettent de mesurer les ordonnées du point O,
centre du trou, et du point O₁, intersection du fil par le plan
de l'orifice, lorsque le tampon est fixé à différentes hauteurs *h*

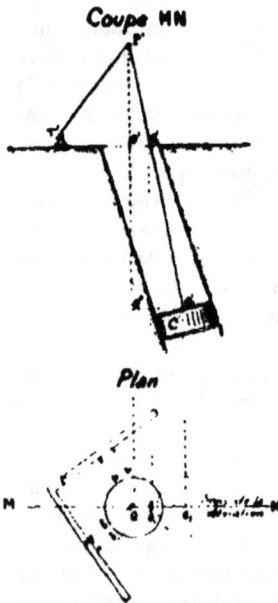

Fig. 595. — Mesure des déviations
dans les forages destinés à l'emploi de la congélation.

au-dessous du sol : les déviations se mesurent au moyen des triangles semblables P'o'o'₁, P'o"o'₂ (coupe MN) dont ces opérations fournissent les éléments.

La fig. 596 représente schématiquement le circuit parcouru par le liquide employé au refroidissement, ainsi que le circuit dans lequel l'ammoniaque est comprimé, refroidi, puis détendu ; ces dispositions sont entièrement analogues aux précédentes.

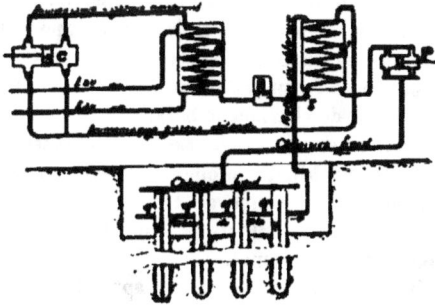

Fig. 596. — Schéma du circuit de refroidissement.

La vitesse d'avancement du fonçage a varié de 0 m. 36 à 1 m. 45 par jour, avec une moyenne de 0 m. 60 par 24 heures ; on s'est arrêté à une profondeur de 136 m. 20 un peu inférieure à celle qui était prévue.

La température dans le puits a varié de — 3° à — 5°.

Le béton destiné au remplissage des vides restant derrière les anneaux de cuvelage a été fait avec de l'eau additionnée de 10 0/0 de son poids de carbonate de soude.

Pendant l'exécution de la couronne inférieure du cuvelage, un épanchement de chlorure provenant d'un tube rompu a produit une irruption d'eau contre laquelle on ne put lutter ; on laissa l'eau monter dans le puits et même, pour éviter l'agrandissement de la fissure du fond, on remplit le puits par le haut au moyen des conduites d'eau de la machinerie ; on activa la congélation après avoir isolé le tuyau rompu et, un mois après, la fissure étant congelée, on put reprendre et terminer le fonçage.

Pour une profondeur d'environ 140 mètres, la dépense a été
évaluée 250.000 francs, soit, par mètre linéaire, environ
1.800 francs pour un diamètre utile de 5 mètres.

474. Procédé Lindmark. — Un autre procédé, également
fondé sur la congélation, a été employé, sous la direction du
capitaine Lindmark et a bien réussi pour la construction d'un
souterrain à l'intérieur de la ville de Stockholm.

On s'est servi, dans ce cas, de machines à air froid produisant par heure 707 m³ d'air à — 55°; on a installé la machine
réfrigérante sur un plancher près de l'avancement, et on a
transformé le tunnel en une chambre réfrigérante de 80 à
160 m³ de capacité, en fermant l'orifice par une double cloison
en planches remplie de charbon de bois.

Les parois étaient composées de sable argileux très mouillé
que l'action de la machine, prolongée pendant 60 heures, a
transformé en une masse solide de 1 m. 50 à la base et de
0 m. 30 d'épaisseur au sommet, la température variant de
— 30° à la base à 0° au sommet.

On a ensuite introduit les ouvriers, après avoir arrêté la

Fig. 597. — Procédé Lindmark.
Construction d'un souterrain sous la ville de Stockholm.

machine, et la température se relevait presque à 0° peu après
leur arrivée. On a pu alors travailler pendant 12 heures par
jour, la machine reprenant pendant la nuit et abaissant la
température de — 21° à — 26°. Les boisages faits au moyen
d'éléments métalliques ont pu être posés, en les arrêtant lorsque la masse congelée était trop dure, et le revêtement s'est
exécuté avec du béton dosé à raison de 1 de ciment de Portland,

2,5 de sable, 6 de granit cassé, c'est-à-dire avec un dosage relativement maigre.

Mais, à cause de l'intermittence du travail, l'avancement n'a été que de 0 m. 30 par jour.

Malgré cette marche un peu lente, on peut considérer ce procédé comme ayant bien réussi, puisqu'il a permis de traverser un mauvais passage de 25 mètres de longueur, où les craintes d'éboulements et le danger d'ébranlement des maisons ne permettaient pas l'emploi des procédés ordinaires.

Les détails de ce travail se trouvent dans le volume de l'Encyclopédie : *Travaux de terrassements, tunnels, etc.,* par M. Pontzen, p. 334, d'où est extraite la fig. 597.

§ 6.— FONDATIONS SUR PIEUX EN BOIS OU EN FER ; COLONNES MÉTALLIQUES

Lorsque le terrain solide est à une profondeur telle qu'il ne puisse être atteint directement, soit au moyen d'épuisements, soit au moyen de dragages en fondant sur béton immergé, on a de tout temps employé des supports isolés descendant jusqu'au solide et portant le poids des constructions.

Autrefois, on se servait exclusivement, pour cet usage, de pieux en bois ; maintenant on a souvent recours aux pieux métalliques à vis ou à patin, ou à des fondations exécutées à l'aide de l'air comprimé, dans lesquelles les constructions reposent sur des piliers métalliques remplis de béton, qui constituent en réalité de gros pieux enfoncés par des procédés spéciaux. C'est ce qu'on appelle souvent : fondations tubulaires.

Nous avons donc à nous occuper de ces trois catégories de supports : pieux en bois, pieux en fer, colonnes ou piliers métalliques.

475. Pieux et palplanches en bois. — Les supports en bois employés dans les fondations sont généralement des pieux ; dans les enceintes qui les entourent, les pieux sont associés à des palplanches.

Nous avons vu aux articles 360 et suivants les procédés en
usage pour le battage des pieux et des palplanches et pour la
construction des enceintes ; il nous reste à parler des constructions qui peuvent être superposées aux pieux : ce sont
des plateformes, des grillages ou des caissons.

Mais, comme nous l'avons expliqué, lorsque le sol est suffisamment consolidé par les pieux, on empâte directement
leur tête dans la maçonnerie ou le béton. Dans ce dernier
cas, les charges se répartissent entre les pieux et le sol,
mais le béton doit cependant avoir une épaisseur suffisante
pour ne pas être exposé à se briser entre les pieux.

Ceux-ci peuvent, en effet, être considérés comme les points
d'appui de dalles en béton qui couvrent les intervalles entre
deux pieux consécutifs, et qui doivent être capables de reporter les charges sur ces pieux, même si le sol était supposé enlevé entre ces supports.

Lorsque la résistance du terrain est insuffisante ou l'épaisseur du béton trop faible, on a recours aux procédés suivants,
qui ont pour but : 1° de relier les pieux entre eux ; 2° d'augmenter les surfaces par lesquelles les maçonneries reposent
sur la fondation.

476. Plateformes reposant sur des pieux. — Lorsqu'on doit surmonter les pieux d'une plateforme, il faut
d'abord les recéper dans un même plan ; puis on procède
généralement à sec à la construction de la plateforme, après
avoir, au besoin, épuisé la fouille. Lorsqu'on a à craindre
des efforts transversaux, on moise les pieux en laissant au
tenon la force nécessaire pour résister à ces efforts (fig. 598) ;
mais, pour que la surface entière des pieux soit utilisée, il
faut que le dessus des tenons et le dessus des moises soient
exactement dans un même plan : aussi, lorsqu'on a à résister
à de fortes charges verticales, et lorsque les efforts transversaux sont moins importants, préfère-t-on souvent recouvrir les pieux avec des chapeaux fixés sur leur tête par des
broches barbelées ayant au moins le double de la hauteur des
chapeaux ; lorsque des tenons remplacent les broches, leur
section doit être déduite de la surface d'appui, car il n'y a pas

contact entre l'extrémité du tenon et le fond de la mortaise
(fig. 598).

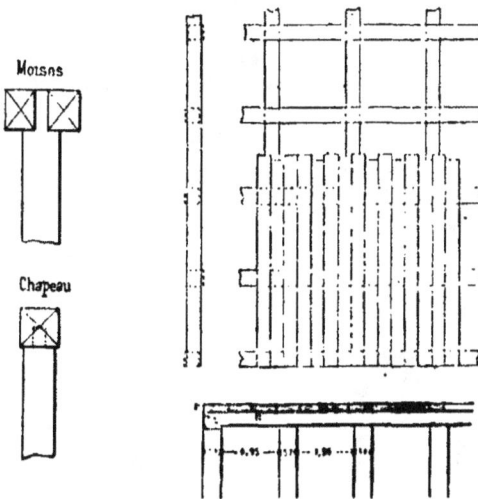

Moises

Chapeau

Fig. 598.
Moises et
chapeaux.

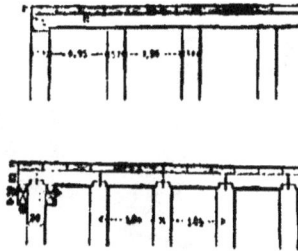

Fig. 599. — Dispositions des plateformes.

Au-dessus des chapeaux ou des moises se posent : soit un
plancher continu en madriers cloués constituant une plateforme, soit des traversines discontinues ayant une épaisseur
plus forte et entaillées du quart au cinquième de leur épaisseur au droit des moises ou des chapeaux ; c'est ce qu'on
appelle un grillage. Dans le premier cas, la maçonnerie repose
entièrement sur la plateforme ; dans le second, elle pénètre
dans les cases que forme le grillage obtenu par l'intersection
des longrines et des traversines.

Les fig. 599 montrent différentes dispositions de plateformes ;
en plan, les pieux sont reliés après recépage au moyen de lon-

grines qui peuvent être soit des chapeaux, soit des moises. Des
longrines se posent toujours sur les files extrêmes des pieux,
souvent sur les files intermédiaires. Les autres files de pieux
ainsi que les longrines sont reliées transversalement par des
traversines sur lesquelles se cloue un plancher ; quelquefois
les traversines dépassent le niveau des longrines de l'épaisseur du plancher qui se pose entre elles. Lorsque celui-ci est
soumis à des sous-pressions, on doit le fixer aux traversines
par de fortes broches, et les tenons qui s'opposent aux déplacements transversaux sont également traversés par des broches barbelées.

Beaucoup de ponts anciens ont été fondés sur plateformes ;
la fig. 600 montre les dispositions adoptées pour les piles du
grand pont de Tours sur la Loire.

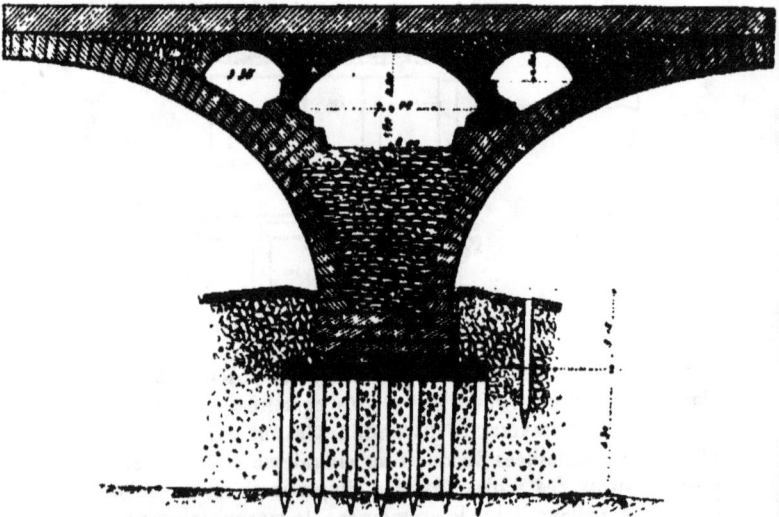

Fig. 600. — Fondations de ponts sur plateformes. (Pont de Tours sur la Loire).

On préfère le plus souvent maintenant, pour maintenir les
têtes des pieux et rendre solidaires les diverses parties de la
fondation, l'emploi des grillages ; mais l'emploi des plate-

formes s'impose lorsque l'ouvrage doit empêcher le passage
de l'eau, comme dans les écluses et dans les cales de radoub
en usage aux Etats-Unis. On remarquera d'ailleurs que dans
ces planchers ou grillages, les bois travaillent transversalement aux fibres ; c'est ce qui explique que, dans de nombreux
ouvrages, de bons constructeurs aient limité de 30 à 32 kgs
par cm² le travail des pieux pour ne pas exposer les grillages
à un effort notablement supérieur à celui que peuvent supporter des bois chargés transversalement.

D'une manière générale, toutes les fois que la question
d'étanchéité ne se pose pas, les grillages doivent être préférés
aux plateformes.

On a quelquefois cherché à construire sans épuisement des
plateformes ou grillages sous une faible épaisseur d'eau : dans
ce cas, on doit, après avoir procédé à un recépage précis, au
moyen d'une scie sur échafaudage, dresser d'abord le plan
exact de l'axe des pieux : à cet effet, on les coiffe d'un entonnoir en tôle dont la partie supérieure se termine par un tube
destiné à servir de guide à une longue tarière ; l'entonnoir
étant assujetti dans une position verticale, on perce un trou
dans l'axe du pieu et on y enfile une longue broche provisoire en fer avant de retirer l'entonnoir. Ces broches permettent de lever le plan des axes de pieux : on le reporte sur
une aire en planches sur laquelle on taille les longrines et les
traversines en perçant un trou vertical correspondant à chaque pieu et en plaçant toujours les joints au droit d'un pieu.
Le grillage est ensuite mis en place en le fixant aux pieux au
moyen de longues broches barbelées qui doivent pénétrer
dans les trous percés à l'avance dans les pieux ; pour les joints,
on emploie des étriers percés d'un trou dans la branche horizontale et de deux trous dans les branches verticales pour
relier les deux pièces à assembler par des broches qu'on
enfonce sous l'eau au scaphandre.

Ce travail est difficile, et, malgré la pose de cales faite à
l'aide de scaphandres, il est à craindre que toutes les pièces
du grillage ne soient pas exactement au contact des pieux ;
on ne doit pas y recourir pour des constructions chargeant
beaucoup et où l'égale répartition des charges serait néces-

7

saire, et, dans bien des cas, il serait préférable de se contenter d'empâter les pieux dans du béton immergé, à condition
de l'employer avec les précautions nécessaires.

Exemples de constructions fondées sur pieux

477. Bâtiments. — Donnons maintenant quelques exemples de constructions faites sur pieux, avec ces différentes
dispositions.

Dans les hautes constructions américaines, dont nous avons
déjà eu occasion de parler, les fondations s'exécutent quelquefois sur pilotis. Une des plus hautes de New-York, celle de
Park-Row (1), a 27 étages, non compris 3 étages de cloche-
tons. Les fondations, dont la profondeur est de 16 m. 50,
reposent sur 3.500 pieux en sapin de 0 m. 25 à 0 m. 43 de
diamètre, non écorcés, enfoncés de 6 mètres dans un lit de
sable à 15 m. 50 au-dessous du niveau de la rue ; les pieux
sont battus à 0 m. 45 l'un de l'autre, dans des rangées espacées de 0 m. 60 d'axe en axe. La charge maxima par pieu
est limitée à 16 tonnes ; leur tête est empâtée dans un massif
de béton dosé à raison de 1 de ciment de Portland pour 2 de
sable et de pierres cassées. Ce béton supporte un premier rang
de dalles de granit de 0 m. 25 de hauteur, puis des socles en
briques présentant des retraites successives, et enfin des chapiteaux de granit de 0 m. 30 de hauteur pour supporter les
grils des colonnes d'appui.

A Paris, pour l'Exposition de 1900, on a construit au
Champ-de-Mars une cheminée monumentale de 80 mètres de
hauteur au-dessus du sol. La chambre dans laquelle débouchent les conduites de fumée est à 8 mètres sous le sol. A
cette profondeur, le terrain rencontré était de l'argile plastique, superposée à un sable graveleux ; on a battu 138 pieux
de 0 m. 43 de diamètre jusqu'à 16 mètres de profondeur sous
le sol ; leur tête a été empâtée dans un plateau de béton de
1 m. 50 de hauteur et de 18 mètres de diamètre et, par des

(1) Comptes-rendus de la Société d'encouragement, 1896, p. 1532.

retraites successives, la largeur à la base du fût s'est réduite
à 11 mètres. La colonne a un diamètre intérieur de 5 m. 20 à
la base et de 4 m. 50 au sommet avec un fruit extérieur de
0 m. 03 par mètre. Dans les calculs relatifs à la résistance
des fondations, on a admis que les pieux portaient 20.000 kilogrammes chacun ; en déduisant cette charge, la pression
moyenne transmise au sol de fondation n'est que de 1 k. 17
par centimètre carré.

A la base des maçonneries du fût, sous l'action d'un
vent produisant une pression de 135 kilogrammes par mètre
carré de section diamétrale, les pressions sur le socle peuvent atteindre environ 10 kilogrammes par centimètre carré ;
on s'est imposé la condition de n'avoir aucun effort de traction dans un point quelconque des maçonneries.

A Chicago, à la suite de mécomptes éprouvés dans la fondation de bâtiments sur plateformes directement posées sur
des argiles très coulantes, on a eu recours, pour les fondations de la gare du chemin de fer de l'Illinois central, comportant trois bâtiments avec trois, neuf et treize étages et
une halle de 200 mètres de longueur pour huit voies, à des
fondations sur pieux de 12 à 18 mètres de profondeur, disposés par groupes de 8 à 73 pieux, espacés de 0 m. 64 d'axe
en axe. Cet espacement est faible et a conduit à quelques
difficultés. On battait plusieurs pieux à la fois jusqu'à ce que
l'emploi d'un faux pieu devint nécessaire ; les têtes, recépées
en dessous du niveau des eaux du lac Michigan, étaient
recouvertes de chapeaux de $\frac{0 \text{ m. } 30}{0 \text{ m. } 30}$ d'équarrissage en chêne.
Les intervalles remplis en béton riche de ciment de Portland
descendent jusqu'à 0 m. 45 en contrebas de la tête des pieux.

Dans ces terrains d'argiles fluentes, les battages de chaque
groupe de pieux avaient de l'influence sur les voisins à 4 m. 50
de distance, et produisaient quelquefois leur relèvement,
même lorsque les pieux étaient recouverts par des chapeaux
et par de la maçonnerie : nous reviendrons sur ce sujet à l'oc-
sion des battages en terrains vaseux.

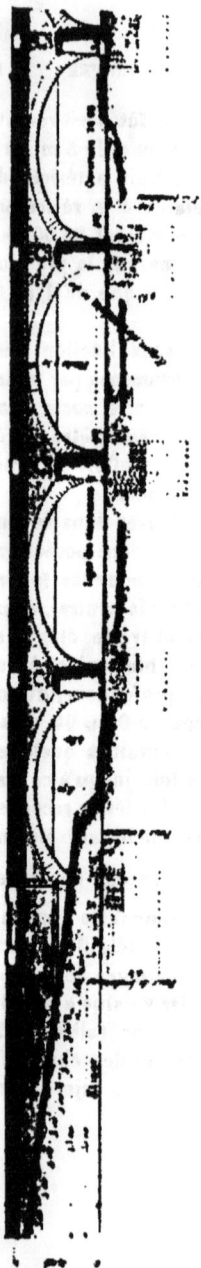

Fig. 601. — Pont Saint-Jean sur l'Adour. — Élévation.

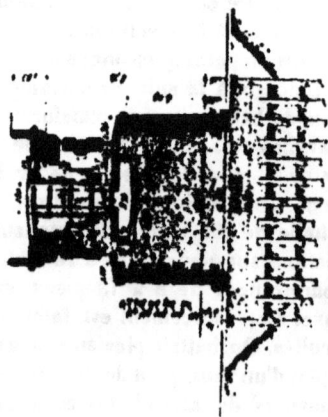

Fig. 602. — Pont Saint-Jean sur l'Adour. — Coupe.

478. Ponts. — De 1880 à 1882(1), un pont sur l'Adour à Saubusse (Landes) a été construit au-dessus d'une couche uniforme de sable fin de plus de 20 mètres d'épaisseur.

A l'intérieur d'enceintes de pieux et de palplanches approfondies par dragages, on a battu des pieux espacés de 0 m. 80 à 1 mètre, recepés à une profondeur à peu près régulière et empâtés sur 0 m. 50 de hauteur dans le béton de fondation.

Ce pont présente 7 arches elliptiques de 24 mètres d'ouverture et de 7 m. 50 de montée.

La pression des piles sur le socle en béton est de 5 kgr. 38 par centimètre carré. Si on suppose que les pieux supportent entièrement la construction, ils sont chargés à raison de 23 tonnes par pieux ou 33 kilogrammes par centimètre carré.

La fig. 601 représente une élévation d'ensemble de l'ouvrage et la fig. 602 une coupe transversale au droit d'une pile, évidée pour l'établissement de fourneaux de mine.

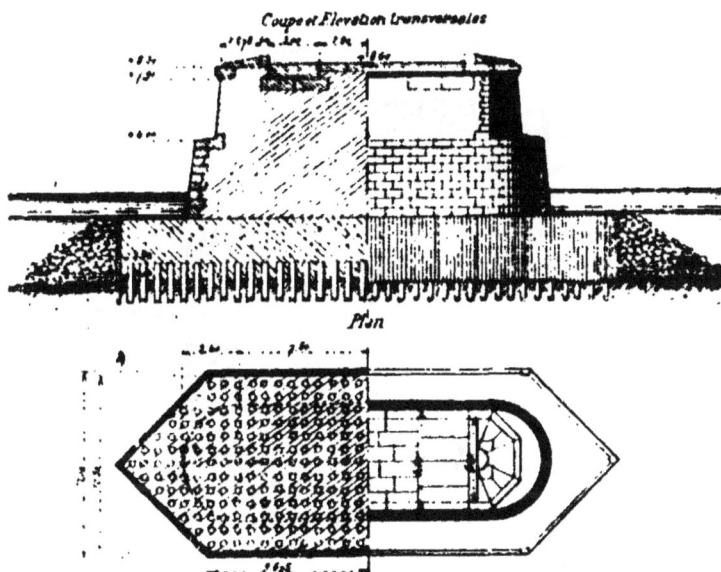

Fig. 603. — Pont sur la Nouvelle-Meuse à Rotterdam.

(1) Pont St-Jean sur l'Adour, par M. Trépied, ingénieur des Ponts et Chaussées (*Annales des Ponts et Chaussées*, 1885, 2e série, p. 645).

A Rotterdam (1), le grand pont sur la Nouvelle Meuse
(chemin de fer d'Anvers à La Haye) — 3 travées centrales de
90 mètres et deux travées de rive de 64 m. 50 — a été fondé
en partie à l'aide de l'air comprimé et en partie sur pieux (1874).
Pour la pile n° 2, les pieux de fondation espacés de 0 m. 75
dans un sens et 0 m. 80 dans l'autre, à l'intérieur d'une enceinte
de pieux jointifs, sont empâtés dans un massif de béton de
3 m. 50 d'épaisseur; malgré les larges risbermes ménagées
autour de cette fondation, comme le montre la fig. 603, le lit a
été recouvert à l'extérieur de plateformes en fascinages recouvertes d'enrochements.

419. Murs de quai. — A Choisy-le-Roi, un mur de quai
à établir en Seine, au devant de remblais médiocres, a été
fondé sur une plateforme portée par des pieux; le talus naturel des terres a été recouvert de remblais pierreux et le trian-

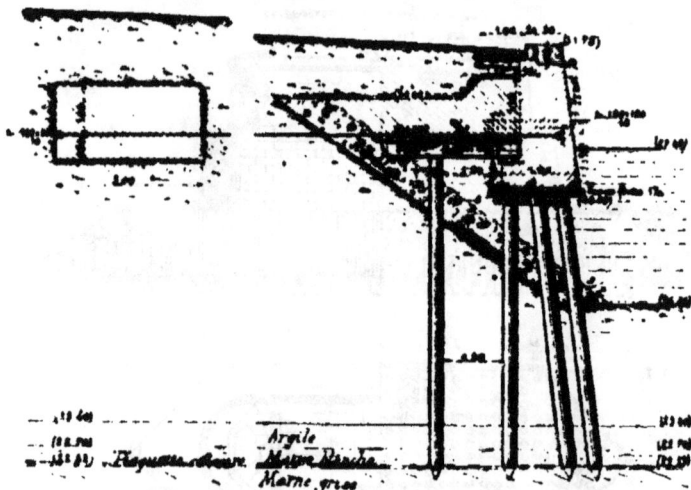

Fig. 604. — Mur de quai de Choisy-le-Roi, sur la Seine. — Coupe.

gle entre la face postérieure du mur et le talus a été rempli
par une maçonnerie à pierres sèches, construite sur une

(1) Croizette-Desnoyers, *Les Travaux publics de Hollande.*

plateforme établie en arrière à un niveau plus élevé ; enfin la poussée des terres a été combattue par des tirants horizontaux se terminant dans des massifs de maçonnerie, construits en arrière de la berge (fig. 604).

Ce système de fondation est fréquemment employé pour les murs de quai des ports : ou bien, comme à Brême (fig. 605), on fait alterner des files de pieux verticales avec des files inclinées à 60° enfoncées avec des sonnettes différentes (voir n° 33) ou bien, comme on le fait généralement en France, on incline les premières files seulement, en laissant les autres verticales.

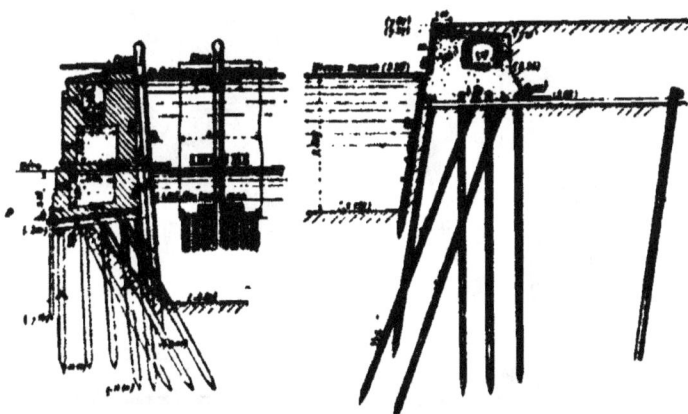

Fig. 605.— Mur de quai de Brême.   Fig. 606.— Mur de quai de Lubeck.

A Lubeck, pour les nouveaux quais de la Trave, on a employé un système mixte, dans lequel un grillage formé de trois longrines et de moises transversales est porté par des files de pieux distantes de 0 m. 60 et composées alternativement de deux pieux et de quatre pieux ; dans les files de quatre pieux, trois sont verticaux, le quatrième peu incliné : les deux pieux des files intermédiaires sont très inclinés. Les moises se prolongent en arrière jusqu'à une ligne de pieux de retenue espacés de 1 m. 20 et supportant derrière le mur une plateforme composée de 8 cours de madriers ; de courtes palplanches

battues en avant du mur ont seulement pour objet d'empêcher
le délavage du sous-sol par les eaux (fig. 606).

A Brême et à Lubeck, la largeur des plateformes de fondation est respectivement de 4 m. 72 et de 4 m. 80; dans les
terrains à forte poussée, une grande largeur de plateforme
est nécessaire.

Une largeur moindre, inférieure à 3 mètres, ayant été
admise à Neufahrwasser, avec deux files inclinées et quatre
files verticales, la stabilité du mur n'a pas été entièrement
assurée jusqu'à ce qu'on eût ajouté, en arrière, des pieux de
retenue avec tirants en fer (fig. 607).

Fig. 607.
Mur de quai de Neufahrwasser.

Fig. 608.
Murs de quai de Nantes avec contreforts.

Lorsqu'au contraire la largeur de la plateforme est assez
grande, on peut, comme on l'a fait à Nantes (fig. 608) évider
les maçonneries en construisant un masque avec des contreforts reliés par des voûtes.

480. Ecluses. — Dans des terrains tourbeux, les écluses
de la vallée de l'Ourcq ont été construites sur plateformes
avec une ou plusieurs lignes de pieux formant écran à
l'amont.

La fig. 609 montre les dispositions d'une tête d'amont ; à
l'aval, pour arrêter les filtrations, des écrans en maçonnerie

sont construits sous la plateforme à l'emplacement des buscs.

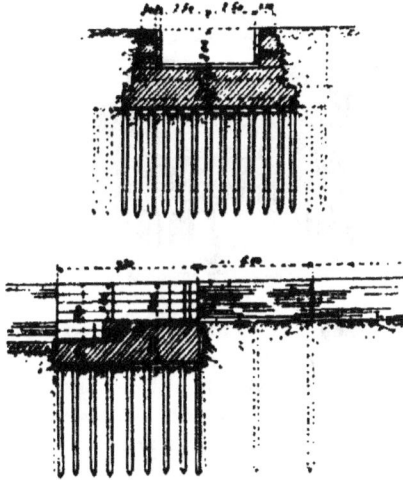

Fig. 609. — Écluses de la vallée de l'Ourcq construites sur plateformes en charpente. (Coupes longitudinale et transversale).

Au port de Flessingue, deux écluses accolées à l'entrée du nouveau port intérieur (1873) sont fondées sur pilotis : les fig. 610 et 611 montrent que, suivant les emplacements, on a

Fig. 610. -- Port de Flessingue. Coupe de la tête aval des deux écluses.

noyé les têtes des pieux dans le béton sur 0 m. 50 de hauteur, ou employé des plateformes reposant sur les têtes des pieux.

Au port de Dunkerque, l'écluse nord est également fondée

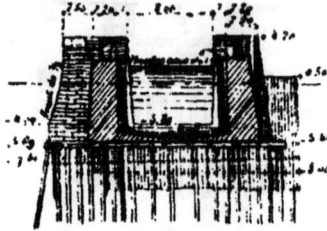

Fig. 611. — Coupe de la tête amont de la petite écluse.

sur pieux engagés de 0 m. 50 dans le béton de fondation. Les files de pieux distantes de 2 m. 25 dans le sens longitudinal sont généralement composées de pieux de 0 m. 30 de diamètre, espacés transversalement de 1 m. 85 sous le radier et 1 m. 15 sous les bajoyers ; à l'aval, une ligne de pieux et de palplanches jointives défend le radier jusqu'à 5 mètres en contrebas du niveau du dessous du béton (fig. 612 et 613).

Les écluses du Zuiderzée (1870-1872), sur le canal d'Amsterdam à la mer du Nord, dont la chute est ordinairement très faible, fondées entièrement sur pilotis, ont des radiers en maçonnerie mince, qui constituent de simples revêtements. Le radier proprement dit est constitué par une plateforme en charpente, comprise entre deux rangs de longrines, reliées par des traversines fixées aux pieux par des broches. Des écrans en palplanches règnent le long des bajoyers, ainsi qu'en amont et en aval des buscs.

Les fig. 614 et 615 montrent les dispositions de diverses parties de ces charpentes. Les pieux sont en chêne, les autres charpentes généralement en sapin.

Pour les formes de radoub, comme pour les écluses, deux systèmes sont pratiqués :

Ou bien on fonde les formes sur un radier en maçonnerie, qui empâte au besoin la tête de pieux de fondation ;

Ou bien on construit un ouvrage entièrement en charpente ou ne comportant que de simples revêtements en maçonnerie.

COUPE LONGITUDINALE

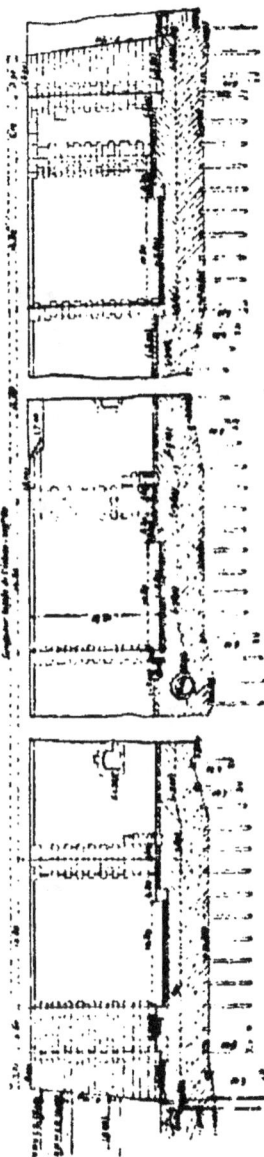

COUPES TRANSVERSALES

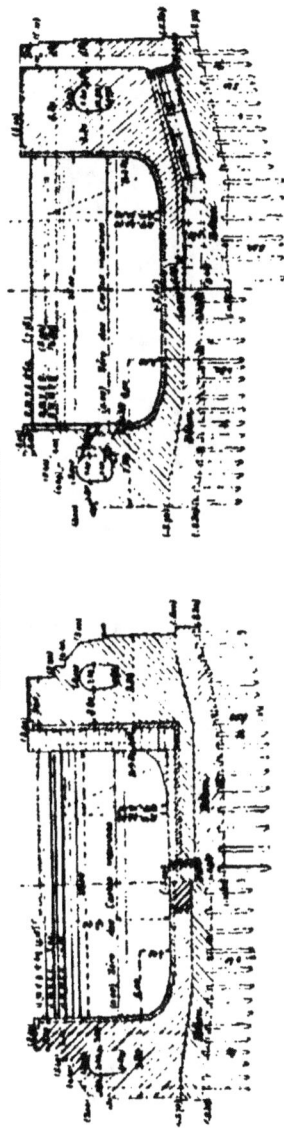

Fig. 612 et 613. — Port de Dunkerque, écluse Nord.

ECLUSES DU ZUIDERZÉE

Détails des charpentes de fondation.

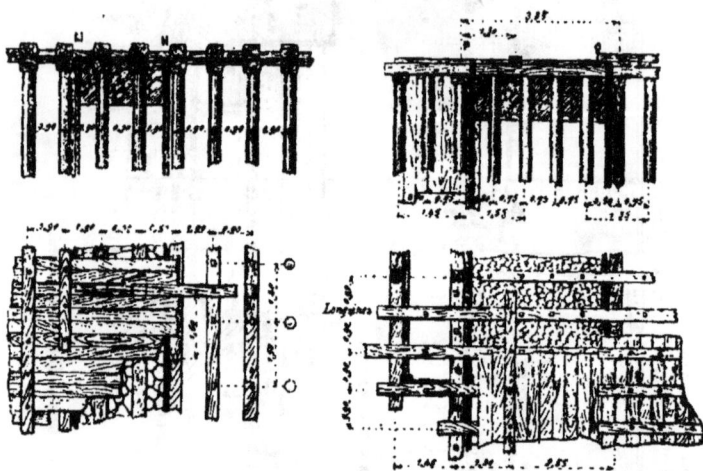

Fig. 614. — Coupe transversale comprenant en MN l'emplacement d'un bajoyer.

Fig. 615.— Coupe longitudinale comprenant en PQ deux lignes de palplanches
encadrant un busc.

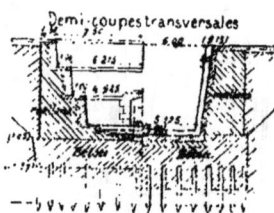

Fig. 616. — Le Hâvre.
Formes de radoub.

La fig. 616 est un exemple
du premier système.

Pour le second, nous citerons
des ouvrages exécutés en Amérique et en Allemagne.

**481. Formes de radoub
en charpente.** — Dans l'Amérique du Nord, on a établi et
l'on construit encore actuellement des formes de radoub en
charpente de toutes dimensions. Cette manière de faire est
justifiée par l'économie considérable qui en résulte dans les
frais de premier établissement et par la plus grande résistance
à l'action de la gelée que présente le bois relativement aux
maçonneries.

Trois formes ont été faites récemment dans ce système pour
la marine nationale. L'une d'elles établie à Brooklyn a
152 m. 50 de longueur et 15 m. 25 de largeur au niveau du
radier. L'écluse a 16 m. 15 de largeur.

Le radier est formé d'une plate-forme en charpente, portée
sur des longrines et sur des traversines, réunissant des pieux
battus par files distantes de 1 m. 20. Au-dessous de cette plateforme, est posée une couche de béton de ciment de Portland de
1 m. 20 d'épaisseur sur l'axe et de 1 m. 80 sur les bords. Les
tins sont soutenus par des lignes spéciales de pieux. Une
enceinte de palplanches jointives de 0 m. 20 d'épaisseur
entoure la plate-forme du radier.

Les côtés du bassin sont constitués par un revêtement en

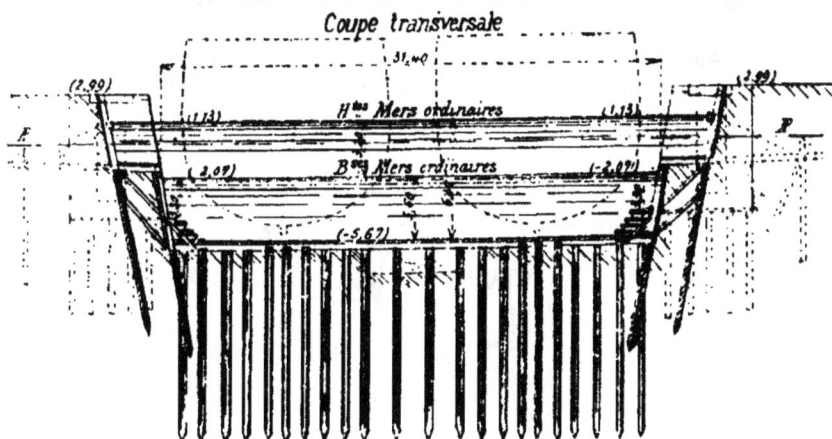

Fig. 617. — Forme de radoub sur plancher en charpente à Bremerhaven.

poutres de section trapézoïdale, de manière à former sur tout
le pourtour de la cale des gradins de 0 m. 254 de largeur sur
0 m. 305 de hauteur. Ces poutres sont fixées sur des arbalétriers noyés dans une couche de béton de 1 m. 80 d'épaisseur
et portés par des pieux. En arrière de la dernière ligne de
pieux de soutien sont établies d'autres lignes de pieux ; la
dernière est accolée à une file jointive de palplanches. Ces

lignes de pieux portent un plancher supérieur; elles sont
reliées aux arbalétriers par des contrefiches.

A Bremerhaven, il existe également plusieurs formes en
charpente. Le sol étant formé d'une argile incompressible, on
s'est borné à revêtir le fond et les parois de la fouille et à supporter les tins par un certain nombre de pieux. Ce système
très économique a été notamment employé pour la construction d'une grande forme appartenant au Norddeutscher Lloyd
(fig. 617).

482. Constructions légères fondées sur pilotis. —
Indépendamment des murs de quai, les fondations sur pieux
sont employées dans les ouvrages de navigation destinés à
l'accostage des navires, soit pour alléger les maçonneries, soit
pour les supprimer entièrement.

Au Havre, dans le bassin aux pétroles, on a établi, sur un
fond de sable vaseux, des appontements en maçonnerie constitués, au-dessus d'une dalle de béton de 4 mètres de largeur,

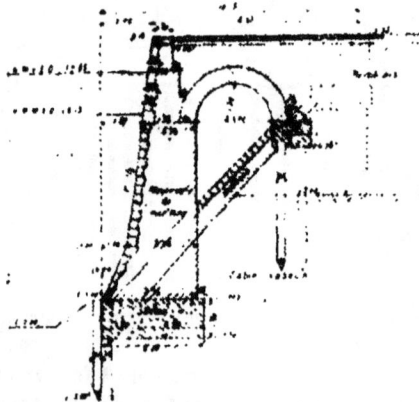

Fig. 618. — Port du Havre. Appontement en maçonnerie.

par des murs présentant à la base une largeur de 3 m. 75.
Cette largeur n'aurait pas été suffisante pour supporter la
poussée des terres (fig. 618): un massif de béton fondé sur

pieux dans le talus, à un niveau plus élevé, a permis de supporter une voûte légère et une plateforme de béton, construite en arrière sur des pieux battus à une moindre profondeur ; la poussée des remblais se trouve ainsi répartie sur une très grande largeur.

Ces appontements, de 8 mètres de longueur, sont espacés de 26 mètres, et l'intervalle a été rempli par de légers appontements, entièrement en charpente, placés en retraite sur les maçonneries pour ne pas recevoir le choc des navires (fig. 619).

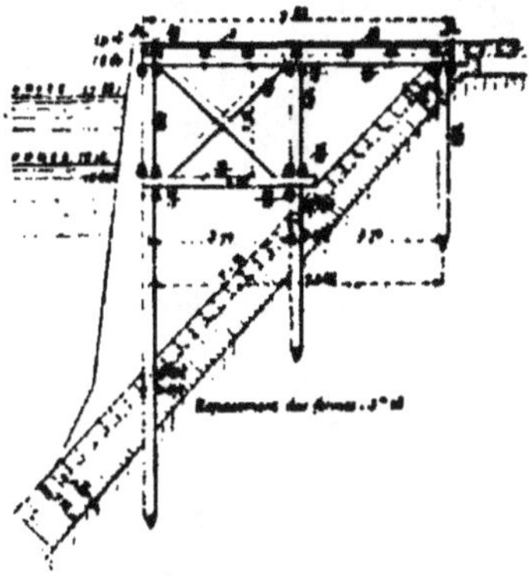

Fig. 619. — Port du Hâvre. Appontement en charpente.

Dans d'autres cas, des appontements ou estacades entièrement en charpente à claire-voie sont placés en saillie sur des perrés ou sur d'anciens murs, de manière à permettre l'accostage de navires d'un tirant d'eau supérieur à celui que permettaient les anciens ouvrages.

Ces charpentes, qui ont des longueurs très variables suivant qu'elles ont pour objet de permettre l'accostage sur un seul point ou la manutention des marchandises sur les terre-pleins d'un bassin, doivent être assez solidement construites pour résister aux chocs.

A Anvers, dans le bassin Asia, une estacade continue règne sur 600 mètres de longueur et 10 m. 50 de largeur. Les fer-

mes, espacées de 2 mètres d'axe en axe, se composent de
6 pieux dont la longueur varie de 6 mètres à 11 m. 70 et
dont les quatre premiers sont reliés par deux cours de moises

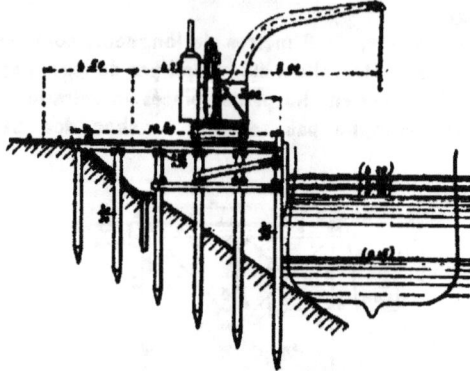

Fig. 620. — Bassin Asia à Anvers. Estacade en charpente.

horizontales et par une contrefiche inclinée ; ces fermes sont
reliées, dans le sens longitudinal, par deux séries de moises
horizontales et par un tablier de 0 m. 10 d'épaisseur. Toute
l'estacade est en sapin rouge du Nord, à l'exception des longrines des voies ferrées qui sont en chêne (fig. 620).

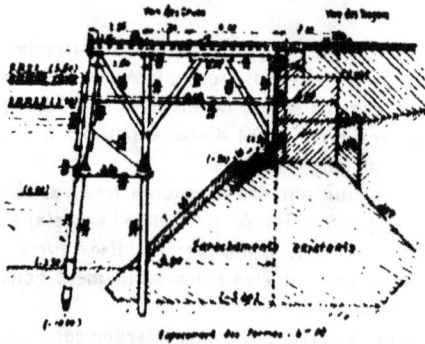

Fig. 621. — Bordeaux. Estacades de rive droite.

A Bordeaux, sur la rive droite de la Garonne (fig. 621), des estacades analogues de 400 mètres de longueur sont fondées sur deux files de pieux, battues en avant de massifs d'enrochements, perreyés au-dessus du niveau de basse mer ; ces pieux supportent des montants, reliés à la charpente des fermes, et des blocs artificiels en maçonnerie recevant la poussée des remblais. Les fermes sont espacées de 2 mètres d'axe en axe, elles sont reliées au quai par des tirants en fer amarrés dans des massifs de maçonnerie noyés dans le terre-plein. De grands pieux de défense placés en avant du mur tous les 16 mètres servent à l'amarrage des navires.

Les estacades de Nantes sont analogues : elles sont placées en avant d'un mur fondé sur béton au-dessus du niveau de basse mer pour supporter la poussée des terres (fig. 622).

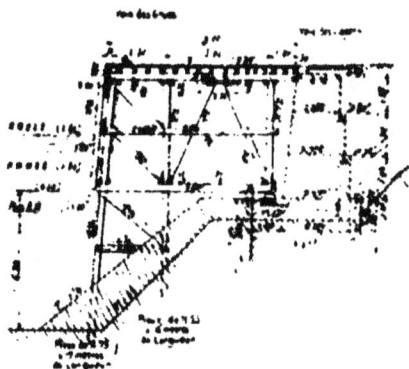

Fig. 622. — Nantes. Estacade de rive droite.

A Fécamp, une estacade de 115 mètres de longueur, composée de fermes espacées de 3 mètres, s'appuie sur un perré fondé sur béton, auquel les fermes sont reliées par des scellements (fig. 623).

Au lieu d'être établies en avant de perrés ou de murs auxquels elles sont reliées sur toute leur longueur, les estacades peuvent être établies en avant d'une basse berge ou d'une digue contre laquelle il s'agit d'empêcher les bateaux de se

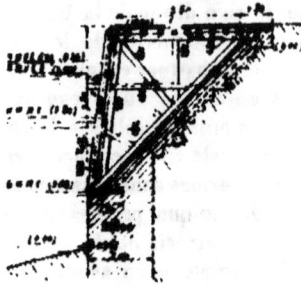

Fig. 623. — Fécamp. Estacade.

blesser. C'est le but des estacades construites en Garonne aux abords de l'écluse du bassin à flot de Bordeaux (fig. 624).

Fig. 624. — Bordeaux. Estacade aux abords   Fig. 625. — Le Tréport.
de l'écluse du bassin à flot.   Estacade.

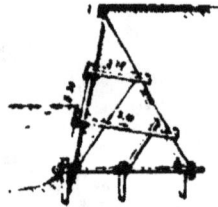

Lorsque les estacades, au lieu d'être construites à claire-voie, reçoivent directement la poussée des terres sur un bordage posé en arrière de leur parement, elles constituent de véritables quais en charpente: mais les bois y sont plus exposés à pourrir, et ce système n'est plus guère admis que pour des ouvrages provisoires ou dans les pays où les bois sont à bon marché.

La fig. 625 montre un quai de ce genre construit au Tréport. Les détails d'une charpente analogue, construite anciennement à Anvers, aux abords d'un musoir d'écluse, sont donnés à plus grande échelle par la fig. 626.

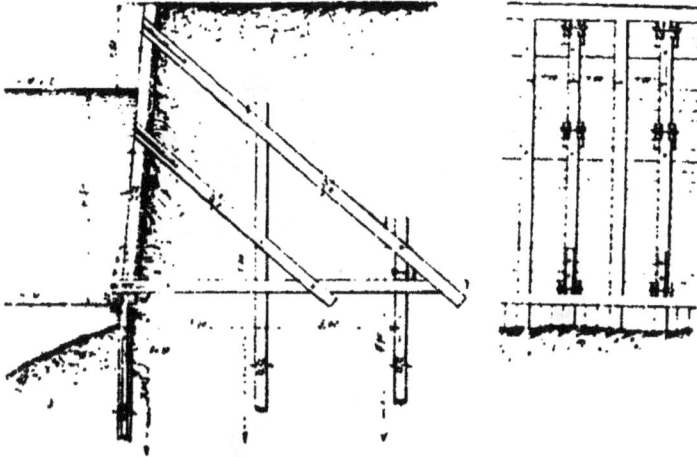

Fig. 626. — Anvers. Estacade aux abords d'un musoir d'écluse.

Dans ces exemples, la stabilité de la charpente est assurée
par des fermes triangulées, noyées dans le remblai : dans d'autres cas, comme au port de Pillau, la paroi du quai est simplement constituée par une ligne de palplanches jointives amar-
rées, en un ou deux points de leur hauteur, sur des pieux de
retenue, à l'aide de tirants en fer (fig. 627). Le massif de
remblai supporté par ces palplanches est surmonté, soit de
perrés, soit de murettes inclinées : de grands pieux de
défense sont placés tous les 4 mètres, en avant du mur.

Quel que soit le mode de construction employé pour les
estacades ou les quais en charpente, trois points doivent surtout appeler l'attention : toutes les charpentes voisines du
parement doivent être vigoureusement entretoisées en tous
sens pour résister aux chocs ; des pieux d'amarrage, très
robustes, aussi indépendants que possible des charpentes
assemblées, doivent être prévus ; des fourrures placées en
saillie sur les parements et faciles à remplacer doivent être
disposées pour recevoir les frottements et masquer toutes les
saillies des ferrures qui pourraient blesser les navires ; elles

doivent descendre assez bas pour que les parties saillantes des navires ne puissent par la houle ou par le jeu des marées s'engager par dessous.

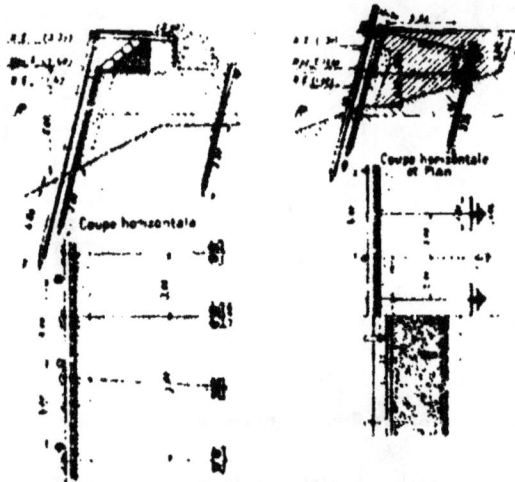

Fig. 627. — Port de Pillau. Quais en charpente.

443. Fondations sur caissons portés par des pieux. Les fondations sur plateformes ou grillages supposent généralement qu'on peut épuiser jusqu'à la hauteur de la tête des pieux, de manière à faire à sec la pose des chapeaux ou des moises.

Mais lorsqu'on se trouve en eau profonde, dans une rivière ou dans un port où l'établissement de batardeaux serait difficile et gênant pour la navigation, on est conduit à d'autres procédés consistant notamment dans l'emploi de caissons immergés sur la tête des pieux.

C'est par ce procédé qu'on a fondé des ouvrages importants : les ponts d'Iéna à Paris (1813), de Rouen (1817), de Bordeaux (1820), le pont de Bouchemaine, sur la Maine (1846), et, à une époque plus récente, les quais de Rouen.

Les pieux ayant été exactement recepés, on amenait au-des-

sus, pour l'immerger par un lest en fer ou en moellons, un
véritable bateau constituant un caisson-batardeau.

Au port de Bouchemaine, sur la Maine (fig. 628), le caisson
avait 13 m 35 de longueur sur 5 m. 24 de largeur et 5 mètres
de hauteur. Le fond, devant être incorporé à la fondation et
répartir les pressions entre les pieux, avait 0 m. 33 d'épaisseur :
les parois, composées de panneaux rectangulaires reliées dans
tous les sens par des contreventements, étaient soigneusement
calfatées pour permettre l'épuisement à l'intérieur, et reliées
avec le fond par de grands boulons verticaux qui, tout en assurant par leur serrage l'étanchéité du joint pendant la construction, permettaient le démontage facile des panneaux après
l'achèvement des maçonneries exécutées par épuisement.

Dans les diverses applications faites de ce système, le mode
d'assemblage des parois latérales, qui ne sont que des batardeaux, avec le fond, qui seul fait partie de la fondation, ne
diffèrent que par des détails ayant pour objet la commodité
du démontage.

Mais, au point de vue de la fondation proprement dite,
l'attention doit être appelée sur deux points : la résistance
des pieux à la flexion et les précautions à prendre en vue des
irrégularités du battage.

Dans ce mode de fondation, les pieux ne sont pas assemblés, à leur tête, avec une plateforme ou avec un grillage, et,
lorsqu'ils dépassent le fond du lit sur une assez grande longueur, ils sont exposés à fléchir. Au pont de Bordeaux et au
pont de Bouchemaine, on les a reliés par des grillages descendant à 1 mètre en contrebas de la tête des pieux et comprenant trois longrines avec six cours de moises transversales.

Sur ces pieux repose   ond du caisson qui est incorporé à
la fondation. Anciennem   re fond se construisait en pièces
de bois juxtaposées, d'épaisseurs égales ou variables comprises entre deux longrines formant un cadre général ; mais on
a reconnu que l'exactitude complète de la pose était au moins
douteuse, et que, par suite, la charpente devait être disposée
de manière à pouvoir porter sur tous ses points : on a pris le
parti de superposer deux cours de madriers épais à joints croisés, dont la face inférieure est absolument plane. En 1879,

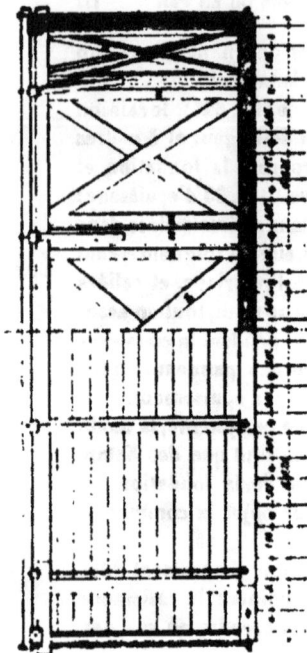

Coupe transversale   Coupe longitudinale

Élévation   Élévation

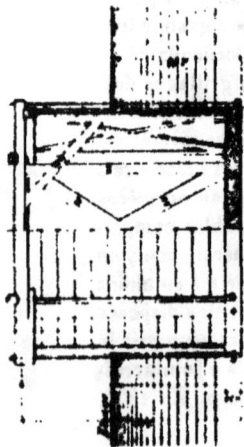

Coupe transversale sur l'axe d'une Pile.

Coupe longitudinale
sur l'axe d'une Pile.   sur l'axe d'une Arche.

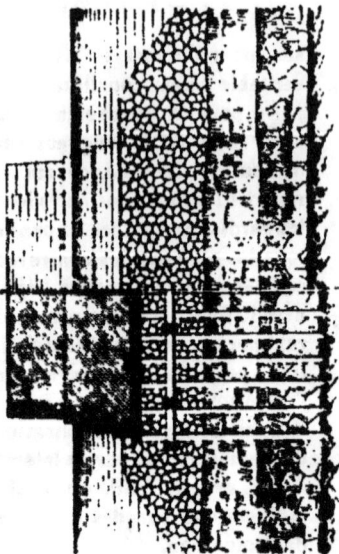

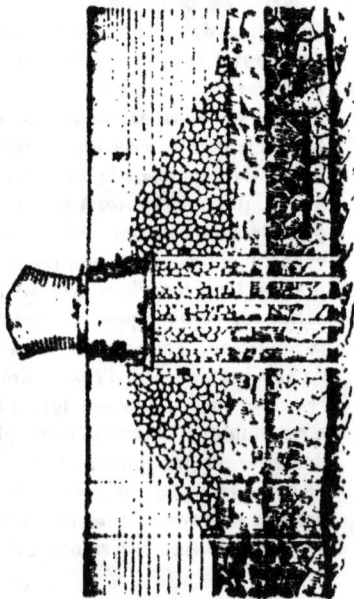

Fig. 628. — Pont de Bonnétable sur la Meine. Ossature sur pieux.

lors de la reconstruction du pont des Invalides, qui avait été
fondé sur caissons immergés, on a reconnu qu'une partie des
avaries que les maçonneries de cet ouvrage avaient subies

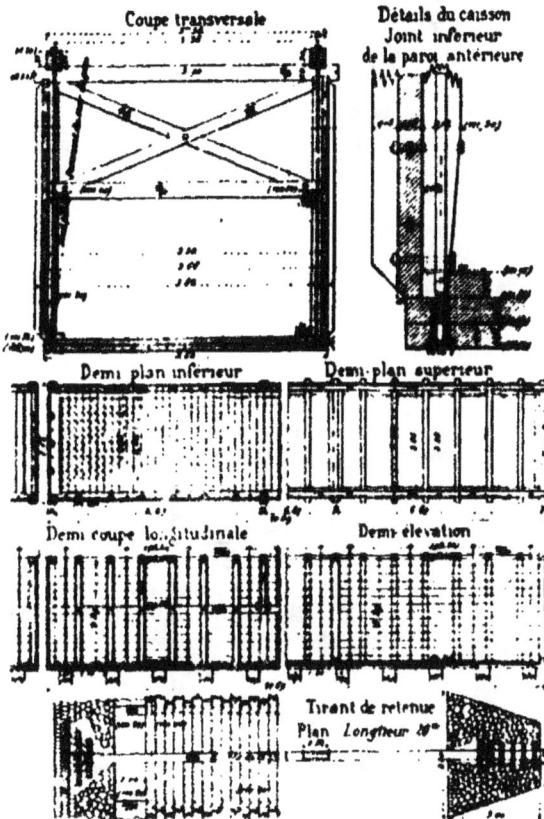

Fig. 629. — Quais de Rouen. Caisson sur pieux.

était le résultat d'une pose imparfaite du caisson flottant ;
par suite de pressions exagérées sur certains pieux, quelques-
unes avaient pénétré de près de 0 m. 10 dans la plateforme.

Les quais de Rouen ont été en grande partie fondés sur caissons immergés, lestés avant l'immersion au moyen d'une partie de la maçonnerie destinée à constituer la base du mur ; nous aurons l'occasion d'y revenir dans un autre chapitre.

La fig. 629 représente l'ensemble et les détails du fond du caisson ; l'assemblage des parois verticales avec le fond était réalisé au moyen de tiges filetées pénétrant dans des manchons en fonte enfoncés dans le plancher.

Enfin la figure montre la disposition des tirants de retenue, dont les extrémités du côté des terres sont noyées dans un massif de maçonnerie.

En Amérique, dans des cas analogues, on combine les crib-works dont nous avons parlé précédemment (art 583) avec les fondations sur pieux.

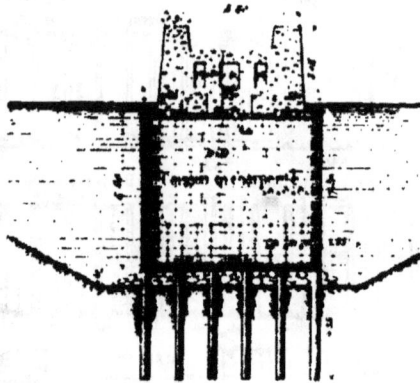

Fig. 630. — Port de Duluth : crib-work sur pieux.

Pour l'accès du port de Duluth (Minnesota). sur le Lac Supérieur, on a entrepris en 1898 la construction de deux jetées, fondées sur pieux battus au fond d'une fouille de 7 mètres de profondeur. Au-dessus de la tête des pieux, entourée d'enrochements, se place le crib, lesté par des matériaux qu'on immerge à l'intérieur jusqu'à ce que, le caisson portant sur les pieux, son couronnement soit presque au niveau moyen des eaux du lac.

La superstructure s'exécute alors en béton mis en place à l'aide de coffrages provisoires, par sections de 3 à 6 mètres de longueur constituant des blocs exécutés en une seule journée de travail.

464. Pieux métalliques. — Les ouvrages construits sur pieux métalliques sont assez exceptionnels en France : un des plus anciens paraît être le phare de Walde, à l'est de Calais, dont les pieux métalliques inclinés en forme de pyramide tronquée ont 0 m. 152 de diamètre sur 15 mètres de longueur, d'un seul morceau, suivie d'une rallonge de 8 mètres (1857) (1).

Dans l'ouvrage cité sur l'emploi de pieux métalliques dans les fondations, M. Grange mentionne le pont de Vouneuil, sur la Vienne, dont les piles, entourées d'une enceinte en bois, sont fondées sur pieux en fonte à vis, reliés par un grillage en charpente, la partie supérieure des pieux étant noyée sur 3 m. 80 de hauteur dans du béton.

Nous avons cité précédemment le wharf de Kotonou au Dahomey : on en trouve les dessins dans le Portefeuille distribué aux élèves de l'École des Ponts et Chaussées.

En 1851, M. James Brunlees, qui a été depuis vice-président de l'Institution des Ingénieurs civils d'Angleterre, a fondé deux viaducs près de l'embouchure des rivières de Kent et de Leven, en employant dans des sables très fins l'action de l'eau sous pression à l'intérieur de pieux creux en fonte à patin. La résistance du terrain ayant été déterminée expérimentalement et trouvée égale à 20 tonnes par mètre carré, on a fixé le diamètre des disques à 0 m. 76 correspondant à une surface de 4.536 cm^2 : plus de 600 pieux ont été enfoncés pour la fondation de ces deux viaducs.

En 1860, une jetée métallique de 1.600 mètres de longueur a été fondée par le même procédé à Southport dans le Lancashire.

(1) Collection des dessins distribués aux élèves de l'École des Ponts et Chaussées, 6e série, section F., pl. 3 à 6.

En Amérique, indépendamment de la jetée à l'embouchure de la Delaware, on peut citer des ponts ou viaducs à piles métalliques sur pieux à vis des chemins de fer de Santiago à Valparaiso (Chili), et de Gaïra à Caracas (Vénézuéla) (1).

Dès 1847, un phare a été construit sur pieux à vis par le colonel H. Bache, à l'embouchure de la Delaware.

En 1873, sur la côte sud de la Floride, un autre phare a été construit sur pieux en fer, enfoncés par battage dans une roche calcaire ; un mouton de 1.000 kgs avec 5 m. 50 de chute produisait en général, en 120 coups de mouton, une pénétration de 3 m. 05 dans la roche.

Dans les enceintes de fondation, on a quelquefois recours à des éléments métalliques qui remplacent les pieux et les palplanches en bois.

Avant 1860, on avait fait une application de ce système aux piles d'un pont sur la Severn, près de Worcester. Le terrain se composait de vase sur 0 m. 92 d'épaisseur, de sable et de gravier sur 1 m. 52 avec de la marne au-dessous.

Les pieux, en forme de cylindres creux, pénétraient de 1 m. 50 dans la marne, les palplanches ne s'y engageaient que de 0 m. 30 à 0 m. 40 ; les pieux et les palplanches s'élevaient de 0 m. 30 au-dessus du niveau des eaux et constituaient ainsi sur 2 m. 13 de hauteur une enceinte, à l'intérieur de laquelle on coula le béton après avoir dragué la vase, de manière à mettre à nu la couche de sable et de gravier, assez résistante pour supporter la fondation, du moment que l'enceinte la protégeait contre les affouillements.

Les pieux en fonte de 20 millimètres d'épaisseur avaient un diamètre de 0 m. 407 ; les palplanches étaient des plaques de fonte de 25 millimètres d'épaisseur, renforcées par des nervures de 90 à 127 millimètres de saillie, espacées de 0 m. 203 à 0 m. 279 ; elles constituaient des panneaux d'une seule pièce entre les pieux, leur largeur variant entre 1 mètre et 1 m. 98.

Les pieux présentaient des nervures saillantes de 40 millimètres qui guidaient les feuillures, terminant latéralement les panneaux de palplanches.

(1) Grange, p. 89 à 95.

L'enfoncement se fit par battage ; d'après le mode de construction adopté, ce battage devait se faire avec une précision
qui n'aurait pas pu être réalisée dans un terrain quelque peu
difficile.

Pour maintenir les pieux en place pendant le coulage du
béton et pour corriger les déviations qui auraient pu se produire pendant le battage, des tirants en fermé plat de 40 sur
25 millimètres furent assemblés à deux niveaux différents au
moyen de clavetages et noyés dans le béton.

Dans les ouvrages plus récents, c'est plutôt pour traverser
des terrains difficiles qu'on a eu recours aux éléments métalliques constituant des enceintes et par suite l'emploi du fer et
de l'acier s'est généralement substitué à la fonte.

La question de l'emploi des palplanches en acier a été dis-
cutée au Congrès de navigation de Bruxelles (1898) ; on a cité
les enceintes du pont de Bonn, dont les palplanches, de 0 m. 32
d'épaisseur, ont été enfoncées jusqu'à 9 mètres de profondeur
dans un terrain de gros gravier et l'écluse de Mühlendamm,

Fig. 631. — Emploi
de fers à T dans
des enceintes de
fondation.

à Berlin où, dans un terrain également re-
sistant, on a employé des fers à T placés
alternativement en long et en travers pour
constituer des enceintes de fondation
(fig. 631).

Une disposition analogue a été adoptée
au pont de Kornhaus, à Berne, avec des
fers à double T de 0 m. 235 de hauteur.

Ce système, généralement plus coûteux que l'emploi de
pieux jointifs en bois, se recommande surtout pour traverser
les terrains durs, mais il ne paraît pas donner toute garantie
au point de vue de l'étanchéité, qu'il est d'ailleurs difficile
d'assurer, si le battage est difficile ; et cependant, c'est un
élément important de la résistance des fondations, lorsqu'elles
supportent des charges d'eau.

Indépendamment de leur emploi dans les fondations, on
s'est quelquefois servi d'éléments métalliques dans les parements des quais, sous forme de pieux et de panneaux en fonte :
dans la fig. 632 les montants seuls sont en fonte et le remplissage en briques.

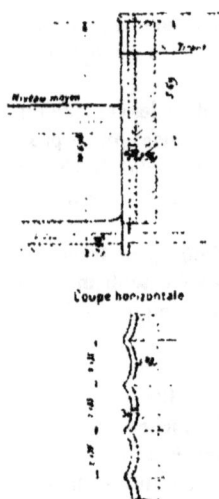

Coupe horizontale

Fig. 632. — Quai Victoria-
Dock à Londres.
Pieux en fonte.

Ce système est assez cher et paraît
moins satisfaisant qu'un mur de quai
ordinaire.

485. Colonnes métalliques. —
Nous avons dit (art. 388 à 391) que
des colonnes métalliques servaient
quelquefois de base à des constructions et qu'elles pouvaient être enfoncées par surcharge, par dragage,
par le vide ou par l'air comprimé.

Lorsque les colonnes doivent traverser une grande profondeur d'eau,
on en amène souvent les éléments
sur place par flottaison, en adaptant
aux premiers anneaux un fond dé-
montable.

Quand, ce fond mobile ayant été
démonté, les premiers anneaux péné-
trent dans le sous-sol, on déblaie à
l'aide d'épuisements ou par dragages
jusqu'à la profondeur à atteindre et on remplit l'intérieur de
béton immergé.

La passerelle de Passy, construite pour l'Exposition de
1878, a été fondée par ce procédé.

De 1882 à 1886, il en a été fait une application importante
pour la reconstruction du viaduc de la Tay, emporté par une
tempête en 1879.

Cet ouvrage a 3.300 mètres de longueur et comprend, au
milieu, un pont de 13 travées de 70 mètres et, de chaque côté,
des viaducs d'accès ayant respectivement 27 et 45 travées.

Sur le pont, la hauteur du rail au-dessus des hautes mers
est de 24 mètres.

Les fondations se composent, pour chaque pile, de deux
colonnes en fer ou en fonte, de 3 à 7 mètres de diamètre suivant l'ouverture des travées; ces colonnes comprennent des
éléments cylindriques de diamètres décroissants, raccordés
par des troncs de cône.

Elles ont été enfoncées jusqu'à une profondeur de 6 à 9 mètres en contrebas du fond du lit, après avoir été revêtues avant la descente d'une chemise intérieure en béton formant lest.

On a d'abord mis en place les premiers éléments, sur une profondeur suffisante pour atteindre le fond; puis, on les a surmontés des anneaux correspondant à la profondeur prévue avec leur lest en maçonnerie, en ajoutant un caisson provisoire qui formait batardeau et constituait une surcharge additionnelle. En draguant à l'intérieur de la colonne, au moyen de dragues à mâchoires, on a déterminé l'enfoncement de chaque colonne, jusqu'au niveau prévu; dans certains cas, la descente a été facilitée par un épuisement pratiqué à l'intérieur de la colonne. Le remplissage en béton effectué jusqu'au niveau des basses mers pour les deux fondations d'une pile, on construisait les premières assises du socle à l'abri du batardeau provisoire, puis, laissant la hauteur libre pour le dégagement du ponton servant d'échafaudage, on enlevait le batardeau et on dégageait le ponton en profitant de la haute mer.

Les deux colonnes étaient alors assemblées par des armatures métalliques, puis les maçonneries se continuaient à la marée pour former le fût des piles reposant sur des voûtes en maçonnerie reliant les colonnes.

Les pontons servant à la mise en place des tubes méritent une mention spéciale; de différentes dimensions, allant jusqu'à 25 mètres sur 20 mètres, ils constituent une plateforme rectangulaire flottante qui supporte les pompes, les dragues, les grues et les malaxeurs à béton. A travers des évidements ménagés au milieu, deux éléments de colonnes sont suspendus à l'aide de cylindres hydrauliques, de manière à ne pas rencontrer le fond.

Le ponton est amené en place et amarré; il s'agit alors de le fixer et de l'assurer pendant la descente des tubes contre les variations de niveau et contre les lames. A cet effet, ses angles portent des cylindres en tôle de 1 m. 50 de diamètre et de 19 m 50 de longueur qui, à l'aide des manœuvres successives de quatre cylindres hydrauliques, peuvent être descendus au niveau du fond pour permettre de relever la plate-

forme à un niveau tel qu'elle cesse de flotter et qu'elle soit
portée sur ces quatre pieds (fig. 663).

C'est à partir de ce moment que commence la descente des
caissons, qui devient aussi indépendante que possible de l'agitation et du niveau de la mer.

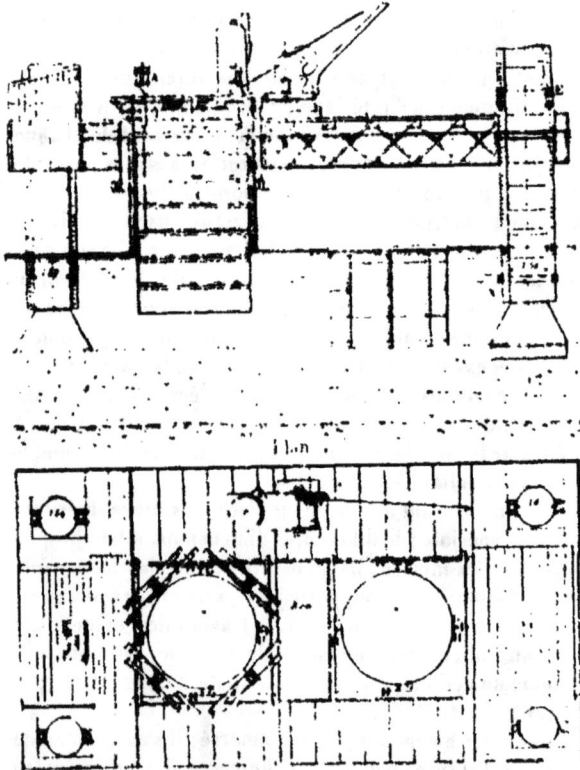

Fig. 663. — Viaduc de la Tay. Ponton pour la mise en place des colonnes.
Coupe verticale. Plan.

Cette remarquable installation est due à M. Arrol, qui a
exécuté, comme entrepreneur, les travaux du grand pont du
Forth.

Les dispositions d'ensemble du ponton et les détails relatifs à la manœuvre des béquilles et à la descente des colonnes sont représentées par les figures 633 à 635.

Les principales opérations du fonçage comprennent :

1° La manœuvre d'une colonne.

Le cuvelage C d'une colonne est suspendu par des tiges extérieures, qui se prolongent par des barres L, percées de mortaises rectangulaires H, qui traversent 4 cylindres hydrauliques A (fig. 633).

Au début de la manœuvre, des clavettes tranversales (fig. 634) supportent la charge par l'intermédiaire d'une traverse passant dans une fenêtre supérieure.

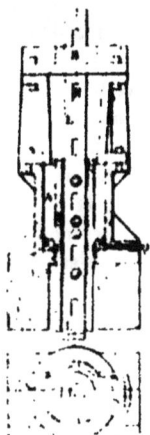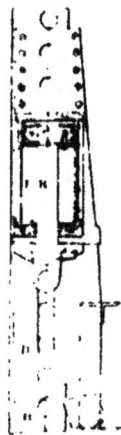

Fig. 634.   Fig. 635.

Détails : 1° Manœuvre de descente d'une colonne ; 2° Manœuvre des béquilles.

Une traverse ayant été placée dans la fenêtre inférieure H, on met le cylindre en pression, et sa tige soulevant L par la traverse H permet de dégager la traverse supérieure et de la placer plus haut. En mettant lentement à l'échappement les quatre cylindres hydrauliques dont les manœuvres sont soli-

daires, la charge descend jusqu'à ce que, la traverse supérieure portant de nouveau, on peut dégager la traverse H et
recommencer la manœuvre.

2° La manœuvre d'une béquille.

Les béquilles sont également suspendues au ponton par
l'intermédiaire de deux montants en tôle B (fig. 634) formés
de deux joues BC (fig. 635) percées d'une série de trous ronds
C, ces joues étant extérieures aux cylindres de manœuvre E.
Ces cylindres sont à double effet pour permettre de descendre
ou de relever les béquilles ; la tige R du piston P porte une
tête percée d'un trou de même diamètre que les trous B et C
des joues fixées à la béquille ; le corps du cylindre est également prolongé par des joues parallèles à celles de la béquille
et percées de fenêtres F de hauteur un peu inférieure à la
course du piston, avec des trous D à la partie inférieure et
des trous G à la partie supérieure. Une clavette passant dans
les trous C et D relie la béquille au ponton pendant le transport. Pour la manœuvre de descente, le piston étant dans la
position de la fig. 635, une clavette C' relie le piston R à la
béquille et permet de dégager la clavette C ; le dessous du
piston étant mis à l'échappement, la béquille descend jusqu'à
ce que la clavette C' soit voisine de l'extrémité inférieure de la
fenêtre F ; à ce moment on introduit une clavette soit en BD
soit en CG, on dégage la traverse C' et on remonte le piston P ;
la traverse C' est replacée plus haut, et l'opération peut recommencer.

A partir du moment où la béquille touche le fond, il ne
suffit pas de mettre E à l'échappement ; la pression doit agir
dans le cylindre au-dessus de P pour enfoncer la béquille et
faire remonter le ponton.

Les manœuvres de relèvement des béquilles s'effectuent en
ordre inverse par les mêmes moyens.

FONDATIONS SUR LES BLOCS ARTIFICIELS
IMMERGÉS

A l'extrémité inférieure des vallées, dans les estuaires et le long des côtes, les fondations ont souvent, pour descendre jusqu'au terrain solide, à traverser des couches profondes de vase molle, plus ou moins perméable ; on y emploie divers procédés dont le caractère commun consiste dans la construction, au-dessus ou en dehors de l'emplacement définitif, de massifs qui ne sont mis en place qu'après leur exécution.

A ce système se rattachent notamment :

les fondations sur blocs artificiels,

les fondations sur puits par havage,

les fondations sur caissons à l'aide de l'air comprimé, qui feront l'objet d'un chapitre spécial.

498. Fondation sur blocs artificiels. — La fondation sur blocs artificiels est depuis longtemps employée dans les ports pour la construction des murs de quais ; on la combine, dans certains cas, avec la fondation sur enrochements ou sur béton, au moyen de laquelle on constitue une première couche de fondation destinée à régulariser la surface qui doit recevoir les blocs.

En réalité, les murs ainsi construits présentent souvent deux étages de fondation : enrochements ou béton jusqu'à un niveau un peu inférieur à celui du fond du bassin, blocs artificiels jusqu'au niveau des basses mers. Au-dessus de ce niveau, la maçonnerie est généralement faite sur place.

On doit donc considérer la partie des murs construite en blocs artificiels comme faisant partie des fondations et c'est principalement à ce point de vue que nous donnons les renseignements qui suivent dans lesquels nous avons envisagé seulement la disposition et le mode de construction de ces ouvrages, sans nous attacher aux questions relatives à leur utilisation qui rentre dans l'étude des travaux maritimes.

9

Bien que ce système soit surtout en usage dans les mers
sans marée, on y a eu recours à Fécamp, Nantes et Calais.

Dans les mers à niveau à peu près constant, les murs de
quai ont une épaisseur plus faible que dans les mers où le
niveau varie beaucoup, le mur ayant une charge moindre à
supporter par suite de la contre pression de l'eau du bassin et
n'étant pas soumis aux variations de charge qui sont si dangereuses pour la stabilité.

L'épaisseur nécessaire dans les ports à marée n'a pu, dans
certains cas, comme à Nantes, être obtenue, eu égard aux
engins dont on disposait, que par l'emploi d'une double
rangée de blocs posés alternativement par carreaux et boutisses.

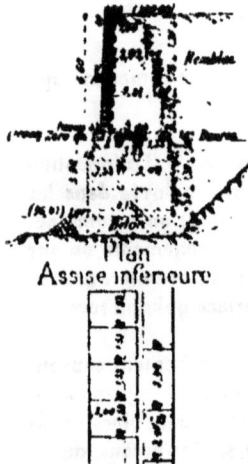

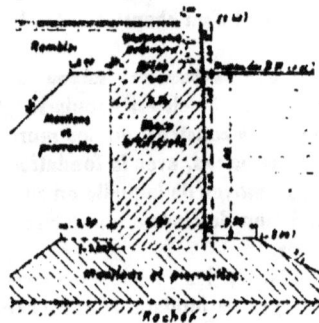

Fig. 636. — Quais sur blocs. Nantes.   Fig. 637. — Quais sur blocs. Marseille.

Il est préférable, comme on le fait généralement dans la
Méditerranée, et comme on l'a fait à Brest, d'employer un
seul rang de blocs.

Dans ce cas, les blocs fondés soit sur béton (Nantes) (fig. 636)
soit sur enrochements (Marseille, fig. 637), Gênes (fig. 638),

Oran (fig. 639) présentent, soit un parement vertical comme
à Marseille et à Gênes, soit un fruit comme à Oran et à
Ajaccio.

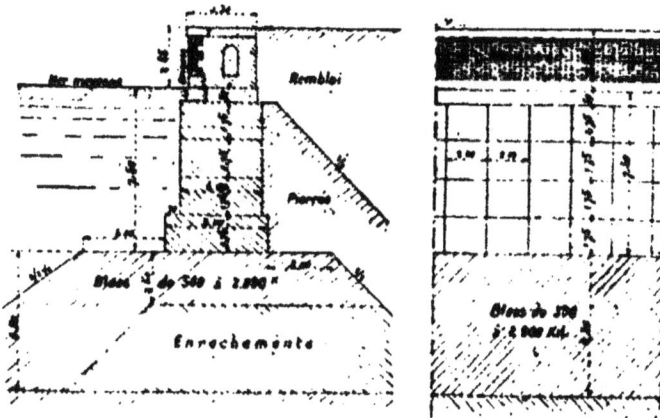

Fig. 638. — Quais sur blocs. Gênes.

Le fruit peut être obtenu, soit en mettant les assises successives en retraite l'une par rapport à l'autre (Gênes, fig. 552),

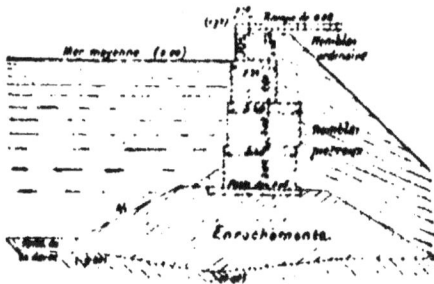

Fig. 639. — Oran.

ce qui peut avoir l'inconvénient de blesser les carènes des
navires, lorsqu'il y a du ressac, soit en donnant une cer-

taine inclinaison au lit de pose de la première assise, ce qui ne présente aucune difficulté spéciale (Oran) lorsqu'on construit sur une première couche d'enrochements.

A Gênes, on a commencé la maçonnerie supérieure un peu au-dessous du niveau des basses mers, en établissant un petit batardeau en arrière et, en avant, un socle en pierre de taille dont le niveau dépasse un peu celui de l'eau ; l'intervalle a été rempli en béton.

Dans les cas qui précèdent, la couche inférieure des fondations a été construite de différentes manières : à Nantes, sur béton, à Marseille sur enrochements. A Gênes, les enrochements étaient en deux couches, la première formée de moellons tout venant à la base avec une couche de 2 m. 50 de hauteur de blocs de 500 à 2000 kgs.

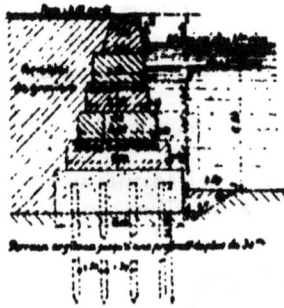

Fig. 640. — Quais sur blocs. Nice.

A Nice (fig. 640) dans un terrain peu consistant, on a combiné la construction d'un mur en blocs avec une fondation sur pilotis dont les têtes sont empâtées dans un massif de béton de 2 mètres d'épaisseur ; les blocs sont posés par retraites successives, on les a chanfreinés pour diminuer l'inconvénient des saillies.

Les blocs peuvent être disposés par piles ou par assises horizontales. Dans le premier système, adopté à Gênes et à Brest, les blocs sont empilés de manière à avoir autant de joints transversaux libres qu'il y a de files de blocs ; il n'y a donc pas de liaison dans les supports de la superstructure et s'il y a des tassements inégaux, celle-ci est exposée à se fissurer.

L'autre disposition est d'un usage courant à Marseille (fig. 641) ; on y admet des découpes régulières d'un bloc à l'autre, comme s'il s'agissait d'une maçonnerie ordinaire ; on se met ainsi à l'abri des tassements dus à un mouvement local. L'expérience prouve que les blocs, bien que portant seulement sur quelques points de la surface des blocs inférieurs, ne se brisent pas, et on arrive à superposer ainsi 4 assises de blocs sans que, sur plusieurs centaines de mètres de longueur, les varia-

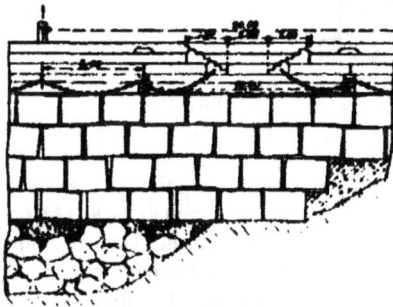

Fig. 641. — Marseille. Blocs posés par assises horizontales.

tions de niveau dépassent 0 m. 05, pourvu qu'on prenne la précaution de charger les enrochements d'un poids supérieur à celui de l'ouvrage terminé ; à cet effet, on superpose aux blocs du mur deux rangées supplémentaires qu'on enlève lorsque, après 3 mois de surcharge, les enrochements ont terminé leur tassement.

Le remblai en arrière des blocs doit être fait en moellons, pierrailles ou débris de carrière produisant une poussée aussi faible que possible.

Les blocs employés dans les travaux qui viennent d'être décrits ont en plan des dimensions variables de 1 m. 53 sur 2 m. 40 (Nantes) à 2 mètres sur 5 mètres (Gênes) ; leur hauteur varie de 1 m. 375 (Nice) à 2 m. 10 (Marseille) ; ils pèsent de 10 à 35 tonnes.

A Dublin, la partie basse du mur est au contraire constituée par de grands blocs accolés ayant la forme du mur.

Chaque bloc a 8 m. 70 de hauteur, 3 m. 35 de longueur, 6 m. 35 de largeur à la base et pèse 350 tonnes : il repose sur le fond préalablement nivelé à l'aide d'une cloche à plongeur ; la partie supérieure du mur construite à la marée a 4 m. 65 de hauteur (fig. 642).

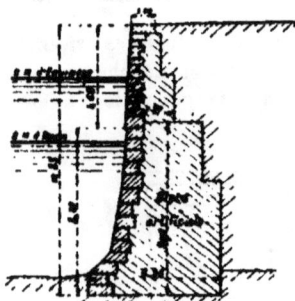

Fig. 642. — Dublin. Quai sur blocs.

Les nouveaux quais de New-York sont établis dans des conditions analogues : le mur se compose, en contrebas du niveau des basses mers, d'un, de deux ou de trois blocs superposés, suivant la hauteur, et d'une superstructure continue (fig. 643).

Lorsque le fond est en rocher, on régularise la surface d'appui du premier bloc au moyen de sacs de béton ; lorsque le terrain solide est à un niveau plus bas, on emploie pour recevoir les blocs un grillage métallique sur pilotis ; des longrines et traversines en bois relient les pieux un peu au-des-

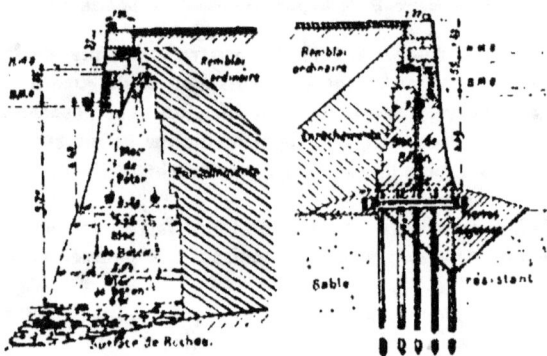

Fig. 643. — New-York. Quai du Waterfront.

sous de leur tête. Quelques sacs contenant du mortier, placés dans les intervalles, permettent le règlement au scaphandre de la base d'appui des blocs.

Dans les terrains de vases ou d'argiles en couches profondes, on élargit la plateforme qui supporte : 1° en avant le mur en gros blocs avec parements en granit pour la partie supérieure ; 2° en arrière des pieux portant un second plancher (fig. 644).

La tête des pieux inférieurs et tout l'intervalle entre les pieux intermédiaires sont remplis par une maçonnerie soignée à pierres sèches. La base de cette maçonnerie est entourée du côté de la rivière, comme du côté du remblai, par des enrochements.

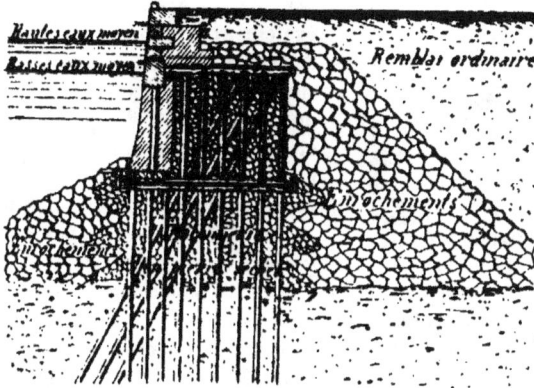

Fig. 644. — New-York (North River).
Quais sur blocs avec plateforme portée par des pieux.

Enfin entre les neuf files de pieux verticaux qui portent le plancher, trois files de pieux obliques très inclinées résistent à la poussée des terres.

Les grands blocs de la partie supérieure des murs ont 1 m. 83 de longueur en parement et pèsent 83 tonnes. Les blocs des assises inférieures ont 3 m. 66 de longueur, mais sont moins hauts et ne pèsent que 75 tonnes. Les blocs sont faits en béton, au dosage de 1 de ciment, 2 de sable et 5 de pierres; ils ne sont jamais mis en place avant dix jours, et on les laisse en général durcir plus longtemps.

A Greenock, une partie des murs de la Clyde a été construite dans des conditions analogues : à l'emplacement des murs, une tranchée de 7 m. 62 de largeur a été ouverte à la drague, à 1 m. 83 au-dessous du niveau auquel la rivière devait être creusée; puis elle a été remplie de moellons dont la surface supérieure a été arasée au moyen des mêmes matériaux (fig. 645).

Sur cette fondation, on a échoué des cuves en maçonnerie ayant 12 m. 19 de long, 5 m. 49 de large, 6 m. 40 de hauteur

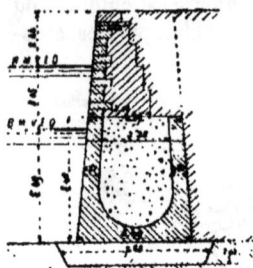

Fig. 645. — Greenock.
Quai sur la Clyde.

et 0 m. 61 d'épaisseur, construites en briques et mortier de ciment de Portland, et renforcées à l'intérieur par des cloisons transversales également en briques. Maçonnées dans une forme de radoub, ces cuves étaient enduites à l'extérieur de goudron et de poix ; elles étaient amenées par flottaison et remplies, après leur échouement, en béton maigre ; à cet effet, leur hauteur était telle qu'elles émergeaient à basse mer de 0 m. 61.

Le mur de quai était formé à la partie supérieure d'un massif de béton parementé, à l'extérieur, en moellons.

On voit que toutes les natures de maçonnerie sont employées dans la construction des blocs : on doit, en tout cas, soigner leur parement pour empêcher la pénétration de l'eau de mer, et employer des dosages assez riches pour rendre les blocs compacts et aussi imperméables que possible.

Au port de Sfax (1), en Tunisie, on a employé récemment des blocs de béton de 15 à 20 tonnes, composés de 2 volumes de pierre cassée pour 1 volume de mortier (350 kgr. de chaux du Teil par mètre cube de sable). Des blocs de 27 tonnes en béton ont été également construits avec mortier de ciment (450 kgr. par mètre cube de sable).

Ces dosages de béton (1 de mortier pour 2 de pierre cassée) doivent être considérés comme un peu faibles ; ils n'ont pas permis d'employer les blocs avant un délai de 3 à 4 mois après la fabrication.

Ces blocs reposent sur un massif d'enrochements présentant une largeur de 4 m. 25 en couronne et une hauteur de 1 mètre à 1 m. 25 ; ceux-ci s'appuient sur une couche épaisse d'argile compacte.

(1) Port de Sfax. Note par M. Bezault, Ingénieur des Ponts et Chaussées. *Annales des Ponts et Chaussées*, 1897, 4e trimestre, p. 160.

Une extension du procédé de fondation par blocs artificiels
a été réalisée depuis 1895 pour la construction des digues de
Bilbao, en groupant ces blocs au nombre de douze à l'intérieur de caissons métalliques pourvus d'un fond. Ces caissons
en fer de 13 mètres de longueur, 7 mètres de largeur et 7 mètres de hauteur, mis à flot et revêtus à l'intérieur d'une chemise en béton de ciment sont amenés en place à la faveur de
la marée et échoués sur des enrochements à 5 mètres au-dessous des basses mers d'équinoxe.

Les 12 blocs en maçonnerie cubent chacun 30 mètres
(4 mètres sur 3 mètres en plan et 2 m. 50 de hauteur) ; dès
qu'ils sont mis en place, on les recouvre, à la marée, de 0 m. 50
de béton de ciment ; trois caissons semblables forment la base
de la digue, sur laquelle on construit immédiatement la partie
supérieure comprenant deux rangées de blocs reliés par un
mur en béton (fig. 646).

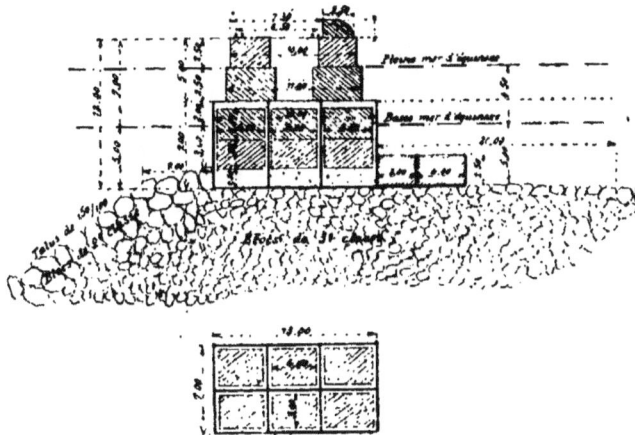

Fig. 646. — Digue de Bilbao.

Ce procédé a pour objet de réaliser très rapidement des
massifs capables de résister aux lames et à la houle.

M. Coiseau, qui l'avait appliqué pour la première fois à
Bilbao, en a proposé et fait adopter une extension importante,

lorsqu'il a entrepris avec M. Cousin la construction du port de Heyst (Belgique) et du canal maritime de Heyst à Bruges.

La digue du port de Heyst, en construction depuis 1898, est construite au moyen de caissons mis en place par flottaison et destinés, lorsqu'ils sont remplis de béton, à constituer des blocs de 320 tonnes.

Les caissons métalliques, munis d'un fond placé à 0 m. 50 au-dessus de la paroi d'un couteau qui en arme la périphérie, ont en plan une section de 25 mètres de longueur sur 7 m. 50 ou 8 m. 50 de largeur avec 9 mètres de hauteur totale. Ils sont construits à sec dans un chantier qui peut être mis en communication avec la mer, lorsqu'on doit les conduire au lieu d'emploi. Le fond et les parois de l'ossature métallique sont consolidés par des revêtements en béton de ciment, constituant des compartiments de 3 mètres de largeur, en forme de voûtes, dont les naissances sont reliées par un étaiement provisoire ; les formes intérieures du revêtement sont réalisées à l'aide de gabarits faciles à démonter et à réemployer. Lorsque l'eau est introduite dans le chantier des blocs, on épuise l'intérieur de ceux qui doivent être déplacés, de manière à les faire flotter ; on les conduit par temps calme au-dessus de leur emplacement et on les immerge en y laissant rentrer l'eau. Le fond est supposé avoir été réglé avec assez de précision pour que le contenu pénètre également dans le sol sur tout le pourtour, les matières emprisonnées à l'intérieur donnant une assiette régulière à la base du caisson. Si la surface était inégale, on devrait auparavant la régulariser avec de petits matériaux.

En égard à la grande surface des caissons, il importe que ce règlement ait été fait avec assez de soin pour qu'au moment de l'immersion des blocs, des efforts de torsion n'en disloquent pas les revêtements intérieurs.

Le bloc étant immergé, il ne reste pour assurer sa stabilité qu'à le remplir le plus rapidement possible de béton, qui sera dérasé à la partie supérieure pour recevoir la superstructure de la digue.

187. Mise en place des blocs artificiels. — En vue des

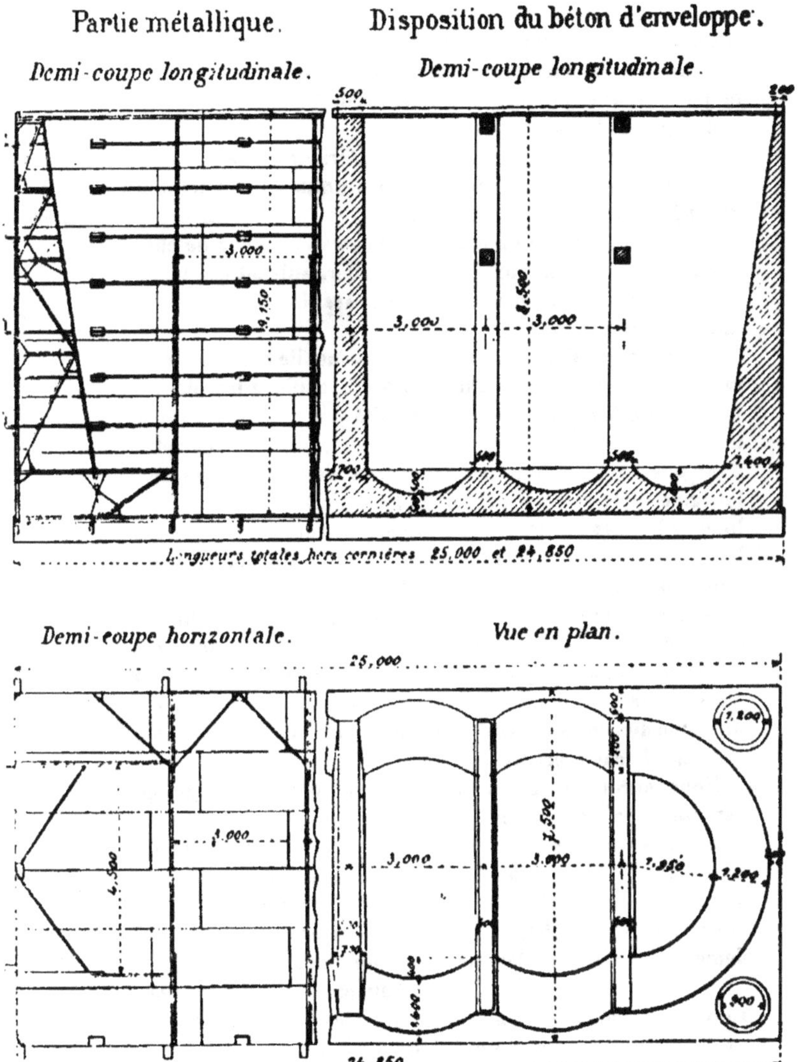
Partie métallique.
Disposition du béton d'enveloppe.
Demi-coupe longitudinale.
Demi-coupe longitudinale.
500
200
3,000
9,150
3,000
8,500
3,000
500
500
200
1,400
Longueurs totales hors cornières 25,000 et 24,850
Demi-coupe horizontale.
Vue en plan.
25,000
3,000
4,500
3,000
7,500
3,000
1,250
1,200
900
24,850

Fig. 647. — Digue du port de Heyst. Caissons métalliques.

manutentions des blocs, on y pratique, lors de la construction, des rainures dans lesquelles passent les chaînes de suspension et qui doivent se prolonger au-dessous du bloc pour permettre le dégagement des chaînes.

Ces rainures sont intérieures ou extérieures ; les rainures intérieures présentent quelquefois des armatures métalliques destinées à accrocher les chaînes.

Quant à la disposition des voies de service autour du chantier des blocs, il y a deux cas à distinguer, suivant que la voie de transport vers l'embarquement est parallèle ou perpendiculaire aux files de blocs.

Si elle est parallèle, un pont roulant mobile sur des files de rails posés sur longrines entre les blocs, soulève les blocs de chaque file à partir de son extrémité pour les poser sur un bardeur qui est conduit au-dessus d'un chariot porteur placé dans une fosse ; à l'une des extrémités de la fosse, se trouve l'origine de la voie qui conduit le bardeur à l'embarquement ; lorsque les files de blocs sont longues, la voie du bardeur s'allonge successivement à l'intérieur de celle du pont roulant, pour diminuer les déplacements de cet appareil.

Si la voie de service est perpendiculaire, et si les files de blocs ne sont pas trop longues, on peut porter le bloc suspendu au pont roulant jusqu'au-dessus du bardeur directement placé sur la voie perpendiculaire ; sinon on doit modifier la direction des voies passant entre les blocs, de manière à rentrer dans le cas précédent.

Nous aurons à revenir sur les appareils de levage qui servent à ces manœuvres.

Amenés sur les voies de service à l'embarquement, les blocs sont repris et arrimés sur les chalands de transport ; ils peuvent être posés sur le pont d'un chaland, ou suspendus entre deux chalands, ou disposés de manière à passer par un évidement pratiqué à l'intérieur même du chaland.

A Marseille, on employait des chalands à plateforme horizontale sur laquelle les blocs étaient posés et repris pour la mise en place par une mâture flottante de 50 tonnes.

Des engins analogues ont été employés à Dublin et à New-York pour le transport et le débarquement des plus gros blocs, les bateaux-grues étant munis de caisses à eau pour équilibrer la surcharge produite par le poids des blocs ; c'est un point sur lequel nous reviendrons plus loin.

488. Construction des digues et des jetées. — Les ouvrages destinés à protéger l'entrée des ports et à les abriter contre la houle du large se construisent le plus souvent en combinant, jusqu'à des profondeurs beaucoup plus grandes que celles que nous avons envisagées jusqu'ici, l'emploi des enrochements avec les blocs artificiels.

Les premières digues ont été construites avec des enrochements tels qu'ils étaient extraits de la carrière, sans les diviser par catégories et sans s'astreindre à n'employer que des matériaux d'un volume déterminé.

Mais ce système qui est satisfaisant en eau calme ne réussit pas dans les mers ouvertes et agitées, et les talus des digues ainsi construites ne peuvent arriver à un état d'équilibre, bien que, du côté du large, ce talus jusqu'à une profondeur comprise entre 5 et 10 mètres prenne une inclinaison très faible : 5 à 6 mètres au moins de base pour 1 de hauteur. Le talus du côté abrité est plus raide, variant de 1 1/2 à 2 de base pour 1 de hauteur ; c'est également le talus sous lequel se tiennent les enrochements à la base de l'ouvrage du côté du large, à des profondeurs supérieures à 5 mètres au moins, mais pouvant atteindre jusqu'à 10 mètres.

Ces profondeurs sont variables d'un port à l'autre, et, dans le même port, elles dépendent de l'orientation des ouvrages, de leur profil et de la disposition des ouvrages voisins. Tandis que, le plus souvent, la profondeur au-dessous de laquelle la force des lames est insuffisante pour déplacer les enrochements est évaluée en Europe entre 6 et 9 mètres, les ingénieurs chargés de la construction d'un port de refuge dans la baie de la Delaware, commencé en 1885, ont admis que sur leurs côtes la stabilité des enrochements pouvait être considérée comme complète à partir d'une profondeur de 3 m. 50 à 4 m. 50 sous basse mer.

Dans tous les cas, ce sont les parties supérieures de la digue qui, même lorsque le pied a une très large base, sont le

plus exposées au choc des lames qui en déplacent les matériaux : on est conduit par là à revêtir le talus extérieur avec
de gros enrochements ou des blocs artificiels qu'il y a intérêt
à faire en matériaux aussi denses que possible.

Suivant les circonstances locales, et d'après la nature et la
qualité des matériaux dont on dispose, on remplace les enrochements naturels par des blocs artificiels de maçonnerie ou
de béton qui pourront être régulièrement arrimés ou employés
en rechargement sur les talus.

Quant au corps même des digues, on a commencé par y
employer des enrochements classés par catégories, les plus
petits étant immergés à la base et les plus gros dans les parties
supérieures.

Cette pratique peut être justifiée lorsque les digues reposent sur un sol peu consistant, dans lequel un remblai en
pierrailles pénètre moins que des enrochements de plus grandes dimensions.

Mais, dans les digues construites récemment en France, on
a considéré comme préférable, d'avoir sur toute la hauteur de
la fondation un noyau formé d'enrochements mélangés (digues
de Boulogne, de Cherbourg et de Brest) (1).

Dans les digues antérieures, les vides représentaient une
fraction du volume total comprise entre 25 et 31 0/0 ; avec des
matériaux mélangés, ils peuvent se réduire au-dessous de 25 0/0.
La profondeur à laquelle doit commencer le revêtement en
gros blocs varie suivant les circonstances locales et ne peut se
déterminer que par des observations directes.

A Marseille, l'expérience a montré que cette profondeur
pouvait être réduite de 10 à 6 mètres, à Oran on a dû la porter de 6 à 9 mètres.

Les cubes des blocs sont également variables : on emploie
à Marseille des blocs de 10 à 14 mètres cubes ; à Alger, de 10
à 15 mètres ; à Gènes, de 14 à 17 mètres ; à Philippeville, de
15 à 20 mètres ; à Cette et à Saint-Jean-de-Luz, 20 mètres
cubes.

Une seule épaisseur de blocs suffit si la base sur laquelle ils

(1) Voir sur cette question, Pontzen, ouvrage cité p. 500.

reposent est à peu près régulière ; si elle ne l'est pas, deux ou même trois épaisseurs peuvent être nécessaires.

Les conditions d'exécution des digues et leur profil varient essentiellement suivant qu'il s'agit d'une mer sans marée ou d'une mer à niveau variable. Ces différences s'appliquent aussi bien au soubassement qu'au couronnement ou à la superstructure.

Notre sujet ne comporterait pas, au moins dans ce chapitre, l'étude des dispositions du couronnement des digues. Nous sommes néanmoins conduit, pour rendre compte de certaines dispositions des soubassements, à donner des indications sommaires sur les superstructures.

180. Digues dans les mers sans marée. — Dans les mers sans marée, le soubassement, arasé au niveau moyen de la mer, est surmonté de 2 à 3 mètres de hauteur par une plateforme que dépasse un parapet ayant 2 mètres à 2 m. 50 de hauteur ; la largeur totale de la plateforme et du parapet est d'au moins 4 à 5 mètres et peut être plus grande.

Pour n'être pas exposée à des tassements inégaux, la plateforme doit reposer en entier sur le noyau central d'enrochements et ne pas s'appuyer sur la défense en blocs qui le protège ; mais, comme les tassements des digues sont très prolongés, cette plateforme doit être construite par tronçons isolés d'une vingtaine de mètres entre lesquels on laisse des vides de quelques centimètres.

Les parapets déterminent, au pied de leur parement qui est à peu près vertical du côté de la mer, un ressac qui peut nuire à la solidité de la digue si elle n'est pas protégée en avant par une risberme en gros blocs d'une largeur suffisante.

C'est le système suivi à Marseille pour la construction de la digue de la Joliette qui se compose d'un massif d'enrochements naturels ayant 5 mètres de largeur en couronne à 2 mètres au-dessus du niveau de basses mers.

Le revêtement en blocs artificiels descend à 6 mètres au-dessous des basses mers et s'élève à 3 mètres au-dessus.

Les profondeurs atteintes ont été comprises entre 10 et 30 mètres. Comme le montre la fig. 648, la superstructure comprend : à l'extérieur, un mur d'abri et une risberme ; à l'intérieur, un mur de quai.

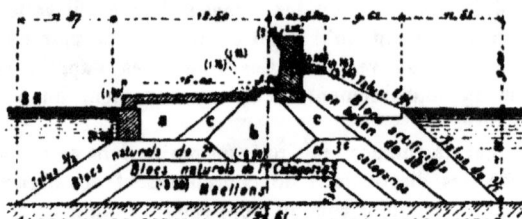

Fig. 648. — Marseille. Digue de la Joliette.

On a distingué trois catégories d'enrochements (1) :

a) Moellons de 3 à 100 kilogrammes ;

b) Blocs naturels pesant de 101 à 1.300 kgs. ;

c) Blocs naturels pesant au-dessus de 1.300 kgs.

Les blocs artificiels ont 10 et 14 mètres cubes, c'est-à-dire que leur poids varie entre 20 et 30 tonnes.

Malgré des tassements assez considérables le massif de la digue s'est peu déformé et le mur d'abri ne présente que quelques fissures verticales sans importance.

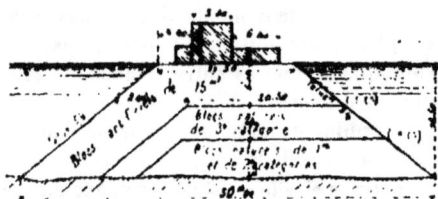

Fig. 649. — Gênes. Jetée Est.

Au môle du nouveau port de Gênes, les blocs de défense sont régulièrement arrimés par assises horizontales de la cote — 6 mètres à + 4 m. 50. Le talus extérieur est revêtu de gros enrochements naturels pesant au moins 10 tonnes et dont

(1) Voir Pontzen, ouvrage cité, p. 498.

quelques-uns sont beaucoup plus gros; le revêtement intérieur est fait en blocs de 5 à 20 tonnes.

Les blocs de défense sont de deux types avec des cubes de
14 mètres et 17 m. 50.

La profondeur atteinte a été de 15 à 28 mètres.

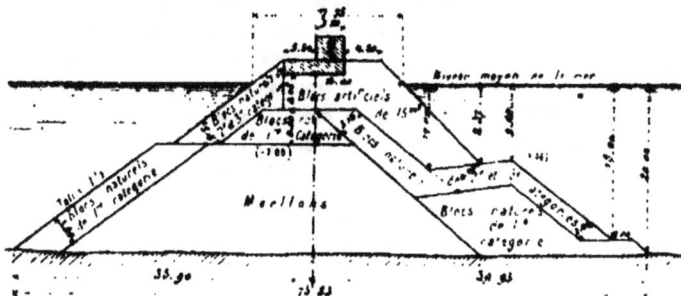

Fig. 650. — Oran.

Jetée Nord

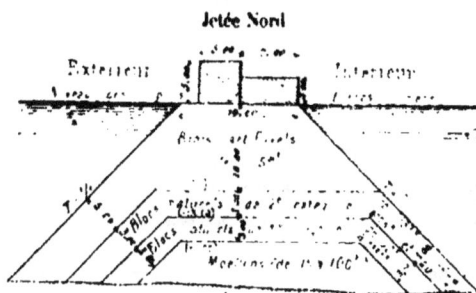

Jetée Est

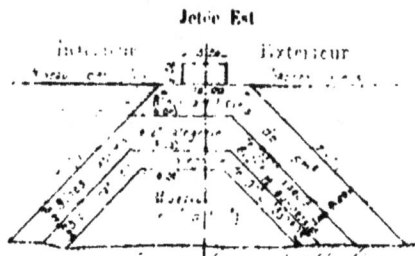

Fig. 651 et 652. — Alger.

10

Les digues des ports d'Algérie sont pour la plupart construites, comme le montrent les fig. 649 à 653, avec des blocs immergés par catégories, protégés du côté du large par des blocs artificiels de 15 mètres cubes non arrimés. Un peu au-dessus du niveau de la mer, on construit un bloc de garde et en arrière un couronnement. Dans certains cas une risberme a été construite devant le bloc de garde; dans d'autres, on a préféré ne pas construire de maçonneries en avant du mur de garde et on recharge les blocs de défense en faisant basculer les blocs de garde aux points où le talus de défense tend à s'affaiblir; ce système paraît dangereux quand les lames sont très fortes, un ressac violent se produisant au pied des blocs. Dans le profil de Philippeville (fig. 653), le pied du

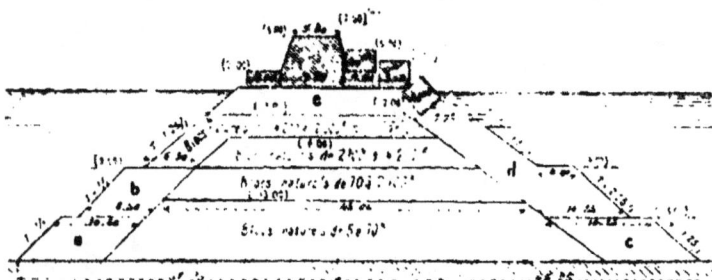

Fig. 653. — Philippeville.

a, Blocs naturels de 70 à 2100 kil. — b, Blocs naturels de 2100 à 4200 kil. — c, Blocs naturels de 4200 à 12,000 kil. et au-dessus. — d, Blocs artificiels de 15 m³. — e, Mélange de blocs naturels c pour 1/3 et de blocs artificiels d pour 2/3.

bloc de garde, dont le couronnement est à la cote 6 mètres, est protégé par deux files de blocs arrimés.

Dans les jetées que nous venons de décrire, les enrochements ou les blocs non arrimés représentent la majeure partie du cube; il n'en est pas de même dans quelques digues.

A Cette, les enrochements s'arrêtent à la cote — 4 mètres et une risberme établie à la cote — 8 mètres est recouverte de deux rangs de blocs de 20 mètres cubes immergés à la bande, par un procédé qui sera décrit plus loin. Les vides sont remplis par des enrochements ordinaires; au-dessus sont placées

trois rangées de blocs régulièrement arrimés, posées par
retraites successives de 3 mètres du côté du port et de 2 m. 50
du côté du large. L'arrimage est moins régulier que celui de
la digue de Gênes ; par suite des vides que les blocs laissent
entre eux, les deux premières files ont été déplacées, mais
ces mouvements se sont assez rapidement arrêtés. On n'a pas
établi de couronnement à cette digue au-dessus de la cote
2 mètres.

Les digues de Toulon appartiennent à des types analogues ;
placées dans des emplacements abrités, elles ont pu être établies plus légèrement. Les gros enrochements employés cubent
de 0 m. 25 à 1 mètre, les blocs artificiels 14 mètres cubes.

Dans les musoirs de la jetée de Saint-Mandrier, le périmètre est constitué par trois assises de blocs en maçonnerie
disposés en couronne, et l'intérieur a été rempli par du béton
de chaux du Teil coulé sous l'eau ; eu égard à cette différence
dans leur mode de construction, les musoirs ont été laissés
indépendants de la digue dont ils sont séparés par un joint
vertical.

490. Digues dans les mers à marée. — Dans les mers à
marée, on rencontre des digues qui se rattachent à trois types :

Digues en enrochements avec ou sans revêtement sur les
talus apparents ;

Digues en enrochements avec mur de revêtement en maçonnerie ;

Digues en maçonnerie avec blocs artificiels :

a) avec assises horizontales ;

b) avec assises inclinées.

491. Digues en enrochements. — Les anciennes digues
de Plymouth et de Brest sont en enrochements tout venant ;
à Plymouth un revêtement en maçonnerie de blocs de granit
ayant 0 m. 70 à 0 m. 80 d'épaisseur sur une largeur de 1 mètre
à 1 m. 20 règne sur le talus et sur le couronnement. La
digue de Brest n'est pas revêtue, son talus extérieur est protégé par des blocs de 1.200 kilogrammes, qui ne suffisent qu'à
cause du calme de la rade.

A 7 m. 50 sous basse mer, la digue de Plymouth a une largeur de 100 mètres (fig. 654).

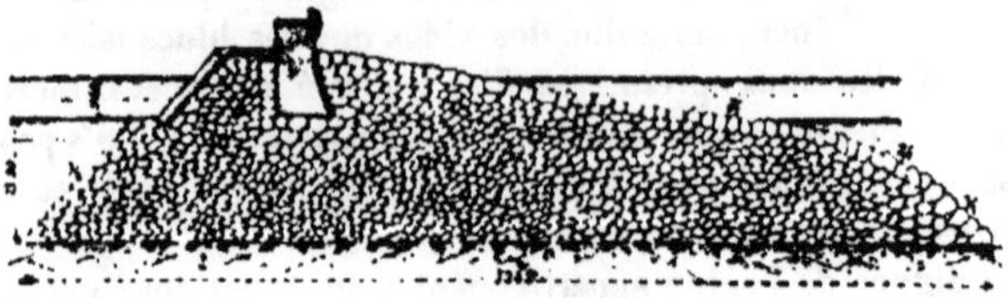

Fig. 654. — Plymouth.

La fig. 655 représente une digue de ce type que le gouvernement des Etats-Unis a construite récemment un peu au nord

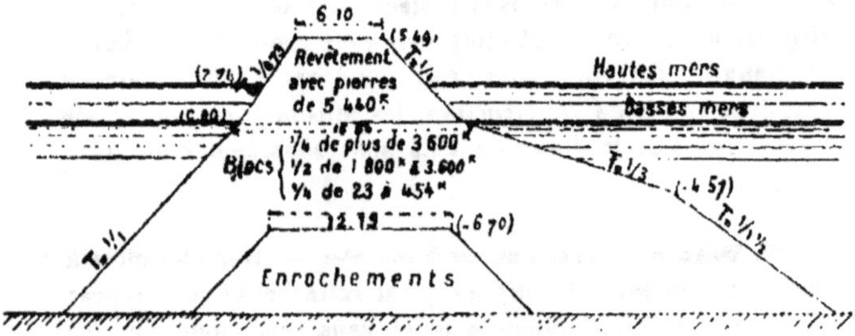

Fig. 655. — Sandy-Bay.

de Boston, dans un emplacement exposé à de violentes tempêtes ; la superstructure consiste seulement en gros blocs naturels.

498. Digues avec couronnement en maçonnerie. — En France et en Angleterre, à la suite des expériences faites pour la construction de la grande digue de Cherbourg, on a fréquemment construit dans les mers à marée des digues en enrochements surmontées d'un couronnement en maçonnerie.

La fig. 656 montre les dispositions de l'ancienne digue de Cherbourg, dont nous rapprochons à titre comparatif (fig. 657) le profil de la nouvelle digue.

Le corps des digues de ce type est en enrochements tout venant, dont le talus du large est revêtu par de gros blocs

naturels ou artificiels, quelquefois surmontés d'une risberme.
Au-dessus du niveau de basse mer, on construit les maçon-

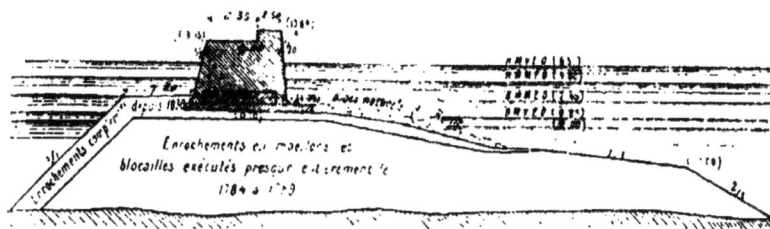

Fig. 656. — Cherbourg. Ancienne digue.

neries du couronnement qui reposent soit sur des fondations
construites en place, soit sur des blocs artificiels.

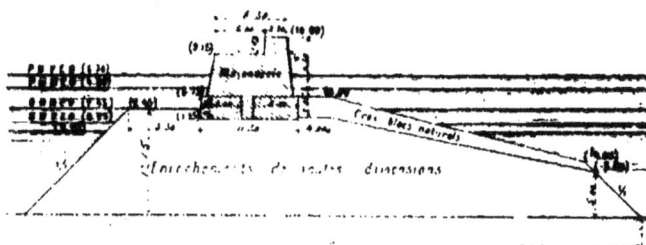

Fig. 657. — Cherbourg. Nouvelle digue.

Pour la digue de Boulogne, la fig. 658 montre la répartition
des matériaux de différentes catégories. Le couronnement est

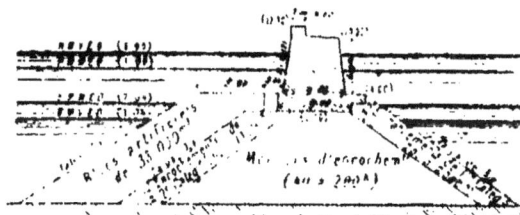

Fig. 658. — Boulogne. Digue Carnot.

fondé sur des maçonneries construites à la marée et s'étendant sur une largeur de 2 mètres de chaque côté pour constituer des risbermes destinées à supporter des voies pour le
rechargement des enrochements. Ces risbermes sont constituées par des blocs isolés jointifs de 6 mètres de longueur.

Le dernier type adopté pour la digue de Leixoes (Portu-
gal) présente des dispositions analogues, quant à la répartition des matériaux (fig. 659).

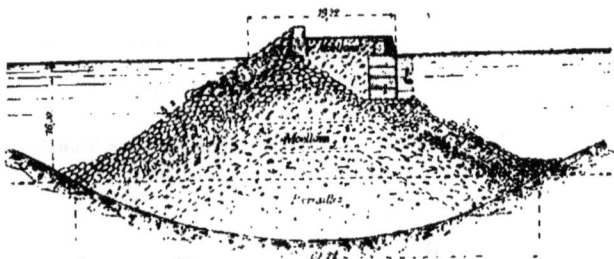

Fig. 659. — Leixoes.

493. Digues en maçonnerie. — Les digues de ce type
sont exposées à des affouillements causés par le ressac, lorsqu'elles sont directement construites sur le sol, comme à Douvres (fig. 660).

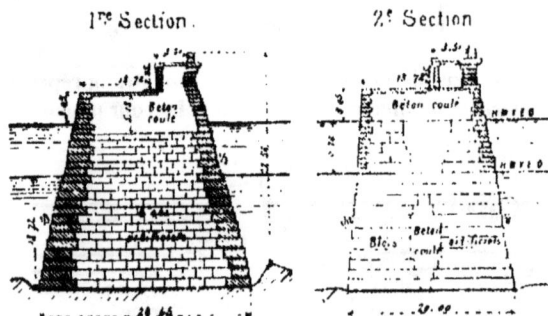

Fig. 660. — Douvres.

A Libau (fig. 661) et à Ymuiden (fig. 662) on a revêtu le sol,

sur une certaine largeur en dehors du mur, par des enrochements avec ou sans fascinages.

Libau.

Fig. 661. — Libau.

A Ymuiden on a employé des blocs de 6 à 12 tonnes, reliés
par des crampons en fer et défendus, du côté du large, par

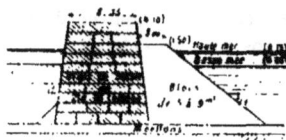

Fig. 662. — Ymuiden.

un talus de blocs de 5 à 9 mètres cubes dépassant le niveau
des plus hautes mers.

A Aberdeen, un couronnement en béton de 5 m. 49 de hauteur repose sur une couche de sacs de béton de 5 à 10 tonnes; leur pied est protégé par des sacs de béton de 100 tonnes.

A Sunderland, pour diminuer les sujétions résultant de
l'arrimage des blocs, on a constitué la base de l'ouvrage avec
des sacs de béton de 50 à 116 tonnes et la partie supérieure
par des blocs de 40 à 45 tonnes reliés par un remplissage en
béton, avec, de distance en distance, des cloisons en blocs de
béton.

Il ne paraît pas recommandable de faire comme à Newhaven et à Wicklow des jetées entièrement en béton, et on a été
conduit dans bien des ports à renoncer à l'emploi du béton
pour lui substituer la maçonnerie, afin de diminuer les effets
de la décomposition des mortiers par l'eau de mer.

A Bilbao, la digue de l'Est est enracinée sur des rochers qui

découvrent à basse mer, elle se termine par des fonds de
11 mètres.

La fondation se compose, à l'origine, d'une couche de
ciment à prise rapide, égalisant les aspérités du rocher, puis
de sacs de béton et enfin d'enrochements supportant des sacs
de béton et des blocs artificiels.

La superstructure comprend des blocs de parement en
béton de ciment de Boulogne à 250 kilogrammes de ciment
par mètre cube de béton, enveloppant un noyau en béton de
ciment de Zumaya à 345 kilogrammes par mètre cube de béton.

Les sacs de béton étaient de deux grandeurs, cubant
4 m³. 50 et 7 m³. 60, fabriqués à raison de 300 kilogrammes de
ciment par mètre cube de béton.

Les sacs de béton et les blocs artificiels étaient mis en place
au moyen de la grue titan que représente la fig. 663 et que
nous décrirons dans un autre chapitre.

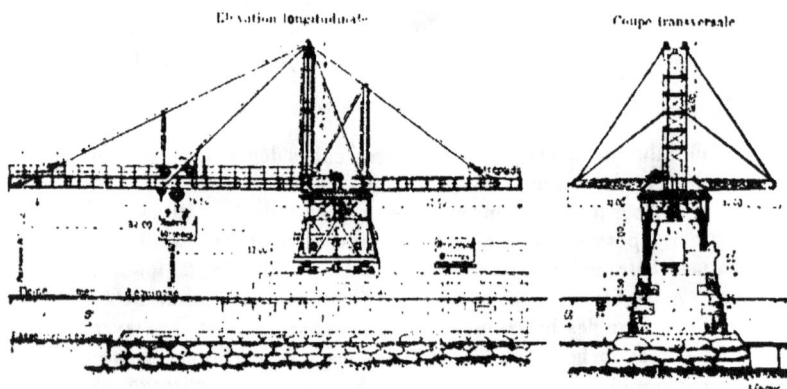

Fig. 663. -- Bilbao. Grue titan.

Des dispositions étaient prises pour mener très rapidement
la fabrication des blocs ou le remplissage des sacs en béton ;
elles sont essentielles pour que les résultats soient satisfaisants.

Le manque d'adhérence entre des parties de béton faites à
quelques jours d'intervalle suffit pour que des blocs, construits
en deux reprises, se brisent suivant des surfaces coïncidant

avec celles qui correspondent aux interruptions du travail.

Sous l'eau, le béton se délave moins lorsqu'il est immergé dans les sacs que lorsqu'il est coulé directement, et les sacs, incomplètement remplis, se moulent sur les aspérités du fond et des sacs voisins ; mais les soudures sont difficiles à bien assurer et il arrive que, dans l'immersion, des sacs se déchirent et laissent le béton à nu : il vaut donc mieux, comme on l'a fait à Bilbao, employer seulement les sacs dans les assises d'implantation et ne pas avoir recours à ce système sur de fortes épaisseurs.

494. Digues avec assises inclinées. — Mais la pose des assises horizontales de blocs, soit sur des enrochements, soit sur des sacs en béton est difficile à exécuter régulièrement et peut donner lieu à des avaries, s'il se produit des tassements inégaux dans la fondation ; enfin les blocs supérieurs sont exposés à être déplacés ou enlevés par la mer.

Dans quelques ports, notamment dans les Indes, on a employé des digues à assises très inclinées, l'angle des blocs variant de 47°60 à 73°.

A Colombo (Ile de Ceylan), la digue se compose d'un massif d'enrochements naturels dont le talus est de 1/1 à l'intérieur et de 3/1 du côté du large, la partie supérieure étant de ce côté protégée par deux rangs de sacs de béton de 10 tonnes.

L'enrochement ayant été fait au moins un an avant la superstructure, les tassements n'ont pas dépassé 0 m. 20 à 0 m. 25.

A Mormugao (fig. 664) et à Madras, les assises formées seulement de deux rangées de blocs ont des largeurs de 9 m. 44 et de 7 m. 32 ; elles sont inclinées à 70 et 75 degrés. De larges massifs de blocs artificiels reposant sur les enrochements protègent les superstructures jusqu'au dessus de la haute-mer.

A la Réunion (fig. 665) les blocs ont une épaisseur uniforme de 2 m. 50 et sont inclinés à 70° ; la largeur est de 15 mètres à la base et de 14 m. 50 en crête. Les blocs de base cubent 16 mètres et pèsent 43 tonnes.

Coupe transversale

Elevation

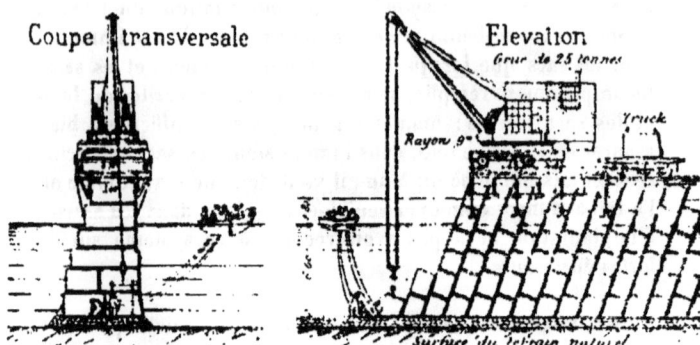

Fig. 664. — Mormugao.

Les blocs supérieurs cubent 38 m. 39 et 44 mètres et pèsent respectivement 104 et 115 tonnes ; ils sont posés sans découpe d'une assise à l'autre. Cette muraille est recouverte d'une couche de béton arasée à 2 m. 40 au-dessus du niveau de la mer, avec un mur de garde de 3 m. 60 de hauteur.

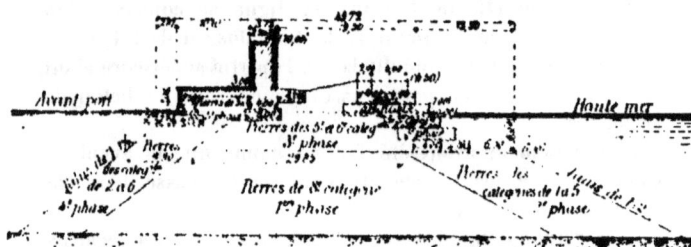

Fig. 665. — La Réunion.

Le pied de la jetée est protégé contre les affouillements par un pavage en blocs de 60 tonnes.

Ce système de construction avait surtout pour objet, dans les ports des Indes et de la Réunion, de constituer le plus promptement possible des massifs résistants sur toute la hauteur de la digue, de manière à pouvoir supporter les tempêtes et les interruptions de travail.

495. Mode d'exécution des jetées. — D'après ce qui précède, les éléments principaux de la construction des jetées sont : les enrochements, les sacs en béton et les blocs artificiels.

Enrochements. — Au lieu d'employer, comme dans les anciennes digues, des ponts de service s'étendant sur une partie de l'ouvrage, on préfère recourir pour l'immersion des enrochements à des chalands à clapet qui peuvent avoir des puits centraux (fig. 666) ou latéraux (Brest, fig. 667), des

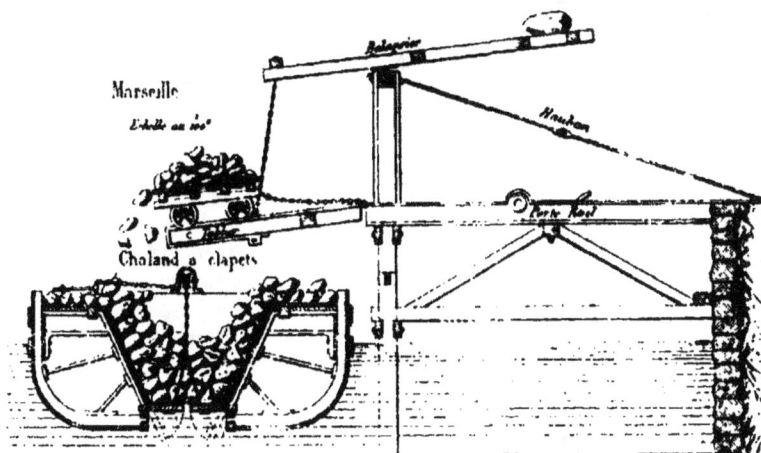

Fig. 666. — Chaland à puits centraux.

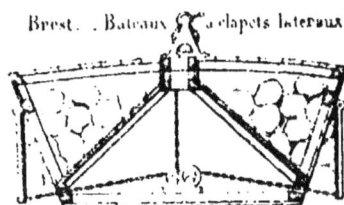

Fig. 667. — Chaland à puits latéraux.

plateformes à charnières (St-Jean-de-Luz, fig. 668). Le tirant

d'eau des pontons portant ces plateformes était faible (1 mètre à 1 m. 10 pour une charge de 40 à 50 tonnes).

Ponton destiné à couler les blocs artificiels

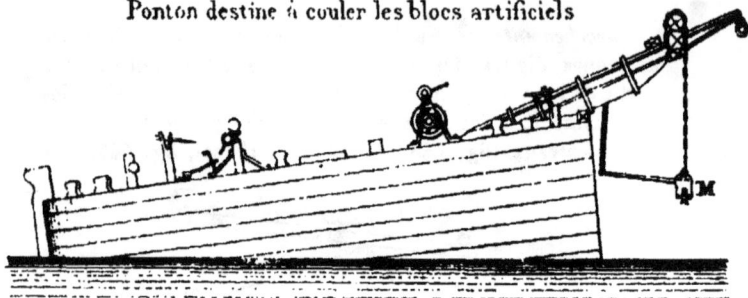

Fig. 668. — Ponton de Saint-Jean-de-Luz.

Les enrochements placés sur le pont d'un chaland peuvent
être déchargés à la bande (fig. 669) en plaçant la majeure
partie des enrochements d'un côté et quelques gros enrochements de l'autre pour faire contrepoids. On jette ceux-ci à
l'eau et, en opérant rapidement, il se produit une inclinaison
ou *bande* suffisante pour effectuer le déchargement d'un seul
coup ; mais cette manœuvre exige des ouvriers habiles et ne
peut être effectuée que par un temps assez calme pour éviter
des déchargements accidentels.

Pour les digues enracinées, lorsque les enrochements dépassent le niveau de la mer, on peut les mettre en place par
avancement comme un remblai ; des wagons à caisse ou à
plateforme constituent un train dont les matériaux, conduits à
l'extrémité de la plateforme par des chevaux ou des locomotives, sont déchargés en avant et par côté. Les enrochements
doivent être immédiatement versés sur toute la largeur qu'ils
doivent occuper, pour réduire l'importance des affouillements.

Les gros enrochements sont déchargés, soit par les mêmes
procédés que les enrochements ordinaires, soit par des grues
sur bateau, soit à l'aide de traîneaux placés sur le pont d'un
chaland (Gênes) et jetés à l'eau au moyen d'une amarre actionnée par un treuil à vapeur.

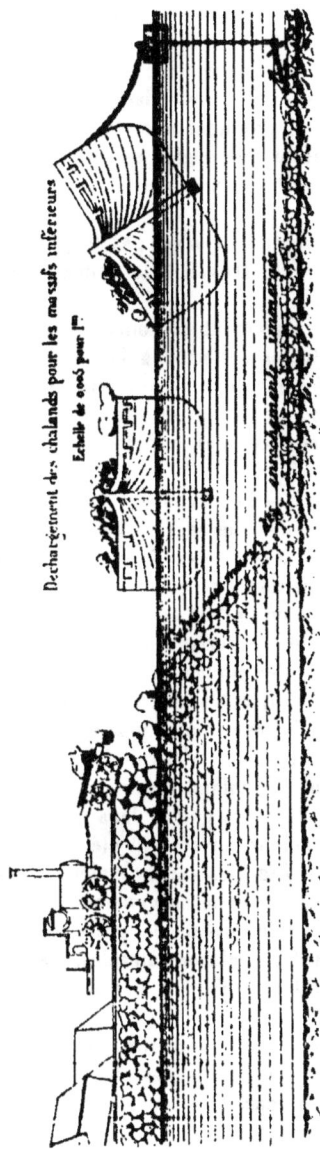

Déchargement des chalands pour les massifs inférieurs

Échelle de 0,005 pour 1^m

Fig. 669. — Déchargement à la bande.

Lorsque les enrochements doivent recevoir un couronnement, il est nécessaire de les laisser tasser pendant un certain temps pour qu'ils prennent une stabilité suffisante; leur surface devra ensuite être réglée au moyen de plongeurs, qui emploient des matériaux de petites dimensions pour combler les vides.

Lorsque la profondeur n'est pas trop grande, on peut surveiller et diriger le travail à la sonde et éviter de recourir aux plongeurs.

A Alger, le règlement des enrochements devant recevoir des blocs artificiels s'effectue à l'aide d'un bloc-rabot, muni à la partie inférieure d'une armature en tôle. Suspendu à l'extrémité d'un ponton-grue, ce bloc est successivement déplacé à la surface des enrochements, de manière à en raboter la surface.

Sacs en béton. — Ce règlement est moins nécessaire lorsqu'il s'agit de couler des sacs en béton qui peuvent se mouler sur des surfaces assez irrégulières, mais il faut que les vides entre les enrochements ne soient pas trop grands.

Des sacs en béton ont été coulés au moyen de grues à Aberdeen, Columbo et Sunderland, avec des chalands à Newhaven et à Sunderland ; des plongeurs guidaient la mise en place des sacs : s'il subsistait entre eux des vides un peu importants, ils étaient remplis par des sacs plus petits.

A Sunderland, ces sacs étaient pilonnés après leur immersion.

A Newhaven, le chaland au moyen duquel se faisait l'immersion avait plusieurs puits, dans lesquels se chargeait le béton, après que leur surface eût été recouverte de toile destinée à former le sac. Les parois étaient légèrement évasées à la base pour faciliter le déchargement.

Les portes en tôle fermant le puits étaient à charnière, se rabattant dans des enclaves latérales, de manière à ne pas faire saillie sur les parois et à se refermer après le déchargement.

Blocs artificiels. — Nous avons indiqué plus haut (art. 487) les dispositions d'ensemble des chantiers de blocs ; la durée prévue pour le durcissement des blocs est variable suivant les matériaux employés entre:

20 et 30 jours (Cherbourg, Brest) ;
60 jours (Boulogne) ;
2 mois 1/2 (Marseille, Toulon) ;
3 mois (La Réunion, petits blocs) ;
5 mois (Cette, La Réunion, gros blocs ; Bayonne).

Cette durée doit être d'autant plus grande que le dosage en chaux ou en ciment est moins élevé et que les blocs sont plus gros ; les parements des blocs doivent être appareillés de manière à y réduire les joints.

Au bout du délai fixé, les blocs sont déplacés pour être mis en place. Mais les procédés diffèrent suivant que les blocs sont employés sans arrimage ou doivent être arrimés; pour les blocs arrimés, deux cas sont à distinguer, suivant que la quantité des blocs à mettre en place comporte ou non un matériel spécial.

Lorsqu'il ne doit pas y avoir d'arrimage, les blocs peuvent être lancés à la *bande*. La fig. 670 montre comment à Mar-

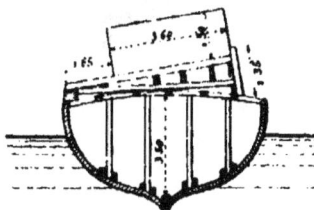

Fig. 670. — Marseille. Blocs artificiels lancés à la bande.

seille, ils sont placés sur des plans inclinés, au nombre de trois ou quatre par chaland ; l'un d'eux est mis en mouvement à l'aide de leviers et le bateau prend assez de bande pour que tous les autres blocs tombent à la mer.

A Cette, cette manœuvre était facilitée par l'emploi d'un lest d'eau : du côté où les blocs doivent tomber, à l'intérieur du chaland, se trouvait une caisse à eau pouvant être remplie à l'aide d'un robinet, placé au-dessous du plan d'eau quand le chaland est chargé. Le robinet ouvert, le ponton s'inclinait et se déchargeait ; la caisse à eau était à un niveau tel qu'on pouvait la vider par un robinet inférieur, dès que le ponton était allégé.

Toutes les fois que des blocs doivent être employés au-
dessous de l'eau à une profondeur suffisante pour qu'on
puisse faire passer au-dessus de leur emplacement des chalands d'un tirant d'eau compris entre 1 mètre et 1 m. 50, on
pourra employer avec ou sans arrimage le transport par chaland, les blocs étant placés soit entre deux chalands ou flotteurs soit dans des évidements ou puits ménagés dans le chaland lui-même.

Les dispositions d'embarquement varient suivant qu'on se
trouve ou non dans une mer à marée.

Dans la Méditerranée, on dispose souvent un radeau en charpente sur lequel descend un chariot porte-bloc, dont le poids
immerge le radeau qui s'incline jusqu'à la profondeur nécessaire pour que le bloc puisse être suspendu entre les flotteurs
ou sous les chalands (Alger, fig. 671).

Dans les mers à marée, les blocs sont construits sur des
cales inclinées se prolongeant jusqu'au niveau de basse mer
ou bien ils sont conduits, à basse mer, par des trucks sur
rails au-dessous du point où les chalands viendront se charger à la marée montante.

Des bigues flottantes, combinées avec l'emploi de chalands,
suffisent pour la construction de la partie basse des digues;
mais lorsqu'il s'agit de digues en blocs arrimés dépassant
le niveau de la mer, et surtout lorsqu'on doit procéder par
avancement, à partir d'une extrémité de la digue, on substi-
tue aux bigues de puissantes grues appelées titans qui ont été
employées avec succès dans divers ports.

Ces appareils se placent sur la digue construite et s'avancent
avec elle, nous nous bornerons à en expliquer le principe
(voir figure 663).

Ils comprennent un pont roulant entre les montants duquel
se placent une ou deux voies de fer portant les blocs, et qui
supporte, par l'intermédiaire d'une couronne de galets, une
poutre horizontale en porte-à-faux à ses deux extrémités sur
la charpente inférieure ; la volée reçoit la charge qui est suspendue et déplacée longitudinalement pour être transportée
au lieu d'emploi et est équilibrée par la culasse. Suivant
les cas, la grue tournante a un mouvement de rotation complet ou partiel.

Derniere installation pour les blocs de 15 metres cubes

Elevation longitudinale

Echelle de 0ᵐ₀₂ par metre

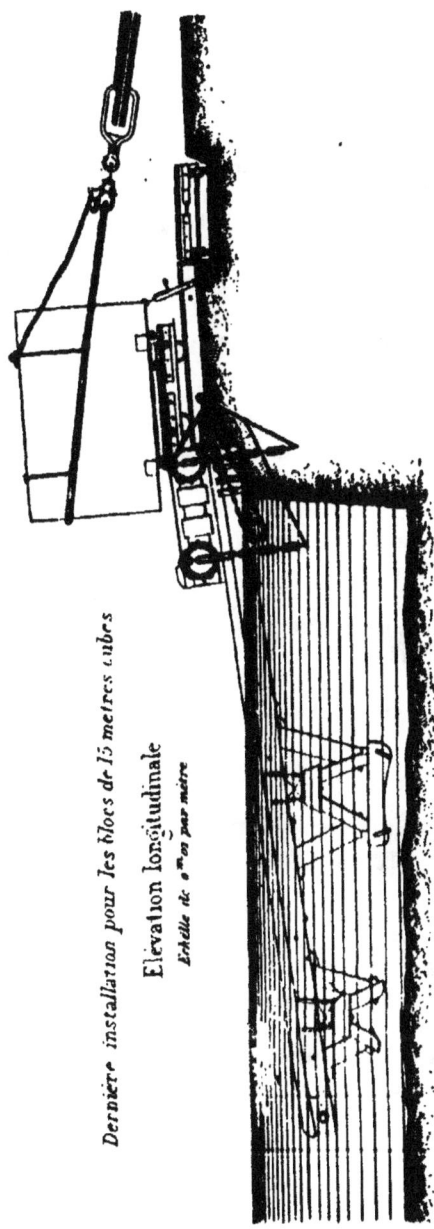

Fig. 671. — Alger. Lancement de blocs.

11

Les manœuvres que cet appareil permet d'exécuter sont :

1° le levage du bloc et sa descente en un point quelconque de la volée ;

2° le déplacement de ce bloc le long de la volée ;

3° l'orientation de la volée dans une direction donnée ;

4° la translation de l'ensemble de l'appareil.

Les manœuvres de ces engins se font généralement à la vapeur, quelquefois par l'eau sous pression ou par l'électricité.

Leur poids varie entre 180 tonnes (Colombo) et 450 tonnes (Leixoès).

Les titans de la Tyne et de Sunderland soulevaient des blocs de 50 tonnes à un distance de plus de 20 mètres.

Le titan de la Réunion immergeait des blocs de 46 tonnes à 13 mètres de distance et des blocs de 115 tonnes à 6 m. 80.

Le titan de Colombo portait		40 T.	à	9 m. 67
—	Leixoès	— 45 T.		25 m.
—	Bilbao	— { 60 T.		15 m.
		{ 21 T. 5		30 m.

La durée des manœuvres était relativement courte, de 20 à 30 minutes en général, une heure à la Réunion (blocs de 40 tonnes)

Le nombre des blocs placés par jour a varié de 15 (Colombo) à 40 (la Tyne).

§ 8. — FONDATIONS SUR PUITS EN MAÇONNERIE ENFONCÉS PAR HAVAGE

Le fonçage des puits par havage est également un procédé fort ancien de fondation. Employé de toute antiquité par les puisatiers, il consiste à construire directement sur le sol, en interposant un rouet en bois ou en tôle, rond ou carré, un massif de maçonnerie percé d'un évidement central. Si le sol est vaseux, le massif s'enfoncera sous la charge en faisant refluer la vase au milieu, et si, après avoir déblayé, on augmente la surcharge de maçonnerie, on provoquera l'enfoncement jusqu'au terrain solide. Si, à ce moment, on remplit de béton le vide central, on aura un massif continu de maçonnerie qu'on pourra assimiler à une colonne ou à un gros pieu ; ce massif résistera par son appui sur le sol inférieur et par son frottement contre les couches traversées.

Des massifs de ce genre convenablement rapprochés peuvent servir, lorsqu'ils sont bien reliés à leur tête, de base à des constructions très pesantes ; on les a employés pour les ponts, les murs de quais, les écluses et les formes de radoub.

496. Ponts fondés par havage. — Dans des terrains imperméables, les caissons disposés en vue de l'emploi éventuel de l'air comprimé ont pu quelquefois être enfoncés par havage, en déblayant à l'intérieur à l'aide d'épuisements peu importants.

Lors de la construction du viaduc de Marly (Ligne de Saint Cloud à l'Etang la Ville), des caissons métalliques ont ainsi été descendus par havage, jusqu'à une profondeur de 24 mètres par suite de l'imperméabilité du sol.

De 1882 à 1885, le grand pont de l'Impératrice sur le Sutly (Indes) a été fondé à des profondeurs comprises entre 31 m. 50 et 35 m. 40, au moyen de trois tubes en fonte de 5 m. 70 de diamètre intérieur garnis intérieurement d'une couronne de béton d'un mètre d'épaisseur, maintenue par un cuvelage en bois.

Les éléments des colonnes étaient mis en place au moyen d'échafaudages ; on draguait à l'intérieur, au moyen de dragues à mâchoires, et lorsque la colonne était descendue à un niveau inférieur à celui des affouillements, on continuait le dragage au-dessous de la base du tube et on creusait une excavation destiné à être remplie de béton hydraulique, ainsi qu'une hauteur de 5 à 6 mètres à l'intérieur du tube.

Au-dessus le remplissage était continué en sable puis en béton sur une hauteur de 5 mètres.

Les trois tubes d'une même pile étaient, après leur fonçage, entourés d'un massif d'argile recouvert par des enrochements.

L'intervalle entre les tubes et le dessus des enrochements était régularisé au moyen de sacs de béton, de manière à

constituer une plateforme sur laquelle on échouait un caisson
sans fond. Après avoir coulé une couche de béton de 2 mètres
d'épaisseur, on pouvait épuiser et maçonner à sec au-dessus.

Cette fondation importante donne lieu à quelques remarques : le béton employé à grande profondeur à la base des
tubes a pu ne pas être très compact et, par suite, la résistance
de la base des fondations pourrait être insuffisante si les
charges n'étaient en partie équilibrées par les frottements des
parois verticales.

D'autre part, il eût pu être utile de relier par un grillage les
tubes à leur sommet pour rendre solidaires les maçonneries
supérieures et les colonnes.

Cependant, malgré la portée de 79 m.20 que présentent les
16 travées de cet ouvrage, le succès paraît avoir été satisfaisant.

A Pough Keepsie, à la traversée de l'Hudson (1886-1889)
(fig. 672), un grand pont avec travées de 160 mètres de portée
a été fondé à des profondeurs de 30 à 38 mètres au-dessous
des plus basses mers. Les charpentes sur lesquelles reposent
les fondations peuvent être considérées comme un puissant
rouet surmonté d'un caisson en bois.

Le rouet se compose d'une charpente massive en forme de
prisme triangulaire rectangle de 6 mètres de hauteur, construite
au moyen de poutres horizontales de 0 m. 30 sur 0 m. 30
reliées par de nombreuses broches de 0 m. 0251 de diamètre
et de 0 m. 76 de longueur, et consolidée à sa base par des
armatures métalliques. Un triangle analogue relie les deux
grands côtés et forme tranchant, au même niveau que le rouet
extérieur.

Cette charpente supporte un caisson évidé construit de la
même manière avec des cloisons longitudinales et transversales de 0 m. 60 d'épaisseur, dans lesquelles les bois sont
alternativement continus et interrompus.

Les cloisons divisent la surface en 40 cases rectangulaires
de 1 m. 50 à 0 m. 90 de côté ; celles du périmètre et la ligne
centrale des cases intermédiaires sont remplies de béton qui
forme lest et détermine l'enfoncement des caissons.

On draguait à l'intérieur avec des dragues à mâchoires ; les descentes, d'abord régulières, se produisaient ensuite par chûtes brusques ; elles atteignaient jusqu'à 3 mètres, le dragage étant quelquefois de 9 mètres en avance sur l'enfoncement.

Le dessus de ces caissons était enfoncé, même en contrebas

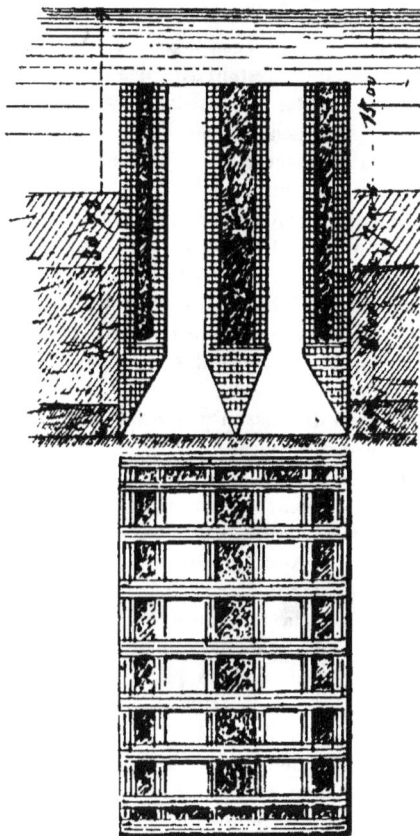

Fig. 672. — Pont de Pough Keepsie.
Caisson en charpente de 30 m. 52 de longueur sur 18 m. 48 de largeur

de l'eau, en repérant leur position au moyen de longues poutres verticales dressées dans les angles : à la fin le dragage était conduit lentement pour ne pas dépasser le niveau prescrit.

On coulait sous l'eau le béton de remplissage des puits avec des caisses à déclenchement de 0 m³.766, le béton s'arrêtait à 0 m. 60 du sommet et le surplus était rempli au moyen de pierres cassées arasées par des plongeurs.

Un caisson flottant était ensuite amené à la marée et immergé, à mer basse, en le lestant avec des maçonneries et des pierres; il servait à abriter la construction des maçonneries et était enlevé après leur achèvement.

Nous ferons à ce système les objections que nous avons déjà faites, à l'occasion du pont de l'Impératrice, quant à la qualité du béton coulé sous l'eau, à de grandes profondeurs, sur un sol qu'on n'a pu nettoyer ; mais il est à remarquer que, dans ce cas, les fondations sont portées en réalité par des piles évidées en bois, et que le béton des puits de dragages n'a que la valeur d'un remplissage destiné à transmettre au sous-sol des pressions sans doute assez faibles, eu égard à l'importance des frottements latéraux.

Pour une hauteur de caisson pénétrant de 25 mètres dans le sol, la somme des surfaces extérieures était de 2439 m² et pouvait produire, à raison de 800 kgs. par mètre carré, une résistance de 1951 tonnes ; la surface de base était de 567 m² 70 et permettait, à raison de 1 k. par centimètre carré, une pression de 5677 tonnes. Nous ne connaissons pas la valeur du poids réel de l'ouvrage ; mais ce calcul montre que, pour les grandes profondeurs, la résistance latérale est une fraction notable de la résistance totale des fondations, et peut s'élever, dans le cas actuel, à plus du tiers.

Egalement construit sur un estuaire, le pont d'Hawkesbury River (Nouvelles-Galles du Sud, Australie. 7 travées de 126 m. 80, 1886-1888), destiné au passage d'un chemin de fer au-dessus d'un estuaire de 23 m. 47 de profondeur maxima avec 18 à 52 mètres de profondeur de vase, a été fondé par un procédé analogue, mais sur des caissons en acier à avant-becs présentant une longueur de 14 m. 63 sur 6 m. 10, construits par anneaux de 6 m. 10 de hauteur, avec un fruit extérieur de 1 10 pour l'anneau inférieur (fig. 673). Mais on ne tarda pas à reconnaître que ce fruit empêchait le caisson d'être guidé par le terrain dans sa descente, et on dut ajouter des enveloppes cylindriques pour en annuler les mauvais effets.

Le caisson, muni à l'intérieur de trois puits de dragage de 2 m. 44 de diamètre, reliés par des entretoises, était amené en place au moyen d'un fond en bois, qu'on enlevait au moment de l'immersion du caisson.

Des entretoises consolidaient les parois pour former un couteau résistant armé de tôles d'acier ; les vides, en dehors des puits, étaient garnis d'un lest en béton au fur et à mesure de l'enfoncement. De puissantes dragues à mâchoires

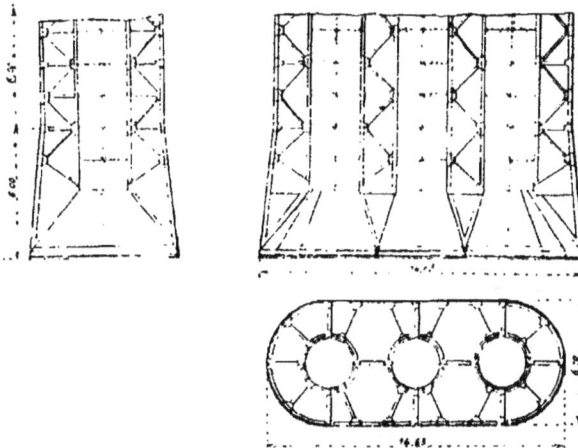

Fig. 673. — Pont d'Hawkesbury River. Caisson métallique.

effectuaient le déblai, et leur action se combinait avec celle de la surcharge pour opérer le fonçage.

Lorsqu'on était arrivé à profondeur, on remplissait les puits en béton dosé avec 1 de ciment, 3 de sable, 6 de pierre cassée ; au fond le dosage était plus riche.

Ces fondations ont atteint des profondeurs variant de 30 à 50 mètres ; mais certains puits n'ont pu être enfoncés verticalement ni amenés à l'emplacement prévu ; par suite, certaines maçonneries ont dû être construites en encorbellement.

Les déplacements des caissons étaient dus, en partie, au défaut d'homogénéité des terrains traversés et en partie à l'inclinaison de la couche de sable du fond.

Depuis la construction, quelques mouvements horizontaux ont été observés dans les piles, on les a attribués à la force vive des trains qui arrivent au bas d'une longue pente de 25 mm. et amortissent leur vitesse sur le pont, mais il n'y a eu aucun tassement vertical. Peut-être doit-on également considérer les résistances latérales comme ayant été diminuées par le fruit extérieur de certains caissons, et penser que, si on avait eu deux puits dans la largeur des caissons, on aurait pu mieux assurer leur verticalité ; les déblais étant exécutés par dragages, l'emplacement des puits, placés sur l'axe, ne permettait pas de draguer à volonté le long de l'une ou de l'autre paroi, en vue de remédier aux dénivellations.

D'autre part, dans l'emploi des caissons à grande profondeur, partiellement engagés dans le sol, rien n'empêcherait d'avoir une base plus large à parois verticales, sur toute la hauteur engagée, et lorsqu'on aurait constaté la régularité de la descente, on pourrait diminuer la section au-dessus de la partie engagée, par un anneau de raccordement en forme de tronc de cône.

Quoi qu'il en soit, cet ouvrage n'aurait pu être exécuté par aucun des autres procédés connus ; malgré quelques imperfections, il est cependant remarquable.

Plus modestes, mais non moins adaptés aux circonstances où ils s'exécutaient, sont les travaux de fondation de ponts exécutés sur la ligne de la vallée de l'Ourcq à Esternay, dont la Compagnie de l'Est a rendu compte dans une notice à l'Exposition de 1889.

Pour des fondations sur le sable, à travers des terrains tourbeux et vaseux, à des profondeurs variant de 6 m. 18 à 11 m. 34, on a employé des caissons se composant d'une ossature en charpente de sapin de 4 mètres de hauteur, garnie extérieurement de palplanches verticales et intérieurement d'une deuxième enveloppe semblable mais inclinée. De même que les semelles inférieures du caisson, ces revêtements sont coupés en biseau à la partie inférieure, pour for-

mer tranchant, et garnis d'une tôle mince pour empêcher les
déviations à la rencontre de pierres isolées ou de racines. La
partie triangulaire était garnie en béton; au-dessus on construisait des parois en maçonnerie de 1 m. 50 d'épaisseur,
reliées par des traverses laissant entre elles des puits de
1 m. 24 à 1 m. 675 de côté (fig. 674).

Les déblais s'exécutaient par épuisements. Pour déterminer
l'enfoncement du caisson, on devait quelquefois augmenter la

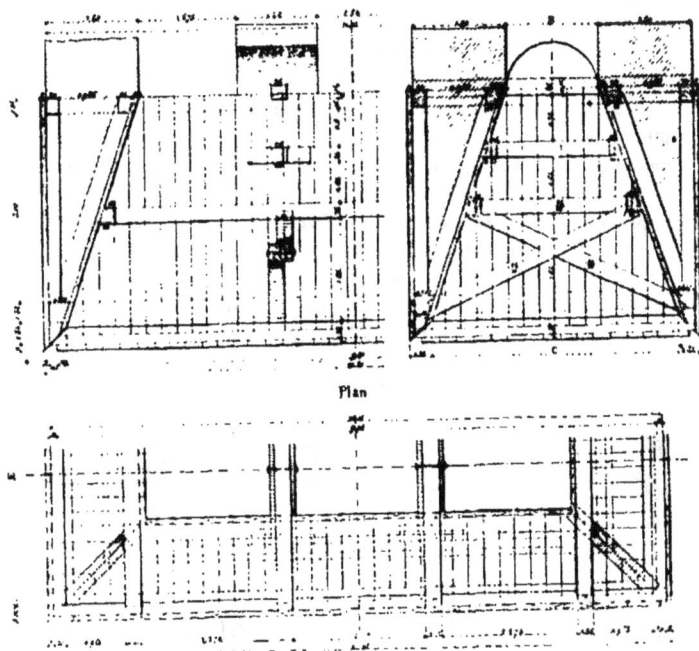

Plan

Fig. 674.— Fondations dans les terrains tourbeux et vaseux.
Caissons en charpente. (Chemin de fer de l'Est).

charge par des moellons ou par des rails, afin de vaincre les
frottements contre les parois.

Le caisson était ensuite rempli en béton hydraulique ;

au-dessus on élevait en maçonnerie les culées de l'ouvrage.

Pour les profondeurs ci-dessus indiquées, les prix des fondations de 13 ouvrages de 7 à 24 mètres d'ouverture ont été, par mètre cube de maçonnerie, de 26 fr. 30 à 34 fr. 79 ; ce qui, comme nous le verrons à l'occasion d'autres modes de fondation, doit être considéré comme très économique.

Un travail analogue a été exécuté en 1897 à Lyon, pour la fondation d'une pile de viaduc, à une profondeur de 22 mètres, dans le coteau de Fourvière.

Un caisson métallique circulaire de 5 m. 50 de diamètre et de 3 mètres de hauteur pesant 12.000 kilogrammes était revêtu intérieurement de béton, de manière à réserver un évidement central de 2 mètres de diamètre ; au-dessus, la surcharge, de même forme, était exécutée en béton, sans revêtement, les anneaux de béton étant successivement construits à l'intérieur de gabarits fixés sur le sol ; ceux-ci étant démontés après la prise du béton, la colonne s'enfonçait au fur et à mesure de l'exécution du déblai. Pour empêcher l'adhérence du béton aux parois du gabarit, celles-ci étaient enduites d'un mélange d'huile et de savon noir ; pour résister aux inégalités de poussées, qui auraient pu disloquer le béton, on y plaçait des arma-

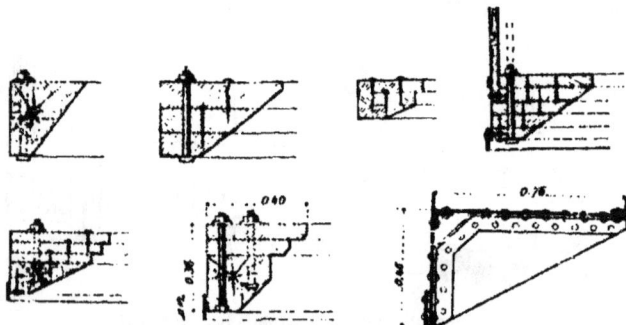

Fig. 675. — Différentes formes de rouets.

tures métalliques reliées au caisson et comportant des ceintures horizontales et des tirants verticaux.

La fig. 675 montre quelques dispositions employées en

Allemagne pour les rouets de puits enfoncés par havage ; on les construit entièrement en bois, en bois avec tranchant en fer ou entièrement en fer.

Nous les rapprochons, à titre de comparaison, du rouet employé au pont de Hornsdorf pour la construction d'une chambre de travail en maçonnerie, enfoncée à l'aide de l'air comprimé.

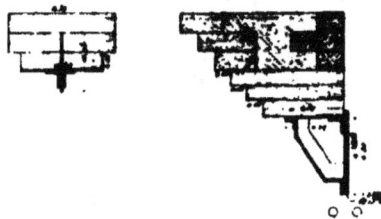

Fig. 676. — Rouet du pont de Hornsdorf.

Si, en terrain facile, avec des maçonneries ne présentant pas de grands évidements, on peut souvent supprimer les rouets, il faut au contraire les maintenir, en leur donnant une rigidité suffisante, lorsqu'il s'agit de puits très évidés, analogues à celui qui a servi à la construction d'une pile de pont à Thorn (Allemagne) ; dans ce cas une paroi de 0 m. 80 d'épaisseur entourait un évidement de 5 mètres de diamètre, et un rouet résistant était nécessaire pour empêcher la dislocation des maçonneries.

497. Murs de quais fondés par havage. — La fondation par havage est très employée dans la construction des murs de quais des ports.

Elle consiste le plus souvent à enfoncer dans le sol des puits évidés en maçonnerie, dont les parois extérieures ne présentent aucun revêtement.

Suivant les cas, on fait reposer ces puits sur des rouets en bois ou en tôle, ou bien on les construit directement sur le sol avec l'intermédiaire de simples planches, pour que la première assise soit bien garnie de mortier.

Au Havre, les rouets en bois se composaient au début de trois cours de madriers de 0 m. 07, en hêtre, taillés en biseau, avec une largeur de 0 m. 30 à la base et de 0 m. 60 au sommet.

A Saint-Nazaire, on avait d'abord employé des cadres très rigides, on les avait successivement simplifiés, puis supprimés, et on fit de même au Havre, à partir de 1882.

Dans les terrains vaseux, et avec les dimensions admises dans ces ports, les rouets peuvent être supprimés lorsque le puits est construit sur un terrain d'une solidité suffisante et régulièrement arasé ; sinon, on s'exposerait à avoir des mouvements dans les maçonneries fraîches et des décollements pendant le fonçage.

On a employé aussi des rouets en tôle consistant en une couronne évidée avec des cloisons verticales ; cette disposition ne peut être utile que si le puits est exposé à reposer à sa base sur un sol présentant de grandes inégalités de résistance d'un point à un autre.

Lorsque la nature du sous-sol comporte l'emploi d'un rouet, il paraît donc préférable de le tailler en biseau à l'intérieur. Cette forme est depuis longtemps en usage dans l'exploitation des mines, sous le nom de trousse coupante ; elle est employée dans les grands caissons de fondation, quel que soit leur mode d'enfoncement.

497. Dimensions des puits. — Un relevé fait par M. l'Inspecteur général Quinette de Rochemont, dans son cours autographié de l'Ecole des Ponts et Chaussées (p. 421), montre que les puits en maçonnerie non revêtus, enfoncés par havage dans les travaux des ports, varient notablement dans toutes leurs dimensions. Leur surface est comprise entre 16 m². (Calais) et 167 m². (Bordeaux) ; leur hauteur entre 3 mètres (Calais) et 25 mètres (Rochefort). L'épaisseur des maçonneries construites avant l'enfoncement, variable suivant le mode adopté pour faire descendre les puits et suivant la résistance du sous-sol, est comprise entre :

0 m. 50 (Calais) et 3 mètres (Bordeaux) en *haut* ;

0 m. 50 (Calais) et 3 m. 30 (Bordeaux) en *bas*.

Les vides intérieurs, souvent divisés en deux ou trois chambres, ont pour minimum :

1 m². à Calais, et 23 m². 65 à Bordeaux.

Le rapport entre le vide et le plein est compris entre 0.16 et 0,43.

On s'est généralement bien trouvé d'avoir des vides un peu grands permettant d'effectuer plus vite le déblai.

Dans les travaux de ponts que nous avons décrits, les surfaces ont été de :

567 m. 70 au pont de Pough keepsie (30 m. 72 de longueur sur 18 m. 48) et de 89 m. 20 à Hawkesbury (14 m. 63 sur 6 m. 10).

Quant à la forme des puits, le plus souvent elle était rectangulaire.

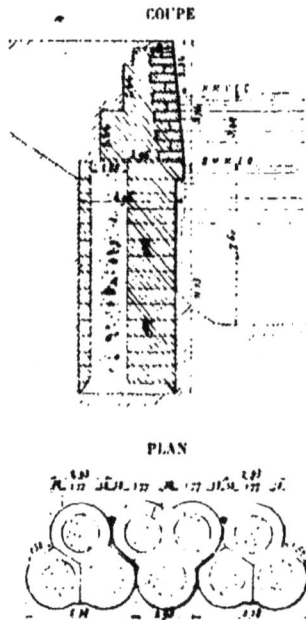

Fig. 677. — Glasgow. Mur de quai.

Pour les murs des quais de Glasgow (fig. 677), on a employé des formes compliquées, composées de plusieurs cylindres verticaux accolés, qui ne paraissent pas utiles ; mais on a dû recourir aussi, à Bordeaux, à Calais et au Havre (Quinette, p. 427) à des formes trapézoïdales ou polygonales pour raccorder plusieurs lignes de blocs correspondant aux angles des murs supérieurs. Ces puits, de forme spéciale, demandent pour leur fonçage des soins particuliers (fig. 678 et 679).

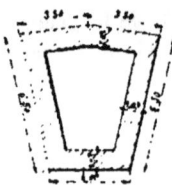

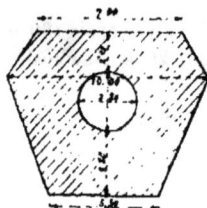

Fig. 678.—Le Havre.   Fig. 679. — Bordeaux. Blocs de sujétion.

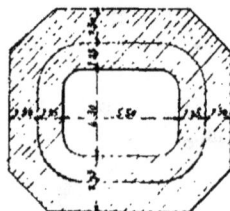

499. Effets de descente. — Pour la descente des puits qui doivent être fondés à petite distance les uns des autres : 0 m. 40 à Calais, 0 m. 80 à 1 mètre au Havre, 0 m. 50 à Bordeaux, on admet généralement qu'il est préférable, lorsqu'on le peut, d'enfoncer les blocs de deux en deux, de manière à empêcher les inégalités de pression que détermine le siphonnement des vases et qui exposent les blocs à des déversements.

En effet, quel que soit le procédé employé pour exécuter les déblais, le cube extrait dépasse souvent de 25 à 30 0/0 le cube qui correspondrait au volume extérieur du puits ; l'excédent est fourni par des vases provenant de l'extérieur. On observe également que, contrairement à ce qu'on pourrait penser, la solidité de la vase n'augmente pas à mesure qu'on s'enfonce : sous l'influence des eaux souterraines, on rencontre souvent en profondeur des couches plus molles que celles de la surface, dont la traversée donne lieu à des pressions inégales qui peuvent faire dévier les puits.

Pour corriger les petites déviations qui peuvent se produire, on dirige les déblais de manière à redresser le bloc, forçant les déblais tantôt d'un côté, tantôt de l'autre. Il est impossible de donner d'indications générales à ce sujet. C'est une question d'expérience qui ne peut être résolue que par des essais faits progressivement, suivant les circonstances locales, d'autant que, le plus souvent, on est loin d'être fixé sur la cause de la déviation.

Au Hâvre, dans des travaux comprenant 84 blocs, on n'a eu que des déviations de 0 m. 35 au maximum, par rapport à la ligne d'implantation.

A Rochefort, dans le troisième bassin à flot, on a eu des difficultés dues à la déviation d'un bloc, qu'il a fallu redresser à l'aide de dispositions spéciales ; mais, comme elles se rattachent à l'emploi de l'air comprimé, nous y reviendrons plus loin.

500. Exécution des déblais. — Les déblais à l'intérieur des puits s'exécutent par différents procédés.

Au Hâvre (1881-1884), on a procédé à l'aide d'épuisements ; lorsque la hauteur du bloc était faible, on le construisait sur toute sa hauteur ; lorsqu'elle était plus grande, on n'en construisait qu'une partie avant de déblayer en épuisant à l'intérieur.

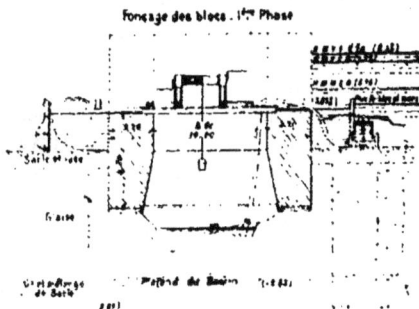

Fig. 680. — Le Hâvre. Havage des blocs (première période).

Le terrain étant d'abord peu perméable, on a pu se contenter de l'action intermittente de pompes Letestu (fig. 680) ; puis, les eaux ayant été plus abondantes dans d'autres fonçages, on a monté, à l'intérieur des puits, de petites pompes centrifuges actionnées par des moteurs Brotherood ou des pompes Dumont à action directe ; les machines étaient placées sur le puits, les chaudières installées sur un chaland à proximité (fig. 681).

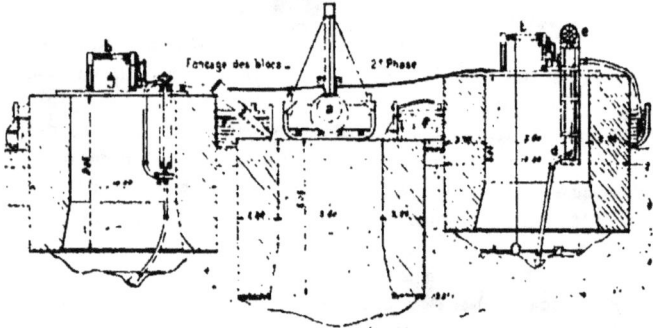

Fig. 681. — Le Havre. Havage de blocs (deuxième période).

Le montage des déblais était fait, suivant les cas, par des treuils, des grues à bras, ou des treuils à vapeur (1).

A Rochefort (1882-1890) l'imperméabilité du sous-sol a permis de n'employer aux épuisements que des pulsomètres, engins dont le rendement est médiocre, mais le poids faible et l'installation ainsi que le déplacement très faciles.

Un échafaudage à deux étages, monté sur des vérins et recouvert d'un toit, supportait l'extrémité des tuyaux d'épuisement et les treuils à vapeur ; il recevait, à l'étage supérieur, les déblais dans des wagonnets qui descendaient au moyen d'une plateforme légère jusqu'aux terre-pleins ; une autre passerelle portait les tuyaux de vapeur venant de la plateforme sur laquelle était installée la chaudière (fig. 682). Le plancher inférieur servait à la manœuvre des pulsomètres.

Au fur et à mesure de l'enfoncement des blocs, l'échafaudage était réglé au moyen de vérins, et on le relevait lorsque,

(1) *Annales des Ponts et Chaussées*, 1885. M. Ed. Widmer. Murs de quai du port du Havre.

Elevacon de la charpente mobile pour l'extraction des déblais

Coupe

Détail d'une vis calante

Elevation

Plan

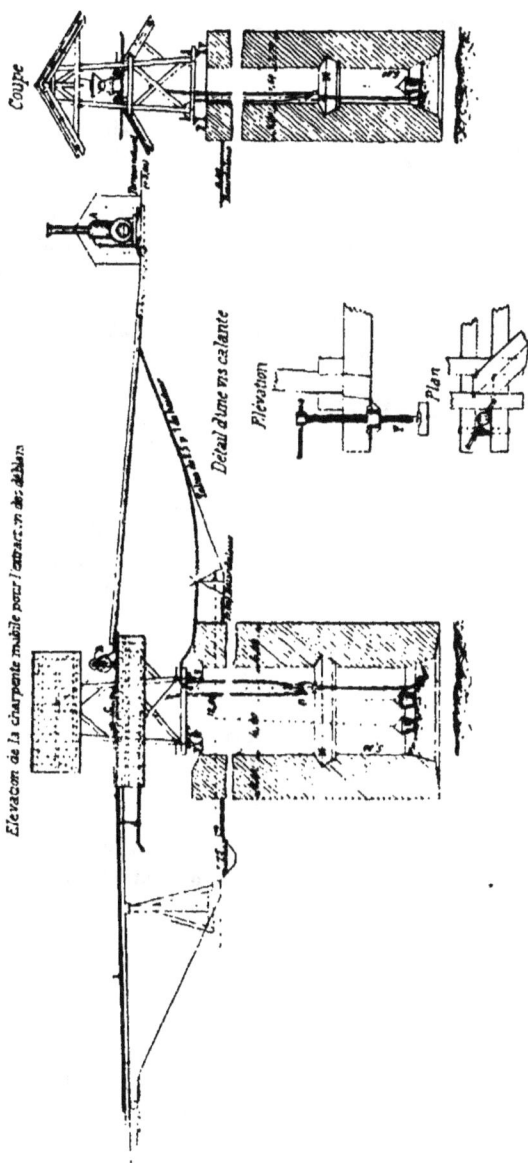

Fig. 682. — Rochefort. Havage de blocs.

12

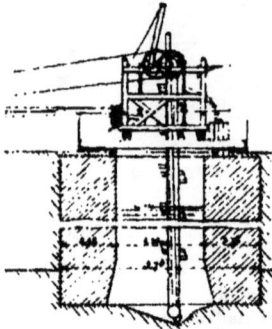

Fig. 683. — Bordeaux.
Havage des blocs.

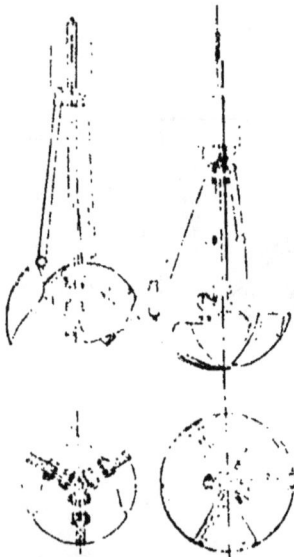

Fig. 684. — Glasgow.
Excavateur Bruce.

par suite de l'enfoncement, les passerelles devenaient horizontales (1).

A Bordeaux, le havage des blocs de la forme de radoub a été fait sans épuisement, au moyen d'une drague à élinde verticale actionnée par une locomobile (fig. 683).

A Glasgow, on opérait également par dragages ; les puits cylindriques montés trois par trois sur de lourds rouets en fonte, taillés en biseau, présentaient trois évidements dans lesquels on draguait simultanément au moyen de dragues à mâchoires (fig. 684) qui ne diffèrent de celles que nous avons décrites à l'article 294 que parce qu'elles présentent trois mâchoires au lieu de deux (Excavateur Bruce).

Mais ce procédé, également employé dans les fondations de ponts que nous avons citées, n'est pas admissible lorsque le terrain sur lequel les puits doivent reposer est un rocher incliné. Il est nécessaire, dans ce cas, à moins de faire faire l'arasement par des plongeurs, ce qui laisserait toujours beaucoup d'incertitude, de faire jusqu'au fond les déblais à l'aide d'épuisements.

(1) *Annales des Ponts et Chaussées*, 1884. Fondations par havage, à Rochefort, M. Crahay de Franchimont.

C'est ce qu'on a fait à St-Nazaire (fig. 685 à 687) où le rocher présentait, sous certains puits, une inclinaison d'au moins 1 mètre de hauteur pour 2 de base. Lorsque le puits touchait au rocher par un de ses côtés extérieurs, on battait de gros pieux de 0 m. 40 à 0 m. 50 d'équarrissage, aussi près que possible de la paroi intérieure opposée ; puis on les recepait à 1 m. 50 ou 2 mètres au-dessus de la plateforme

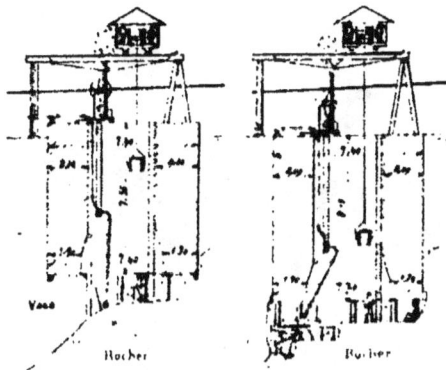

Fig. 685. — Saint-Nazaire. Havage des blocs.

inférieure du massif, pour les ramener au moyen de vérins hydrauliques sous une forte traverse encastrée dans la maçonnerie. La vase était fouillée sur 1 m. 50 de profondeur, et le rocher attaqué à la pioche et à la mine, de manière à créer une plateforme horizontale : au fur et à mesure, de forts billots étaient disposés sous la paroi correspondante pour la soutenir. Lorsque le rocher était dérasé, des trous de tarière étaient percés dans les billots et dans les pieux jusqu'à moitié de leur épaisseur, et on y plaçait des cartouches de 50 gr. de dynamite. Les mèches étaient allumées ensemble, les pieux éclataient et s'écrasaient ; le massif pouvait ainsi descendre de 1 m. 50 ; la descente était régulière et verticale. On recommençait la même opération à 1 m. 50 plus bas et on s'arrêtait lorsque tout le massif était encastré dans le rocher ; on a opéré ainsi jusqu'à trois chutes successives pour le même bloc sans avoir d'avaries (fig. 685 et 687).

La fig. 687 montre les dispositions en élévation et en coupe du quai ouest du bassin de Penhouet à St-Nazaire ; on y a relié

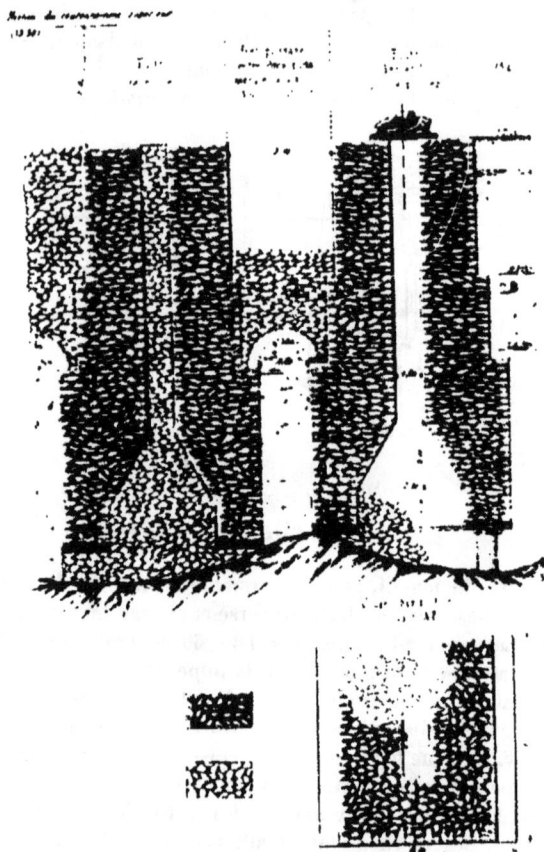

Fig. 686. — Saint-Nazaire. Havage terminé. Coupe des puits.

les puits havés par des voûtes, conformément à un type qui sera décrit plus loin.

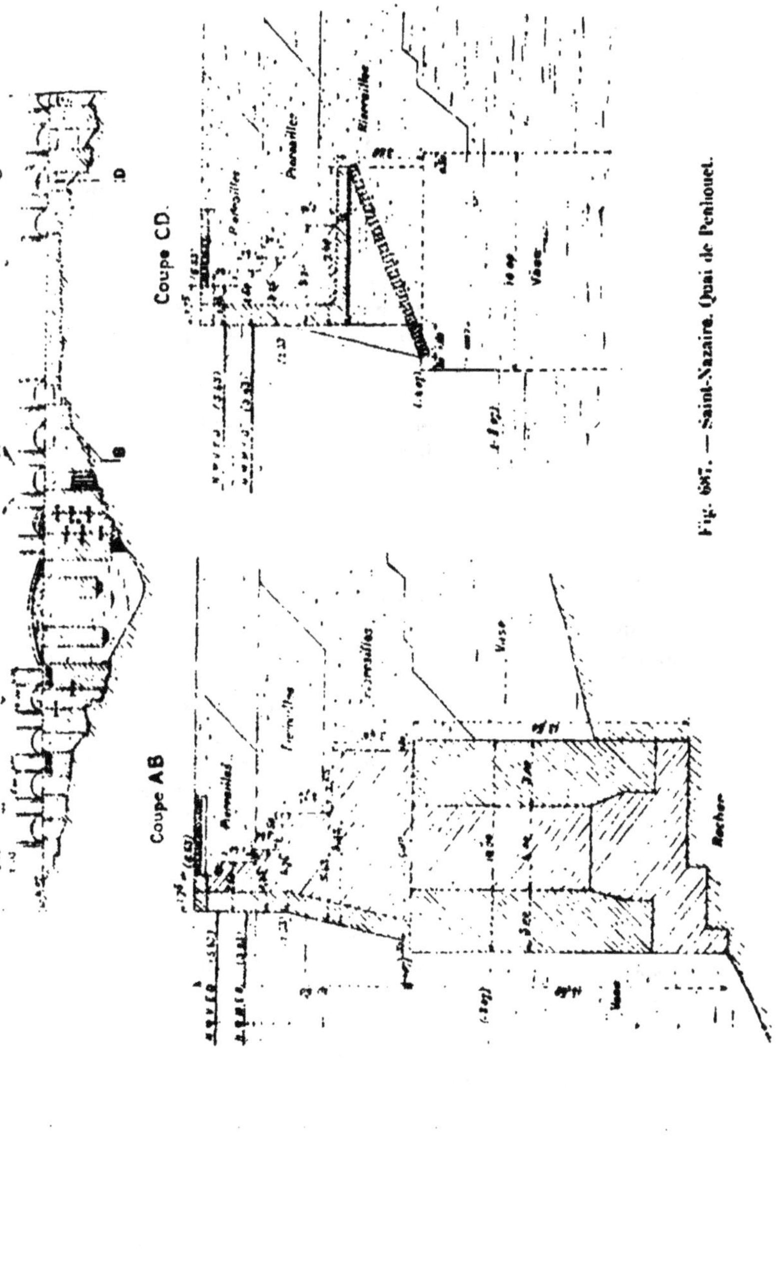

Fig. 687. — Saint-Nazaire. Quai de Penhouet.

561. Havage par injection d'eau. — A la suite des bons résultats donnés à Calais par l'emploi des injections d'eau pour le battage des pieux, on a employé dans ce port le même système pour le havage des blocs. Ceux-ci ont une forme carrée avec un évidement hexagonal.

Sur une hauteur de 0 m. 50, ils sont en béton, avec 1 mètre d'épaisseur (fig. 689) ; au-dessus, on a construit une maçonnerie à paroi inclinée à l'intérieur avec 1 mètre à la base et 1 m. 75 au sommet, sur 2 m. 10 de hauteur ; enfin le surplus a une épaisseur constante de 1 m. 75 (fig. 688).

Quatre pompes foulantes, produisant 600 litres par minute à la pression de 2 kgs. projetaient de l'eau dans 12 lances, dont huit descendaient le long des parois intérieures, les quatre autres au milieu, autour du tuyau d'une pompe aspirante chargée d'enlever l'excès d'eau avec le sable dilué, de manière que le niveau dans le puits fût très voisin du niveau extérieur, mais un peu plus bas.

Fig. 688. — Calais.
Plan des blocs.

L'une des lances était solidaire du tuyau de la pompe aspirante et débouchait au-dessous du clapet de pied, de manière à empêcher les engorgements qui tendaient naturellement à s'y produire. Tout le matériel des pompes et générateurs était monté sur une voie ferrée parallèle à la fouille.

Tandis que, par suite des rentrées de vase, le prix du mètre cube de déblai calculé au moyen du déplacement des blocs, c'est-à-dire sans tenir compte de la quantité réelle des terres extraites, a atteint 7 fr. 35 à Bordeaux, 12 fr. 46 à Rochefort et près de 20 fr. 70 pour les fondations d'un pont sur le Rapti, près de Gorak (Indes anglaises), il n'a pas été de plus de 3 fr. 84 pour les fouilles des murs de quai de Calais. Ce procédé, lorsqu'il est applicable, est donc remarquablement économique.

562. Remplissage des puits. — Lorsque les puits sont descendus en exécutant les déblais à l'aide d'épuisements, le

remplissage se fait à sec, en maçonnerie ou en béton ; lorsque les déblais sont enlevés à la drague, on emploie du béton
immergé, et on peut craindre que, par de grandes profondeurs, il ne donne que des résultats médiocres ; mais les maçonneries extérieures bien faites sont suffisantes en général pour
porter toutes les charges, et il s'agit seulement de les étayer
et d'augmenter la surface d'appui à la base
en empêchant les rentrées de vase.

A Calais, lorsque les puits étaient à fond,
on y coulait, sur 2 m. 50 à 3 mètres, du béton hydraulique au-dessus duquel on épuisait ; on continuait le remplissage avec du
béton de ciment, jusqu'à ce qu'on eût obtenu
un étanchement suffisant pour pouvoir maçonner à sec (fig. 689).

Fig. 689. — Calais.
Remplissage des
puits.

562. Jonction entre les puits. — a) *Murs de quai.* —
Les fondations par puits ne donnant pas aux ouvrages une
base continue, les jonctions à établir entre eux varient suivant la fluidité de la vase et la destination des ouvrages.

Nous distinguerons :

1° Les jonctions entre blocs voisins supportant une charge
de remblai (murs de quais à fondations continues) ;

2° Les jonctions entre blocs séparés par un intervalle de
plusieurs mètres franchi par des voûtes (murs de quais à fondations discontinues) ;

3° Les jonctions entre blocs supportant une charge d'eau
(écluses et formes de radoub).

Lorsque les puits, devant supporter des charges de remblais,
ne sont séparés que par des intervalles de 0 m. 40 à 0 m. 80,
comme ceux qui existent au Havre et à Calais, on se borne,
pour construire au-dessus un mur continu, à relier les puits
par de petites voûtes et à disposer en arrière de la jonction
soit quelques pieux, soit des massifs d'enrochements. A Glasgow, les vides entre les blocs sont masqués par des pieux ; à
Calais, on a ménagé des évidements triangulaires dans les
parois des puits et on a rempli le vide avec du béton immergé
(fig. 690 et 691).

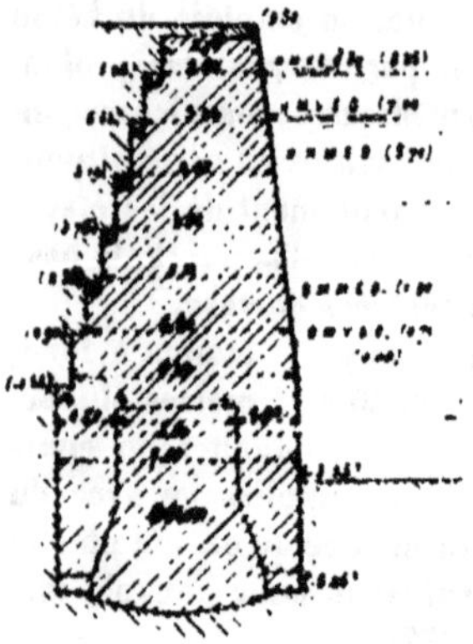

Fig. 690. — Calais. Quai de l'avant-port. 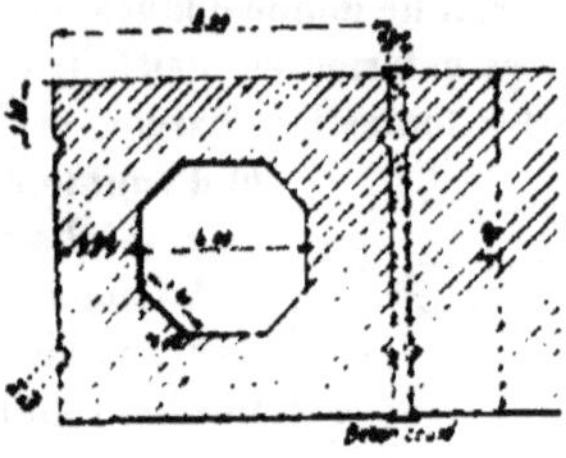　　Fig. 691. — Plan des puits.

Dans tous les cas, on doit se préoccuper de la poussée des remblais derrière ces murs ; si on ne dispose pas de terres graveleuses qui n'exercent pas trop de poussée, il sera nécessaire d'interposer un massif de débris de carrière ou d'enrochements pour assainir les remblais et les éloigner des maçonneries.

Les fig. 692 et 693 montrent les dispositions analogues adoptées au Havre ; suivant qu'on se trouvait dans l'avant-port ou dans les bassins, elles différaient d'abord par la dimension des blocs, en second lieu par l'addition d'enceintes de pieux et de palplanches dans les parties de l'avant-port exposées à la houle et devant être défendues contre les affouillements.

A Calais (1892-1896), les jonctions entre les blocs de la jetée Est enfoncés par havage ont été exécutées par un procédé qui peut s'appliquer aux murs de quai. Un sac en forte toile imperméable, lesté à sa partie inférieure au moyen de coupons de rails, était descendu vers une extrémité entre les deux puits voisins. Lorsque l'extrémité inférieure avait atteint la cote voulue au moyen d'injections d'eau, on maintenait, à l'aide de ces injections, la fluidité du terrain et on remplissait le sac avec du béton ; sous la charge, le sac se gonflait et formait une sorte de grand saucisson qui prenait la forme des maçonneries voisines. La fermeture était assez étanche pour permet-

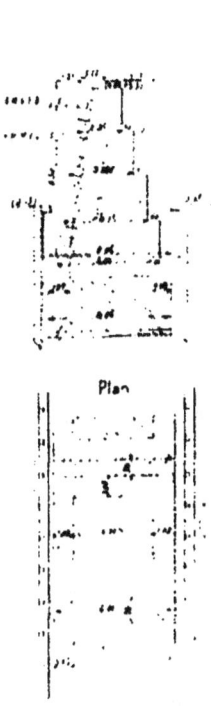

Fig. 692. — Le Hâvre.
Quais de l'avant-port.

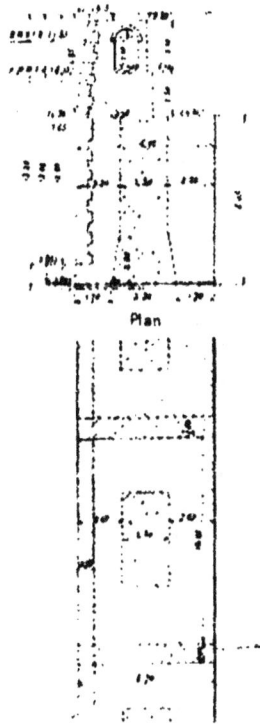

Fig. 693. — Le Hâvre.
Quais du 9e bassin.

tre l'épuisement de l'intervalle et son remplissage en béton.

b) *Murs de quai sur voûtes*. — Tandis que les murs anciens, qu'ils fussent fondés sur pilotis ou sur puits juxtaposés, avaient généralement les dispositions que nous venons d'indiquer, on a reconnu depuis un certain nombre d'années qu'on obtiendrait une plus grande résistance dans les fondations, tout en diminuant les poussées de la vase, en constituant les murs de quais par des piles discontinues reliées par des voûtes; la fondation du quai est alors un véritable viaduc dont les arches ont des portées variables de 4 m. 58 (Hambourg, fig. 694) à 12 mètres (Bordeaux, fig. 698).

Si les vases pouvaient s'y répandre librement, les piles devraient avoir la longueur de leur talus naturel.

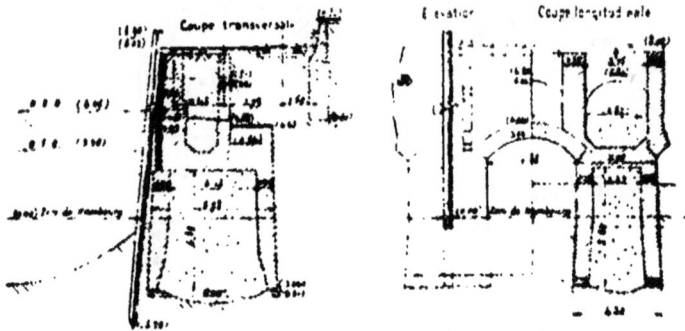

Fig. 694. — Hambourg. Quai sur voûtes.

Ainsi, à Great-Grimsby, les voûtes ont 8 m. 70 d'ouverture et 21 m. 34 de longueur ; les fondations sur pieux sont faites par retraites successives, en s'éloignant du parement (fig. 695). En recouvrant à l'avance la berge d'enrochements, on arrive à limiter la longueur des piles à 6 mètres (Hambourg), 10 mètres (Saint-Nazaire), 9 m. 50 à 10 mètres (Bordeaux)- 8 mètres (Lisbonne). Des dispositions analogues ont été adoptées à Nantes avec une fondation sur pilotis. Les voûtes ont 11 mètres d'ouverture et 9 m. 16 de longueur ; elles sont fondées sur des plateformes portées par des pieux, entourées d'une enceinte de pieux et de palplanches de 7 mètres de largeur ; celle des piles est de 6 mètres (fig. 696).

Les enrochements qui remplissent l'intervalle entre les voûtes ont un talus de 3 de base pour 2 de hauteur et sont surmontés d'un mur en maçonnerie sur la hauteur correspondant à la flèche des voûtes.

À Bône (1867-1869) on a cherché à profiter de la présence d'une couche d'argile compacte au-dessus du fond de la darse pour réduire au minimum l'épaisseur d'un mur fondé sur voûtes. Les piliers, fondés par épuisements à l'abri de batardeaux, comme le montre la fig. 697, ont été descendus à la cote — 10 mètres; ils ont 3 mètres de côté et sont espacés de

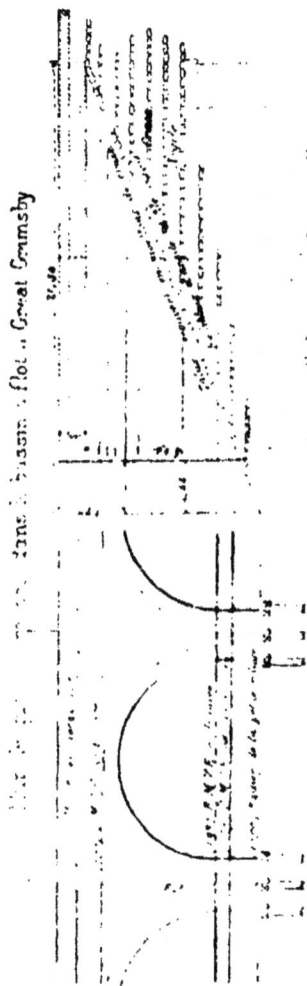

Fig. 635. — Great-Grimsby. Quai sur voûtes.

13 mètres d'axe en axe, de sorte que l'ouverture des voûtes
est de 10 mètres. Le vide des voûtes, au-dessus de l'argile

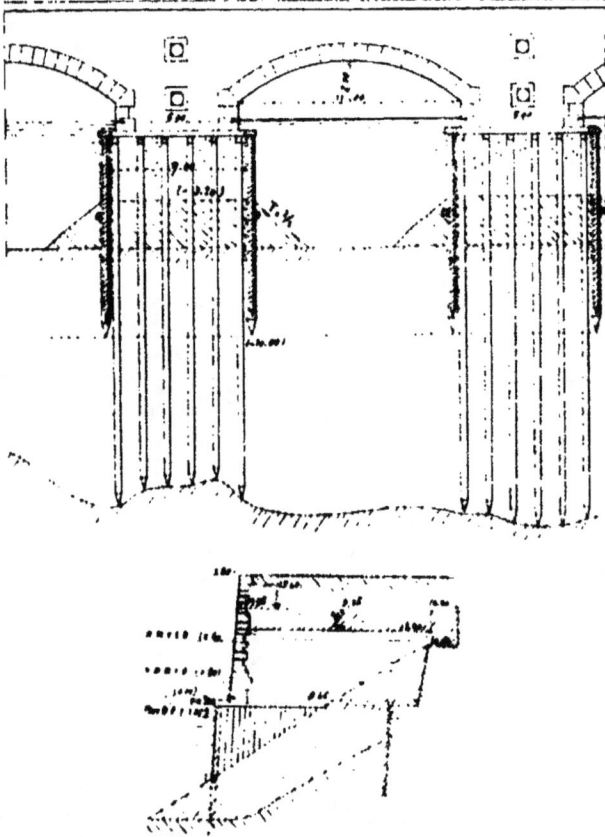

Fig. 696. — Nantes, Quai d'Aiguillon.

compacte, est rempli d'une maçonnerie à pierres sèches qui se
prolonge jusqu'à 0 m. 50 en arrière et qui supporte la poussée
des remblais vaseux superposés à l'argile. C'est après la construction complète du mur qu'on a dragué en avant, en lais-

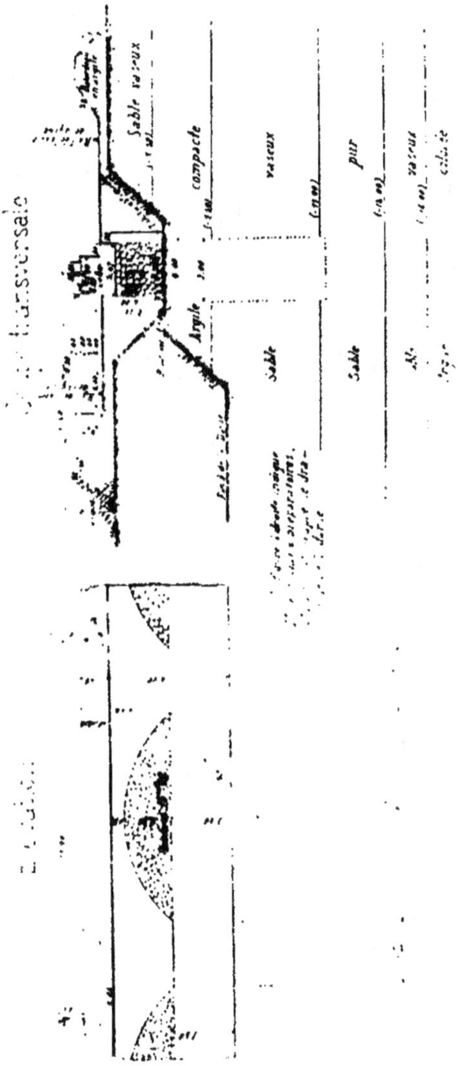

Fig. 697. — Brne. Quai sur voûtes.

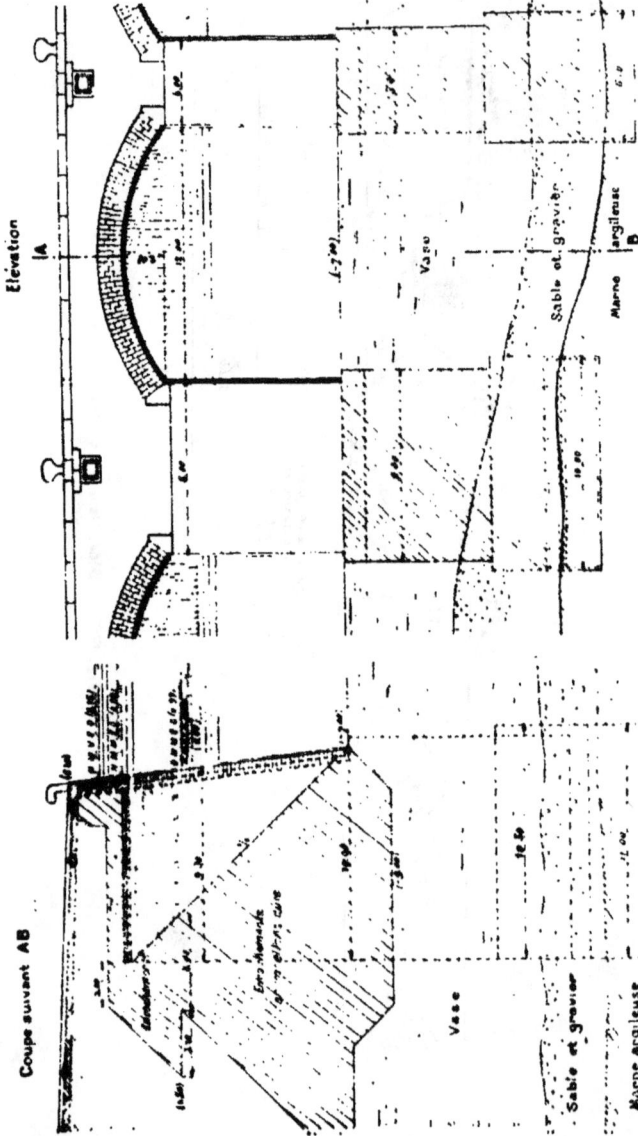

Fig. 688. — Bordeaux. Quai des Chartrons et de Baralan.

sant une risberme de 1 m. 50. Le dragage ayant été effectué d'abord à la cote — 6 mètres, le mur a bien résisté. Mais le dragage ayant ensuite été approfondi à — 7 m. 50 et les risbermes ayant été affaiblies par le frottement des navires, quelques parties de murs en pierres sèches ont cédé, et il s'est produit des affaissements dans les parties voisines des terre-pleins.

Si on remarque en outre que, par suite du talus laissé en avant du mur, les navires ne peuvent accoster, on reconnaîtra que cette solution très économique n'est pas sans inconvénients. Mais elle pourrait être imitée dans des ports secondaires ou pour des installations provisoires.

Lorsque les murs s'établissent en dehors des berges, ou lorsque le talus naturel de la vase est très incliné, des précautions spéciales doivent être prises pour retenir les remblais.

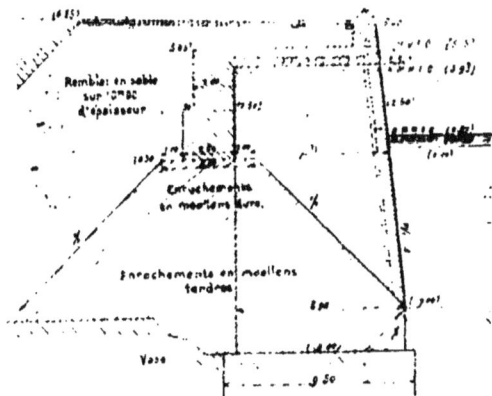

Fig. 699. — Bordeaux. Coupe suivant AB avec remplissage en blocs au-dessus des enrochements.

A Bordeaux (1890), on a garni l'intervalle entre les piles, jusqu'aux naissances des voûtes, avec des enrochements en moellons durs, puis, en arrière, un remblai de 10 mètres de largeur en sable a été apporté, et au delà le remblai a été complété au moyen de produits de dragages, le remblai en sable étant maintenu au-dessus des naissances des voûtes par des enrochements (fig. 698) ou par des blocs artificiels (fig. 699).

A Rochefort (1885-1890), où les voûtes ont **9 m. 20** d'ouverture, en plein cintre, l'intervalle est rempli, à partir du fond du bassin, par un perré à pierres sèches, fondé sur une

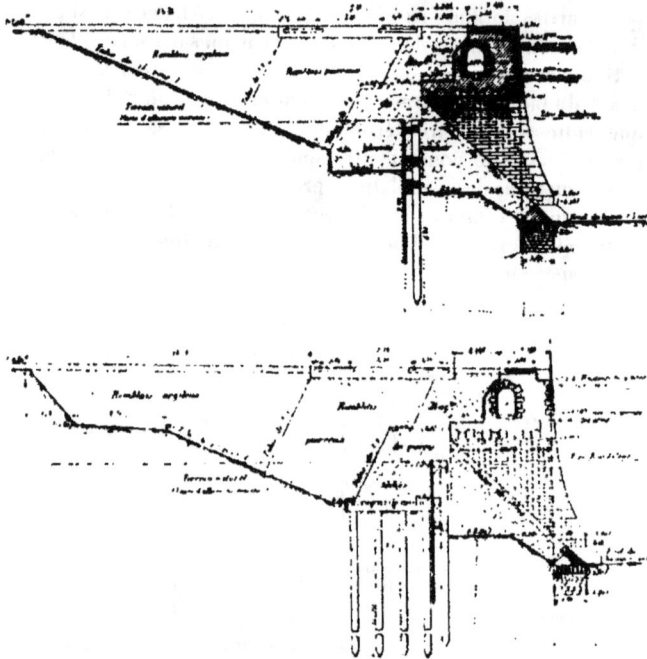

Fig. 700. — Rochefort. Quai du 3e bassin à flot.
Coupes sur l'axe des voûtes, avec enrochements reposant sur plateformes.

petite voûte, dont les retombées s'appuient sur les puits voisins. Un masque en charpente ferme l'orifice en arrière des voûtes et sert à maintenir une maçonnerie à pierres sèches qui, suivant les cas, s'appuie sur le sol ou sur une plateforme portée par des pieux. Un remblai de 7 mètres d'épaisseur en pierrailles est placé derrière la maçonnerie à pierres sèches (fig. 700).

Les fig. 701 et 702 montrent les dispositions des piles ordinaires avec leurs plateformes sur pieux, supportant les remblais voisins et les piles-culées établies de distance en distance pour former contreforts.

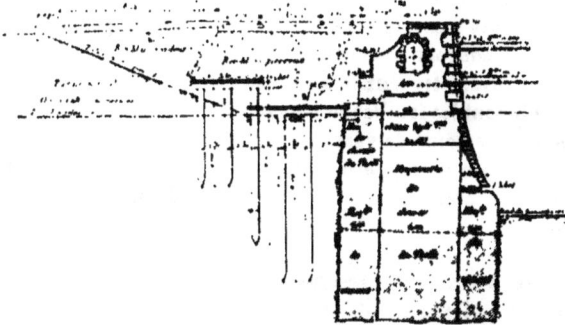

Fig. 701. — Coupe des piles ordinaires.

Les voûtes des quais devant être implantées à la cote — 3 m. 60, tandis que les puits avaient été foncés dans des fouilles à la cote zéro, il a été nécessaire, pour l'implantation

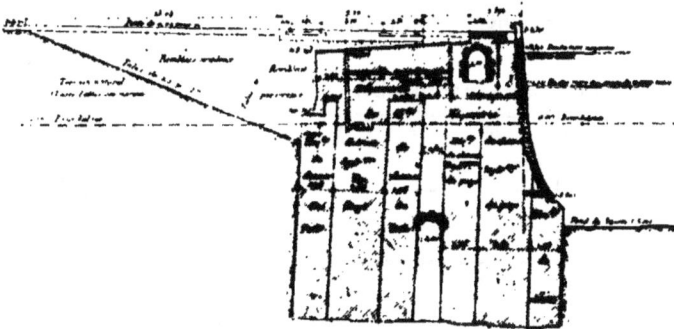

Fig. 702. — Coupe des piles culées.

des voûtes, de relier les puits deux à deux par des masques en charpente formés de pieux supportant une ligne continue de palplanches, par l'intermédiaire de traverses consolidées par des contrefiches horizontales appuyées sur les puits.

13

Les petites voûtes des perrés étaient implantées à la cote
— 6 m. 50.

Les puits-contreforts étaient reliés avec les puits voisins par
de petites voûtes en plein cintre à la cote — 6 mètres et par
deux cours d'ancrages en fer en vieux rails, disposés parallèlement au couronnement (fig. 702).

Ces divers travaux étaient faits par petites longueurs, en
remplissant les fouilles le plus rapidement possible pour éviter
les mouvements de vase.

Il est bon de rappeler que les vases de Rochefort sont très
fluides et prennent un talus de 1/4 (1 de hauteur pour 4 de
base).

304. Jonction entre les puits. — b) *Écluses et formes de
radoub*. — Dans une écluse fondée sur puits havés, les bajoyers
et un certain nombre de cloisons transversales destinées à former barrage sont seuls fondés sur puits : le radier est généralement construit par épuisements à l'intérieur de l'enceinte
des puits. Les bajoyers sont dans des conditions analogues à
celles que nous avons indiquées pour les murs de quai, mais
les têtes doivent supporter la retenue et exigent des précautions particulières (fig. 703).

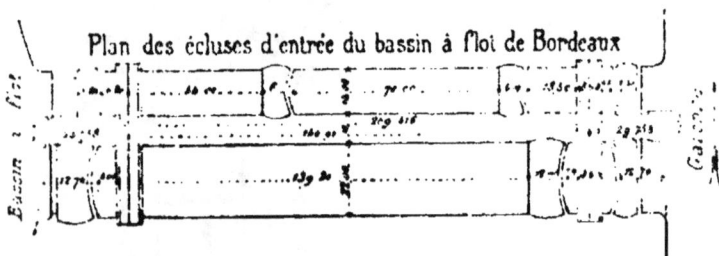

Fig. 703. — Bordeaux. Bassin à flot, plan d'ensemble.

A Bordeaux, les puits ayant été havés et les intervalles remplis en maçonnerie, les fouilles ont pu être descendues par
épuisement jusqu'au niveau du gravier ; un radier général a
été établi à 6 m. 50 au-dessous de l'étiage ; l'épaisseur de la
maçonnerie générale est de 3 m. 50, réduite à 3 mètres dans
les chambres des portes.

Les figures montrent : les dispositions en plan des écluses accolées (703), et, à une plus grande échelle, la disposition de blocs de la tête aval des écluses (704).

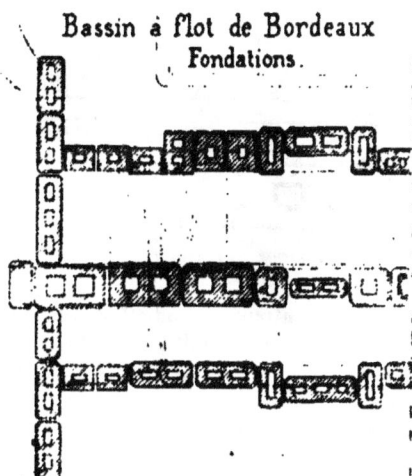

Fig. 704. — Bordeaux. Bassin à flot, plan de détails.

Dans la coupe transversale des écluses, les radiers en béton sont distingués des parties fondées sur blocs (fig. 705).

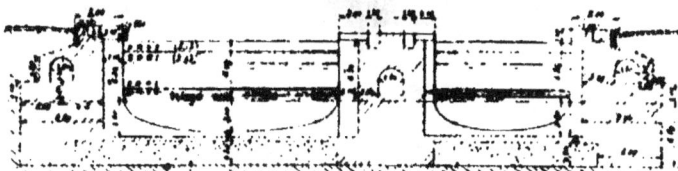

Fig. 705. — Coupe transversale des écluses.

Avec ces dispositions, il est nécessaire de soigner tout particulièrement les jonctions entre les lignes de blocs des têtes, qui forment les parafouilles d'amont et d'aval ; on peut d'ail-

leurs ne pas craindre d'avoir quelques jonctions de plus, de
manière à ne pas employer de blocs aussi longs que celui de
la grande écluse (9 m. 50 sur 32 mètres), qui aurait pu avanta-
geusement être divisé en deux (fig. 706).

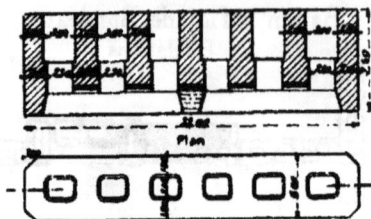

Fig. 706. — Détails d'un bloc.

A Rochefort, au contraire, le radier du sas du 3e bassin à
flot est tout entier fondé sur puits, mais les puits, disposés
perpendiculairement à l'axe de l'écluse, laissent entre eux des
intervalles de 6 à 8 mètres, recouverts par des voûtes très
surbaissées, au-dessus desquelles est établie la plateforme
générale formant le radier de l'écluse (fig. 707 et 708).

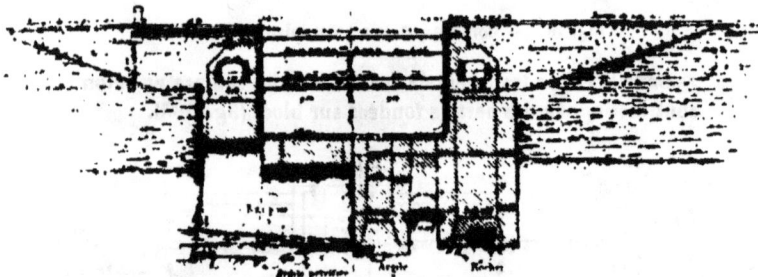

Fig. 707. — Rochefort. Écluse, demi-coupe transversale.

Certains puits ont reçu des dimensions exceptionnelles
correspondant aux têtes, notamment pour résister à la poussée
produite par les portes.

Pour l'établissement du radier de l'écluse, il a été nécessaire
de déraser les puits construits jusqu'à un niveau plus élevé.

Le fonçage des puits du radier avait été commencé à la cote — 5 mètres ; mai.., le niveau des bas radiers étant à la cote — 6 m. 50, il a fallu, après coup, déraser les têtes des puits jusqu'à la cote — 7 mètres pour tenir compte de l'épaisseur du revête-

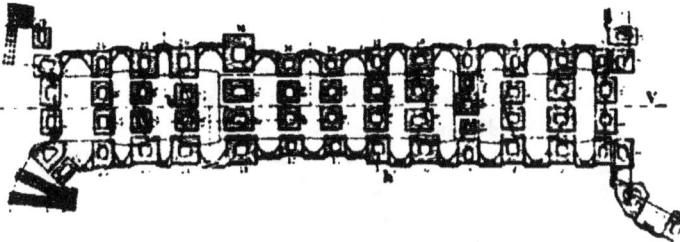

Fig. 706. — Plan des puits.

ment. Les puits des bajoyers ont dû, pendant cette opération, être étayés au moyen de longues poutres de 21 mètres et de 0 m. 50 d'équarrissage, en pitch-pin, en certaines ont flambé sous les pressions énormes qu'elles subissaient.

Dans le sens transversal, les jonctions entre les blocs d'une même file se faisaient en fouilles blindées jusqu'à la cote — 15 mètres, c'est-à-dire à 9 mètres en contrebas du busc, en divisant en deux parties chaque fouille entre deux puits voisins ; dans le sens longitudinal, on construisait, sur l'argile réglée en forme de cintre, les voûtes dont nous avons parlé ; leur clef était, suivant les points, à des cotes variant de — 10 mètres à — 12 mètres, donnant ainsi des épaisseurs minima de maçonneries de 4 à 6 mètres.

On voit, d'après cette description, combien la construction d'écluses dans des terrains vaseux comporte de sujétions et de difficultés.

Les difficultés sont encore plus grandes pour les formes de radoub, dont l'étanchéité est plus importante.

La forme de Bordeaux a été fondée sur une enceinte de 31 blocs distants d'un mètre et enfoncés par havage, le massif du radier étant construit en béton à sec en une seule couche.

Après l'achèvement de la forme, lorsqu'on voulut l'épuiser, des fissures nombreuses se produisirent dans le radier, dont la partie supérieure se souleva de plusieurs centimètres (0 m. 06 en certains points); on dut alors enlever une grande partie du revêtement, capter les sources, les tuber, injecter dans les tubes des coulis de ciment sous pression, puis rétablir le revêtement; ce travail a été couronné de succès et la forme est devenue suffisamment étanche.

La construction de la forme de Bayonne, faite dans le même système, a donné lieu à des difficultés très sérieuses.

On a établi d'abord sur tout le pourtour de la forme, sauf du côté de l'entrée, une enceinte de 29 puits foncés par havage jusque vers la cote — 8 mètres; l'écluse d'entrée et le radier furent ensuite fondés dans cette enceinte, au moyen de 4 caissons descendus à l'air comprimé un peu en contrebas de cette même cote. L'on dut recourir à l'emploi de caissons foncés à l'air comprimé pour fonder le radier, parce qu'il n'a pas été possible de déblayer à l'intérieur de l'enceinte des puits, le terrain remontant constamment par suite des apports latéraux et de fond.

Ces travaux faits, on procéda à l'exécution des jonctions des puits entre eux et des puits avec les caissons; pour y arriver, on dragua le terrain, composé de sable vaseux, entre les massifs déjà exécutés, avec une petite drague à vapeur à élinde verticale, et après avoir nettoyé les parois au scaphandre, on coula du béton, en maintenant les eaux dans la forme à la cote (+ 1 mètre) environ.

Toutes les jonctions faites par le coulage d'un massif de béton de 3 m. 50 de hauteur, descendu jusqu'au niveau de la fondation des premiers massifs, on tenta l'épuisement de la forme pour exécuter, au-dessus du béton, de la maçonnerie ordinaire jusqu'au niveau du profil de la forme. Des infiltrations importantes s'étant produites, on dut, comme à Bordeaux, capter les sources, et recouvrir le béton d'une chape de mortier à prise rapide de 0 m. 04 d'épaisseur, pour permettre d'exécuter la maçonnerie supérieure sans que celle-ci fût délavée par les infiltrations qui continuaient à se produire à travers le béton.

On paraît être arrivé ainsi, à grand'peine, à obtenir un radier d'une étanchéité convenable; mais il est à redouter que peu à peu les infiltrations n'augmentent à travers toutes ces jonctions verticales.

Dans les terrains de vases fluides ou de sables vaseux, ce système qui comporte l'exécution d'un très grand nombre de jonctions entre des massifs construits successivement, ne paraît pas devoir être appliqué à la construction des formes de radoub, et, pour les écluses, il ne peut réussir qu'à la condition d'apporter un soin extrême à l'étanchéité des jonctions.

§ 9. — REMARQUES SUR LES FONDATIONS EN TERRAIN INCONSISTANT. PROCÉDÉS DE CONSOLIDATION DU SOUS-SOL ; ACCIDENTS

105. Rappel des principes des divers modes de fondation. — L'objet des procédés de fondation qui viennent d'être décrits est d'atteindre le terrain solide pour y asseoir l'ouvrage ; il en est de même de l'emploi de l'air comprimé auquel la deuxième section est consacrée.

Dans les articles 27 à 31, nous avons indiqué les limites que ne doivent pas dépasser les pressions sur le sol de fondation suivant sa nature et suivant la destination des ouvrages. Mais des précautions spéciales doivent être prises lorsque les terres, tout en n'étant pas compressibles sous une charge permanente inférieure à ces limites, peuvent être modifiées dans leur consistance soit par l'eau, soit par les variations de pression.

106. Remarques sur les fondations en terrain argileux. — C'est ce qui se produit dans les terrains argileux ou marneux.

Lorsque les argiles et les marnes n'ont été exposées ni à l'air ni à l'eau courante, et surtout si elles sont assez pures pour être imperméables, on peut très bien les admettre comme base de fondation pouvant quelquefois porter jusqu'à 4 ou 5 kgs par centimètre carré ; mais il faut se préoccuper des modifications qui peuvent se produire dans leur résistance, lorsqu'elles sont mouillées et soumises à une certaine pression d'eau ou de remblais humides, comme cela se produit le plus souvent derrière les murs de quais ou les bajoyers d'écluses.

Le coefficient de frottement de la maçonnerie sur l'argile mouillée est très faible et, s'il y a des pressions horizontales, on peut craindre des glissements : il faut souvent, dans l'argile, battre quelques pieux engagés dans les maçonneries, moins pour consolider le sous-sol que pour augmenter la résistance au glissement ; ce procédé, très recommandable dans les argiles sèches ou peu humides, peut cependant présenter, dans les argiles mouillées, l'inconvénient d'augmenter l'afflux des eaux provenant des couches inférieures.

D'autre part, l'argile est très sensible aux pressions alternatives qui, comme nous l'avons vu, se produisent, soit dans les murs de quais des rivières ou des ports à marée, soit dans les écluses où les niveaux varient notablement à l'aval d'un mur qui supporte de l'autre côté la charge d'un remblai.

Comme on le démontre, dans les traités de résistance des matériaux, lorsque la résultante des pressions sort du tiers central de la fondation, la pression dans le voisinage de l'arête est au moins double de la pression moyenne due à la charge verticale : c'est ce qui arrive à basse mer, au pied d'un mur de quai supportant des remblais. Mais, dès que le niveau des eaux s'élève à l'aval et fait équilibre à la poussée des terres, la résultante se redresse et la pression près de l'arête peut diminuer de plus de moitié.

Sous l'influence de ces alternatives qui, dans les ouvrages de navigation, se répètent plusieurs fois par jour, et qui, dans les ports, se renouvellent à chaque marée, l'argile est exposée à subir de petits tassements qui, d'abord imperceptibles, pourront s'accroître avec le temps et devenir dangereux.

Pour les fondations en terrains argileux exposées à des pressions alternatives, l'élargissement des surfaces d'appui et la diminution de la valeur moyenne des pressions élémentaires sont les conclusions à tirer de ces remarques qui peuvent se résumer ainsi :

Combattre la tendance au glissement ;

Augmenter les empatements dans le cas de pressions variables.

507. Remarques sur les fondations en terrain vaseux.
—Enfin une dernière hypothèse doit être examinée, c'est
celle où le terrain inconsistant ou compressible, vase, argile
molle, tourbe présente une épaisseur telle qu'elle puisse être
considérée comme indéfinie, soit qu'en réalité le terrain solide
soit inaccessible, soit qu'en raison du poids et de la destination des ouvrages, on puisse s'arrêter avant de l'avoir atteint,
en mettant à profit la résistance latérale des supports de la
fondation ou la compression préalable que peuvent produire
les différents moyens employés. soit pour consolider le sous-
sol, soit pour le remplacer au moins en partie par un terrain
plus consistant.

508. Battages de pieux en terrains vaseux. — A l'occasion de la description de la fondation du pont de Pough-
Keepsie, sur l'Hudson, nous avons eu occasion de faire
remarquer que dans les fondations profondes les frottements
latéraux représentaient une part notable de la résistance aux
efforts verticaux. Si, pour des ouvrages de moindre importance à construire dans un terrain analogue, on avait à
élever un massif unique n'ayant à supporter que des pressions verticales, on comprend qu'en employant un assez grand
nombre de pieux enfoncés à petite distance les unes des
autres, on arriverait, même sans les enfoncer au refus, à créer
par les frottements latéraux et par la compression de la vase
entre les pieux, un support capable de recevoir une plateforme et une charge importante de maçonnerie. Avec des
pieux de 0 m. 25 à 0 m. 30 de diamètre, espacés de 0 m. 90
en tous sens et pouvant supporter chacun 5 tonnes, chiffre que
l'expérience des travaux de Hollande indique être un minimum pour des pieux de 10 à 12 mètres enfoncées dans la vase,
une plateforme de 5 m. 40 sur 5 m. 40 renfermerait 49 pieux
et pourrait supporter 245 tonnes.

Mais ce n'est pas là le cas le plus difficile, et. pour des profondeurs beaucoup moindres, les fondations en terrain vaseux
sont dangereuses au point de vue des poussées produites par
les remblais, même lorsque la pointe des pieux atteint le
terrain solide.

M. l'Inspecteur général Croizette-Desnoyers qui, dans la construction du chemin de fer de Nantes à Lorient et à Brest, a rencontré de nombreuses difficultés de cette nature, a rendu compte des moyens employés pour les combattre, dans un important mémoire inséré dans les Annales de 1864, p. 273, qui sert encore de guide aux Ingénieurs qui se trouvent placés dans des conditions analogues.

A la page 291 de ce mémoire, il pose ainsi la question :

« On sait, dit-il, que dans les terrains vaseux, même lorsque les pieux pénètrent jusqu'au solide, les fondations ordinaires sur pilotis manquent complètement de stabilité, parce que les remblais apportés contre les culées font chasser la vase qui presse alors contre les pieux et tend à les déverser ; si les remblais ne sont pas conduits très régulièrement contre les deux culées à la fois, l'ouvrage s'incline du côté le plus chargé ; si cette précaution est prise, les culées tendent à se rapprocher l'une de l'autre ; enfin même lorsqu'on évite des déformations, des ruptures de matériaux ou des accidents plus graves encore, le pont reste dans un état d'équilibre inquiétant. »

La difficulté est encore bien plus grande si les pieux, arrêtés dans une vase même assez consistante, n'ont pas leur pointe entièrement fixée : dans ce cas, ils sont exposés non seulement à se déverser, mais à se déplacer latéralement et quelquefois même à se soulever, en même temps que la vase qui les entoure.

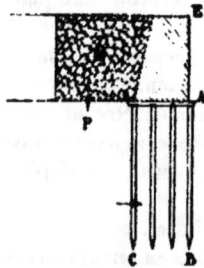

Fig. 709. — Fondation sur pilotis dans la vase.

Ce point mérite une explication détaillée : soit une culée de pont fondée sur pilotis dans la vase (fig. 709) et supposons que, pour se prémunir contre les effets des poussées, on ait, derrière la culée, construit un massif M à pierres sèches, sans poussée ; la culée elle-même au-dessus de la plateforme sera peu chargée, et aucune rotation ne tendra à se produire sur le dessus des fondations en A ; mais le poids de M comprimera la vase qui, transmettant latéralement les pressions à la manière

d'un liquide pâteux, produira une poussée horizontale, dont
la résultante passera à peu près au tiers de la hauteur des
pieux. Si la pointe des pieux est fixe, ils se déverseront en
tournant autour du point B, la ligne AE s'inclinant vers
l'intérieur de la travée ; si la pointe est dans la vase, il y
aura déplacement de C vers B avec compression de la vase
sous la fondation, et, le centre de pression étant très bas, le
point B marchera plus vite que le point E et la culée s'incli-
nera du côté du remblai.

Avec des pieux enfoncés dans un terrain plus résistant, l'inclinaison du parement se produit au contraire en avant ; mais
ce n'est pas, comme on pourrait le penser, la poussée du remblai qui produit ce déplacement, c'est le déversement des pieux,
et il arrive quelquefois que, dans ce cas, le parement EA se
déplace presque parallèlement à lui-même.

Au cours même des battages dans les terrains vaseux,
d'autres difficultés peuvent se produire. Dans la construction
de la gare de l'Illinois central, à Chicago, un groupe de 16 pieux
a été battu à 4 m. 50 d'un groupe de 8 pieux reliés par les
semelles horizontales qui devaient recevoir les maçonneries :
ces pieux se sont relevés, par suite des ébranlements produits
par le battage, de 0m. 10 du côté des nouveaux pieux et de
0 m. 025 du côté opposé.

Sur un autre point, une fondation de 8 pieux avait été revêtue de son grillage et surmontée de 4 m. 30 d'épaisseur de
béton et de maçonnerie : cette surcharge n'a pas empêché le
relèvement des pieux sous l'action du battage de 16 nouveaux
pieux à une distance de 4 m. 50, mais le relèvement qui avait
été de 0 m. 015, au début s'est réduit à 0 m. 006 au bout de
2 semaines (1).

Il est donc important de conduire les battages dans ces
terrains de manière à éviter autant que possible les poussées
latérales ou à les compenser par des poussées symétriques,
par exemple en battant les divers groupes de pieux de deux
en deux, et en intercalant ensuite symétriquement les groupes
intermédiaires.

(1) *Revue industrielle*, 6 janvier 1894.

On devra également éviter de faire des battages à proximité de maçonneries récemment construites de peur de les
disloquer.

**509. Procédés de compression ou de consolidation du
sous-sol.** — Si les poussées latérales sur les pieux constituent
le principal danger des fondations en terrain vaseux, le premier moyen à employer pour y résister consiste à comprimer
le sous-sol avant le battage.

Cette compression du sol s'effectue par différents procédés,
suivant qu'il s'agit d'ouvrages plus ou moins importants,
et surtout suivant que les terres à consolider, vases ou remblais inconsistants, sont plus ou moins mouillés.

510. Fondations sur massifs de sable. — Lorsque le
terrain est simplement humide et à l'abri des affouillements,
si on craint que, malgré les empatements donnés aux maçonneries, le terrain ne soit trop chargé, on peut répartir les
pressions sur une plus grande surface en interposant une couche assez épaisse de sable qu'on fait tasser en l'arrosant. Bien
que l'expérience tende à montrer qu'une couche de sable,
chargée sur une partie de sa surface, transmet latéralement
les pressions sur une largeur égale à la hauteur h, ce qui
donnerait pour un massif de largeur l une base d'appui $l + 2h$,
on admet le plus souvent dans les calculs une surface réduite
calculée avec une largeur $l + 1,5h$.

Un exemple remarquable de l'application de ce procédé est
donné par les comptes rendus de la Société des Ingénieurs
civils de Londres (1885) : une cheminée d'usine de 67 m. 70 de
hauteur a été construite à Lawrence (Massachussets) en 1874
sur un lit de sable de 1 m. 525 d'épaisseur, placé à 5 m. 80 en
contrebas du sol. Le sable est enfermé dans une enceinte de
palplanches de 0 m. 075 d'épaisseur, formant un carré de
10 m. 68 de côté ; on a posé sur la surface du sable une couche
de béton de 0 m. 30, surmontée jusqu'au sol d'une maçonnerie de granit à retraites successives.

La charge totale sur le sable est de 2.286 tonnes correspondant au taux élevé, dans ce cas, de 2 kgs par centimètre carré.

Cependant la cheminée n'a subi aucun déversement ; mais on doit signaler que, pour les constructions élevées, ce système ne présente de sécurité que si les charges sont à peu près verticales et les différentes parties des massifs très fortement reliées entre elles. Il est nécessaire également de s'assurer que l'enceinte est entièrement étanche et ne peut pas laisser passer le sable, qu'il soit sec ou mouillé.

311. Pieux de sable. — Pour de petits ouvrages à établir en terrain peu perméable ou au-dessus de l'eau, tels que des aqueducs ou ponceaux, pour lesquels, si les remblais qu'ils supportent sont peu élevés, il peut n'être pas nécessaire d'aller jusqu'au terrain solide, on bat, à des intervalles de 0 m. 50 les uns des autres, des lignes de piquets de 0 m. 10 de diamètre et de 1 m. 50 à 3 mètres de longueur, qu'on arrache après les avoir battus pour remplir le vide qu'ils laissent par du sable mouillé et pilonné ou par du béton de ciment.

On atteint ainsi des couches plus compactes et on les consolide par la compression et par les frottements latéraux ; mais ces procédés ne peuvent donner une sécurité absolue et lorsqu'on y a recours, il convient en outre d'élargir les massifs assez pour n'avoir pas, sur le sol, des pressions supérieures à 1 kilo ; on devra d'ailleurs répartir symétriquement la charge des remblais, afin d'éviter les inégalités de pressions.

312. Procédé Dulac. — Dans les travaux de l'Exposition de 1900, en vue de traverser des remblais inconsistants mais secs, pour la fondation de bâtiments, M. L. Dulac, entrepreneur de Travaux Publics, a appliqué un procédé qu'il avait employé dans diverses constructions de bâtiments industriels et qui consiste à comprimer par battage le sol à l'emplacement de puits, qu'on remplit ensuite de matériaux également bourrés par battage, et destinés à servir de supports aux constructions.

A une sonnette de 12 à 15 mètres de hauteur, on suspend, à l'aide d'un déclic de forme spéciale, un mouton en fonte à pointe d'acier, en forme de cône allongé de 0 m. 80 de diamètre, pesant 1500 kgs ; ce mouton n'est pas guidé dans sa chute,

dont la régularité est assurée par un repérage précis de la
sonnette. La hauteur de chûte peut varier suivant les circonstances du travail ; la tête du mouton est construite de manière
à être saisie automatiquement par le déclic, à la fin de son
mouvement de descente.

On fore, à l'aide de ce mouton, des puits allant jusqu'à
10 mètres de profondeur ; on les remplit de matériaux durs,
pierres, briques ou mâchefer, quelquefois agglomérés avec
de la chaux ; on peut aussi les remplir de béton. Dans le
premier cas surtout, on comprime énergiquement les matériaux de remplissage à l'aide d'un pilon bourreur de 1.000
kgs ayant à peu près la forme d'un obus, qu'on laisse tomber
sur sa pointe ; enfin, on régularise la surface et on prépare la
base des maçonneries au moyen d'un pilon d'épreuve à base
plane.

Ce procédé est ingénieux ; il produit une compression éner-
gique et une augmentation dans la résistance du sol sur un
diamètre supérieur à celui du puits lui-même ; en reliant ensuite
les puits par de petites voûtes, il permet l'établissement facile
des constructions supérieures ; mais on ne pourra se rendre
compte que par des expériences comparatives de la charge
pratique que pourra supporter un sol ainsi consolidé, et l'on
fera bien de n'adopter pour ces charges que des limites assez
faibles.

La consolidation ainsi produite consiste d'ailleurs exclusivement dans la construction de piliers qui, bien que d'un
diamètre plus élevé que des pieux en sable ou en béton, n'ont
pas une grande résistance transversale, et on doit réserver ce
procédé aux cas où les pressions sont verticales et à peu près
uniformément réparties sur la surface de chaque pilier.

Ce procédé n'est pas applicable aux terrains trop mouillés
et doit généralement s'arrêter à une faible profondeur au-
dessous du niveau de l'eau.

De même que les précédents, il n'agit que sur une zone
peu étendue autour des points où sont pratiqués les battages.

515. Compression du sol par des remblais. — Pour
des ouvrages un peu plus importants, ponts de 10 à 15 mètres

d'ouverture, dont la fondation doit descendre sous l'eau, on obtient des résultats plus complets en combinant les fondations sur pilotis avec la compression du sous-sol réalisée non seulement sous l'ouvrage, mais aussi aux abords de manière à diminuer les poussées en même temps qu'on augmente la résistance qui leur est opposée.

Ce système qui a été très employé par M. Croizette-Desnoyers, dans les travaux qu'il a exécutés en Bretagne, consiste à faire le remblai à l'emplacement de l'ouvrage à construire, à le laisser en place pendant un délai assez prolongé, au moins pendant un hiver, puis à enlever en partie ce remblai pour faire les battages et fondations.

Cet exposé montre que le procédé est limité aux passages sur les voies de terre ou aux ponts sur les cours d'eau naturels, lorsqu'on ne peut s'établir sur une dérivation assez éloignée du cours naturel des eaux ; sur les canaux ou sur les rivières dont le cours ne peut être déplacé, il faut recourir à d'autres moyens, que nous décrirons après avoir rappelé comment se produit la compression du sous-sol en terrain vaseux.

514. Pénétration des remblais dans les terrains vaseux. — Les terrains vaseux présentent presque toujours une croûte plus résistante que les parties profondes ; cette croûte dont M. Croizette-Desnoyers comparait l'influence à une peau de tambour, résistera à des charges partielles qui se répartiront en tous sens, par exemple au poids d'un remblai de petite longueur s'avançant à partir de la limite du marais ; puis il arrivera un jour où, la limite de résistance étant atteinte sur une grande longueur, il se produira une rupture de la croûte et un effondrement qui pourra abaisser de plusieurs mètres en quelques heures le niveau du remblai. Lorsqu'après des rechargements successifs, on sera arrivé à un nouvel état d'équilibre, si on recherche par des sondages la forme du remblai enfoui, on trouvera, suivant le degré de compacité de la vase, tous les intermédiaires entre un profil renversé en forme de coin et la forme d'un massif à talus inclinés, comme si, au lieu d'enfouir le remblai dans la vase, on l'avait établi dans l'eau.

Les fig. 710 et 712 correspondent au cas d'une vase assez molle ; la largeur du remblai enfoui diminue très peu avec la profondeur.

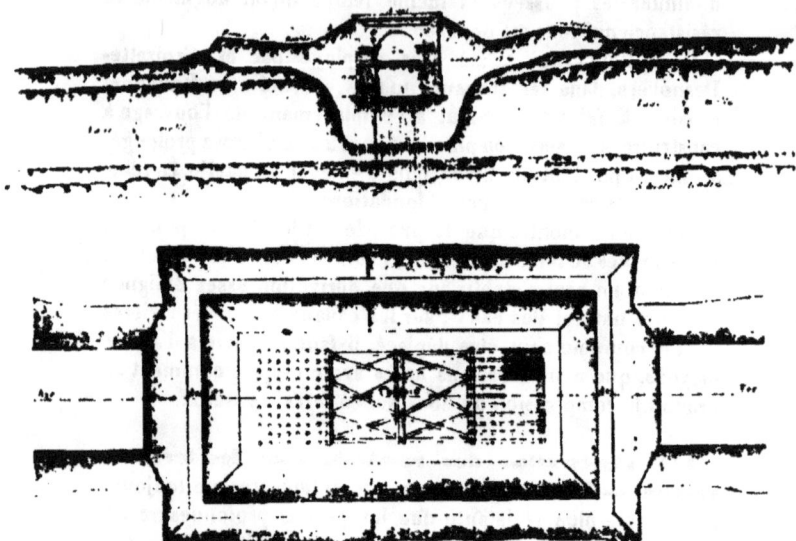

Fig. 710. — Remblais enfouis aux abords du pont sur la prairie St-Nicolas.

La fig. 711 représente un remblai s'enfonçant dans une vase plus compacte.

Fig. 711. — Remblais enfouis aux abords du pont sur le Brivet.

Le poids des remblais comprime la vase inférieure et il se forme souvent des bourrelets latéraux qui complètent l'équilibre en produisant de chaque côté des surcharges qui tendent également à comprimer la vase inférieure.

Très saillants et assez peu larges dans la vase compacte, ces bourrelets sont plus larges, mais moins élevés, dans la vase molle.

En tout cas, ils sont nécessaires à l'équilibre et, si on peut les régaler, il faut avoir grand soin de ne pas les déraser. A cause de leur forme bombée, ils gênent souvent l'écoulement des eaux superficielles descendant sur les talus, et on peut être conduit, suivant les cas, soit à ménager un fossé au pied des talus, en traversant de distance en distance les bourrelets par des saignées transversales, soit à remblayer la dépression, lorsqu'elle n'est pas trop profonde, pour régler l'ensemble des bourrelets en glacis à faible pente ; dans tous les cas, on devra combler les fissures que présente toujours leur surface, de manière à éviter la pénétration des eaux.

515. Fondations sur pilotis avec radiers généraux. — Lorsque les remblais enfouis ont passé un hiver, ce qui est nécessaire pour qu'ils soient compacts, on trouvera, lorsqu'on y battra les pieux, sinon un refus qu'on n'obtiendra jamais dans la terre, au moins des frottements plus énergiques, et on pourra construire les ouvrages en enlevant les remblais à l'emplacement des culées, et en se conformant aux règles générales suivantes qui s'appliquent à toutes les fondations en terrain vaseux :

Elargir les massifs, pour éloigner le point d'application des poussées, et, par suite, diminuer les pressions maxima.

Employer des tabliers métalliques à poutres droites, qui craignent moins que les voûtes les déversements.

Construire pour les petits ouvrages des radiers généraux en maçonnerie sur pieux, ces radiers étant remplacés, lorsque la portée augmente, par des radiers en charpente constituant un cadre étrésillonné appuyé sur des pieux intermédiaires et rempli de béton (fig. 712) (1) ; les radiers en charpente étant formés, lorsque la portée dépasse 15 mètres, de deux cadres

(1) Dans cet ouvrage, on a construit d'abord un radier en charpente que montre la figure et auquel on a plus tard superposé un radier en béton.

14

superposés reliés par des croisillons et empâtés dans du béton
(fig. 713).

Ces radiers doivent être placés le plus bas possible, puisque,
comme nous l'avons vu, le point d'application des pressions
est très bas ; enfin on doit ajouter aux poutres métalliques des
consoles de butée, pour le cas où, malgré ces précautions,
il y aurait tendance au déversement du côté du vide.

Dans tous les cas, on devra, dans de semblables terrains,
éviter les ouvrages biais, soit en déviant les voies traversées,
lorsque cela sera possible, soit en augmentant assez les portées pour pouvoir employer des travées droites ou peu biaises
qui permettent seules de donner aux radiers des points d'appui
dans la fondation opposée.

Fig. 712. — Pont sur la prairie Saint-Nicolas. Chemin de fer de Nantes à Brest.
Fondation sur pilotis avec radier.

Fig. 713. — Pont de l'Ouest. Chemin de fer de Nantes à Brest.
Fondations sur pilotis avec radier en charpente et béton.

Faute d'avoir adopté au début ce système, puisqu'il n'était
pas possible de dévier le canal, on s'est vu forcé, après avoir
construit, conformément au plan ci-joint (fig. 714), les deux
culées d'un pont très biais, sur le canal de Nantes à Brest,
d'ajouter un massif M de maçonnerie fondé sur pieux, pour

combattre la poussée de la culée A qui s'exerçait, non suivant
le biais, mais normalement à la direction AB.

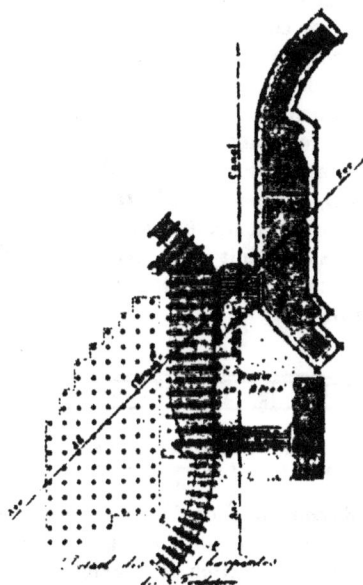

Fig. 714. — Pont sur le canal près l'Isac. Chemin de fer de Nantes à Brest.

Lorsque des ouvrages préexistants ou la nécessité de maintenir une voie d'eau ne permettent pas de pratiquer la consolidation préalable du sous-sol, les pieux des culées doivent être
enfoncés dans un terrain non consolidé ; le meilleur moyen de
s'opposer à leur déversement consiste alors à augmenter la
longueur des ouvrages par des travées additionnelles, de manière que les culées se trouvent dans la région où les remblais
effectués à l'avance ont comprimé la vase. C'est le système
qui a été employé avec succès pour la construction d'un pont
sur la Vilaine.

Dans le cas où les nécessités de l'écoulement des eaux n'y
feraient pas obstacle, il serait avantageux, tant pour diminuer
les maçonneries apparentes que pour avoir de moindres pous-

sées, de noyer la culée dans le remblai dont le talus définitif
serait en saillie sur son parement ; la dernière travée serait, en
réalité, une sorte de culée évidée.

Dans la construction d'un pont sur les voies de la gare de
la Compagnie d'Orléans, à Bordeaux-Bastide, on a limité les
pressions qu'auraient produites des remblais construits sur un
terrain vaseux, en remplaçant par des viaducs d'accès les ram-
pes qui, dans un meilleur terrain, auraient été projetées jusqu'aux culées AB, voisines des clôtures *aa* de la ligne.

Dans cet ouvrage on a arrêté le remblai aux culées MN qui
ont été établies aux points où la hauteur M*m* des remblais
était, d'après l'expérience, en rapport avec la résistance du
terrain (fig. 715).

Fig. 715. — Gare de Bordeaux-Bastide (Compagnie d'Orléans)
Viaducs d'accès à un pont en terrain vaseux.

Le système de consolidation des fonds vaseux par compression du sous-sol a été employé sur une grande échelle, en
Hollande, pour la construction de la gare centrale d'Amsterdam (1).

Autour de l'emplacement à occuper par les constructions et
jusqu'à une profondeur de 7 mètres avec 40 mètres de largeur,
on a dragué la vase, le dragage étant réduit à une profondeur
de 5 mètres au milieu ; puis on a remblayé avec du sable jusqu'au niveau définitif, et même au-dessus, et c'est à travers cet
énorme remblai, dont le cube atteint 2.000.000 de mètres, que
toutes les installations et fondations de la gare ont été établies.

Dans le même port, pour édifier le Handelskade et les
magasins situés en arrière (fig. 716), on a jeté du sable sur
25 mètres de largeur jusqu'à ce que le niveau du remblai fût
à 4 ou 5 mètres au-dessus des plus hautes mers ; en certains
endroits, le sable est descendu, en faisant refluer le terrain

(1) Voir *Notice sur les travaux publics de Hollande*, p. 77. Croizette-
Desnoyers.

naturel (vase, tourbe, argile molle) à 17 m. 50 en contrebas de
AP; on laissa tasser pendant une année, puis, à la cote —
2 m. 50, on a fondé un mur de quai sur une plateforme ayant
de 5 m. 35 à 10 mètres de largeur; la partie postérieure porte

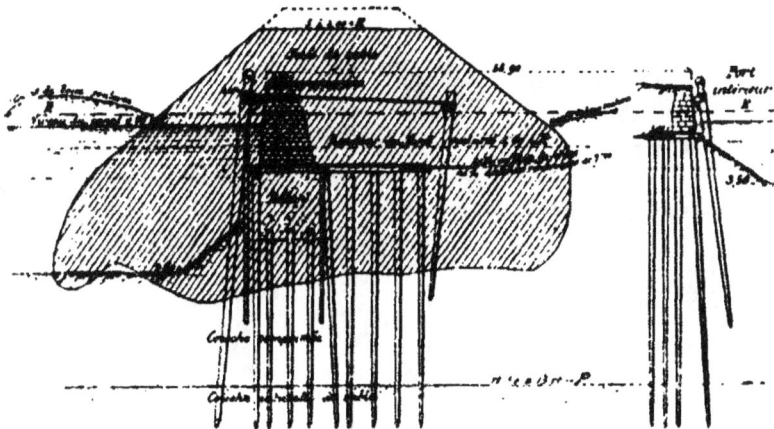

Fig. 716. — Amsterdam. Mur du quai du Commerce.

sur des files de pieux distantes de 1 mètre, et la partie antérieure sur un massif de béton de 3 m. 20 de largeur, descendu
à — 6 mètres dans une enceinte de pieux et palplanches jointifs renfermant des pieux de fondation ; en avant du parement
du mur, le talus naturel du sable se prolonge au-dessous de la
cote — 5 mètres jusqu'au fond du bassin.

On peut se demander s'il n'eût pas été plus économique de
creuser à la drague une fouille assez large, qui aurait pu
ensuite être partiellement remplie de sable, à travers lequel
on aurait effectué les battages ; mais la compression de la
vase inférieure eût été moins forte.

Au Nord-Ouest de la gare centrale d'Amsterdam, la voie
d'accès, commune aux différentes lignes, est le viaduc de
Houttuinen de 540 mètres de longueur, avec 66 arches de
6 mètres en arc de cercle, 6 arches d'ouvertures comprises
entre 2 m. 75 et 5 m. 50 et 3 travées métalliques de 6 mètres.

Comme le montre la fig. 717, le viaduc est fondé sur pilotis avec radier général. Les distances entre les pieux sont de 1 mètre sous les piles et culées et de 1 m. 25 sous le vide des arches; leur longueur varie de 14 à 18 mètres ; après recepage,

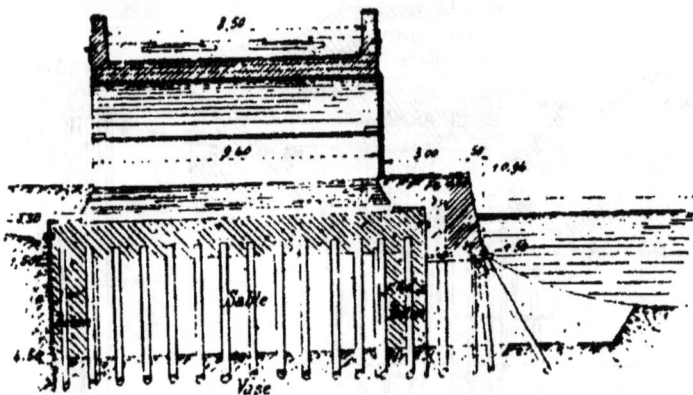

Fig. 717. — Coupe transversale du viaduc de Houttuinen.

la vase est enlevée entre les pieux et remplacée par du sable recouvert de béton, entre deux murs de garde entièrement en béton protégés par des palplanches.

Le long du canal Eilande-Gracht, on a ménagé un quai latéral fondé sur plateforme, avec une file de pieux très inclinés en avant, représentés à droite de la figure.

516. Emploi des fascinages. — Dans d'autres cas analogues, on a préféré consolider le sous-sol en le comprimant par des remblais de sable, ou en ayant recours à un autre procédé de consolidation des terrains vaseux, en usage surtout en Hollande ; il consiste à répartir les pressions sur de grandes surfaces par l'emploi de fascinages, dont on se sert pour les fondations des murs de quais, soit après dragage, soit en revêtement d'une rive ancienne.

M. Croizette-Desnoyers a donné sur la construction de ces plateformes les indications suivantes :

Elles doivent toujours être construites sur la rive, à un niveau intermédiaire entre la basse et la haute mer, afin qu'après leur achèvement on puisse les faire flotter à la marée montante. Pour les construire (fig. 718), on place d'abord dans deux sens perpendiculaires entre eux des saucissons, longs cylindres formés d'une suite de fascines très solidement reliées

Fig. 718 et 719.—Plan et coupe d'une plateforme en fascinages avant l'emploi.

entre elles ; ces fascines ont de 0 m. 30 à 0 m. 40 de tour, ce qui correspond à des diamètres de 0 m. 10 à 0 m. 15, et, pour chaque couche, à une épaisseur moyenne de 0 m. 125. Les saucissons forment un cadre dont les éléments sont espacés de 0 m. 90 à 1 mètre d'axe en axe.

A leurs intersections, les saucissons sont reliés par des cordes goudronnées dont les bouts sont attachés sur des piquets, de manière à pouvoir servir plus tard à relier les parties supérieures.

Dans les intervalles du cadre ainsi constitué, on place d'abord une première couche de fascines ordinaires, perpendiculairement au rang inférieur des saucissons, et de manière à affleurer ceux du rang supérieur ; puis on étend sur le tout, en sens contraire, une deuxième couche de fascines et souvent d'autres couches, en ayant soin de croiser leurs directions.

Ensuite, on recouvre l'ensemble de ces couches par un nouveau cadre de saucissons dont les intersections doivent correspondre exactement à celles du cadre inférieur et sont reliées avec elles au moyen des cordes goudronnées dont les bouts ont été réservés à cet effet. Il en résulte que les couches intermédiaires de fascines sont très fortement serrées entre les deux cadres et que l'ensemble forme un système très solide, tout en présentant une flexibilité qui lui permet de s'appliquer exactement sur le terrain et d'en suivre les inégalités, les vases remplissant les vides que présente la première couche de la plateforme (fig. 719).

La plateforme subit d'ailleurs des mouvements divers, suivant les irrégularités du fond ; la coupe AB représente son état initial avant l'immersion.

Lorsque ces plateformes doivent être immergées, on les fixe au fond au moyen de lest ; à cet effet on emploie en eau calme du gravier, de l'argile ou des décombres, et, dans les courants, des moellons et du gravier ; la surface supérieure de chaque plateforme doit être pourvue de compartiments pour retenir le lest lorsque le fond est en pente ou de surface inégale. Après l'immersion on doit avoir soin de vérifier la régularité de la surface supérieure de chaque plateforme, pour que la plateforme suivante puisse s'y appliquer sur tous les points.

817. Fondations de murs de quai sur plateformes en fascinages. — Voyons maintenant comment ces plateformes ont été appliquées à la fondation de murs de quai.

Au quai Ouest du Spoorweghaven (bassin du chemin de
fer) à Rotterdam, le mur, qui est continu, repose sur une plateforme en charpente fondée de la manière suivante (fig. 720).

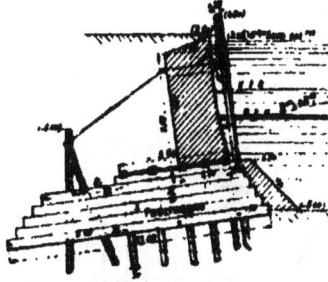

Fig. 720. — Quai ouest du Spoorweghaven à Rotterdam.
Fondation sur fascinages.

Sur le fond, préalablement dragué avec une inclinaison notable de 1/8ᵉ du côté des terres, on a immergé 5 couches les-
tées de fascinages de 0 m. 50 de hauteur, de largeurs légèrement décroissantes ; on les a traversées par des pieux inclinés
normalement aux fascinages et servant d'une part à supporter
la plateforme de 5 m. 50 de largeur, d'autre part à amarrer
en arrière des tirants de retenue. Le mur, dont le parement
est légèrement courbe, a une épaisseur variant de 2 m. 23 à
2 m. 50 ; les files de pieux, au nombre de 3, sont distantes de
1 mètre ; la hauteur des fascinages est de 2 m. 50, leur largeur
à la base de 13 mètres.

A peu de distance du sommet, le mur est traversé par des
tirants en fer, avec armature sur le parement ; un œil, percé à
l'extrémité postérieure du tirant, reçoit l'extrémité d'une tige
oblique qui s'attache sur la tête du pieu de retenue, consolidée elle-même par une contrefiche très inclinée.

Les nouveaux quais construits au port de Rotterdam sont
d'un système analogue (fig. 721).

Les rives du fleuve ou des bassins sont maintenues au moyen
d'une digue en fascinages, descendue sur un fond arasé par
dragage lorsqu'il n'a pas une pente à peu près régulière ; la
digue, dont les fascinages ont 6 mètres environ de hauteur et

15 mètres de largeur à la base, présente en avant une pente
moyenne obtenue par retraites successives de 1 de base pour
1 de hauteur. La largeur des derniers lits de fascines étant
réduite à 7 mètres, ils supportent un mur de peu de hauteur
qui soutient le pied d'un talus incliné à 2 de base pour 1 de

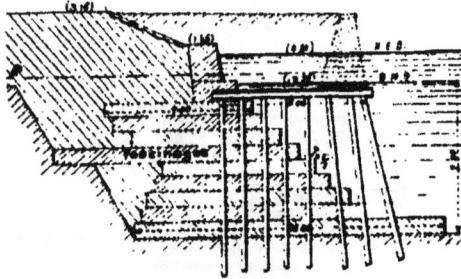

Fig. 721. — Rotterdam. Quai du Rijnhaven.
Fondation avec fascinages.

hauteur, revêtu en moellons. La rive ou la berge étant ainsi
consolidée, on attend que le revêtement ait tassé et suffisamment pris son assiette, puis on construit en avant, un peu
au-dessous du niveau des basses eaux, une plateforme en
charpente de 8 mètres de largeur supportée par des files de
8 pieux, verticaux en arrière, et progressivement inclinés en
avant. Un mur très léger est construit au bord de la plateforme, et l'intervalle entre ce mur et la berge est rempli avec
des remblais poussant très peu.

Les fascinages sont également employés à la construction
de jetées, dans des terrains de vases et de sables très affouillables.

Pour le débouché de la Nouvelle Meuse à Hoek van Holland, on a construit deux jetées de 2.000 à 2.300 mètres de
longueur, qui se composent de plateformes en fascines, les-
tées en pierres et fixées par des pieux en chêne.

Ces plateformes, d'environ 1 mètre d'épaisseur, sont posées
par retraites successives, de manière à présenter des talus
de 1/1 du côté Sud et de 1 1/4 de base pour 1 de hauteur

du côté Nord ; les assises inférieures sont beaucoup plus larges et font des saillies de 5 à 10 mètres de chaque côté.

Construites sur le rivage entre le niveau des hautes et basses mers, les plateformes étaient conduites en flottant au lieu d'emploi ; elles sont alors chargées de moellons ou de pierrailles, en augmentant un peu l'épaisseur du chargement vers le milieu de chaque plateforme, dont les dimensions maxima étaient de 28 sur 50 mètres, avec une surface de 1.400 mètres carrés, supportant une surcharge d'environ 500 kgr. par mètre carré.

Les joints sont croisés d'une assise à l'autre ; lorsqu'on a atteint le niveau de basse mer, des pieux sont battus pour relier l'ensemble ; quelques-uns pénètrent jusqu'au fond, la plupart s'arrêtent dans les couches supérieures.

Au-dessus du niveau de basse mer, les jetées sont formées de saucissons en osier de 0 m. 25 d'épaisseur, maintenus par des clayonnages espacés de 0 m. 60, les intervalles étant remplis en pierrailles. Le couronnement, qui a 9 mètres de largeur pour la digue Nord et 8 mètres pour la jetée Sud, est de forme convexe avec une flèche de 0 m. 50 ; il est pavé en pierres arrimées pesant en moyenne 50 kgr.

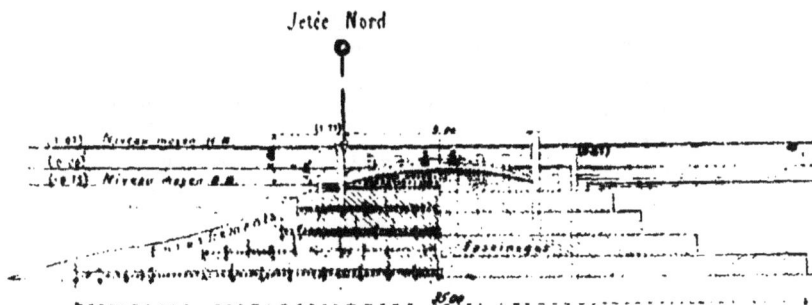

Fig. 722. — Jetée Nord de Hoek van Holland.

Au-dessous du niveau de basse mer, les fascinages sont recouverts d'enrochements, dont le poids varie de 500 à 2.000 kgr., quelques blocs pesant 2.500 kgr.

Le prix de revient par mètre courant de ces digues varie, suivant la profondeur, de 2.600 francs pour la jetée Nord (fig. 722) et de 3.225 francs pour la jetée Sud (fig. 723).

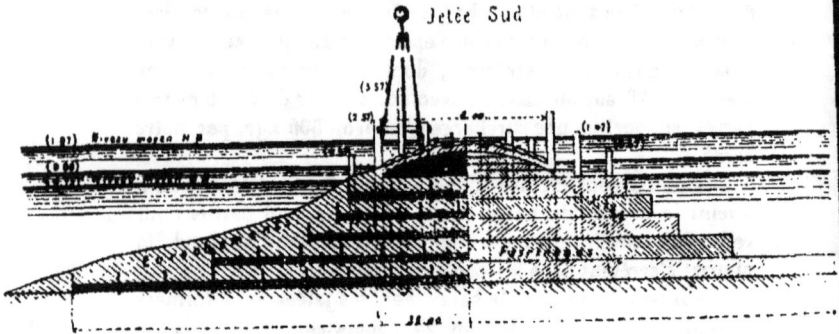

Fig. 723. — Jetée Sud.

L'entretien se fait en rechargeant les talus d'enrochements, lorsqu'ils tendent à s'affaisser par affouillement.

318. Remarques sur l'emploi des fascinages. — Dans ces différentes constructions, l'emploi des fascinages a un double but : il diminue la quantité d'enrochements à employer et permet d'utiliser des matériaux de petite dimension, ce qui est important au point de vue de l'économie, dans les régions où, comme en Hollande, les pierres font entièrement défaut.

D'autre part, les fascinages peuvent s'employer sur un fond qui n'est pas très bien réglé et y assurent une bonne répartition des pressions ; à ce titre, leur emploi dans la construction des digues et pour combattre les affouillements aux abords des ouvrages ne présente que des avantages.

Mais dans les fondations proprement dites, dès qu'il s'agit d'ouvrages dont la superstructure est un peu élevée au-dessus des eaux et qui ne peuvent pas tasser sans inconvénient, on peut craindre que les fascinages ne laissent au début des vides qui se comblent peu à peu, en produisant des affaissements aggravés par la pourriture des bois ; en tout cas, il est essentiel que ceux-ci soient, pour toutes les fondations, entièrement sous l'eau, et que, dans les digues, ceux qui peuvent être au-dessus de l'eau, soient recouverts par des remblais ou par des maçonneries.

519. Fondations de murs de quai sur plateformes en charpente. — Dans ces différents ouvrages, de même que dans les murs de quais de Rouen (1874), dont nous avons précédemment décrit les fondations, et dont la fig. 724 donne une coupe transversale, de même que dans plusieurs ouvrages de la ligne de Nantes à Brest, les plateformes de fondations sont beaucoup plus larges que la base des murs et il reste en arrière une largeur égale à 2 ou 3 fois la largeur de base, soit au même niveau, soit souvent à un niveau plus élevé. Cette disposition s'explique en se reportant au croquis 709, par lequel nous avons indiqué comment agit le remblai M placé derrière le mur. Si la pression qui s'exerce sur la vase en P produit la poussée sous laquelle les pieux tendent à s'incliner, plus on augmentera la distance à laquelle la surcharge des remblais agit sur la vase, plus le talus de la berge au-dessous de la plateforme sera allongé, et par suite la poussée diminuera en même temps que la résistance du massif sera plus grande.

Comme nous l'avons vu à l'occasion des fondations de murs de quais sur piles isolées, le but qu'on cherche à atteindre consiste à isoler les murs et les remblais, qui sont immédiatement en contact avec eux, des poussées produites par les vases et par les remblais situés en arrière, de manière qu'au lieu d'agir sur les massifs, les poussées s'appliquent en arrière sur une berge réglée avec une pente assez inclinée ; on consolide d'ailleurs le pied ou la surface de cette berge par des enrochements, des fascinages et quelquefois par une ligne de palplanches battue en arrière de la plateforme, lorsque la vase présente une certaine consistance.

Les procédés de consolidation, employés dans cette fondation, sont au fond les mêmes que ceux que nous avons indiqués plus haut en parlant du quai de Rijnhaven à Rotterdam (fig. 721).

On y distingue :

1° le pied de la berge consolidé, supportant la poussée des

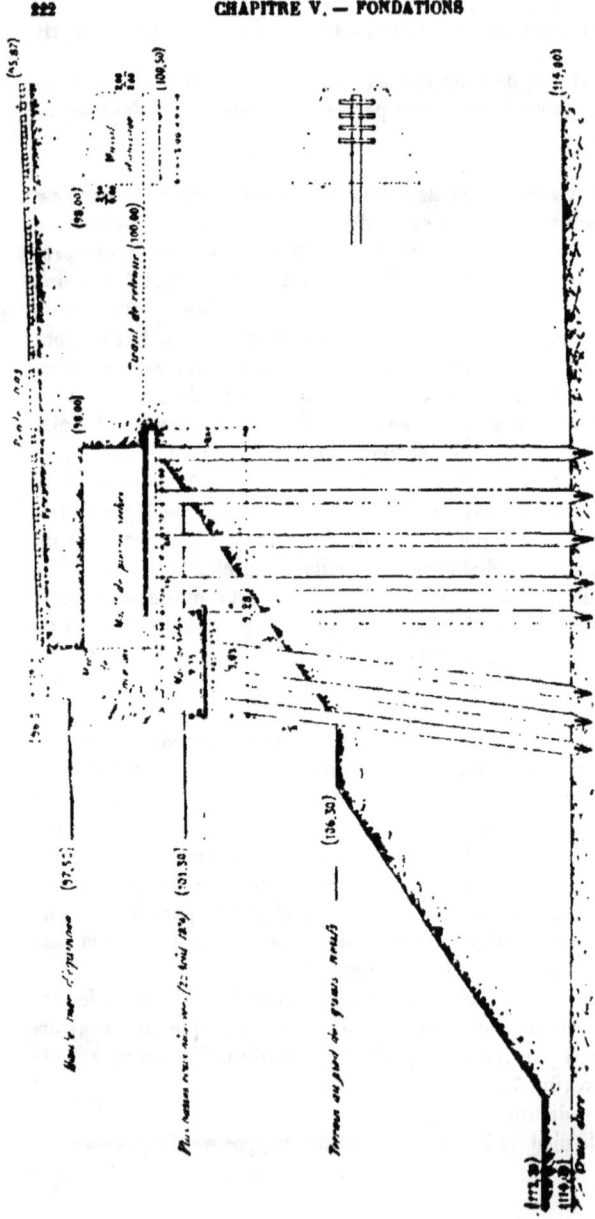

Fig. 724. — Rouen. Quai de la Bourse. Fondation sur pieux avec plateformes et tirants.

vases ou remblais vaseux par l'intermédiaire de larges plateformes en charpente ou en fascinages surmontées d'un petit
mur de soutènement à la partie supérieure ;

2° le mur de quai proprement dit, fondé sur une plateforme
en charpente qui reçoit, derrière les maçonneries, des remblais
à faible poussée et empêche leur écoulement dans le bassin.

Quelquefois, comme à Rouen, on a complété ce système
par l'emploi de tirants reportant une partie de la pression du
mur sur un massif de retenue construit en arrière, fondé soit
sur des enrochements, soit sur le terrain naturel.

Dans tous les cas, la fondation est divisée en deux parties :
l'une, qui doit supporter les murs et les remblais voisins dont
on augmente la surface pour diminuer les charges verticales
et éloigner les poussées, l'autre qui a pour objet de reporter
sur le fond les poussées des vases de l'ancienne berge ou des
remblais placés en avant de cette berge, ces vases étant maintenues par des fascinages ou revêtues par des remblais à
faible poussée.

**430. Accidents arrivés à des fondations en terrains
vaseux.** — La question des fondations en terrain vaseux est
certainement une de plus difficiles qui puissent se présenter
dans les travaux, et on ne doit pas s'étonner que, dans de semblables terrains, on ait souvent éprouvé des mécomptes.

1° *Ponts.* Dans les travaux de la ligne de Cavignac à Bordeaux, la construction d'un pont, près de Bordeaux, a donné
lieu à des difficultés de cette nature : après avoir construit des
massifs de butée devant les culées, sans avoir pu réussir à
arrêter entièrement leur mouvement, on a dû enlever le remblai à l'arrière et construire une plateforme sur pieux supportant un massif de maçonnerie à pierres sèches sur une longueur
variant, suivant le biais, de 5 m. 70 à 12 m. 90.

Le pont du chemin de fer de Vienne à Trieste sur la Laibach
dont nous avons donné, à l'article 446, des dessins de fondation, a été construit en 1900 pour remplacer un pont en
bois, établi en 1856 à la traversée de vastes tourbières.

Les couches de tourbe varient de 1 m. 50 à 4 mètres d'épaisseur : elles sont superposées à des marnes sablonneuses et à

des sables aquifères, mêlés à des lits de tourbe jusqu'à une
profondeur d'environ 20 mètres, où se rencontre l'argile compacte qui maintient les eaux dans la cuvette remplie de
couches inconsistantes et perméables.

Des remblais de 2 mètres de hauteur s'enfonçaient dans la
tourbe en faisant refluer latéralement les vases, et ne pouvaient
pas toujours être consolidés en les asséchant au moyen de
drains à pierres sèches ayant une section de 5 à 6 mètres de
côté, placés de chaque côté des remblais.

Le pont primitif était constitué par une poutre en bois du
système Howe, ayant 56 mètres d'ouverture, fondé sur un
grillage porté par des pieux de 18 mètres de longueur.

La charge maxima, par centimètre carré du grillage, a été
fixée à 1 k. 7; les remblais ont été arrêtés à 50 mètres environ
des culées, et des estacades en charpente les ont reliées à chacune des extrémités du pont.

Malgré des réparations continues, cet ouvrage était considéré
comme dangereux, et, dès 1863, son remplacement était mis
à l'étude.

Après avoir rejeté, à cause de la profondeur de l'argile, de
l'acidité des eaux et des dégagements gazeux de la tourbe, des
projets qui prévoyaient l'emploi de l'air comprimé ou des
pieux à vis, on prit le parti de conserver les culées du pont,
en les considérant comme les piles d'un nouvel ouvrage dont
la travée centrale serait franchie par des poutres métalliques
de 61 mètres de portée et dont des travées latérales, destinées
à remplacer les anciennes estacades, auraient 15 mètres
d'ouverture, avec des poutres de 18 m. 70 de portée.

L'augmentation de portée des poutres rapproche leurs
appuis du centre des massifs de fondation et tend à diminuer
les pressions maxima.

Ce sont les nouvelles culées qui ont été fondées, comme le
montrent les figures 513 à 515 (pages 10 à 13), à l'intérieur
d'une enceinte de palplanches à rainures et languettes, sur des
massifs de grandes surfaces avec évidements intérieurs et
armatures métalliques consolidant et reliant énergiquement les
différentes parties des fondations.

2° *Murs de quais.* Mais c'est surtout dans les travaux des
ports qu'on a eu à remédier des avaries de même nature.

Un grand nombre de murs de quais éprouvent de petits mouvements lorsqu'on remblaie en arrière, d'autant qu'on ne dispose souvent pas de remblais de bonne qualité; quelquefois ces mouvements sont faibles et s'arrêtent au bout d'un temps assez court.

Ailleurs, les mouvements continuent, quelquefois parce que les murs tendent à pivoter autour de leur base, ou bien parce que le pied s'avance vers l'intérieur du port ou du bassin ; des murs fondés sur enrochements ont ainsi glissé sur la vase.

Quand les mouvements sont faibles et la fondation solide, on peut quelquefois les arrêter au moyen de tirants en fer ancrés dans la maçonnerie et la reliant à des massifs de retenue ou à des pilotis enfoncés en arrière de la masse en mouvement.

Ce procédé, toujours assez aléatoire, a bien réussi dans d'anciens quais, au Havre et à Boulogne, ainsi qu'à Lorient et à Neufahrwasser ; mais il a échoué à Bordeaux, et à Lorient on a vu des tirants se rompre et des dislocations se produire dans la partie du mur où les tirants étaient placés.

Tout dépend évidemment de la résistance des terrains dans lesquels les pilotis sont enfoncés ou les massifs de retenue établis ; s'ils sont susceptibles de se déplacer, le point d'appui manque et le mouvement continue.

Il est préférable, lorsqu'on le peut, de remplacer les remblais qui poussent par des remblais de meilleure qualité : sable graveleux, pierrailles, moellons, ainsi qu'on l'a fait au Havre (1885) derrière une partie des murs du bassin Bellot qui avait pivoté autour de la base et subi un tassement allant dans quelques points à 0 m. 20 ; l'arête supérieure s'étant avancée de 0 m. 75 à 0 m. 80 (voir fig. 725).

C'est un motif pour donner un fruit assez fort aux parements des murs en terrain difficile ; on diminue ainsi les pressions sur la base et on obtient, en cas de mouvement, un meilleur aspect que, lorsqu'avec un parement vertical ou peu incliné, le moindre mouvement est accusé par un surplomb.

Dans le profil des murs du bassin Bellot (fig. 725), le fruit au lieu de commencer à la base, n'existe qu'à la partie supérieure ; sauf difficultés résultant de circonstances locales, on

15

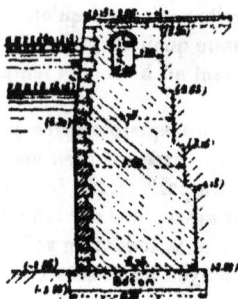

Fig. 725. — Le Havre.
Murs du bassin Bellot.

eût obtenu un meilleur profil avec un fruit général (voir fig. 530) et on eût déchargé le sol de la fondation sans augmenter la largeur de la risberme à la base, ni la largeur d'implantation, puisqu'on aurait pu supprimer une partie des retraites du parement postérieur.

Dans l'ancien quai vertical construit de 1846 à 1856, à Bordeaux, la fondation se composait d'une plateforme en béton établie sur pilotis, entre lesquels la vase était mêlée d'enrochements ; une risberme en enrochements avait été construite au large contre la ligne des pieux de rive. Le mur ayant marché pendant l'exécution des remblais, on a enlevé ceux-ci et construit en arrière des voûtes de décharge, sur une longueur de 7 m. 50 ; l'intervalle entre les voûtes et le mur a été rempli par des enrochements. Les mouvements ayant continué, on a reconnu que le déplacement était dû à la flexion des pieux qui n'avaient pas suffisamment pénétré dans le terrain solide, et on exécuta une nouvelle série de travaux représentés par la fig. 726.

En vue de rattacher le mur de quai à d'anciens murs de fortification qui se trouvent à 50 mètres environ et qui avaient depuis longtemps pris leur assiette, la face extérieure du mur a été revêtue d'un bouclier en tôle de 26 mètres de longueur, 1 mètre de largeur, 0 m. 02 d'épaisseur. Sur ce bouclier, on a fixé 4 plaques de fonte, espacées de 8 mètres d'axe en axe, recevant chacune les têtes de 4 tirants fixés dans les anciens murs. On a supprimé les remblais derrière le nouveau mur sur une largeur de 10 mètres environ et l'espace vide entre ce mur et les anciennes voûtes de décharge a été recouvert de voûtes en briques, établies sur charpentes métalliques et supportant la chaussée du quai.

Ce sont les difficultés et les dépenses de ces réparations qui ont conduit à adopter, dans l'établissement des nouveaux

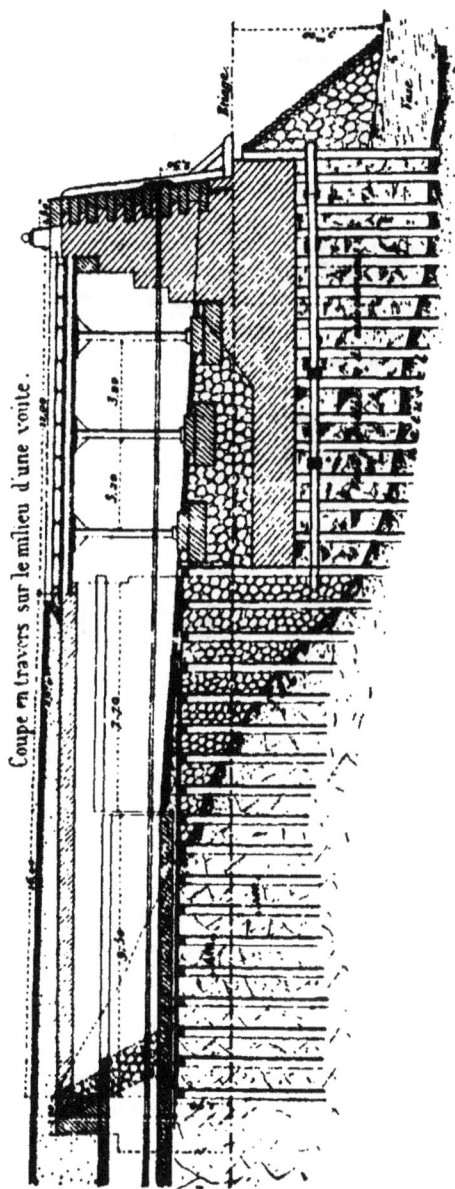

Coupe en travers sur le milieu d'une voûte.

Fig. 726. — Port de Bordeaux. Ancien quai vertical.

quais, un mode de construction tout différent: celui des quais discontinus sur voûtes, dont les piles ont été fondées à l'air comprimé.

Dans un grand nombre de cas, on a dû construire des voûtes de décharge en arrière de murs qui ne pouvaient pas supporter la poussée des terres.

A Suresnes, en 1879, dans des fondations d'écluses faites sur l'argile plastique, on a observé des mouvements qui prouvaient que le coefficient de frottement sur ce terrain, lorsqu'il est mouillé, peut ne pas dépasser 0,10 ; les surfaces de contact de la maçonnerie et de la fondation étaient devenues savonneuses et glissantes, et des étaiements provisoires ont été faits pour arrêter les mouvements jusqu'à ce que les massifs eussent acquis une stabilité suffisante par leur encastrement dans des couches sèches.

A Southampton (fig. 727), on a remplacé le remblai par une

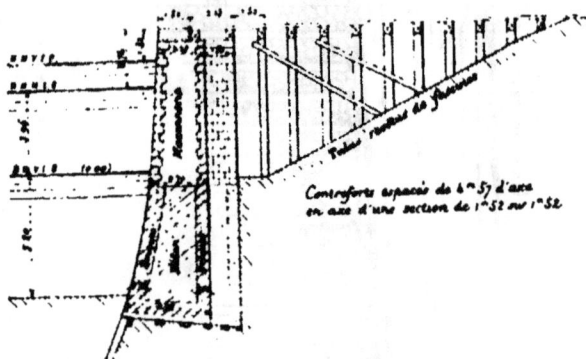

Fig. 727. — Southampton. Mur de quai de l'avant-port.

estacade en charpente, protégé le talus par des fascinages pour empêcher les érosions superficielles et divisé les terres par des contreforts espacés de 4 m. 75 d'axe en axe, ayant une section de 1 m. 52 sur 1 m. 52. L'écoulement des eaux à travers le mur a été assuré par des barbacanes placées au-dessus du niveau de basse mer.

En 1888 et 1889, des murs récemment construits dans le

même port ont glissé ; le terrain pouvait résister aux charges verticales, mais la résistance à la pression latérale était très faible. On rencontrait d'abord des couches de vase de 4 à 5 mètres d'épaisseur superposées à une épaisseur de 3 m. 60 à 4 m. 50 de tourbe ; on trouvait ensuite une couche de gra-

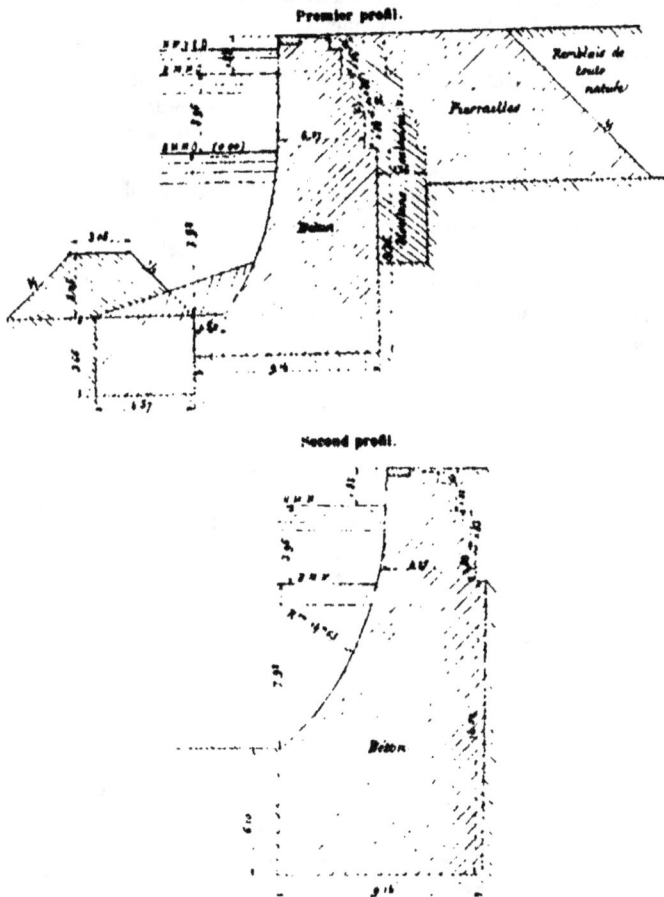

Fig. 728 et 729. — Southampton. Mur de quai de l'avant-port.

vier de 0 m. 90, puis des bancs épais d'argile grise ou noire,
difficile à pénétrer par des pieux.

Les figures 728 et 729 montrent les profils adoptés avant et
après ces accidents. La profondeur des fondations des murs
à reconstruire a été augmentée ; puis, en avant des parties qui
n'avaient pas bougé, on a descendu des parafouilles en maçonnerie à un niveau inférieur ; enfin on a diminué les poussées
par l'emploi d'un remblai en pierrailles derrière un contre-
mur en moellons à sec, précaution très utile pour l'assainissement et la consolidation des remblais. Il serait théoriquement
préférable de placer des contreforts à la partie antérieure des
murs, mais il est rare qu'on puisse leur donner une hauteur
suffisante, sans gêner l'accostage des navires.

A Trieste, des murs fondés sur enrochement et blocs en
maçonnerie ont été soit poussés en avant, soit entièrement
disloqués, les enrochements de fondation ayant été repoussés
et soulevés jusqu'à une distance de 30 à 40 mètres, et cela,
bien que les murs eussent été surchargés de trois rangées de
blocs additionnels (fig. 730 et 731).

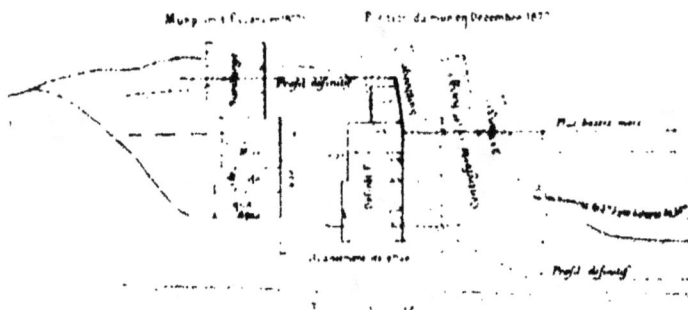

Fig. 730. — Port de Trieste. Mur du deuxième bassin.

Pour arrêter le mouvement, on a construit des contreforts
en blocs en avant des murs ; puis on a reconstruit les murs à
l'emplacement où ils avaient pu être arrêtés ; mais certains
murs ont dû être reconstruits jusqu'à trois fois.

Dans de nouveaux travaux, on a pris le parti de modifier

entièrement le système primitif : tandis que, dans les premiers
bassins, on avait dragué la vase jusqu'à 8 ou 9 mètres de

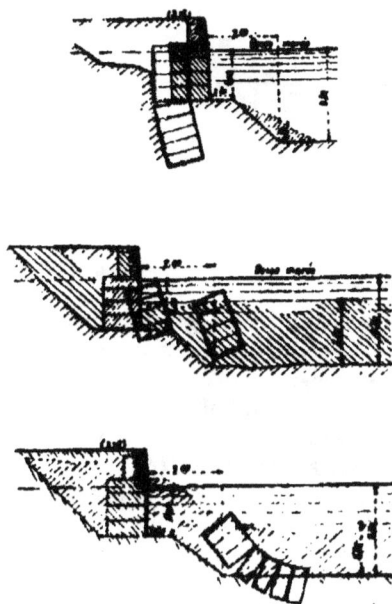

Fig. 731. — Port de Trieste. Mouvements des murs de quai.

profondeur (fig. 732), on est descendu dans la troisième à
12 mètres (733), creusant ainsi une cuvette destinée à rece-

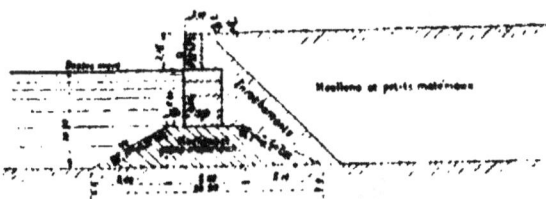

Fig. 732. — Trieste. Profil primitif.

voir les enrochements, et, pour augmenter leur pénétration,

on a commencé par immerger de gros blocs naturels pesant
jusqu'à 4.000 kilos que leur poids faisait pénétrer de 3 mètres

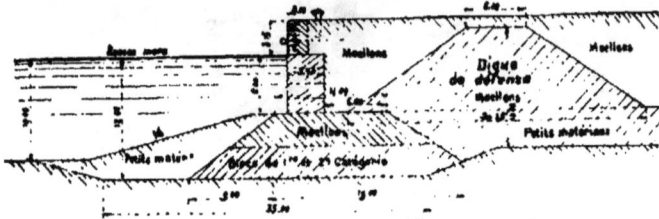

Fig. 733. — Trieste. Profil modifié.

dans la vase ; puis une couche générale de bons matériaux a
été établie sur toute la largeur des môles, et le profil des enrochements a été augmenté par l'élargissement de la risberme et
l'adoucissement des talus. Enfin, pour protéger les enrochements contre les attaques de la mer avant la pose des blocs,
on a recouvert leurs talus de matériaux de choix. Les murs
en blocs n'ont été construits qu'après l'achèvement des remblais, et, moyennant ces précautions, les mouvements des
murs, sans disparaître complètement, sont restés dans des
limites assez faibles.

A Brest, les enrochements avaient d'abord été versés dans
une fouille vaseuse ne descendant pas jusqu'au rocher ; à la
suite d'accidents, on prit le parti d'approfondir les fouilles et
de les élargir de manière à avoir une base d'implantation

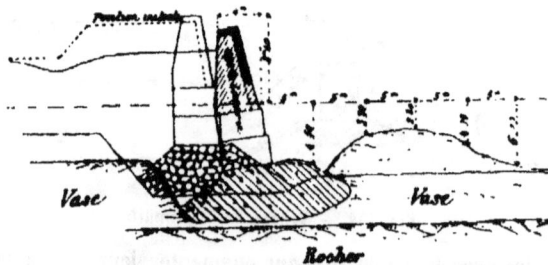

Fig. 734. — Brest. Murs de quai de la jetée ouest.

dépassant notablement la largeur des blocs de fondation
(fig. 734).

Le 28 janvier 1865, pendant l'exécution des remblais, derrière ce mur, l'équilibre du sous-sol a été brusquement rompu,
et il s'est produit un enfoncement subit d'environ 3 mètres,
avec déversement du mur en arrière.

Sur d'autres points, les mouvements s'étant produits au
cours même de la construction. on a déformé le parement du
mur de manière à conserver à la partie supérieure la position
prévue malgré le déplacement de la base (fig. 735).

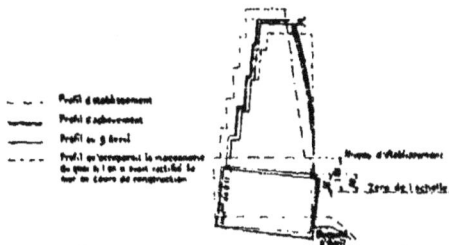

Fig. 735. — Brest. Mur du quai de rive. Bassin 2.

Dans ces deux cas. à Trieste et à Brest, on était en présence
de vases molles qui se déplacent sous les enrochements sans
se comprimer ; il faut, dans ce cas. après avoir extrait par
dragage les couches supérieures de vase, créer au-dessous un
sol artificiel de fondation par le mélange des enrochements et
de la vase sur une épaisseur et sur une largeur assez grandes
pour pouvoir supporter les charges verticales. Plus les enrochements pénétreront profondément dans la vase, plus la
résistance aux poussées horizontales sera élevée ; on doit
cependant diminuer autant que possible les pressions en
employant derrière les murs des remblais à très faible poussée ; quelquefois même, des digues continues en moellons,
assez épaisses pour supporter entièrement les poussées des
remblais, peuvent être construites en arrière des murs. Ceux-
ci se trouvent ainsi presque entièrement isolés des remblais
qui s'appuient sur la digue ; ils ne résistent plus qu'aux faibles
poussées des remblais de sable ou de pierrailles, placés entre
la digue et le mur, pour constituer le terre-plein du quai.

Un exemple frappant des difficultés qu'on éprouve à arrêter les mouvements des murs de quai est fourni par le mur de rive gauche de Newhaven (fig. 736).

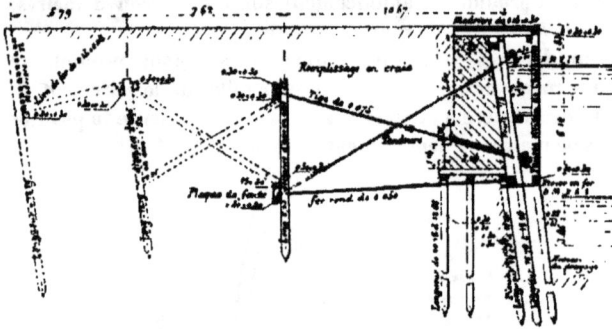

Fig. 736. — Newhaven. Mur de rive gauche.

A la suite des premiers mouvements, on a battu des pieux en avant du mur, qu'on a traversé par des tirants amarrés sur des pieux de retenue ; ceux-ci n'ayant pas suffi, on a battu une seconde, et enfin une troisième ligne en arrière. Puis, pour permettre l'accostage des bâtiments, on a rattaché aux pieux extérieurs de retenue une plateforme fondée sur pieux, sur laquelle on a monté un masque en charpente recouvrant des traverses qui reçoivent l'extrémité des ancrages.

531. Fondations sur puits. — Les accidents survenus dans de nombreux ouvrages construits sur pilotis ou sur blocs et enrochements, en terrains vaseux, ont déterminé les Ingénieurs à chercher des systèmes de construction présentant plus de résistance aux poussées latérales. M. Croizette-Desnoyers cite l'emploi de fondations par puits blindés qui a été fait au pont de la Vilaine, à Redon, et qui avait pour but de faire reposer la fondation sur un certain nombre de massifs en maçonnerie descendant jusqu'au terrain solide. A ce point de vue, cette fondation rentrerait dans la première catégorie que nous avons examinée ; nous l'avons reportée ici à cause des difficultés particulières qui résultaient de la traversée de la vase sur une épaisseur de 15 à 16 mètres au-dessous du terrain naturel.

Après divers tâtonnements, on arrive au système suivant (fig. 737) : ouvrir une fouille générale à talus, maintenue à sec

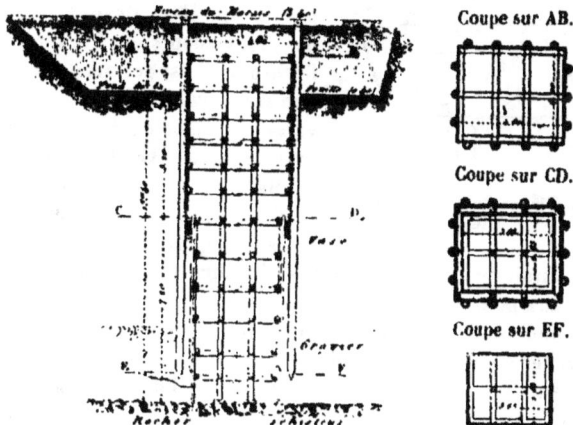

Coupe sur AB.

Coupe sur CD.

Coupe sur EF.

Fig. 737. — Pont de la Vilaine, à Redon.
Fondations par puits blindés.

par épuisement jusqu'à 3 mètres de profondeur, battre autour de la fouille de chaque puits de 14 à 20 pieux directeurs ; creuser entre ces pieux, sur une profondeur de 5 mètres, la fouille blindée au moyen de cadres horizontaux espacés de mètre en mètre, étrésillonnés et recevant la pression par l'intermédiaire de madriers verticaux allant d'un cadre à l'autre, comme dans les puits ordinaires de sondage; puis battre autour de la fouille, en contrebas du dernier cadre et s'y appuyant, des lignes de palplanches plus ou moins jointives suivant la fluidité de la vase, entre lesquelles, au moyen de cadres étrésillonnés dont l'espacement a pu être porté à 1 m. 30, on a complété la fouille, de manière à atteindre le rocher et à remplir la base sur une hauteur de 4 m. 60 à 7 mètres par du béton au-dessus duquel on a terminé les massifs en maçonnerie ordinaire. Les massifs supérieurs ont été reliés par des voûtes et on a construit les culées et les murs en retour; mais les remblais ont déterminé des mouvements, et c'est en ce point qu'on a employé les travées supplémentaires dont nous avons parlé p. 211. Sauf de petites saillies des fondations, les massifs avaient les dimensions indiquées par la fig. 738 : ils ont éprouvé des mouvements dans le sens des flèches, et il est permis de penser que si on avait construit une traverse maçonnée en A, en remplissant le vide par des enrochements après extraction de la vase et si on avait relié en outre les massifs opposés par des tirants,

Plan des fondations.

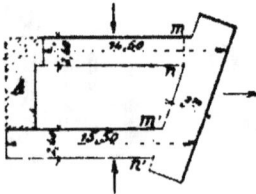

Fig. 738. — Pont de la Vilaine.
à Redon.

on aurait pu constituer un massif unique suffisant pour résister aux poussées.

Quoi qu'il en soit, cette description montre la nécessité d'éviter dans ces terrains les murs en retour et les ouvrages biais : il faut construire des massifs solidaires dans toutes leurs parties, même lorsque, par économie, ils sont évidés. On doit reporter sur une large base les pressions considérables qui se produisent et qu'on peut évaluer approximativement en négligeant la contre-pression produite par la vase du côté opposé au remblai et en admettant que, du côté d'amont, la pression de la vase est égale à celle d'un liquide dont la hauteur serait la hauteur totale au-dessus de la fondation, et dont la densité serait comprise entre 1.500 et 1.800 kgr. par mètre cube.

222. Fondations par havage ou à l'aide de l'air comprimé. — Dans ces terrains, on a aussi souvent recours aux fondations par havage ou à l'aide de l'air comprimé.

Dans les premières, il est fréquemment utile de relier par des tirants les massifs à la partie supérieure, pour combattre les inégalités dans les pressions des remblais.

Dans les secondes, pour ne pas exagérer les dimensions des massifs dont les dispositions seront exposées dans les chapitres suivants, on est conduit à faire reposer chaque fondation sur plusieurs caissons reliés à la partie supérieure par des tirants et par des voûtes; et il y a lieu de remarquer que la fondation la plus résistante doit être la plus voisine du remblai, puisqu'elle en reçoit directement la poussée.

En tout cas, les calculs de résistance relatifs aux fondations en terrains vaseux ne peuvent être faits avec des hypothèses trop défavorables, puisque l'expérience montre que ces travaux ont souvent déjoué les prévisions des ingénieurs les plus expérimentés.

DEUXIÈME SECTION

Fondations exécutées à l'aide de l'air comprimé

§ 10. — GÉNÉRALITÉS

522. Emploi de l'air comprimé dans les travaux de fondation. — Les procédés de fondations décrits jusqu'ici comportent exclusivement des travaux exécutés à l'air libre, à sec ou sous l'eau.

Dans le chapitre III, nous avons décrit les appareils, tels que les cloches à plongeur, scaphandres et bateaux-cloches, qui sont employés, avec l'aide de l'air comprimé, pour des travaux préparatoires ou accessoires des fondations.

Mais, depuis 1841, l'emploi de l'air comprimé a reçu de nombreuses applications dans les fondations proprement dites, en servant à enfoncer d'abord des colonnes métalliques, puis des caissons de formes et de dimensions très variées.

Ce sont les fondations désignées au début comme « fondations tubulaires », puis comme « fondations pneumatiques », dans lesquels des « caissons » sont enfoncés à l'aide de l'air comprimé.

Nous en indiquerons d'abord les principes ; puis, après avoir rappelé, au point de vue historique, les principales applica-

tions qui ont été faites de ce procédé, nous entrerons dans les
détails d'exécution, en y comprenant les recherches faites sur
de nombreux chantiers au point de vue de la sécurité et de
l'hygiène des ouvriers.

§ 11. — HISTORIQUE, FONDATIONS TUBULAIRES. EFFETS PHYSIOLOGIQUES DE L'AIR COMPRIMÉ

524. Historique. — En 1841, M. Triger, ingénieur français, a appliqué le premier ce procédé pour le forage de puits
de mines à Chalonnes et, en 1845, il l'a proposé pour les fondations.

Le procédé consiste essentiellement à descendre sur le fond
à excaver un caisson métallique sans fond, fermé à la partie
supérieure. C'est la *chambre de travail*, dans laquelle on comprime de l'air pour en chasser l'eau ; pour que les ouvriers
puissent descendre dans cette chambre et en faire sortir les
déblais sans que la pression baisse, elle doit être séparée de
l'extérieur par une petite chambre fermée qu'on peut alternativement mettre en communication à l'aide d'un jeu de robinets, soit avec la chambre de travail, soit avec l'extérieur ;
c'est *l'écluse ou sas à air*, qui peut se placer, soit au sommet
d'une colonne de tubes dépassant le niveau de l'eau, soit
immédiatement au-dessus de la chambre de travail, à condition d'être prolongée jusqu'au-dessus de l'eau par une colonne
de tubes étanches.

Les deux dispositions types des fondations à l'air comprimé
sont représentées par la figure ci-contre (fig. 739).

A est la chambre de travail, ouverte à la partie inférieure :
elle peut avoir soit la même dimension que le tube supérieur C, c'est le cas des fondations *tubulaires*, soit une forme
et une dimension différentes, c'est le cas des fondations *sur
caissons* ; B est l'écluse ou sas à air dont les portes *mm* s'ouvrent de haut en bas. Dans la disposition (2) la colonne C est
à l'air libre ; dans la disposition (1) elle est dans l'air comprimé. Nous verrons plus loin pourquoi cependant cette dernière disposition est la plus employée, surtout en Europe.

Si le robinet qui admet l'air comprimé dans l'écluse B, est fermé, la pression de l'air de la chambre de travail appuie la porte *b* sur son siège, qui est garni de bandes de caoutchouc,

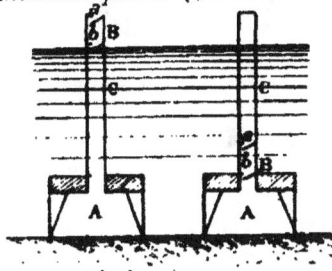

(1) *Avec écluse supérieure* (2) *Avec écluse m*^re

Fig. 739. — Disposition schématique d'une fondation exécutée
à l'aide de l'air comprimé.

et la porte *a* s'ouvre ; les ouvriers peuvent entrer dans le sas. Si, à ce moment, on appuie à la main la porte *a*, et, si on fait entrer l'air comprimé dans le sas (par une manœuvre lente du robinet), la porte *b* s'ouvre et les ouvriers peuvent descendre ; la manœuvre inverse permet la sortie des ouvriers ou des déblais.

Les tubes C enfoncés par M. Triger aux mines de Chalonnes ont eu successivement 1 m. 08 et 1 m. 80 de diamètre.

325. Fondations tubulaires. — Dans les travaux de fondation, la première application de ce système a été faite au pont de Rochester, sur la Midway, sous la direction de l'ingénieur anglais Cubitt, par les entrepreneurs Fox et Henderson (1851).

De 1854 à 1858, Brunel, le constructeur du premier tunnel sous la Tamise, a fondé, à l'aide de l'air comprimé, un pont à Saltash, près de Plymouth, sur le Tamar.

En 1857, le pont de Szegedin, sur la Theiss, a été fondé, sous la direction de Cézanne, par MM. Ernest Gouin et Cie.

En 1859, on a construit le pont sur la Garonne à Bordeaux ;

les ingénieurs étaient MM. de Laroche-Tolay et Regnauld et les entrepreneurs MM. Pauwells et Cie.

En 1861, sur le chemin de fer de Paris à Dieppe par Pontoise, la Compagnie des chemins de fer de l'Ouest a construit le pont d'Argenteuil sur la Seine; les ingénieurs étaient MM. A. Martin et E. Clerc, les entrepreneurs, MM. Castor et Hersent.

Aux Etats-Unis, le même procédé a été employé (1868-1871) pour la construction des ponts de Saint-Charles et d'Omaha sur le Missouri.

C'étaient des fondations tubulaires, dans lesquelles les surcharges provisoires, qu'on avait employées d'abord pour produire l'enfoncement des tubes, ont été, à Argenteuil, remplacées par la surcharge obtenue en exécutant les maçonneries définitives au fur et à mesure du fonçage.

596. Fondations sur caissons. — Mais, dès 1850, M. Pfannmüller, ingénieur hessois, avait publié à Mayence un projet de pont sur le Rhin à construire à l'aide d'un caisson en tôle de toute la surface des piles, les déblais devant être extraits à l'aide de l'air comprimé et l'enfoncement obtenu par l'exécution à l'air libre de maçonneries formant surcharge et construites à l'abri d'un batardeau.

En 1852, M. Weiler, ingénieur en chef badois, a proposé un système analogue en vue de la construction d'un pont sur le Rhin entre Mannheim et Ludwigshafen.

Ces projets ne paraissent avoir reçu aucune suite et n'étaient pas connus des ingénieurs qui ont collaboré de 1857 à 1858 aux projets du pont de Kehl. C'est pour cet ouvrage qu'on a eu recours pour la première fois au fonçage de caissons rectangulaires, qui devaient, d'après le projet, être enfoncés successivement, au nombre de quatre par culée et de trois par pile. On ne tarda pas à reconnaître la possibilité de les réunir et d'exécuter simultanément le fonçage de chaque massif.

Les ingénieurs qui ont collaboré à ce travail, si important dans l'histoire de l'emploi de l'air comprimé, ont été, sous la direction de Vuigner, ingénieur en chef de la Compagnie de l'Est, Fleur Saint-Denis, ingénieur des ponts et chaussées et

Joyant, ingénieur de l'Ecole centrale ; les entrepreneurs
étaient MM. Castor et Jacquelot et avaient pour collaborateurs
M. Hersent et M. A. Schmoll d'Eisenwerth, qui devaient tous
les deux prendre une si grande part dans le développement
des fondations pneumatiques.

M. Hersent a dirigé un grand nombre d'entreprises importantes, dont les principales ont été sommairement décrites
dans un ouvrage publié à l'occasion de l'Exposition univer-
selle de 1889 (*Travaux publics. Ouvrages exécutés au moyen
de l'air comprimé*).

M. Schmoll, successivement attaché à la Compagnie de
l'Est, sous les ordres de M. Fleur Saint-Denis, et à l'entreprise
Castor, a ensuite exécuté de nombreux ouvrages dans l'entreprise Klein, Schmoll et Gärtner ; il a publié dans le *Journal
des Ingénieurs et Architectes autrichiens* plusieurs mémoires
qui renferment des renseignements intéressants et des observations précises.

Les travaux de fondation à l'aide de l'air comprimé ont
d'ailleurs donné lieu, de la part des entrepreneurs qui en ont
fait leur spécialité et de leurs ingénieurs, à des études approfondies qui leur ont permis de réaliser de grands progrès au
triple point de vue de la sécurité, de la rapidité et de l'économie des constructions.

Aux noms que nous avons cités, il est juste d'ajouter parmi
les constructeurs français ceux de MM. Montagnier et Coiseau.

A la suite de la construction du pont de Kehl, les fondations
sur caissons à l'aide de l'air comprimé entrèrent promptement
dans la pratique ; en nous bornant aux premières années qui
ont suivi la construction de cet ouvrage, nous citerons :

En 1861, la fondation des piles des ponts de la Voulte et du
Var, par la Compagnie Fives-Lille ; en 1862, la fondation des
piles du pont du Scorff par MM. Ernest Gouin et Cie ; en 1863,
la fondation des piles des ponts d'Arles, sur le Rhône, et de
Rovigo sur l'Adige, par MM. Castor et Hersent.

En Suisse, de 1862 à 1863, MM. Locher, Narft et Zschokke
ont construit par le même procédé le pont sur l'Aar à Busuyl
(ligne de Bienne à Berne).

De même que pour le pont de Saint-Louis sur le Mississipi,

16

fondé de 1868 à 1871, ces fondations étaient faites à l'aide de
caissons métalliques incorporés.

Divers moyens ont été successivement employés pour diminuer le poids de ces fers incorporés sans recourir, comme on
l'a fait en Amérique, à l'emploi de caissons en bois (pont de
Brooklyn, 1870).

La suppression des caissons en métal ou en bois et l'emploi
de chambres de travail en maçonnerie montées sur un rouet
métallique a fait l'objet d'essais un peu antérieurs. Appliqué,
à titre d'expédient, vers 1867, par M. Lair, entrepreneur français, dans les fondations du pont sur le Tet (ligne de Narbonne à Perpignan), ce procédé a été systématiquement
employé pour la construction des ponts de Stettin, sur l'Oder
et le Parnitz (M. Stein, 1866), de Dusseldorf sur le Rhin
(M. Picher, 1864), de Hornsdorf sur l'Elbe (M. Schwedler,
1876), et de Marmande sur la Garonne (M. Séjourné, 1881).

L'emploi des chambres de travail en maçonnerie est un
moyen d'éviter la division des massifs de fondation par des
fers incorporés : pour des fondations peu profondes, on a eu
recours à un autre système.

Au cours de l'exécution du pont de Kehl, M. Fleur Saint-
Denis avait eu l'idée d'enfoncer, comme on l'avait fait jusque-
là pour les fondations tubulaires, les caissons à l'aide de surcharges provisoires et d'exécuter ensuite toutes les maçonneries
à l'air comprimé, afin de pouvoir enlever au moins les parties
supérieures des caissons.

Eu égard aux profondeurs à atteindre, M. Vuigner consi-
déra comme plus sûr et plus rapide d'exécuter des maçonneries de surcharge à l'air libre, au fur et à mesure du fonçage,
et de recourir ainsi au procédé que l'expérience a sanctionné.

En 1868, M. Lüders a construit les piles d'un pont sur le
Kumpelbro, près Copenhague, à l'aide d'une cloche à plongeur, suspendue à un bateau.

En 1880, le système des caissons-cloches a été appliqué en
France par M. Montagnier, et a servi à la fondation des ponts
du Garry (1880) et de Mareuil (1881) sur la Dordogne, puis à
la construction du barrage du Coudray (1882) sur la Seine ;
dans ces applications, il a reçu deux formes différentes :

Soit, conformément à la pensée primitive de l'inventeur, en n'employant l'air comprimé que pour le fonçage et en transformant ensuite le caisson, lors de l'exécution des maçonneries, en un caisson-batardeau, dans lequel on travaillait à l'air libre.

Soit en employant l'air comprimé pendant toute la durée du travail.

A la même époque (1878-1880), M. Hersent avait construit, pour le dérasement de la roche « La Rose » à Brest, une cloche flottante, équilibrée, qui doit être considérée comme ayant servi de point de départ aux applications faites plus tard aux travaux de fondation qui ont été exécutés, à l'aide de cloches équilibrées, par MM. Zschokke et Terrier, pour la construction des jetées du port de la Pallice (1885-1888) et des bassins de radoub du port de Gênes (1888-1890), et par M. Zschokke pour les travaux du port de Marseille (1897-1902).

Telles sont les phases principales par lesquelles a passé l'application de l'invention de Triger aux travaux de fondation ; nous devons en reprendre l'étude détaillée en commençant par les fondations tubulaires.

527. Exemples de fondations tubulaires. — C'est au pont de Rochester, en Angleterre (1851), que la première fondation tubulaire a été exécutée.

On avait commencé au moyen du vide : ayant été arrêté par les débris d'un ancien ouvrage, qui empêchait la descente, on comprima l'air au lieu de l'aspirer, et on put achever la fondation par ce procédé destiné à recevoir une si grande extension.

Le mérite de cette première application revient à l'ingénieur anglais, M. Cubitt, et aux entrepreneurs de cet ouvrage, MM. Fox et Henderson. Les tubes avaient 2 m. 10 de diamètre, leurs distances étaient de 2 m. 75 à 3 m. 05 d'axe en axe, leur chargement était obtenu par des contrepoids placés à l'extrémité de poutres armées ; toutes les maçonneries étaient faites après fonçage, dans l'air comprimé.

Le même procédé a été appliqué d'une manière systématique par M. Cézanne, ingénieur des ponts et chaussées, à la fondation du pont de Szegedin, en Hongrie, sur la Theiss (1857, fig. 740).

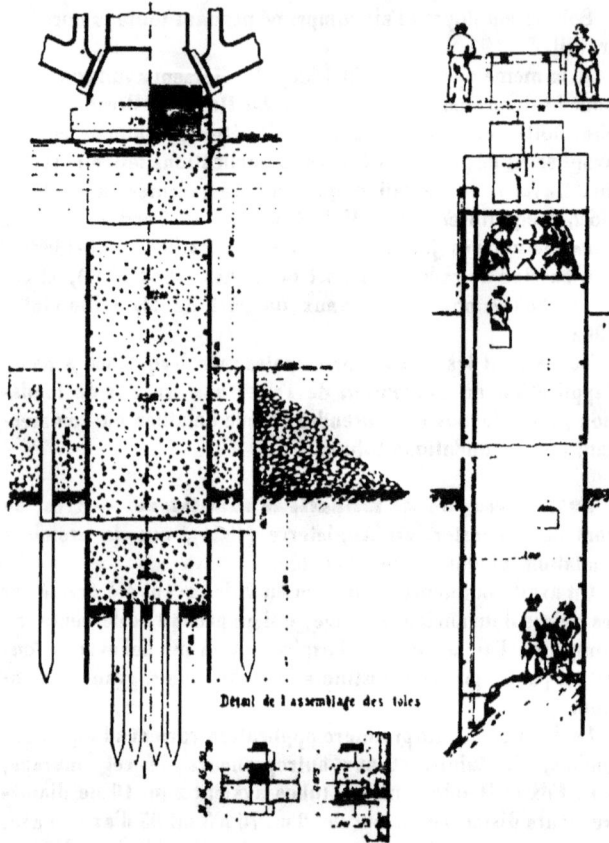

Fig. 740. — Fondations du pont de Szegedin, sur la Theiss.

Coupe d'une colonne
après l'achèvement des travaux.

Coupe d'une colonne
pendant les travaux.

Le terrain était un sable vaseux peu perméable. Les tubes en fonte, de 3 mètres de diamètre et de 1 m. 80 de hauteur,

étaient mis en place au moyen d'échafaudages (fig. 741); leurs
joints étaient étanchés par un mastic qu'on remplacerait ac-

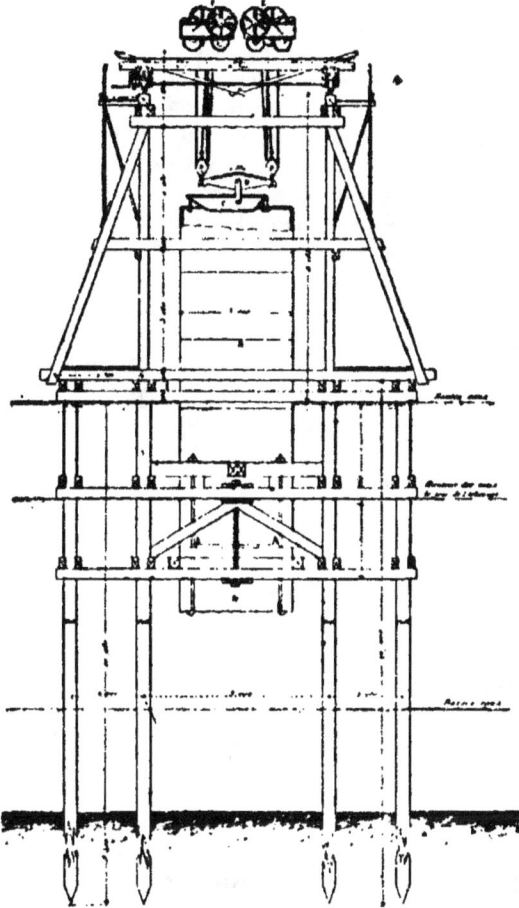

Fig. 741. — Pont de Szégédin (échafaudages).

tuellement par un boudin en caoutchouc pénétrant dans une
rainure, comme on l'a fait aux ponts de Bordeaux et d'Argen-

teuil. Les sas à air étaient doubles et assemblés, à la partie supérieure de la colonne, sur un couvercle en fonte qui recouvrait le dernier anneau mis en place : eu égard au peu de perméabilité du sol, on avait disposé, pour l'évacuation de l'eau, des siphons débouchant à l'extérieur : en suivant le fonctionnement de ces siphons, on s'aperçut que, lorsqu'un joint mal serré près de la base permettait l'introduction dans la colonne d'une petite quantité d'air comprimé, le débit de l'eau augmentait, soit par diminution de densité de la colonne, soit par dégagement de bulles d'air, et on eut recours régulièrement à cet expédient, que nous mentionnons à dessein, parce qu'il a donné l'idée d'un procédé souvent employé pour l'extraction des déblais sableux.

Le chargement des tubes était obtenu par des contrepoids en fonte placés au-dessus du couvercle ; les descentes se faisaient brusquement par rentrée d'air. Lorsqu'on avait enlevé les déblais sur une certaine épaisseur, les ouvriers remontaient ; on laissait brusquement s'échapper l'air, le poids de la colonne augmentait et produisait un enfoncement brusque en même temps qu'une certaine quantité de vase s'y introduisait ; on recommençait alors à donner de l'air après avoir augmenté les contrepoids.

La régularité de la descente était facilitée par des glissières appuyées contre des pieux d'échafaudages.

A 20 mètres au-dessous des plus hautes eaux, on arrêtait le fonçage ; mais le terrain n'était pas encore très solide, et on dut le consolider en y enfonçant par battage 12 pieux jusqu'à 5 mètres en contrebas du bord inférieur.

Cette disposition n'est pas à imiter et il eût mieux valu descendre plus profondément la fondation à l'aide de l'air comprimé.

Pour l'extraction des déblais, les écluses avaient été combinées de manière à permettre l'emploi d'un double système de treuils, mais toutes les manœuvres se faisaient à bras, de même que le déplacement du lest en fonte et des sas à air.

Les dispositions principales des fondations du pont construit sur la Garonne, à Bordeaux, en 1859, pour le raccordement des chemins de fer d'Orléans et du Midi, sont tout à fait ana-

logues. Chaque pile comprend deux tubes en fonte de 3 m. 60
de diamètre, composés d'anneaux de 1 m. 05 de hauteur et
0 m. 04 d'épaisseur, celle-ci étant portée à 0 m. 055 pour le
premier anneau. Ces tubes ont été enfoncés à une vingtaine
de mètres au-dessous des hautes mers, dans un terrain de
sable et gravier mélangé de vase argileuse, jusqu'à une couche inférieure de gros graviers (1).

La fig. 742 montre le joint des anneaux superposés avec
interposition d'un boudin en caoutchouc; à Bordeaux, on a
encore employé des contrepoids extérieurs, mais, comme le
montre la figure, on les a rattachés aux tubes au moyen de
4 presses hydrauliques pouvant exercer ensemble un effort de
300 tonnes, avec une course correspondant à la hauteur de
3 anneaux. Cette installation rendait d'autant plus de services
qu'à Bordeaux à cause du jeu de la marée, l'équilibre des tubes
en fonçage était continuellement variable.

Une application analogue de colonnes métalliques, enfoncées à l'aide de l'air comprimé, a été faite en 1869 pour la
construction des jetées à claire-voie de l'embouchure de
l'Adour (fig. 743).

A la suite d'avaries causées par les tarets à des digues en
charpente, on prit le parti de substituer aux pieux des cylindres creux en fonte de 2 mètres de diamètre, enfoncés à une
profondeur variable de 7 m. 30 à 11 m. 80 en contrebas des
plus basses mers.

On a employé, à cet effet, un chariot de fonçage s'appuyant
sur les tubes déjà mis en place ; sur un plancher, au-dessus de
l'emplacement définitif, on a assemblé un nombre suffisant
d'anneaux pour former un tronçon de colonne descendu sur
le sol et dépassant le niveau de l'eau; puis on l'a surmonté du
nombre d'anneaux correspondant à la profondeur à atteindre,
et d'un sas à air, en ajoutant, au besoin, du lest en fonte; le
déblai ayant été exécuté à l'intérieur au moyen du sas à air,
placé à la partie supérieure, on a arrêté le fonçage à la cote
prévue, puis on a rempli le tube de mortier de ciment à prise
rapide au fond, puis de béton de ciment de Portland. Après

(1) Collection des dessins remis aux élèves de l'Ecole des Ponts et Chaussées ; 4e série, section C (pl. 10 à 14).

enlèvement du sas, on a mis en place le chapiteau qui supporte les rails du chariot de fonçage, et on a pu déplacer celui-ci d'une travée pour mettre en fiche la colonne suivante (1).

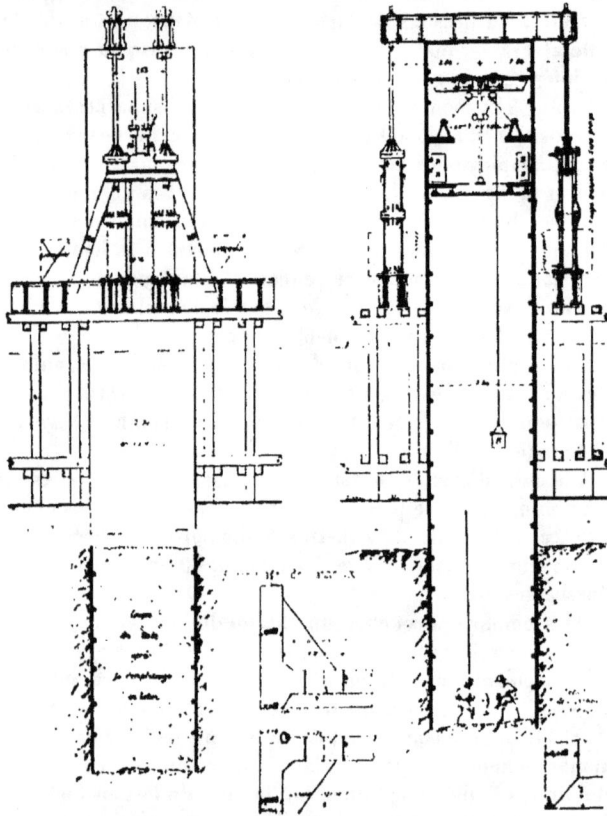

Fig. 742. — Fondations du pont sur la Garonne, à Bordeaux.

Nous n'avons pas à examiner ici quelle était la valeur de l'ouvrage au point de vue maritime : on s'était proposé de

(1) Collection des dessins remis aux élèves, 6e série, section B, pl. 7.

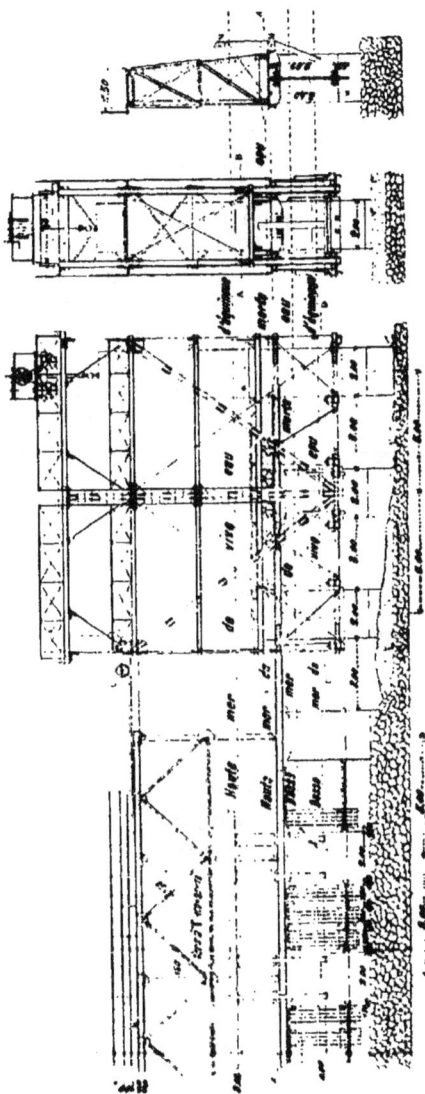

Fig. 743. — Jetées de l'Adour, fondées sur colonnes métalliques enfoncées à l'aide de l'air comprimé.

faire une jetée discontinue, dont l'expérience a conduit plus tard à remplir les vides ; d'autre part, l'emploi de colonnes en fonte exposées au choc des navires peut être critiqué.

Mais au point de vue du mode d'exécution, c'est une application intéressante des fondations tubulaires à contrepoids extérieur.

Dans ce cas, comme à Szégedin et à Bordeaux, le lestage des colonnes métalliques enfoncées à l'aide de l'air comprimé était obtenu par des contrepoids extérieurs et la maçonnerie s'exécutait entièrement dans l'air comprimé après l'achèvement du fonçage.

En 1861-1862, au pont d'Argenteuil, sur la Seine (fig. 744) on a enfoncé des tubes de 3 m 60 de diamètre : mais alors, comme dans toutes les fondations ultérieures et comme dans les fondations sur caissons dont nous aurons bientôt à nous occuper, le lest mobile a été remplacé par une maçonnerie annulaire exécutée à l'avance dans les tubes (fig. 745) et laissant seulement, au milieu, le passage nécessaire pour les matériaux et pour les ouvriers. Dans la langue des chantiers, ce revêtement annulaire a reçu le nom de « crinoline ».

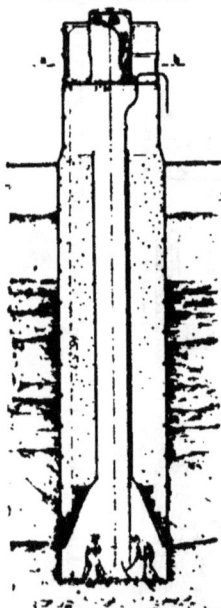

Fig. 744 — Fondations du pont d'Argenteuil.

C'est la forme définitive qu'ont reçue les fondations tubulaires : elle présente le double avantage de faciliter le lestage et la descente au moyen de charges qui s'incorporent à la fondation, et de permettre l'exécution d'une partie notable des maçonneries à l'air libre dans des conditions plus satisfaisantes d'économie et de surveillance.

En Europe, les fondations sur caissons, qui seront étudiées dans les chapitres suivants, ont le plus souvent remplacé les fondations tubulaires, mais celles-ci sont encore employées en Amérique et leur application a récemment donné lieu à quelques modifications intéressantes. ·

A la suite d'avaries survenues à un pont sur lequel la ligne du Texas and Pacific Railway (Louisiane) traverse l'Atchafalaya River, les fondations des piles d'un nouveau pont ont été fondées sur deux colonnes de 2 m. 44 de diamètre en tôle d'acier de 9,5 mm. d'épaisseur, entretoisées au-dessus de l'eau par une traverse de 6 m. 10 de hauteur.

Ces tubes devaient traverser des alluvions récentes sur 9 mètres, de l'argile bleue sur 9 mètres et du sable, de grosseur croissante, sur environ 12 mètres de profondeur.

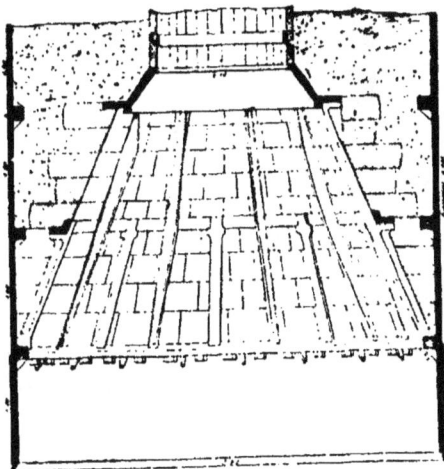

Fig. 745. — Pont d'Argenteuil. Maçonneries exécutées avant le fonçage.

Les colonnes étaient à doubles parois cylindriques, reliées à leur base par une partie conique formant le tranchant de la chambre du travail, le puits central avait 1 m. 50 de diamètre et l'intervalle entre les deux enveloppes était rempli de béton.

La chambre de travail avait une hauteur de 7 m. 60 ; au-dessus était placée l'écluse, dont le plancher et le plafond étaient
constitués par quatre épaisseurs de poutres en chêne, laissant
dans un évidement central l'emplacement d'une porte en fonte
de 0 m. 60 de diamètre (fig. 746).

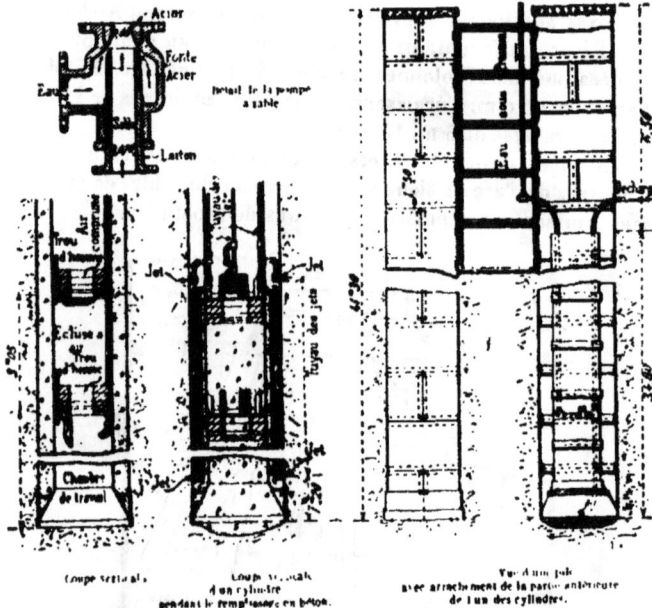

Fig. 746. — Pont de l'Atchafalaya River (Louisiane).
Emploi de l'air comprimé combiné avec des jets d'eau sous pression.

L'extraction des déblais se faisait à l'aide d'une pompe à
sable, que nous décrirons plus loin, et l'écluse était traversée
par trois tuyaux, l'un de 0 m. 075 pour l'alimentation en air,
les deux autres de 0 m. 10 pour l'alimentation en eau de la
pompe et pour la décharge du sable.

Mais, eu égard au faible poids de cette fondation et aux fortes pressions auxquelles elle était exposée, et tout en ajoutant
des surcharges additionnelles en vieux rails, on n'aurait pas
pu produire l'enfoncement de cette colonne sans l'emploi

d'eau sous pression, projetée tout autour par deux rangées horizontales de petits trous percés extérieurement à 1 m. 20 et à 11 m. 90 de la base de la chambre de travail.

Dans chaque rangée, ces trous étaient divisés en plusieurs groupes, de manière que, pour redresser la colonne, on pût faire fonctionner une partie seulement des jets pour diminuer les frottements d'un seul côté ; mais l'expérience a montré que, même lorsque l'enfoncement était facile, il fallait de temps en temps faire fonctionner les jets d'eau pour éviter qu'ils fussent obstrués par le sable.

L'emploi de ces jets d'eau était combiné avec des abaissements brusques de pression (ou *lâchures*) de la façon suivante : la trousse coupante ayant été bien dégagée par le jeu de la pompe à sable, l'équipe de la chambre de travail remontait, puis on faisait fonctionner les jets d'eau pendant deux minutes et on produisait une chute brusque de pression qui était suivie d'une descente rapide du cylindre s'enfonçant de 0 m. 60 à 0 m. 90 dans les terres délayées par les jets d'eau.

On reprenait alors le travail à l'aide de la pompe à sable : les terres extérieures ayant en partie pénétré dans la chambre de travail, le volume extrait était trois ou quatre fois plus grand que le cube déplacé par le cylindre.

Nous reviendrons sur la question des lâchures qui sont, malgré leurs dangers, très employées en Amérique.

328. Sujétions du travail des ouvriers dans l'air comprimé. — Avant de passer en revue les extensions plus récentes qu'a reçues le procédé des *fondations pneumatiques*, il est nécessaire d'étudier les conditions dans lesquelles se trouvent placés les ouvriers et le personnel qui exécutent les travaux dans l'air comprimé.

Dans les cloches à plongeurs, dans les scaphandres et dans les appareils de fondation à l'aide de l'air comprimé, les ouvriers doivent travailler sous une pression qui augmente avec la profondeur et qui, à moins de précautions exceptionnelles, ne paraît pas pouvoir dépasser sans danger 3 à 3,5 atmosphères, c'est-à-dire des profondeurs de 30 à 35 mètres dans l'eau douce.

L'atmosphère comprimée est à une température très supérieure à celle de l'air extérieur ; elle est généralement très humide et peut en outre être viciée : par la respiration des hommes, par les appareils d'éclairage autres que les lampes électriques, par l'explosion des mines.

Avant de faire connaître les effets physiologiques de la pression, nous rappellerons les données relatives à la composition de l'air et aux modifications que produit dans un air confiné la respiration ou la combustion.

329. Composition de l'air atmosphérique : respiration, combustion. — L'air de l'atmosphère renferme 21 0/0 d'oxygène ; il cesse d'être respirable, lorsque la proportion d'oxygène s'abaisse à 15 0/0.

Respiration. (1) En moyenne, l'homme respire 18 fois par minute ; à chaque respiration, la quantité d'air mise en mouvement dans les poumons est de 500 centimètres cubes (9 litres par minute). L'air expiré ne contient plus, en volume, que 16.03 0/0 d'oxygène au lieu de 20,93 ; il a donc perdu 4.87 0/0 d'oxygène et s'est chargé de 4,26 0/0 d'acide carbonique ; en même temps il renferme de la vapeur d'eau en quantité voisine de la saturation.

En évaluant à 9 litres par minute le volume mis en jeu par les poumons, la consommation d'oxygène par minute sera de 0 l. 44 à la pression de 0 m. 760 de mercure et le volume d'acide carbonique produit de 0 l. 38, ce qui correspond par heure :

en volume à 26 l. 4   O   22 l. 6 CO_2
en poids   37gr. 75 O   44 gr. 07 CO_2

Les tensions proportionnelles des gaz de l'atmosphère pour la pression de 0 m. 760 de mercure sont pour l'oxygène 0 m.159 et pour l'azote 0 m. 601.

Des expériences faites par M. Paul Bert sur les oiseaux, il

_____

(1) Paul Bert, Comptes rendus de l'Académie des sciences (août 1872, février et mars 1873).

Note sur les limites de l'air respirable par M. P. Étienne, ingénieur en chef des Ponts-et-Chaussées, A. P. C., 1891 I, p. 944.

résulte que dans un air raréfié, la mort se produit *par priva-*
tion d'oxygène lorsque la tension de ce gaz s'abaisse à un
chiffre voisin de 0 m. 027, c'est-à-dire lorsque la proportion de
ce gaz est réduite dans le rapport de $\frac{27}{159} = 0.163$. Mais la
pression normale de l'air dans les poumons étant de 0 m. 015,
la mort peut être plus rapide et se produire par insuffisance
de pression totale, même pour une tension de l'oxygène supérieure à ce chiffre de 0 m. 027.

Dans un air suroxygéné, la mort survient, soit lorsque l'oxygène descend au-dessous de 0 m. 027, soit lorsque la tension
de l'acide carbonique est supérieure à 0 m. 197.

Dans l'air comprimé non renouvelé, la mort peut se produire 1° par insuffisance d'oxygène 2° par excès d'acide carbonique.

Dans l'air comprimé, même renouvelé, lorsque la pression
dépasse 10 atmosphères, la vie des animaux cesse, même si les
proportions d'acide carbonique sont très faibles ; peut-être,
comme le supposait Paul Bert, y a-t-il un empoisonnement dû
à l'excès d'oxygène.

Combustion. Le carbone brûlant dans l'oxygène produit un
volume d'acide carbonique égal au volume d'oxygène absorbé ;
en poids, 200 grammes d'oxygène (densité rapportée à l'air
1.056) et 75 grammes de carbone (densité 1.529) produisent
275 grammes d'acide carbonique.

La proportion courante d'acide carbonique dans l'atmos-
phère est de $\frac{4}{10000}$ ou de 0,04 0, 0. La respiration de l'homme est
gênée, lorsque cette proportion dépasse 0,4 0/0 et une proportion de 4 0,0 est dangereuse.

Les lumières s'éteignent, lorsque la proportion de ce gaz
qui, à cause de sa densité, tend à occuper le bas des espaces
qui le renferment, atteint 10 0/0.

530. Remarques physiologiques. — Lorsqu'on pénètre
dans une atmosphère dont la pression augmente, la tension
de l'air contenu à l'intérieur du corps ne se met pas immédiatement en équilibre avec la pression extérieure, il en

résulte des douleurs d'oreilles, des suffocations, quelquefois des hémorragies ; ce dernier phénomène se produit plutôt à la sortie, au moment d'une décompression trop brusque. Les douleurs d'oreilles sont efficacement combattues par des mouvements de déglutition qui font pénétrer l'air comprimé dans la trompe d'Eustache et rétablissent l'équilibre des deux côtés du tympan.

En tout cas, plus la pression est élevée et plus la transition doit être lente, à l'entrée dans l'air comprimé et surtout à la sortie ; l'air comprimé qui s'est introduit dans les cavités du corps, dans les articulations et surtout dans les vaisseaux sanguins, produit des douleurs vives, des paralysies partielles, quelquefois des syncopes et même des cas de mort subite, lorsque la décompression est trop rapide.

M. Moir, médecin américain, qui a suivi les travaux de construction d'un souterrain sous l'Hudson à l'aide de l'air comprimé, compare le passage de l'homme dans l'air comprimé à l'emploi du tirage forcé dans un foyer de machine. L'arrêt du tirage forcé rend la combustion incomplète, tant parce que l'acide carbonique n'est pas expulsé que parce qu'il se produit de l'oxyde de carbone.

De même lorsque, dans l'air comprimé, il passe dans les poumons de l'homme 3 ou 4 fois le volume d'oxygène ordinaire, les combustions s'activent, et il s'établit un nouvel état d'équilibre qui est plus ou moins rapidement rompu à la sortie, laissant dans les vaisseaux de l'oxyde de carbone si les combustions ont été trop brusquement ralenties ou tout au moins un excès d'acide carbonique, dont la détente doit se produire lentement pour ne pas donner lieu à des désordres graves.

431. Études spéciales faites sur les chantiers. — Dans tous les pays où l'air comprimé a été employé sur de grands chantiers, les médecins attachés aux travaux ont fait des observations et quelquefois des expériences sur les effets de la compression de l'air et sur les précautions à prendre pour combattre les dangers que présente ce mode de travail (1).

(1) Au nombre des publications principales à consulter sur ce sujet, nous citerons :
Pol et Watelle. Mémoire sur les effets de la compression de l'air ; obser-

En dehors du traitement proprement dit des maladies qui
peuvent être aggravées par le séjour dans l'air comprimé, ou
provoquées par la pression, telles que celle que M. Smith de
New-York a appelée « le mal du Caisson », les questions
discutées dans ces publications et qui sont de nature à inté-
resser les constructeurs sont les suivantes.

**339. Limite de la profondeur à laquelle on peut
descendre dans l'air comprimé.** — D'après les résultats
de la pratique, nous avons indiqué les profondeurs de **30
à 35 mètres** comme étant les limites que ne doivent pas
dépasser les fondations à l'air comprimé. Cependant les scaphandriers atteignent souvent des profondeurs de 50 mètres,
et les expériences de Bordeaux faites sur des chiens et pour-
suivies avec le concours d'hommes de bonne volonté ont permis de reconnaître :

1° Que les chiens peuvent supporter une pression de 5 k. 5
avec un éclusage de 25 minutes à l'entrée et d'une heure et
quart à la sortie : lorsque les durées étaient moindres, ils ont
été atteints de paralysie et quelques-uns sont morts subi-
tement.

2° Qu'à partir de 3 k. de pression, les hommes éprouvent
des picotements et des courbatures ; un seul a supporté 5 k. 4

vations faites aux mines de Douchy (Nord) (*Annales d'hygiène publique
et de médecine légale*), 1851.

Dr François, Observations faites pendant la construction du pont de Kehl
(*Annales d'hygiène publique et de médecine légale*), 1860.

Dr Foley, Du travail dans l'air comprimé (*Étude médicale et biologique*,
Paris, J.-B. Baillère et fils, 1863).

Dr A. Jaminet, Physical effects of compressed air (St-Louis 1871).

Dr Andrew Smith, The effects of high atmospheric pressure including the
Caisson Disease (Brooklyn, 1873.

H. Hersent, *Note sur l'emploi de l'air comprimé* : Expériences faites à
Bordeaux par M. Pagnard, directeur des travaux de M. Hersent, avec le con-
cours d'une commission spéciale composée de MM. Loyet, Ferré, Jolyet,
Sigalas et Cassuet, membres de la Faculté de médecine de Bordeaux (Paris,
Chaix, 1895).

Dr R. Heller, W. Mayer et H. von Schrotter de Vienne (Autriche), Communication au Congrès international de navigation de Bruxelles (1894). Sur
les influences pathologiques des variations rapides de la pression de l'air
(Règlements sanitaires pour les travaux dans l'air comprimé).

de pression, avec une température maintenue à 20° et une décompression régulière d'une heure trois minutes.

La commission des médecins de Bordeaux a conclu que, moyennant certaines précautions, dont la principale est une décompression lente, on pourrait atteindre la profondeur de 51 m. dans l'eau de mer, correspondant à la pression de 5 k. 4 et y séjourner pendant une heure.

Les conclusions de médecins de Vienne sont analogues ; ils admettent une limite extrême de 5 atmosphères, et fixent pour les durées d'éclusage des chiffres que nous discuterons plus loin.

D'après cela, il paraît possible d'effectuer des *visites* à l'intérieur de caissons descendant à des profondeurs comprises entre 35 et 50 mètres, moyennant un choix très attentif des hommes à employer à ces profondeurs, mais aucune expérience n'autorise à penser que des ouvriers pourraient effectuer un travail de quelque durée au-delà de la limite résultant de la pratique actuelle.

283. Choix des ouvriers. — D'après M. Smith, les ouvriers doivent être choisis parmi les hommes maigres et nerveux, en excluant ceux qui ont des tendances à l'embonpoint. Il considère comme avantageux que les mêmes hommes suivent un travail depuis le commencement jusqu'à la fin ; ils commenceront avec une faible pression qui s'accroîtra progressivement, et ils supporteront mieux les pressions élevées que ceux qui n'auront point eu la même durée d'entraînement.

Lorsque de nouveaux ouvriers auront à travailler dans le caisson, ils ne feront qu'un poste par jour pendant la première semaine et la moitié du second poste pendant la semaine suivante.

On doit chercher, d'après le même auteur, à alterner les postes à l'air comprimé avec le travail extérieur : une seule journée passée à l'air libre diminue les chances de maladie.

Le règlement autrichien est plus précis ; il n'admet que des ouvriers en pleine santé, âgés de 20 à 50 ans, ne montrant aucune affection pulmonaire, cardiaque ou vasculaire. Des

personnes souffrant d'une affection de l'ouïe ne pourront être
admises au travail qu'après un examen spécial du médecin.

534. Durée de la compression et de la décompression. — Il est reconnu que les opérations d'éclusage dans un
sens ou dans l'autre doivent être lentes, que les ouvriers
employés aux écluses doivent être des hommes de confiance,
agissant avec le contrôle d'une montre ou d'un manomètre sur
des robinets qui ne peuvent s'ouvrir que graduellement et
qui ne doivent jamais être à portée des ouvriers ordinaires.

Sous ces réserves, M. Smith attribue à la compression une
durée de trois minutes par atmosphère et à la décompression
une durée de cinq minutes par atmosphère.

A Bordeaux, pour les pressions élevées, allant jusqu'à
5 k. 400, on a admis 10 minutes par atmosphère à la décompression.

Le règlement autrichien fixe pour la compression une durée
d'une minute par dixième d'atmosphère, avec temps d'arrêt
pour les pressions élevées ; il admet que la durée peut être
abaissée, pour les personnes accoutumées, aux chiffres
suivants :

Pression en atmosphères.........	0,5	1,5	2,5	3,5	5,0
Durée de la compression (minutes).	5	10	15	20	30

Pour la décompression la durée doit être, sans exception
de 2 minutes par chaque dixième d'atmosphère, avec une
décroissance aussi régulière que possible.

Pression en atmosphères.......	0,5	1,0	1,5	2,0	2,5	3,0	5,0
Durée de la décompression en minutes.................	10	20	30	40	50	60	100

On voit donc que, depuis la fondation du pont de Brooklyn,
l'expérience a fait reconnaître la nécessité de manœuvres plus
lentes ; dans les limites de profondeur ordinaires, on pourra
adopter les bases du règlement autrichien de 1 minute à
2/3 minute par dixième d'atmosphère à l'entrée, suivant le
degré d'accoutumance du personnel ; et invariablement 2 minutes par dixième d'atmosphère à la sortie.

525. Durée du travail dans l'air comprimé d'après la profondeur. — Au pont de Brooklyn, on a appliqué la règle de M. Collingwood dans laquelle, comparant la pression *totale* (2 atmosphères pour 10 mètres de profondeur, 3 pour 20 mètres et ainsi de suite) à la durée du travail, on fait varier celle-ci en raison inverse de la pression.

Pour une pression totale de........	1 atm.	2	3	4
c'est-à-dire avec des profondeurs de.	0	10	20	30
on admet des durées de travail de..	12	6	4	3 heures

D'après M. Hersent, les ouvriers peuvent produire, jusqu'à 12 à 15 mètres, un travail normal, presque équivalent à celui qu'ils produisent à l'air libre. De 15 à 20 mètres, la durée du travail doit être réduite d'un quart. De 20 à 25 mètres et au-delà, la durée du travail doit être réduite à 4 heures avec 6 heures de repos.

Le règlement autrichien ne stipule pas de réduction dans la durée du travail en raison de la profondeur ; il demande que les ouvriers aient un repos ininterrompu de 8 heures et qu'ils fassent deux postes de 4 heures chacun, ou un seul poste de 6 à 8 heures.

De même que MM. Collingwood et Hersent, nous croyons qu'il résulte de l'expérience que la durée du travail doit être sensiblement réduite à partir de 15 mètres, le taux de cette réduction pouvant varier suivant les autres conditions du travail.

526. Précautions hygiéniques. — Il est recommandé de ne laisser entrer dans les caissons que des ouvriers en bonne santé, ayant pris des aliments chauds, n'ayant pas d'affection des organes digestifs, pourvus de doubles vêtements qu'ils puissent mettre à la sortie ; il convient d'éviter les repas pendant le travail.

Il serait utile que la température de la chambre de travail fût réchauffée ou rafraîchie, suivant la saison, pour ne pas s'écarter notablement de 20°.

Quant à la température du sas à air, elle s'abaisse pendant la décompression de l'air ; pour le réchauffer et pour enlever l'excès d'humidité, on doit continuer à souffler pendant la sortie de l'air.

Pour les hommes, la décompression produit un ralentissement de la circulation et un refroidissement; c'est à ce moment
que les vêtements supplémentaires sont utiles.

Au point de vue hygiénique, M. Smith recommande les écluses
à air placées au sommet plutôt qu'au bas des cheminées; à son
avis il vaut mieux que les échelles soient gravies dans l'air
comprimé et non après la sortie de l'écluse, lorsque l'orga-
nisme est déprimé par le changement de pression.

En sens inverse, M. Hersent cite les cloches à dérochement
où le sas est placé en bas, et explique la rareté des indisposi-
tions par ce fait que les refroidissements sont combattus par
l'obligation où est l'ouvrier de gravir un escalier de 15 mètres
après sa sortie du sas. M. Hersent qui, à Toulon, faisait bai-
gner les ouvriers sortant du caisson dans une piscine d'eau
chaude n'a pas cru cette précaution utile dans les travaux de
dérochement de Brest.

Le règlement autrichien prescrit de placer les écluses en
haut des cheminées, mais à partir de 15 mètres, il dessert les
sas par des ascenseurs.

Cette prescription est justifiée par la convenance d'éviter
que l'ouvrier s'échauffe par l'ascension de hautes échelles au
moment d'être refroidi par la décompression.

Doit-on recommander l'exercice après la sortie du caisson ;
sur ce point, les opinions sont divergentes. M. Smith recommande de s'en abstenir et est d'avis que les ouvriers se cou-
chent, s'il est possible ; le règlement autrichien dit : « Il n'est
pas indiqué que les ouvriers, après l'éclusement, se livrent
à un repos complet. » Il doit suffire de dire que l'exercice à
prendre dans ces conditions devra être modéré, eu égard au
ralentissement de la circulation.

Mais un point sur lequel tous les observateurs sont d'accord,
c'est l'intérêt qu'il y a pour les ouvriers à éviter les excès de
toute nature et surtout ceux des boissons alcooliques ; ils
doivent être bien nourris et bien couchés dans des chambres
convenablement ventilées ; ces indications, développées par
M. Smith, sont rendues obligatoires par le règlement autrichien
qui, pour les profondeurs supérieures à 15 mètres, organise le
casernement des ouvriers.

Au point de vue des soins à donner aux malades, on y
ajoutera, indépendamment des agencements ordinaires d'un
hôpital, une « *écluse sanitaire de compression* » assez largement installée pour qu'un médecin puisse y entrer en même
temps que le malade. L'expérience a en effet démontré que les
« coups de pression » sont efficacement combattus en replaçant
immédiatement le malade dans l'air comprimé, à une pression
voisine de celle à laquelle il travaillait, la recompression pouvant, en cas de nécessité, être plus rapide, et le séjour dans
l'air comprimé devant durer jusqu'à ce qu'une amélioration
sensible se produise ; après quoi la décompression est opé-
rée lentement, à raison de 3 minutes pour chaque dixième
d'atmosphère.

537. Alimentation en air comprimé : éclairage. — Il
peut y avoir une notable différence entre la fourniture d'air
comprimé, suffisante pour maintenir la pression eu égard à la
profondeur d'eau et à la nature du terrain, et celle qu'exigent
les conditions hygiéniques ; c'est à ce point de vue qu'on admet généralement un volume de 20 m³ par heure et par ouvrier, ce chiffre devant être augmenté en raison de l'abondance
des gaz produits, le cas échéant, par des coups de mine.

Lorsqu'il n'y a pas échappement d'air sous le tranchant du
caisson, par exemple dans les terrains imperméables ou pendant le remplissage de la chambre de travail, il sera nécessaire
de ménager des sorties d'air par des robinets ou par des
syphons, en évitant les variations brusques de pression.

Dans les premiers travaux à l'air comprimé, la fumée produite par l'éclairage causait une grande gêne aux ouvriers ;
toutes les lampes devenant fumeuses, on était conduit à n'employer que des bougies, mais elles brûlaient mal, éclairaient
peu et leur fumée alourdissait l'atmosphère qu'il devenait
nécessaire d'assainir en augmentant le débit d'air pur.

Maintenant l'emploi de ces procédés primitifs a presque entièrement disparu et, au moyen de l'éclairage électrique, on
arrive à supprimer les causes de fatigue et d'insalubrité qui
en résultaient pour les ouvriers.

§ 12. — FONDATIONS SUR CAISSONS

538. Fondations sur caissons à l'aide de l'air comprimé. — Nous avons vu précédemment comment le procédé de fondation à l'aide de l'air comprimé a été d'abord appliqué à l'enfoncement de piles ou de colonnes isolées, soit au moyen de surcharges extérieures, soit plus tard à l'aide d'une chemise en maçonnerie ou en béton construite à l'intérieur de la colonne au fur et à mesure de l'enfoncement.

C'est l'extension de ce procédé à des massifs de dimensions et de formes diverses qui constitue ce qu'on appelle les fondations pneumatiques sur caissons ; elle a permis : 1° de construire d'un seul coup des massifs de fondation d'une forme quelconque et d'une surface de plus en plus grande ; 2° de fonder, au moyen de caissons juxtaposés, des ouvrages plus grands ou de formes plus compliquées, en établissant, entre les fondations successives, les liaisons que comportait la destination des ouvrages.

Nous avons donc à distinguer : 1° les massifs isolés construits au moyen d'un ou de plusieurs caissons séparés entre lesquels il n'est pas pratiqué de jonctions ;

2° Les massifs fondés au moyen de plusieurs caissons contigus, devant être reliés par des jonctions ;

3° Enfin les massifs construits sans métal ou bois incorporés et reliés comme les précédents par des jonctions.

Les fondations sur caissons ont d'abord été faites en incorporant dans la maçonnerie le métal ou le bois qui avait servi à la construction ; plus tard, pour les fondations de profondeur moyenne et dans lesquelles il paraissait utile de ne pas diviser les massifs de maçonnerie par des bois ou par des fers sujets à une destruction plus ou moins rapide, on a modifié les procédés en ne se servant des caissons que pour extraire les déblais et permettre de construire les maçonneries en place, et on a créé un nouveau système qui se rattache, par le résultat obtenu, au premier type des fondations faites directement sur le terrain solide ; nous l'avons reporté ici, parce qu'il emploie les mêmes moyens d'exécution que ceux que nous avons maintenant à décrire.

A. Massifs construits à l'aide d'un seul caisson ou de plusieurs caissons isolés.

a) Avec métal ou bois incorporé.

339. Caissons métalliques. Pont de Saltash. — La fondation du pont de Saltash, construit de 1854 à 1858 par Brunel, sur le Tamar, en amont de Plymouth, représente la transition entre les fondations tubulaires proprement dites et les fondations pneumatiques actuelles.

Brunel se proposait de construire à l'intérieur et au pied d'un grand caisson de 10 m. 67 de diamètre, sur une épaisseur de 1 m. 10 et sur 1 m. 50 à 2 mètres de hauteur, un anneau en maçonnerie qui aurait formé batardeau et permis de construire à l'intérieur la pile à l'air libre, après avoir arrêté la compression de l'air. Le banc de rocher sur lequel devait s'établir la fondation était à 25 mètres sous les hautes mers ; après l'avoir dérasé, non sans difficultés, on exécuta à l'abri du caisson le premier anneau en maçonnerie ; mais on n'obtint pas une étanchéité suffisante pour pouvoir travailler à l'air libre, et une maçonnerie de 5 mètres d'épaisseur dut être exécutée au moyen de l'air comprimé (Dessins distribués aux élèves de l'école des Ponts et Chaussées, 4ᵉ série C, planches 7, 8 et 9).

340. Pont de Kehl. — C'est la construction du pont de Kehl, qui a donné lieu à la première application systématique des fondations sur caissons substituées aux fondations tubulaires.

Deux piles culées devaient être fondées sur des massifs de 7 mètres de largeur sur 23 m. 35 de longueur, et les deux piles intermédiaires devaient avoir à la base 7 mètres sur 17 m. 50 (fig. 747)

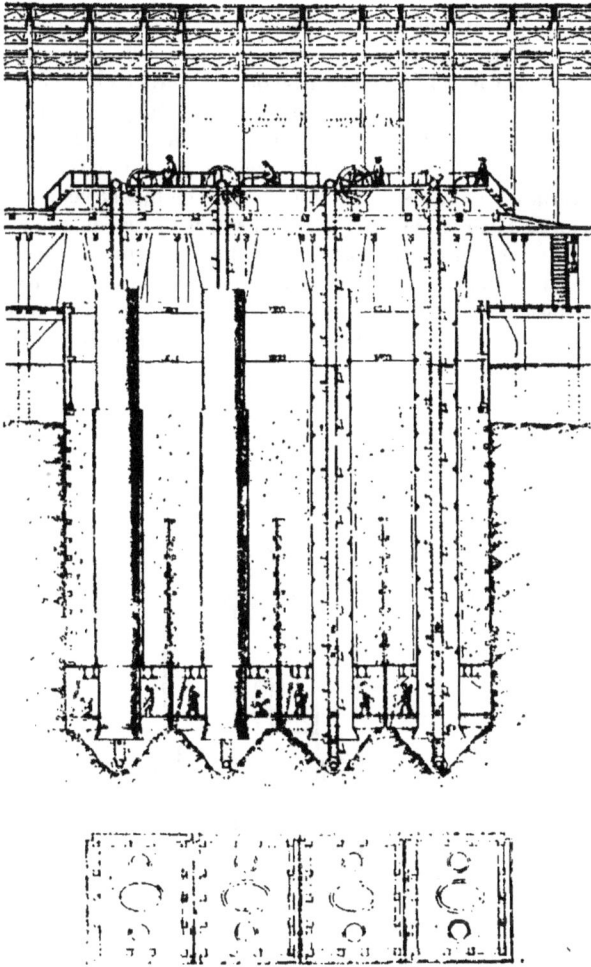

Fig. 747. — Pont sur le Rhin a Kehl. Emploi de quatre caissons accolés
de 5 m. 80 de longueur sur 7 m. 50 de largeur.

M. Fleur St-Denis, ingénieur des ponts et chaussées, auteur du projet, avait proposé de constituer les massifs au moyen de trois ou quatre caissons rectangulaires de 7 m. 50 sur 5 m. 80 ; ils avaient 3 m. 40 de hauteur, étaient ouverts en bas et fermés à la partie supérieure par un plafond en tôle percé de trois ouvertures, l'une elliptique au milieu, de 2 m. 23 sur 1 m. 50, les deux autres circulaires, de 1 mètre de diamètre. Dans l'ouverture centrale s'élevait une colonne en tôle dépassant le niveau de l'eau et se prolongeant à sa base jusqu'en contre-bas du tranchant du caisson : ce puits, dont la partie supérieure débouchait ainsi à l'air libre, contenait une noria au moyen de laquelle se faisait l'extraction des déblais. Les deux autres orifices recevaient des cheminées, terminées à leur partie supérieure par des écluses à air de 2 mètres de diamètre et de 3 mètres de hauteur.

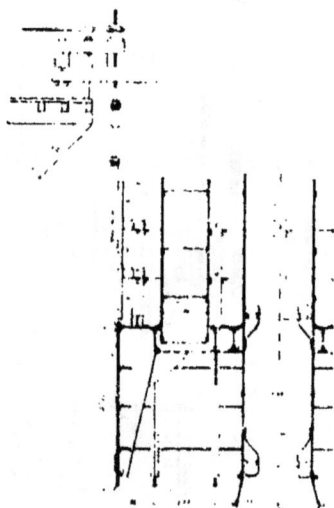

Fig. 748   Pont de Kehl. Détails du mode de suspension des caissons.

Le poids de chaque caisson était de 30.000 kgs ; celui des écluses à air de 5 700 kgs.

Suspendus au moyen de vérins portés par des échafaudages (fig. 747 et 749), les caissons étaient successivement descendus en les chargeant au moyen de la maçonnerie construite sur le plafond à l'intérieur d'un coffrage en bois qu'on maintenait au-dessus du niveau des eaux pour former batardeau. Lorsque la surcharge en maçonnerie était suffisante pour résister à la sous-pression et vaincre les frottements, on commençait le travail à l'air comprimé, qu'on avait projeté de faire isolément dans chaque caisson; mais l'enfoncement a été assez régulier pour qu'on ait pu, à partir de la seconde pile, relier les caissons et les enfoncer comme un caisson unique : on s'est alors rendu compte que, si les tôles n'avaient pas été préparées, il eût été possible, en se contentant d'entretoiser énergiquement les parois opposées, de construire un seul caisson pour chaque fondation, comme on l'a fait depuis dans toutes les fondations de ponts.

Lorsqu'en égard à la profondeur à atteindre, qui était de plus de 20 mètres en contrebas de l'étiage, la surcharge en maçonnerie était suffisante, on continuait à monter le coffrage en bois, en le calfatant soigneusement et en le contreventant sur une hauteur de 5 mètres, sans le remplir de maçonnerie ; on constituait ainsi un batardeau qui servait, après l'achèvement du fonçage, à poser les premières assises de maçonnerie au moyen d'épuisements. Sans arrêter l'air comprimé, on remplissait ensuite la chambre de travail en béton, la cheminée centrale étant fermée à hauteur du plafond et les ouvriers se reculant successivement vers les cheminées latérales, au fur et à mesure du remplissage. L'emploi de l'air comprimé était continué jusqu'à ce qu'on fût à un niveau convenable pour épuiser et achever la maçonnerie à l'air libre.

Dans les premiers caissons, la résistance due aux frottements a dépassé les prévisions et surtout s'est inégalement répartie sur le périmètre du caisson.

Lors du fonçage de la pile n° 1, lorsque le couteau fut descendu de 3 m. 60 au-dessous du fond, les parois verticales se déformèrent et durent être consolidées par des étaiements en chêne, assemblés à l'aide d'éclisses.

Dans un angle, la déformation atteignit 0 m. 20 et produisit des fissures.

Aussi, dans les autres caissons, eut-on recours pour le tranchant à des tôles plus épaisses, renforcées par des fers plats; on exécuta en outre dans la chambre de travail une chemise en maçonnerie de ciment pour en renforcer les parois.

Les fondations du pont de Kehl ont été exécutées en 1859 : on a construit, en 1860 et 1861, les maçonneries en élévation et les travées métalliques.

Ce grand travail fait le plus grand honneur à MM. Vuigner et Fleur St-Denis, ingénieurs chargés des travaux, ainsi qu'à l'entrepreneur M. Castor, qui a apporté de nombreuses améliorations au matériel des Travaux Publics, notamment en ce qui concerne les dragages et les fondations de toute nature.

Un important mémoire a été publié, en 1861, par MM. Fleur St-Denis et Castor. C'est le point de départ des nombreuses applications qu'ont reçues les fondations sur caissons à l'aide de l'air comprimé.

L'expérience de Kehl avait permis de constater que, dans des alluvions de sables ou de vases, des caissons de grande dimension pouvaient être enfoncés par ce procédé. Mais eu égard à la nouveauté du système et aux précautions spéciales que justifiait une première application, les dépenses avaient été fort élevées : le pont de Kehl avait coûté 7 millions et les fondations entraient dans ce chiffre pour 5.250.000 fr.

Aussi, cette méthode nouvelle serait-elle restée réservée aux ouvrages exceptionnels, si des expériences successives n'avaient montré qu'on pouvait diminuer considérablement les dépenses et les ramener à des chiffres comparables à ceux des autres procédés de fondation.

Tandis que les piles intermédiaires du pont de Kehl avaient coûté 500.000 fr. chacune, le pont de la Voulte, sur le Rhône, fut entrepris à forfait par la maison Cail, en 1860, pour 8.000 fr. par mètre courant de pile au-dessous de l'étiage et le prix de revient des 4 piles a été en moyenne de 61.000 fr.

Au pont de Lorient sur le Scorff, la Compagnie d'Orléans avait projeté de fonder les piles à 13 mètres au-dessous du niveau moyen de la mer au moyen de trois tubes en fonte; mais en cours d'exécution, MM. Ernest Gouin et Cⁱᵉ, ont demandé à employer un caisson unique, qui a été payé à forfait à raison de 67.000 fr. par pile (1862-1863).

Aux ponts sur la Loire, à Nantes, fondés en 1863-1864, les prix par pile ont varié de 71.500 fr. à 88.500 fr. pour des profondeurs de 15 mètres à 18 m. 80.

Ces ouvrages étaient tous des ponts de chemins de fer à deux voies, et par suite les dimensions des piles ne variaient qu'en raison des différences de profondeur.

Nous aurons à signaler plus loin, dans les ouvrages récents, de plus grands abaissements de prix : ces exemples suffisent à indiquer à partir de quelle époque et dans quelles conditions les fondations sur caissons à l'aide de l'air comprimé sont entrées dans la pratique courante des chantiers.

Nous aurons également à revenir sur la comparaison des prix des différents ouvrages, dans laquelle on doit tenir compte de la surface des massifs et de leur profondeur en contrebas de l'étiage ou de la basse mer ; en calculant des prix rapportés au mètre cube de massif, obtenus en multipliant la surface de la fondation à la base par sa profondeur, sans avoir égard aux retraites des maçonneries. M. Croizette Desnoyers a donné dans son *Cours de construction des Ponts* (p. 371) un tableau dont nous extrayons les chiffres suivants :

Dépense d'une pile des ponts :

	de Kehl sur le Rhin (1879)	de Nantes sur la Loire (1863)	de Brooklyn sur la rivière de l'Est à New-York (1870)
Dépense totale..........	500.000 fr. (1)	90.000 fr.	3.307.000 fr.
Section horizontale du massif...............	122 m²	49 m²	1.340 m²
Profondeur de fondation..	20 m.	17 m.	18 m.
Cube du massif........	2.440 m³	833 m³	24.120 m³
Prix de revient (par mètre cube)...............	205 fr.	108 fr.	137 fr.

Nous donnerons comme exemple les fondations d'un certain nombre d'ouvrages construits suivant ce procédé, en indiquant surtout les dispositions caractéristiques ; nous reprendrons ensuite dans une étude d'ensemble, les éléments principaux

(1) D'après M. Hersent (Travaux publics, 1889) ce chiffre ne comprend pas, pour le pont de Kehl, les ponts provisoires, échafaudages et installations autres que celles qui étaient spéciales à la fourniture de l'air comprimé.

de ces fondations pour indiquer dans quelles circonstances
les différentes dispositions sont justifiées et quelles sont les
limites de leur application.

541. Pont de Collonges. — De 1869 à 1870, le pont de
Collonges a été construit sur une route nationale qui franchit
le Rhône à 800 mètres en amont du fort l'Écluse ; il est en plein
cintre de 40 mètres d'ouverture. Une des culées est fondée sur
le rocher ; l'autre a été fondée à l'air comprimé, sur un banc
de gravier à 6 m. 30 en contrebas de l'étiage et à 9 m. 35 au-
dessous du niveau des eaux ordinaires (*Annales des travaux
publics*, 1880).

La surface du caisson était de 108 m² 37, le prix total de la
fondation a été de 80.000 fr. ; le prix moyen du déblai dans le
caisson s'est élevé à 23 fr. 50 par mètre cube ; la main-d'œuvre
pour la maçonnerie de remplissage de la chambre de travail a
coûté 16 fr. par mètre cube.

La disposition caractéristique de cette fondation (fig. 749) a
été la forme et l'emplacement de l'écluse à air qui, au lieu de
se placer comme dans les ouvrages antérieurs à la partie supérieure d'une cheminée, a été construite à l'intérieur même de
la chambre de travail ; un puits rectangulaire de 2 m. 90
× 1 m. 17 en tôle mince a été réservé au milieu du caisson et
divisé en trois cheminées ouvertes, dont la base se termine
par trois sas : deux sas latéraux pour les déblais et un sas central pour les ouvriers.

Les sas latéraux sont des caisses carrées de 0 m. 85 de côté
sur 1 m. 12 de profondeur ; ils sont formés sur une de leurs
parois verticales par des portes tournantes de 0 m. 76
× 0 m. 64, et à leur partie supérieure par un tiroir horizontal
formé d'une forte tôle glissant entre des feuillures garnies de
bandes de caoutchouc et manœuvrées de l'intérieur de la
chambre de travail à l'aide d'une tige passant dans un presse-
étoupes.

Au fond de la cheminée centrale, entre les deux sas destinés
au passage des bennes qu'on remontait au moyen d'un treuil
placé au haut du puits, est ménagé un palier à l'air libre, où
se tenait l'ouvrier chargé de décrocher et d'accrocher les ben-

nes ; de ce palier, on pouvait descendre, par une porte verticale de 0 m. 50 × 0 m. 90, dans une écluse destinée au passage

Demi coupe longitudinale

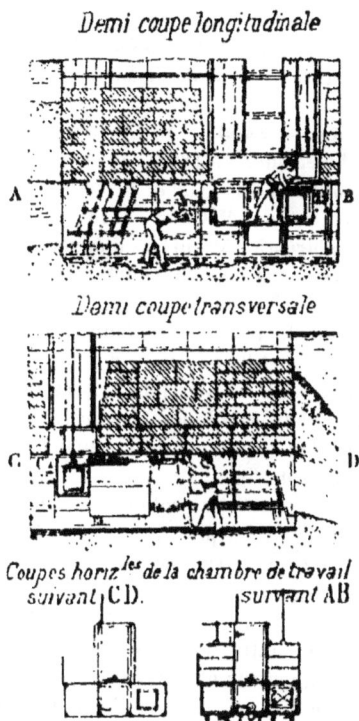

Fig. 749. — Fondations du pont de Collonges.

des hommes, dont la porte, du côté de la chambre de travail, avait 0 m. 50 × 1 m. 10. Le plafond de cette écluse était seulement à 0 m. 10 au-dessus du niveau du tranchant du caisson.

Les cheminées et les parties mobiles des sas ont été enlevées après le foncage pour réduire au minimum les fers incorporés.

Ces travaux ont été exécutés, sous la direction de M. Collet-Meygret, ingénieur en chef, par M. Sadi-Carnot, alors ingénieur des ponts et chaussées, qui a eu avec l'entrepreneur des travaux, M. Masson, le mérite d'une innovation dont les ingénieurs américains faisaient à la même époque l'application dans la construction du pont de St-Louis.

512. Pont de St-Louis. — Un des grands ouvrages construits en Amérique, de 1868 à 1874, fondé sur caissons en tôle, est le pont St-Louis, sur le Mississipi, à 20 kilomètres en aval du confluent du Missouri. L'ouvrage présente trois travées de 152 mètres à 159 mètres d'ouverture, à 31 mètres au-dessus du niveau des eaux moyennes ; la largeur du tablier est de 16 mètres.

Il est fondé sur le rocher, rencontré à des profondeurs variables entre 4 m. et 33 m. 40 au-dessous des plus hautes eaux (28 m. 64 au-dessous des plus basses eaux), à travers des sables fins tellement affouillables qu'on a constaté, à la suite des crues, des variations de profondeur de 16 mètres dans certains points du lit.

C'est une des plus grandes profondeurs atteintes au moyen de l'air comprimé (1). La pile de l'Est a été fondée sur un caisson en tôle de forme hexagonale, de 25 mètres de longueur sur 18 m. 30 de largeur, présentant une surface de 379 m. 25. La hauteur de la chambre de travail était de 2 m. 75 ; le plafond était fermé de poutres en double T placées dans le sens de la plus petite dimension et supportées par de grandes consoles qui consolidaient la paroi verticale de la chambre de travail. Dans le sens longitudinal, deux cloisons formées de poutres en bois superposées, de $\dfrac{0 \text{ m. } 30}{0 \text{ m. } 30}$ contreventaient les parois et fournissaient des points d'appui intermédiaires (fig. 750 et 751).

---

(1) D'après M. Croizette-Desnoyers, la pression maxima de l'air comprimé dans les caissons, observée pendant la fondation du pont St-Louis, a été comprise entre 3 k. 3 et 3 k. 4 ; au pont sur le Limfjord, en Danemark, elle se serait élevée de 3 k. 50 à 3 k. 80 ; c'est la plus forte qui ait été réalisée dans les travaux à l'air comprimé.

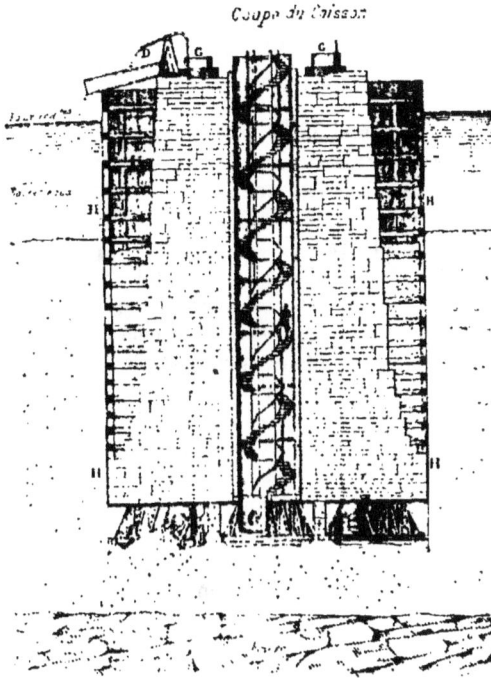

Coupe du Caisson

Fig. 750. — Pont de Saint-Louis sur le Mississipi. Coupe transversale.

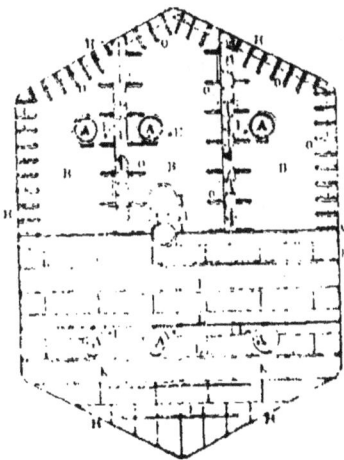

A Ecluses à air.
B Chambre de travail.
C. Cloisons en charpente.
D. Orifice d'évacuation du sable
E. Pompes à sable
F. Puits principal.
G Puits latéraux
H Chemise en tôle
I. Etais.
K. Plafond en tôle
L. Poutres en tôle
O Econçons de renfort

Fig. 751. — Pont de Saint-Louis sur le Mississipi. Plan du caisson

18

Au centre du caisson était placé un grand puits de 3 mètres de diamètre, avec un escalier tournant pour les ouvriers ; trois autres puits de 1 m. 45 étaient munis de simples échelles. Les écluses à air étaient placées à la base des puits, au niveau même de la chambre de travail.

Le caisson fut surmonté d'une paroi en tôle, garnie d'un coffrage intérieur en charpente, contre lequel s'appuyèrent les premières assises de maçonneries ; puis le coffrage en bois, rendu étanche et élevé au fur et à mesure de la descente, constitua un batardeau, à l'intérieur duquel les maçonneries s'élevaient par retraites successives et fournissaient de nouveaux points d'appui pour contreventer, au moyen d'étais, les parois du caisson.

Les sables étaient extraits du fond au moyen des pompes imaginées par M. Eads, ingénieur des travaux.

Lorsqu'on rencontra le rocher, on cala le caisson sur tout son pourtour et on fit des murs en béton au-dessous du tranchant du caisson et des cloisons intermédiaires ; puis, après avoir arasé le rocher, on commença le remplissage en béton pour achever la fondation.

Dans d'autres fondations du même ouvrage, on supprima la chemise extérieure en tôle, au-dessus de la chambre de travail, et on se contenta d'un batardeau en charpente, en conservant seulement dans les puits des cuvelages métalliques.

Dans la culée de l'Est, on substitua entièrement le bois à la tôle, pour la construction de la chambre de travail, dans des conditions analogues à celles que nous retrouverons en parlant du pont de Brooklyn.

343. Bassin de radoub de la darse Missiessy à Toulon. — Nous n'avons mentionné jusqu'ici que des travaux de ponts, mais on n'a pas tardé à employer les mêmes procédés pour les ouvrages des ports et de la navigation intérieure. L'ordre chronologique nous conduit à parler du plus grand caisson qui ait été exécuté, à notre connaissance ; il a été employé pour la fondation des formes de radoub de la darse Missiessy, à Toulon (1876-1882).

Le sol de Toulon est composé, à sa partie supérieure, d'allu-

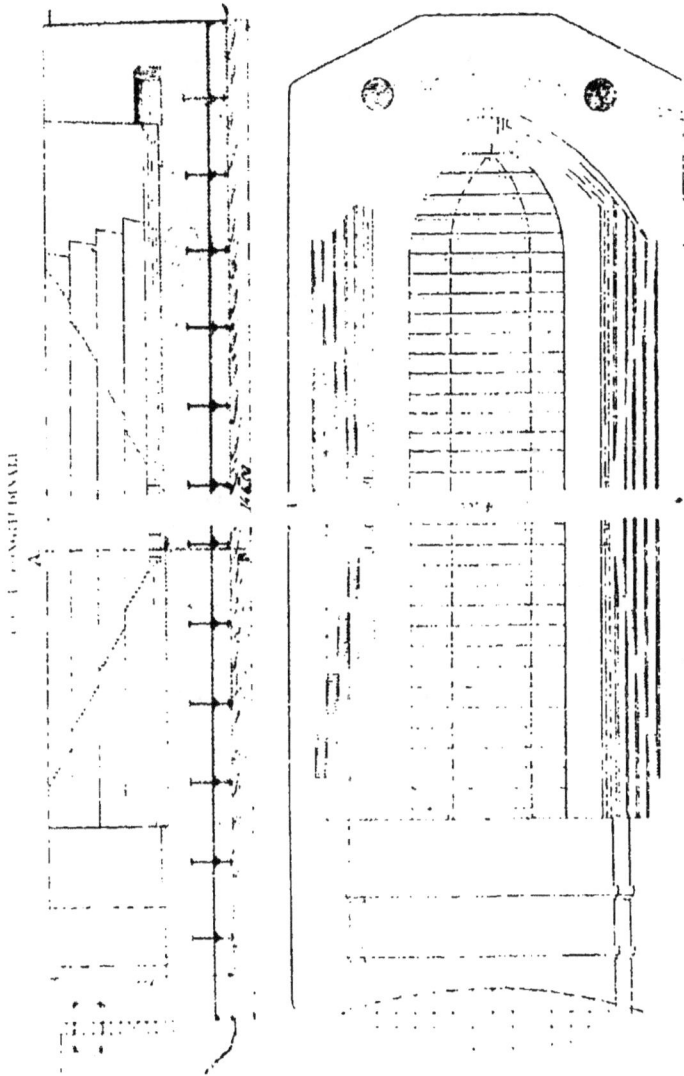

Fig. 242 — Port de Toulon. Bassin de radoub de la darse Missiessy.

vions plus ou moins anciennes, sur une profondeur de 6 à 8 mètres au-dessous de laquelle on trouve un terrain résistant, composé de cailloux calcaires roulés et de sables agglutinés dans l'argile, et entrecoupés de quelques bancs de poudingue ; ce terrain est poreux et traversé par de nombreuses sources d'eau douce.

Le dragage préalable de la fouille fut décidé, et M. Hersent, auteur du projet qui avait été approuvé par la Commission des Travaux hydrauliques de la Marine après avoir été discuté et contrôlé par MM. Raoulx et de Mazas, ingénieurs du port de Toulon, y appliqua de puissants appareils de dragage pouvant travailler dans ce fond résistant jusqu'à 19 mètres de profondeur.

La surface du caisson devant avoir 5.904 m² (144 m. ×41 m. avec deux pans coupés de 8 m. de longueur. fig. 752), le procédé ordinaire de lançage par glissement paraissait dangereux pour la mise à l'eau du caisson : on prit le parti de construire le caisson dans un bassin provisoire creusé à proximité de la darse. et de l'en faire sortir ensuite en le faisant flotter.

Pendant la construction, ce bassin était maintenu à sec au moyen d'épuisements. Le sol. préalablement dressé et revêtu de vieilles traverses de chemins de fer, pour répartir les pressions, reçut les fers du caisson et, dans sa notice pour l'Exposition de 1889, M. Hersent indique les difficultés rencontrées pour la mise à flot de ce grand vaisseau, d'une destination toute particulière.

Dans ce caisson, comme dans tous les ouvrages analogues, il y a lieu de distinguer : la chambre de travail, le caisson proprement dit et le batardeau.

La chambre de travail comprend une paroi verticale en tôle et un plafond horizontal.

La paroi verticale, dont la partie inférieure forme couteau. est reliée au plafond par des consoles triangulaires ; des cloisons intermédiaires transversales, également consolidées par des consoles, divisent la chambre de travail en 18 compartiments séparés, dans chacun desquels le travail à l'air comprimé peut être pratiqué isolément.

Le caisson porte exclusivement sur son périmètre ; les cloi-

sons intermédiaires (fig. 753) sont à un niveau plus élevé et
ne doivent pas porter sur le fond. Le plafond se compose d'une

PAROIS LATÉRALES   POUTRES LONGITUDINALES

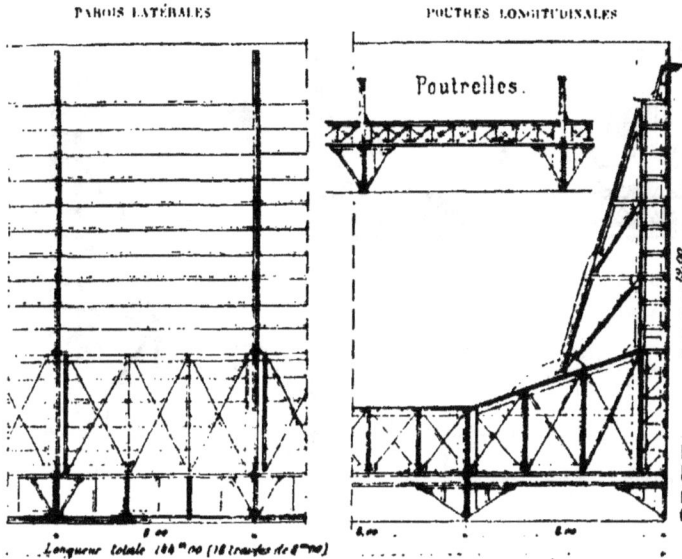

Fig. 753. — Toulon. Détails du caisson.

paroi en tôle assemblée sur 17 poutres transversales reliant
les parois opposées (fig. 754) et entretoisées par deux poutres
longitudinales.

Le caisson proprement dit comprend des hausses qui ont
pour objet d'isoler la maçonnerie du contact immédiat de l'eau ;
il est constitué par une grande poutre verticale à double paroi,
reliée par des consoles aux poutres du plafond. La paroi extérieure est pleine : la paroi intérieure, à treillis, est entièrement
noyée dans la maçonnerie (fig. 754).

Le caisson est destiné à rester en place après la construction ; mais, du côté de l'entrée de la forme de radoub, il est
remplacé par un batardeau en tôle, construit d'une manière
analogue aux bateaux-portes qui ferment les bassins, et
divisé par tranches pour faciliter le montage. Ce batardeau

doit, à la fin de l'opération, supporter une charge d'eau de plus de 11 m. 50.

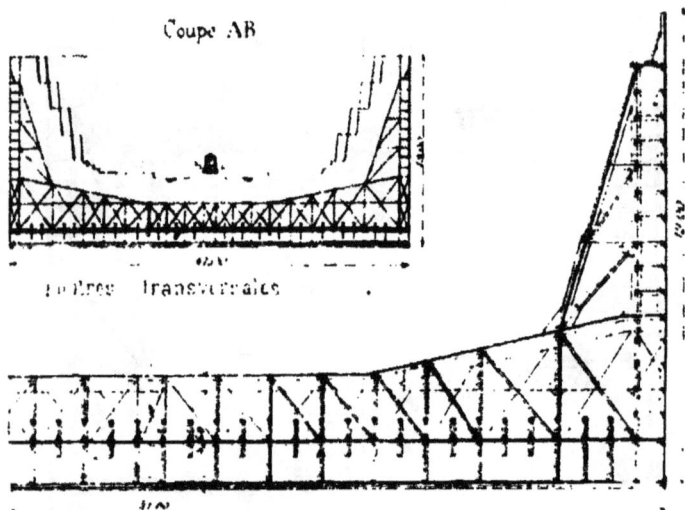

Fig. 754. — Toulon. Détails du caisson.

Dans ce batardeau, le long des parois par lesquelles il s'appuie contre le caisson, on a ménagé, près des faces en contact, une galerie étanche dont on peut .... 'eau au moyen de l'air comprimé, pour y envoyer .... chargé, lors de l'achèvement du travail, de desse...... boulons d'assemblage ; sous ces boulons, le joint ava... ce fait avec des planches de peuplier de 0m.03 d'épaisseur, garnies de feutre pour permettre aux têtes de rivets et aux inégalités des tôles de se loger dans le bois sans produire de fuites.

Les boulons d'assemblage avaient 25 mm. de diamètre et étaient espacés de 0 m. 25.

Nous retrouverons ce mode de démontage des tôles formant batardeau dans d'autres travaux exécutés par M. Hersent, notamment à Anvers et à Bordeaux.

Le poids total des fers employés à Toulon dans cette fon-

dation, a été de 2.500 tonnes, mais on a retiré le dernier rang
de hausses et le batardeau pesant 160 tonnes, il est resté en
place 400 kgr. de fer par mètre carré de surface.

La chambre de travail a une hauteur de 1 m. 90 ; les poutres transversales du plafond ont, au milieu, 2 m. 60 ; la hauteur totale du caisson, y compris la chambre et les hausses,
est de 19 mètres.

Malgré le soin avec lequel les dragages avaient été exécutés et vérifiés, il était à craindre que sur cette énorme surface,
le caisson entièrement immergé, sans aucun frottement latéral, ne vînt à porter inégalement sur le fond dont la dureté
était très variable d'un point à l'autre ; on prit le parti de faire
enfoncer sous le tranchant, par un plongeur, une petite quantité de terre rapportée qui formait matelas et permit au caisson de porter sur le fond, sans torsion, avec une pente de
0 m. 04 seulement sur sa longueur.

Le caisson mis en place et chargé de 3.000 tonnes pour
n'avoir pas de soulèvement à craindre par le jeu de la marée,
on mit en pression, mais dans 4 chambres seulement, de
manière à diminuer la sous-pression.

Tout avait bien marché, et certains compartiments étaient
remplis en béton, lorsque, l'air comprimé ayant pénétré dans
les chambres voisines de celles où on travaillait, il se produisit un soulèvement d'une dizaine de centimètres. On ouvrit
les robinets et on chargea les compartiments remplis ; la
construction continua sans nouvel incident. Au moment du
soulèvement, la charge totale était de 100.000 tonnes. M. Hersent fait remarquer que c'est sans doute la plus forte charge
qui ait jamais été soulevée d'un bloc.

Pour s'opposer à de nouveaux mouvements, on employa
toujours une quantité notable de lest recouvrant les maçonneries dont l'épaisseur était de 7 mètres y compris la hauteur de
la chambre de travail.

Pour le nettoyage des vases du fond qui avaient une épaisseur de 0 m. 60 à 0 m. 80, on employa, comme M. Cézanne
l'avait fait au pont de Szegedin, un siphon dont la partie inférieure présentait un tuyau en caoutchouc suivi d'un bout
métallique pouvant atteindre tous les points de caisson ; l'extré-

mité inférieure plongeant dans l'eau, on allongeait la colonne, qui avait 70 millimètres de diamètre, en introduisant, à 2 mètres au-dessus du fond, de l'air comprimé, par un trou de 2 à 3 millimètres ; le nettoyage se faisait rapidement en promenant le tuyau sur le fond ou en amenant les vases dans de petits puisards.

L'accès des chambres de travail était assuré par trois cheminées : une cheminée centrale de 1 m. 05, deux cheminées latérales de 0 m. 75 pour l'introduction du béton.

Le remplissage a été fait en béton posé sur une assise de pierres sèches ; lorsque le béton est arrivé à proximité des bétonnières, on les a bouchées et on a terminé le remplissage par l'écluse centrale ; les deux écluses à béton ont permis d'employer 100 m³ par jour.

Pour fermer la cheminée centrale, on a employé au-dessus du béton une couche de mortier de ciment de 0 m. 10, un tampon de bois sec, une seconde couche de mortier et une hauteur de 0 m. 50 de béton ; l'étanchéité a été complète.

Le remplissage de ces chambres a employé 12.000 m³ de moellons et de béton au-dessus desquels ont été construites, à l'air libre, les maçonneries proprement dites de la forme.

Deux bassins à peu près semblables ont été exécutés à Missiessy de 1876 à 1882 ; un troisième, de plus grande longueur, a été construit de 1894 à 1897, mais, comme il a été agrandi en cours d'exécution, il repose en réalité sur deux caissons et nous renverrons sa description à un autre chapitre.

344. Forme de radoub de Livourne. — Dans des ouvrages exposés, comme les formes de radoub, à des sous-pressions, on peut reprocher au système de construction employé à Toulon de séparer le radier en deux parties par les tôles engagées et notamment par le plafond de la chambre de travail. Mais il fournit un moyen commode d'approcher d'anciens ouvrages et de les raccorder avec les constructions nouvelles ; c'est ce qui justifie l'application qui en a été faite au port de Livourne (1884) pour l'allongement d'une forme de radoub (fig. 755 à 757).

Deux points sont surtout à signaler dans ce travail :

1° Ne comptant pas sur la résistance du massif qui remplit

Plan général

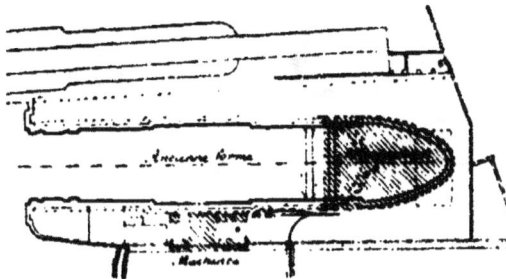

Fig. 755. — Livourne. Plan général.

la chambre de travail pour former radier, on a descendu le fonçage à 2 mètres en contrebas du sol de fondation de la partie conservée de la forme ancienne ;

Demi plan du caisson —

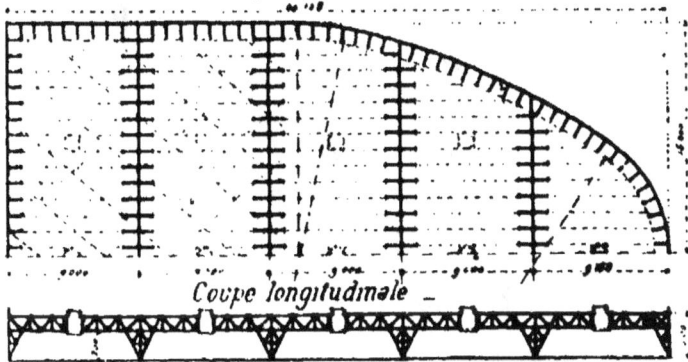

Coupe longitudinale —

Fig. 756. — Livourne. Demi-plan et coupe longitudinale du caisson.

2° Pour ne pas diviser les maçonneries par un plafond continu en tôle, on a, entre les poutres qui en forment l'ossature, construit des voûtes en briques (fig. 757) au-dessus desquelles le plafond a été complété par un remplissage en béton; on a entièrement supprimé la tôle du plafond (1).

Coupe transversale du caisson pendant le fonçage

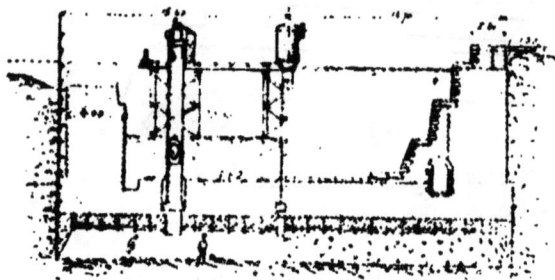

Paroi longitudinale — Coupe AB   Coupe CD

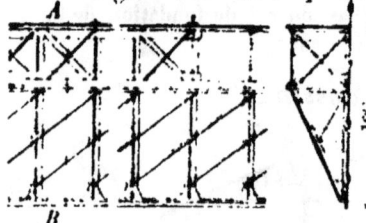

Cloison transversale

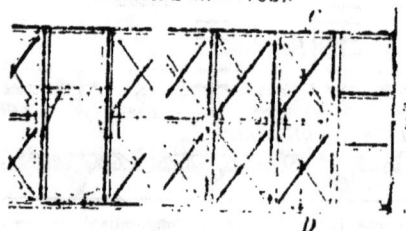

Fig. 757. — Livourne. Coupe transversale et détails.

(1) La courbure des voûtes en briques a dû compliquer le remplissage de

Après avoir, au moyen d'un batardeau en maçonnerie,
fermé la partie de la forme qui devait être conservée, on a
démoli la partie postérieure des maçonneries et créé une
plateforme pour le montage du caisson qui était de forme
parabolique, suivie d'une partie rectangulaire avec 30 m. 80
de largeur sur 46 m. 14 de longueur. L'ossature était analogue à celle du caisson de Toulon : la chambre de travail était
divisée transversalement en quatre compartiments, mais les
cloisons des compartiments formaient couteau, comme celles
des parois extérieures, en descendant au même niveau.

Dans le sens de la hauteur, l'ouvrage présentait les divisions
suivantes :

Chambre de travail	2 m.
Plafond	1 »
Radier général (au-dessous des	
assises de sujétion)	2 m. 40

Au-dessus de ce niveau, à l'abri de hausses formant batardeaux, s'élevaient latéralement les massifs des bajoyers, et, au
milieu, un remblai de 3 mètres d'épaisseur complétant la surcharge.

Les bajoyers présentaient une retraite de 0 m 59, derrière
laquelle un remblai en sable empêchait le voilement du batardeau.

La hauteur totale, entre le couronnement et le fond des
fondations, était ainsi de 14 m. 51.

Trois cheminées s'élevaient au-dessus de chaque compartiment, la cheminée centrale avait 0 m. 70 de diamètre ; les
cheminées latérales 1 m. 05.

Les déblais devant être effectués au fur et à mesure de la
descente du caisson, les cheminées latérales correspondaient
à des écluses disposées en vue de leur extraction, suivant un
système qui, employé par MM. Zschokke et Terrier dans les
travaux de la Rochelle et de Rome, a reçu sa forme définitive

---

la chambre de travail et rendre difficile le bourrage du béton, à la fin de
cette opération ; il semble qu'il eût été préférable de construire entièrement
en béton le plafond de la chambre de travail, en ajoutant, au besoin, un enduit
en ciment à l'intérieur ; on aurait pu également exécuter le remplissage en
briques, mais en les appareillant en plates-bandes.

après certains tâtonnements, dans les travaux de Bordeaux, où ils ont fonctionné depuis 1889 (1).

Dans les écluses à air ordinaires, dont nous indiquerons plus loin les dispositions, l'extraction des déblais exige le concours d'hommes placés à l'intérieur de l'écluse ; eu égard aux précautions dont nous avons montré la nécessité pour la durée de l'éclusage des *hommes*, les manœuvres relatives à l'éclusage des *déblais* sont, dans ces conditions, plus lentes que si on opérait avec des écluses manœuvrées de l'extérieur, comme celle que nous allons décrire.

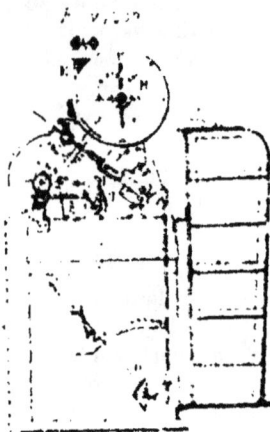

Une benne métallique C (fig. 758) ayant la forme d'un gobelet de 1 mètre de hauteur et de 0 m. 78 de diamètre au sommet est portée par deux tourillons *tt'* dans un cadre métallique de 0 m. 84 de largeur. Ce cadre est suspendu par une poulie à une chaîne Galle fixée en K à un ressort de sûreté et passant sur un pignon moteur P pour s'emmagasiner dans une soute H.

Les châssis passent exactement par l'orifice d'un diaphragme W qui rétrécit à 0 m. 85 l'extrémité supérieure de la cheminée, dont le diamètre est de 1 m. 05. Le châssis traverse donc ce diaphragme, mais il porte, par le bas, un disque A dont le diamètre est inférieur à celui de la cheminée et supérieur à celui de l'orifice. Les bords de ce disque ont une garniture en caout-

Fig. 758. — Écluse à déblais (Livourne, Gênes et Bordeaux). Élévation et détails.

(1) *Annales des Ponts et Chaussées*, 1896. Les nouveaux quais de Bordeaux : M. Pasqueau.

choue qui s'appuie sur le diaphragme lorsque le châssis est
arrivé au fond de sa course. Au même moment, la partie
supérieure du châssis pousse un levier *f* qui ouvre un robinet
par lequel l'air comprimé s'échappe.

Les ouvriers du dehors ouvrent une porte D parallèle aux
montants B qui portent la benne ; ils font basculer celle-ci et
la vident.

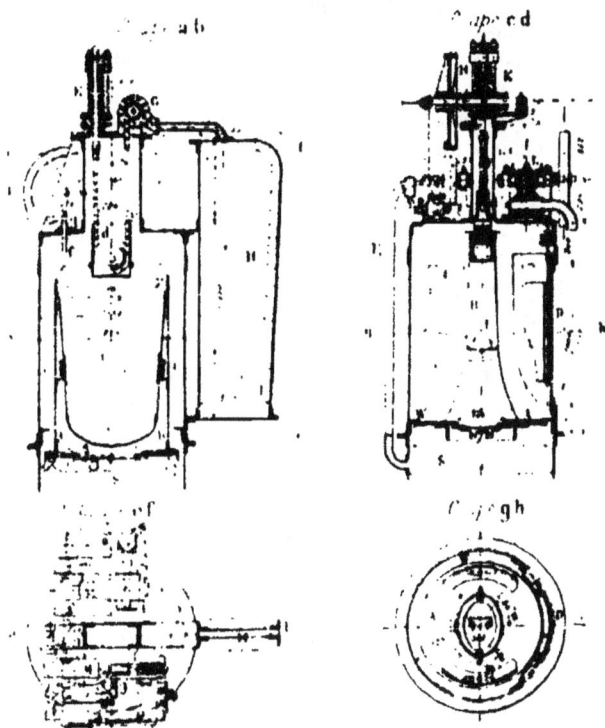

Fig. 738 *bis*. — Écluse à déblais (Livourne, Gênes et Bordeaux). Coupes.

Lorsqu'ils referment la porte et remettent l'écluse en pression, le poids de la benne la fait redescendre et les mêmes
opérations recommencent ; on peut se servir de ces écluses

pour l'introduction du béton ou des matériaux, en opérant en ordre inverse.

Dans cette fondation, conformément à ce qui se pratique maintenant dans la plupart des travaux analogues, les parois de la chambre de travail étaient garnies, avant la mise en pression, d'une maçonnerie construite entre les consoles reliant le plafond à la paroi verticale, tandis que, dans les premières fondations de ce genre, les parois latérales des caissons étaient entièrement métalliques, et ne recevaient de maçonneries que lors du remplissage de la chambre de travail.

On trouvera plus loin la description des procédés employés pour exécuter la jonction entre l'ancien et le nouveau radier.

345. Écluse de Dieppe. — Des travaux analogues, ne différant guère que par des détails, ont été exécutés pour des fondations d'écluses à la mer ou dans des canaux maritimes.

A Dieppe, en 1881-1885, l'écluse aval du bassin de mi-marée a été fondée sur un seul caisson, à travers un terrain qui renfermait, au-dessous d'une couche superficielle de galets, 2 mètres d'argile et de tourbe, et des graviers sur une épaisseur d'environ 4 m. 60 (fig. 759).

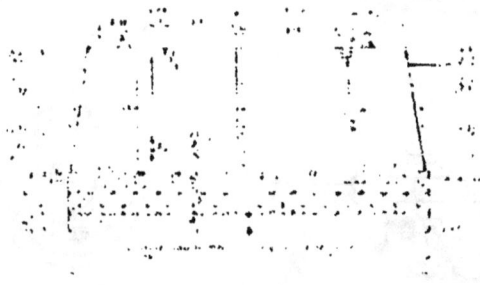

Fig. 759. — Dieppe. Écluse aval sur caisson métallique.

Le caisson, entièrement métallique, avait 35 m.40 × 33 m.50, soit 1.185 m². 90.

La surface de la chambre de travail était divisée, par des

cloisons longitudinales et transversales, en douze compartiments dont les parois descendaient au même niveau et se terminaient par des couteaux.

L'épaisseur du radier, comptée à partir du plafond de la
chambre de travail, est de 3 m. 80, c'est-à-dire comparable à
celle des ouvrages analogues : donc, comme à Livourne, on
n'a pas compté le remplissage de la chambre de travail comme
constituant une surépaisseur du radier ; c'est une mesure prudente que la possibilité des infiltrations sous le plafond de la
chambre justifie entièrement.

Dans le mémoire dans lequel M. l'Ingénieur en Chef
Alexandre a décrit cette importante construction (Annales 1887,
2ᵉ semestre, p. 535), on doit étudier particulièrement les moyens
employés pour étrésillonner les parois du caisson, au fur et à
mesure de son enfoncement ; mais on peut se demander s'il
n'eut pas été préférable de consolider un peu davantage les
parois métalliques, pour diminuer cette *immense charpente*
décrite par M. Alexandre, dans laquelle entrait un millier de
mètres cubes de bois.

**346. Remarques sur les surcharges ; conditions d'im-
plantation des socles.** — Pour expliquer l'utilité et l'importance de cette charpente, sans entrer dans tous les détails qui
sont donnés dans le mémoire de M. Alexandre, nous avons à
exposer deux questions qui doivent retenir l'attention dans
toutes les fondations analogues :

1° Le niveau qu'occupe la surcharge
dans un caisson immergé dans l'eau, c'est-
à-dire n'étant pas soumis à des frottements
latéraux.

2° Les conditions d'implantation des
assises de socles ou de radiers dans les fondations par l'air comprimé ou d'une manière générale dans les fondations par descente de massifs construits à un niveau
plus élevé que leur emplacement définitif.

Fig. 760. — Équilibre
d'un caisson immergé.

Si un caisson (fig. 760), de poids négligeable par rapport à
la surcharge, est immergé au moyen d'un lest en maçonnerie

ayant une densité à peu près double de celle de l'eau, et si
l'on fait abstraction des frottements latéraux, il y aura équilibre lorsque $H = h + x$, puisque la maçonnerie H fait équilibre à une hauteur d'eau double. Avec 12 mètres d'enfoncement, soit dans l'eau, soit dans les vases molles, H aura une
valeur d'environ 6 mètres et si $h = 2$ mètres, on aura $x = 4$
mètres. Les maçons travailleront donc à 4 mètres en contrebas
du niveau de l'eau, et cet enfoncement croîtra en même temps
que la profondeur ; c'est ce qui explique la nécessité d'un
étrésillonnement très robuste des parties supérieures des
hausses qui forment successivement batardeau, au fur et à
mesure de l'enfoncement du caisson, jusqu'à ce que le caisson soit rempli de maçonnerie. Cet étrésillonnement se
construit en bois ou en fer; il prend des proportions d'autant
plus importantes que la profondeur et la largeur du caisson
sont plus grandes.

Il semblerait, d'après cela, que le dessus de la surcharge dût
toujours être au-dessous du niveau de l'eau et qu'on dût par
conséquent arriver au fond sans avoir atteint, pour la maçonnerie faite pendant le fonçage, le niveau des socles ou des
pierres de sujétion des ouvrages, d'autant que nous avons
négligé le poids propre du caisson qui diminue encore la surcharge nécessaire. Dans les ponts, il n'en est souvent pas ainsi
pour trois motifs :

1° Les frottements latéraux, que nous avons négligés dans
ce qui précède, s'exercent sur une partie de la hauteur et
exigent une augmentation souvent notable de la surcharge ;

2° Les évidements des cheminées ont une surface qui représente une fraction appréciable de la surface totale du caisson,
et la perte de poids qui en résulte doit être compensée par
une augmentation dans la hauteur de la surcharge ;

3° Le poids de 2.000 kgr., admis en moyenne pour les
maçonneries, peut être supérieur ou inférieur au poids réel
des maçonneries.

On peut donc être exposé à atteindre le niveau du socle
sans que le fonçage soit terminé, surtout lorsque le caisson
pénètre dans un terrain renfermant de gros graviers ou des
débris de roches.

Si, au-dessus du socle, la maçonnerie doit se faire à parements verticaux avec des retraites successives, et si la descente du caisson est bien régulière, rien n'empêche de poser le socle à l'avance; on s'expose seulement à ce qu'il ne soit pas exactement au niveau prévu.

Mais si la descente était irrégulière et si les maçonneries au-dessus du socle étaient construites avec un fruit, qu'on voudrait être certain de ne pas modifier, on devrait arrêter leur construction au-dessous du socle et compléter la surcharge, s'il était nécessaire, avec des moellons ou avec des rails.

Cette alternative s'applique seulement aux fondations de massifs pleins, tels que les piles de ponts : pour les massifs évidés, au contraire, comme les écluses et les formes de radoub, les socles doivent toujours se poser après achèvement du fonçage, pour deux motifs :

1° L'implantation doit se faire à un niveau rigoureusement exact et, par suite, les pierres de sujétion ne peuvent se poser qu'après le fonçage :

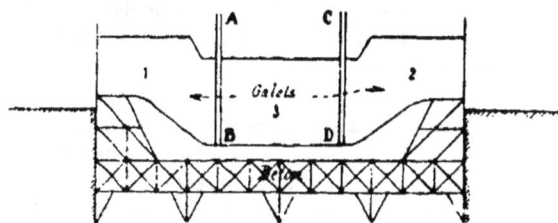

AB CD *Cadres en charpente permettant de déblayer aisément les 3 parties 1 2 3.*

Fig. 761.
Emploi d'une surcharge provisoire dans le fonçage d'un caisson d'écluse.

2° On doit éviter avec le plus grand soin de faire travailler à la flexion les maçonneries fraîches des radiers ; si donc, comme c'est le cas général pour ces ouvrages, la surcharge en maçonnerie ne peut consister qu'en une partie des bajoyers et une épaisseur insuffisante du radier sous l'assise de sujétion, on devra combler le vide intérieur au moyen d'un remblai en moellons ou en sable, et élever ce remblai en même temps que les maçonneries latérales.

19

A Dieppe, lorsque le fonçage a été terminé, la surcharge se composait, indépendamment des fers et tôles, de 8.445 tonnes de béton et de 8.440 tonnes de remblai en galet.

547. Écluse du Carnet. — Un mode de fondation analogue a été employé pour la construction de l'écluse du Carnet, sur le canal maritime de la Basse-Loire ; sans parler, quant à présent, des jonctions avec les murs en retour et avec les bajoyers, le caisson principal des têtes avait 38 m. 50 sur 34 mètres, soit une surface de 1309 m² à peu près semblable à celle de l'écluse de batelage antérieurement construite à Anvers, dans les mêmes conditions.

On a fait une fouille générale jusqu'à la cote 3 m. 40, à l'aide de dragues, et il est resté à traverser, en se servant de l'air comprimé, 5 mètres de vases jusqu'au rocher dans lequel les caissons ont été encastrés.

Leurs dispositions paraissent avoir présenté une grande analogie avec le caisson de Dieppe (1).

Le cube total des maçonneries exécutées a été de 45.000 mètres et le poids des fers employés dans les caissons a atteint 1.445.000 kilogrammes.

548. Batardeaux amovibles de M. Schmoll d'Eisenwerth. — Dans les travaux qui précèdent, les hausses métalliques formant batardeau restent incorporées à la fondation lorsqu'elles pénètrent dans le sol, et, notamment dans la construction des ponts, on se borne à enlever, en les arrachant, les hausses qui, après avoir constitué batardeau pendant la construction, resteraient en saillie sur le fond et pourraient former écueil.

Depuis 1883, M. Schmoll d'Eisenwerth, qui a construit de nombreux ponts en Autriche-Hongrie pour l'entreprise Klein, Schmoll et Gaertner, a employé un système permettant d'enlever et de réemployer les batardeaux métalliques mis en œuvre pendant le fonçage, au-dessus du caisson proprement dit.

(1) Exposition de 1889. Travaux publics. Notice de M. Hersent.

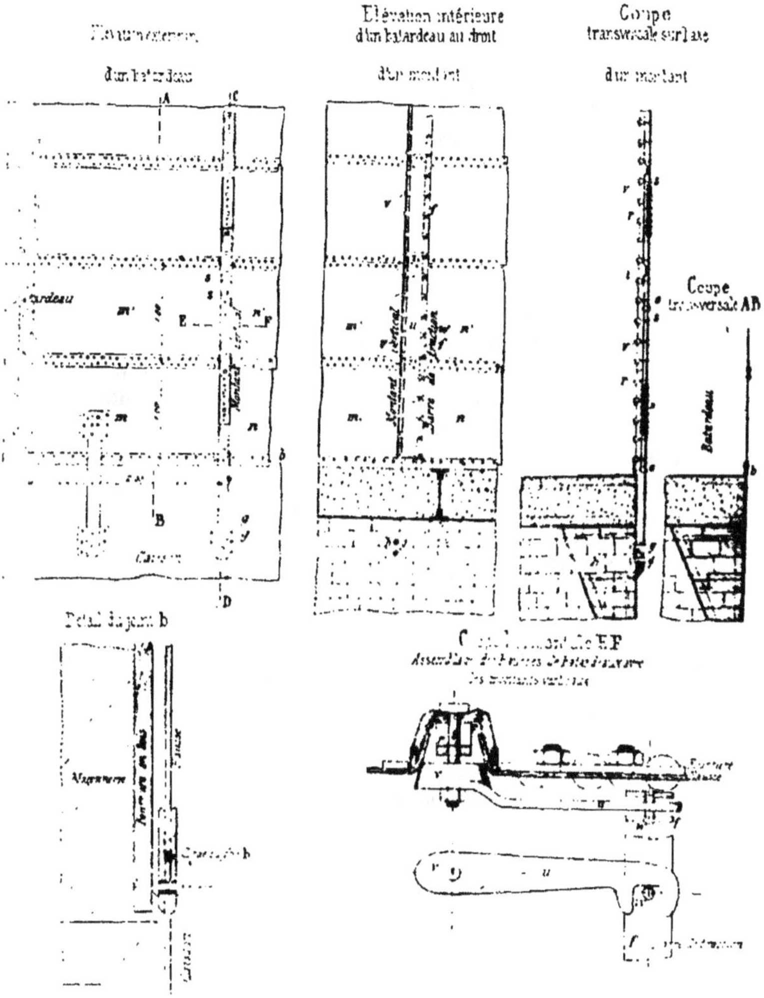

Fig. 762 et 763.

Batardeaux amovibles de M. Schmoll d'Eisenwerth. Ensemble et Détails.

Les montants verticaux CD (fig. 762) reçoivent entre leurs branches *pp* (fig. 763) les extrémités repliées des hausses : celles-ci sont fixées par les coins elliptiques V serrés par les boulons *s* dont les tiges passent dans les fourrures *r*. Le levier se repose par son extrémité opposée sur le goujon W de la barre de traction *f*. Les montants verticaux CD sont assemblés avec le caisson par les boulons *uu* qui peuvent être démontés de l'intérieur par la fenêtre *h*. les hausses de batardeau *mn m'n'* assemblées entre elles reposent sur une crosse coudée, placée au bout de la fourrure *b* (fig. 762). La sellette ment en bois (fig. 763) isole du batardeau les maçonneries de surcharge.

Appliqué pour la première fois en 1883 aux piles du pont sur le petit bras de la Raab, près de Sarvas (Hongrie), ce système a successivement servi au pont sur le grand bras de la Raab (1884), à un pont sur la Drave, près de Barcs (Hongrie) et à divers ouvrages sur le chemin de fer Nord-Est hongrois (1885-1889).

Il consiste à décomposer l'enveloppe du batardeau, au-dessus du caisson, en panneaux amovibles de 4 mètres environ de largeur et de la hauteur du batardeau.

Ces panneaux sont compris entre des montants en forme de V, assemblés au caisson à l'aide de boulons qui peuvent être démontés de l'intérieur de la chambre de travail ; ils sont maintenus et serrés contre ces montants par des coins elliptiques V (fig. 763) traversés par des boulons, dont les écrous permettent de donner au coin le serrage convenable. Ces coins de 0 m. 10 de largeur sur 0 m. 05 de hauteur se prolongent, suivant leur grand axe, par des leviers *u* de 0 m. 25 de longueur terminés par des crochets qui, lorsque le caisson descend, s'appuient sur les goujons *w* qui relient les deux joues *f* d'une barre de traction se prolongeant jusqu'au dessus du batardeau. Le joint horizontal entre les panneaux mobiles et le caisson est rendu étanche par une corde suiffée *b* placée au fond d'une feuillure formée par deux tôles verticales (fig. 762) ; des montants *m*, démontables de l'intérieur de la chambre de travail, relient, pendant la descente, les panneaux amovibles et le caisson ; enfin, pour empêcher le frottement des panneaux contre les maçonneries lors de l'extraction du batardeau, on interpose entre le batardeau et la maçonnerie des planches verticales de 0 m. 02 d'épaisseur, graissées du côté intérieur.

Lorsque le caisson est arrivé à profondeur, on desserre successivement chaque file de coins, au moyen des barres de traction, et, après avoir démonté les boulons qui relient les montants des panneaux aux caissons, on procède à leur extraction à l'aide de vérins.

Puis on enlève les montants, munis de leurs coins, et ce matériel peut être réemployé.

Lors de l'extraction de l'enveloppe, le frottement à vaincre est en moyenne à peu près moitié de celui qui s'est produit lors du fonçage ; au début, suivant la nature du terrain et la forme des panneaux, le rapport des deux frottements varie entre 1.00 et 0.61 ; il s'abaisse, lorsque le mouvement a commencé, à 0,10 et même à 0.29.

L'effort de traction à exercer pour arracher les panneaux, variable avec la nature du sol, a été au début, pour un enfoncement dans le sol de 8 m. 30 à 9 m. 30, compris entre 1.310 et 2.230 kgs par mètre carré de panneau engagé dans le sol ; puis il s'est ensuite abaissé à 760 et 645 kgs par mètre carré, lorsque l'enfoncement n'était plus que de 6 à 7 mètres.

Malgré une augmentation de plus de moitié dans le poids des panneaux amovibles comparés aux panneaux fixes, M. Schmoll estime que ce système produit une économie de 60 0 0 dans cet élément des fondations par caissons.

549. Murs de quais de Bordeaux. — Une application étendue des fondations par massifs discontinus à l'air comprimé a été faite, à Bordeaux, de 1887 à 1895, en vue de la construction de murs de quais portés par des voûtes, comme ceux que nous avons décrits dans le chapitre des fondations par havage.

À Bordeaux (1), deux types ont été successivement employés pour atteindre un fond composé de vase fluide, sur 5 à 6 mètres, et de sable vaseux sur 2 à 6 mètres, en encastrant les fondations de 1 mètre dans la marne argileuse qu'on rencontre à des profondeurs variant de 15 à 20 mètres sous l'étiage.

Les travaux étaient compliqués par les courants de marée qui atteignent jusqu'à 4 mètres, par le jeu des marées qui varient de 3 m. 50 à 5 m 30 au-dessus du zéro, enfin par la quantité de vase en suspension qui retarde et complique le nettoyage des ouvrages à la marée.

Dans le premier type (fig 764), les piles devaient avoir 4 mètres sur 10 mètres, les caissons avaient 5 à 6 mètres de

_____
(1) Les nouveaux quais verticaux du port de Bordeaux, par M. Pasqueau, ingénieur en chef des Ponts et Chaussées, *Annales des Ponts et Chaussées*, juin 1896.

Plan et coupe d'un caisson avec batardeau amovible.

Plan.

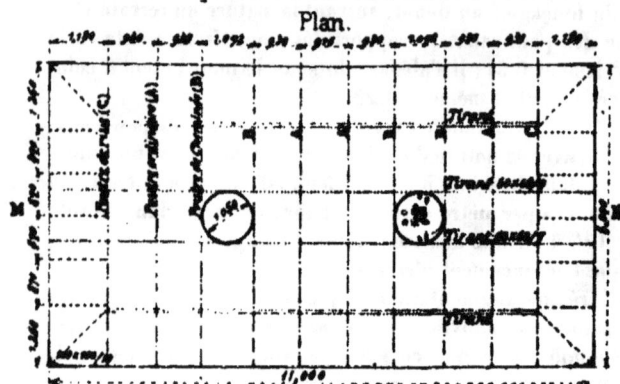

Coupe longitudinale MN

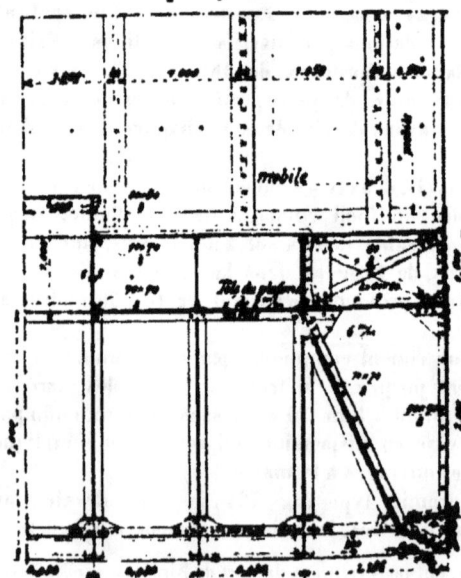

Fig. 764. — Bordeaux. Murs de quai. Première période.

largeur sur 10 m. 50 à 11 mètres de longueur suivant la profondeur à atteindre, et leurs
chambres de travail présentaient cette particularité que
la tôle extérieure entre les
contrefiches des parois verticales avait été supprimée ;
on obtenait l'étanchéité de
la paroi au moyen d'une
maçonnerie de ciment avec
enduit intérieur, en donnant
au couteau une forme spé-
ciale pour que la maçonnerie à la base eût au moins
0 m. 45 d'épaisseur.

Nous avons vu précédem-
ment que, pour consolider les
chambres de travail et lester
les caissons, on a souvent
construit cette maçonnerie
appelée crinoline, étayant la
paroi métallique ; à Bor-
deaux, cette maçonnerie
forme seule la paroi, les
contrefiches ne sont assemblées qu'avec le plafond, en
haut, et avec le rouet en
bas ; la paroi métallique verticale a été supprimée en vue
de réaliser une économie sur
le poids de tôle perdu dans
les fondations.

Les caissons étant cons-
truits à terre et lancés, cette
disposition oblige à adopter
un mode de lançage qui
n'ébranle pas la maçonnerie
dont l'étanchéité est une condition essentielle du travail.

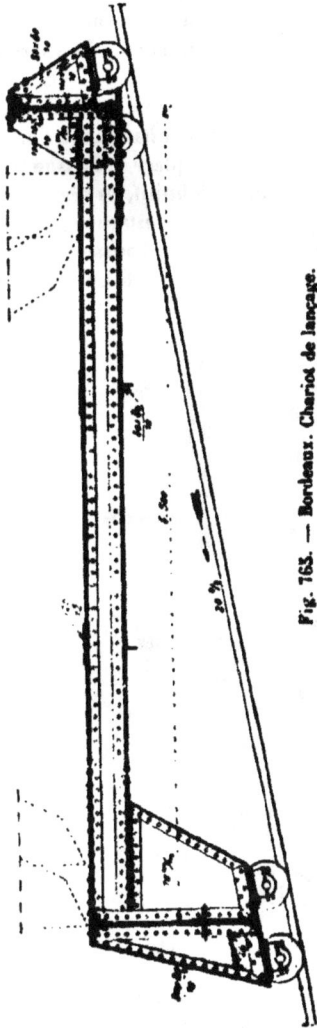

Fig. 763. — Bordeaux. Chariot de lançage.

A Bordeaux, on a employé dans ce but des chariots de lançage roulant sur un plan incliné qui descendait jusqu'à l'étiage ; on profitait, pour faire le lancement, de la haute mer qui faisait flotter le caisson et permettait de remonter le chariot après l'avoir dégagé (fig. 765).

Avant le lancement du caisson, la chambre de travail était surmontée de hausses fixes de 2 à 3 mètres de hauteur, à l'intérieur desquelles on maçonnait après avoir placé le caisson par flottage, au-dessus de son emplacement définitif, en réglant la descente à l'aide de tirants supportés par une estacade ; au fur et à mesure de l'enfoncement, on élevait des hausses fixes et on continuait la maçonnerie intérieure jusqu'à 6 ou 7 mètres au-dessus de la chambre.

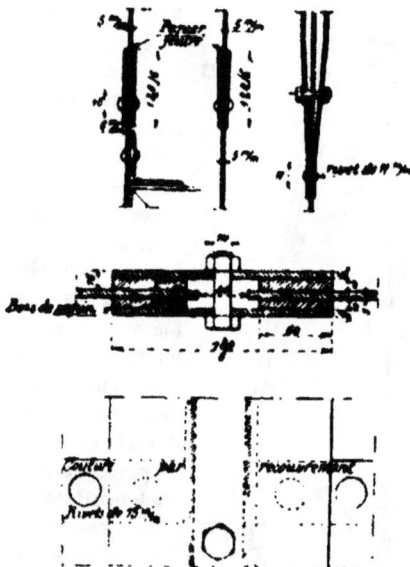

Fig. 766. — Détails des hausses mobiles.

Mais, ayant alors atteint un niveau tel que les hausses dussent rester au-dessus du fond après l'achèvement, on les rendait amovibles, de manière à constituer un batardeau qu'on pût enlever après le travail. Les panneaux du batardeau amovible (fig. 766) étaient simplement coincés à l'intérieur de deux rainures, l'une horizontale fixée au-dessus du caisson fixe, l'autre verticale formée de montants rivés de mètre en mètre ; les rainures laissaient entre elles le vide nécessaire pour recevoir des panneaux en tôle de 5 mm. serrés entre deux liteaux en bois, qui, avec du papier feutre, donnaient des joints étanches. Le travail terminé, les panneaux en tôle s'enlevaient aisément ; pour les montants verticaux, les deux rivets de 0 m. 011 qui les assemblaient étaient difficiles à couper sous l'eau, les circonstances ne permettant pas l'emploi des plongeurs.

Ces travaux ont été exécutés par l'entreprise Zschokke et Terrier, de 1888 à 1891. L'entreprise Hersent, qui lui a succédé, de 1891 à 1895, a amélioré le démontage des hausses mobiles, en constituant celles-ci d'un seul panneau de 5 tonnes pour chaque côté du caisson. L'assemblage avec les hausses fixes était obtenu par de très longs boulons serrant l'une contre l'autre deux cornières horizontales avec interposition d'une corde suiffée ; ces boulons étaient dévissés après le fonçage. C'est une installation analogue à celle que nous avons vue pour le démontage des panneaux latéraux des caissons en bois du pont de Bouchemaine et des quais de Rouen.

Mais le système des batardeaux légers à l'intérieur desquels il est nécessaire de disposer des étaiements solides au moyen de madriers verticaux, de cadres horizontaux et d'étrésillons, gêne notablement la construction de la maçonnerie, et il n'a été employé par l'entreprise Hersent que pour les caissons de culées de dimensions exceptionnelles.

Pour les piles de dimensions courantes, qui étaient au nombre de 84, les caissons ont été construits avec des dimensions uniformes de 9 m. 30 sur 5 m. 40 pour recevoir les piles dont la largeur avait été maintenue à 4 mètres, tandis qu'on avait reconnu la possibilité d'abaisser leur longueur de 10 à 8 mètres.

Les dimensions des nouveaux caissons avaient pour objet de permettre l'emploi du batardeau mobile précédemment adopté par M. Hersent, à Anvers et à Lisbonne.

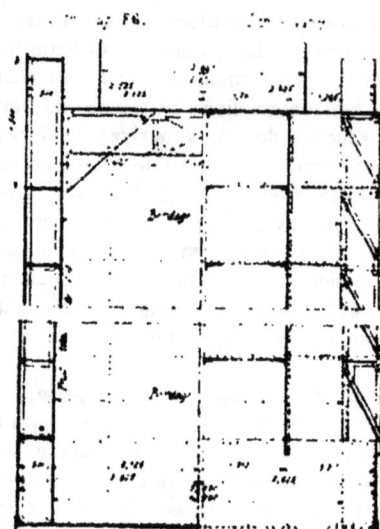

Fig. 767. — Bordeaux. Deuxième période. Détails d'un batardeau mobile. Élévation.

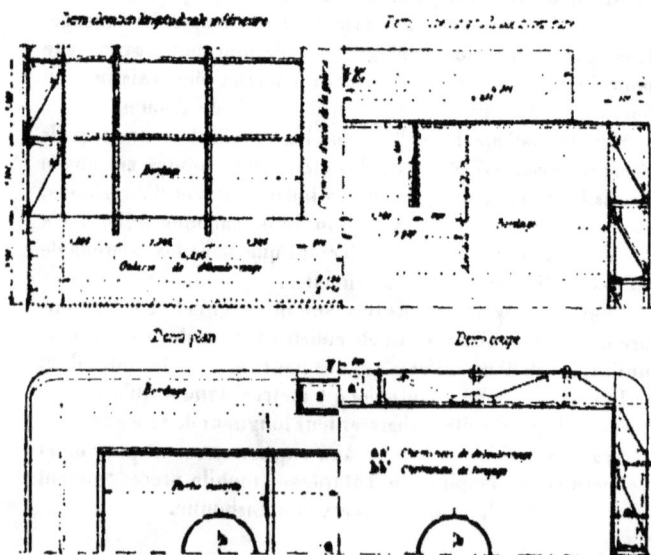

Fig. 768. — Détails d'un batardeau mobile. Plans et coupes.

Le batardeau mobile (fig. 767 et 768) est une grande caisse de mêmes dimensions extérieures que les caissons fixes, et qui a 12 m. 15 de hauteur ; il se compose d'une ossature à treillis de 0 m. 50 d'épaisseur, formée de ceintures horizontales et de montants verticaux ; pour diminuer la sous-pression, sa paroi pleine est à l'intérieur, la paroi extérieure est évidée, excepté sur la hauteur d'une galerie de déboulonnage placée à la base et formant tout autour une caisse rectangulaire de 1 m. 25 sur 0 m. 50 reliée à la partie supérieure par deux cheminées de 1 m. 10 sur 0 m. 50, pourvues d'échelles. En prévision des crues ou de fortes marées d'équinoxe, le batardeau a été surmonté à 0 m. 50 en arrière de la paroi pleine, par des hausses de 1 mètre de hauteur que montre la figure 767.

Le caisson fixe étant arrivé à dépasser d'une petite hauteur le niveau de l'eau, on fait passer au-dessus le batardeau mobile suspendu par les palans d'un échafaudage flottant monté entre deux bateaux couplés ; on relie le batardeau au caisson, après l'avoir laissé descendre sur un joint formé de caoutchouc ou de chanvre, et on serre tout autour les boulons de joint dont les écrous sont placés à l'intérieur de la galerie. On continue la maçonnerie, et le batardeau descend sous l'eau ; tant que la pression n'est pas trop forte, ses parois sont assez rigides pour la supporter. Mais quand la profondeur augmente, il devient nécessaire de les relier par des ceintures et des étrésillons, dont on aurait peut-être pu éviter l'emploi en augmentant la rigidité des parois du batardeau.

Pour n'avoir pas à monter, pendant la construction, tous les matériaux par le haut, le batardeau est percé latéralement de deux rangées de hublots autoclaves de 0 m. 45 sur 0 m. 65, qui permettent l'introduction des matériaux et le passage des maçons, tant que ces hublots sont au-dessus du niveau de l'eau.

Lorsque le fonçage est terminé, les cheminées du batardeau, dont la partie supérieure est disposée pour former sas à air, sont mises en communication avec l'air comprimé, qui chasse l'eau de la galerie inférieure ; les ouvriers s'y introduisent pour déboulonner le batardeau qui est ensuite enlevé par l'échafaudage flottant et transporté sur une autre pile.

L'entreprise Hersent a apporté d'autres modifications aux installations antérieures. Au lieu des chambres de travail avec parois verticales maçonnées, elle a employé des parois en tôle de 8 mm. terminées à la partie inférieure par une cornière $\frac{100}{100}$ consolidée par une tôle d'acier de $\frac{180}{10}$ (fig. 769) ; on a pu ainsi lancer ces caissons sur de simples longrines suiffées

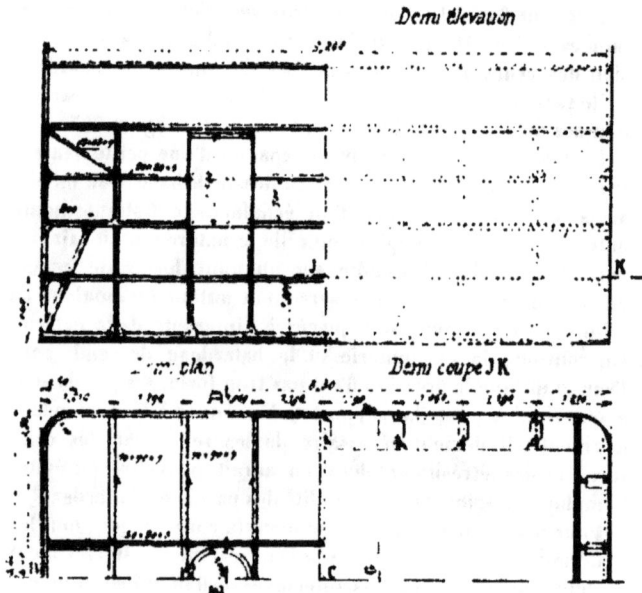

Fig. 769. — Bordeaux. Deuxième période. Détails du caisson fixe au-dessous du batardeau mobile. Plan et élévation.

formant cales inclinées de lançage. En enlevant à l'avance à la drague les premières couches de vase, jusqu'à une profondeur de près de 9 mètres, elle a pu diminuer la durée du fonçage, qui n'a pas dépassé 20 jours en moyenne, tandis que précédemment elle atteignait 60 jours.

Le mode de montage des déblais était différent : MM. Zschokke et Terrier avaient employé l'écluse spéciale que nous avons

décrite à l'occasion des travaux de Livourne (Voir fig. 758).
M. Hersent a eu recours à un va-et-vient de seaux de 25 à
30 litres, dont le cable métallique passant par une presse-
étoupe était actionné par un treuil à friction installé au sommet de l'échafaudage flottant, et il a employé des écluses
spéciales pour l'introduction du béton.

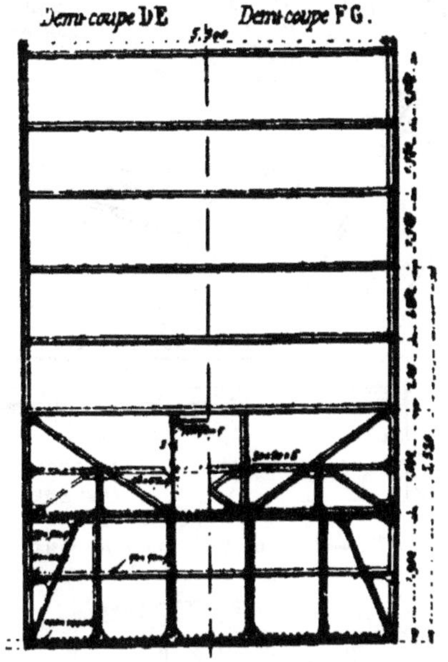

Fig. 770. — Bordeaux. Deuxième période. Détails du caisson fixe au-dessous
du batardeau mobile. Coupe transversale.

Pour compléter les détails relatifs à ces fondations, il nous
reste à parler du cintrage des voûtes reliant les piles. La base
des cintres devant être généralement sous l'eau, surtout pour
la première entreprise, on avait pris le parti fort ingénieux de
constituer les cintres par des arcs métalliques à treillis, placés
au-dessus des voûtes et supportant les couchis au moyen de
longs boulons autour desquels on construisait les maçonneries
et qui devaient être enlevés après leur exécution (fig. 771).

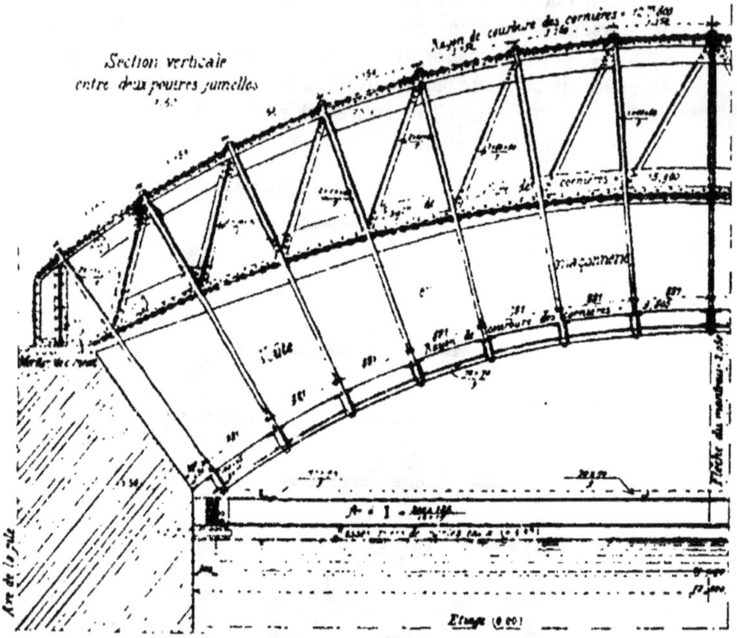

Fig. 771. — Bordeaux. Cintre à conchis suspendues.

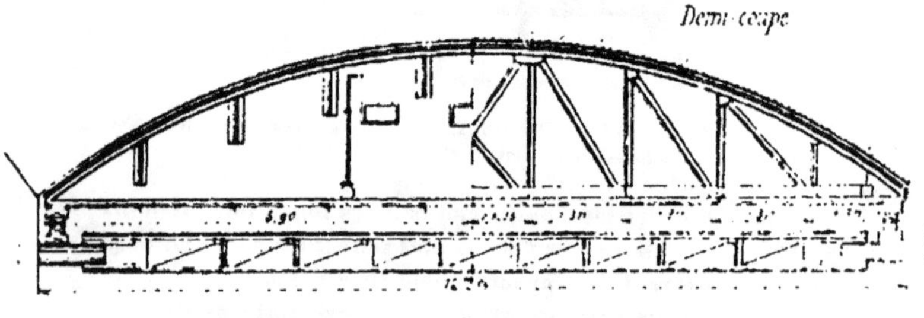

Fig. 772. — Bordeaux. Cintre flottant.

Dans les cas où on avait plus de hauteur, M. Hersent a préféré recourir à des cintres flottants, qui consistaient en une charpente métallique présentant, près des têtes, des caisses étanches dans lesquelles on pouvait introduire de l'air pour les alléger lorsqu'elles devaient être mises en place, et de l'eau pour les échouer ensuite sur des traverses en fer qui portaient des coins de décintrement (fig. 772).

Les piles surmontées de leurs voûtes constituaient l'ossature du quai : pour le compléter en permettant l'exécution du remblai en arrière, on a eu recours, comme nous l'avons vu (art. 503), à des massifs d'enrochement : dans le premier type, on atteignait le niveau des voûtes au moyen de deux massifs d'enrochements, le premier arasé au niveau des basses mers ordinaires, le second établi jusqu'au-dessus des maçonneries et portant en partie sur le précédent et en partie sur le remblai établi en arrière.

Dans le second type, le massif d'enrochements est arasé à l'étiage et surmonté d'un mur en blocs artificiels de maçonnerie séparé des maçonneries fixes par un vide·tel que la poussée du remblai soit reportée sur les enrochements et n'agisse pas directement sur les voûtes ; ce vide est recouvert par des dalles qui portent les remblais du terre-plein.

Les travaux de Bordeaux ont également donné lieu à l'application d'un système, employé pour la construction des quais de Lisbonne, et qui, écarté pour la construction des quais proprement dits de Bordeaux, a fourni une solution satisfaisante pour la cale du Médoc, dans laquelle les piles devaient être construites à un niveau tel qu'elles ne pouvaient pas recevoir leurs voûtes au-dessus de l'eau, à basse-mer.

350. Murs de quai de Lisbonne. — Nous décrirons d'abord les dispositions de ce genre adoptées à Lisbonne.

Dans ce port (fig. 773) les murs de quai, construits de 1888 à 1892, sont fondés sur piliers de 8 mètres sur 4 m. 50 espacés de 12 à 14 mètres d'axe en axe et reposant, soit sur le sol naturel, soit sur un sol artificiel amélioré par des travaux de consolidation.

Le dessus des piliers est arasé à 2 mètres au-dessous des plus basses mers et supporte des linteaux métalliques, constitués par des caisses flottantes ayant une longueur de 11 m. 50 à 13 m. 50, suivant l'espacement des piles, et une largeur de

COUPE

ÉLÉVATION

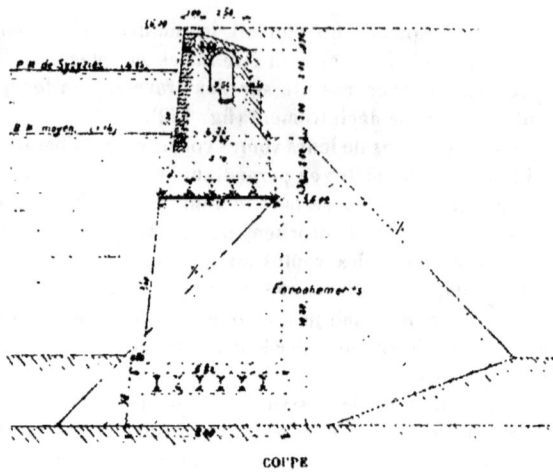

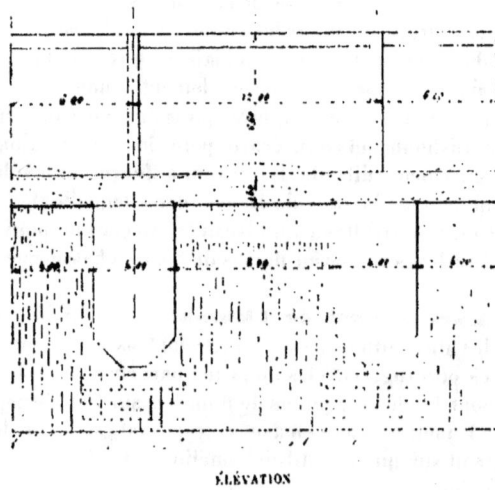

Fig. 773. — Lisbonne. Mur de quai sur linteaux métalliques.

6 mètres ; celles-ci sont surmontées de hausses amovibles qui dépassent le niveau des eaux, lorsqu'elles sont échouées au-dessus des piles.

L'enrochement destiné à fermer les ouvertures entre piliers a 5 mètres d'épaisseur au niveau des linteaux ; le talus prévu était de 1 de base pour 1 de hauteur, il paraît douteux qu'il ait pu être réalisé.

Le sol artificiel, destiné à recevoir la fondation des piliers, lorsque le terrain résistant était à un niveau trop bas, a été obtenu en draguant une rainure dans la couche d'alluvion, de manière à enlever les vases supérieures qui étaient les plus molles ; on remblayait dans cette rainure, d'abord à l'aide d'une couche de sable, puis au moyen de couches alternées d'enrochements et de sable, jusqu'à 0 m. 50 au-dessus du niveau que devaient atteindre les fondations.

Le succès n'a pas été complet et il y a eu des mouvements notables dans quelques points des murs ainsi fondés.

C'est ce qui justifie la remarque faite par M. Quinette de Rochemont, à la page 391 de son cours autographié :

Le système des murs de quais formés de voûtes portées par des piles a bien réussi, dit-il, lorsque les piles s'appuient sur le terrain solide, mais il a donné lieu à divers mécomptes, lorsque les fondations des piles n'étaient pas suffisamment stables (Bordeaux : piles fondées sur pilotis. Lisbonne : fondations sur sol artificiel).

331. Cale du Médoc à Bordeaux. — Le système des linteaux métalliques a été employé dans la construction de la cale du Médoc, à Bordeaux ; les fondations ont été faites à l'air comprimé, et le résultat a été entièrement satisfaisant.

Sur les piles arasées à la cote — 1 mètre au moyen de fondations à l'air comprimé, on est venu poser des linteaux métalliques consistant en caisses flottantes de 15 m. 80 sur 6 m. 40 avec 1 m. 50 de hauteur (fig. 774).

Ces caisses, surmontées de hausses mobiles, ont permis de construire à l'air libre : 1° des cintres fixes en béton de chaux du Teil ; 2° des voûtes présentant, comme celles des quais, 12 mètres d'ouverture et 1 m. 50 de flèche. Lorsque la charge a été suffisante, ces linteaux ont été échoués au-dessus des piles ; on a rempli, avec des sacs de béton coulés sous l'eau, les vides entre deux linteaux consécutifs, on a garni leur partie

29

Coupe transversale

Remblais
en sable

Vase   Vase

Sable   et   gravier

Marne

Élévation

Culée   Pile

Vase   Vase

Sable   gravier

Marne

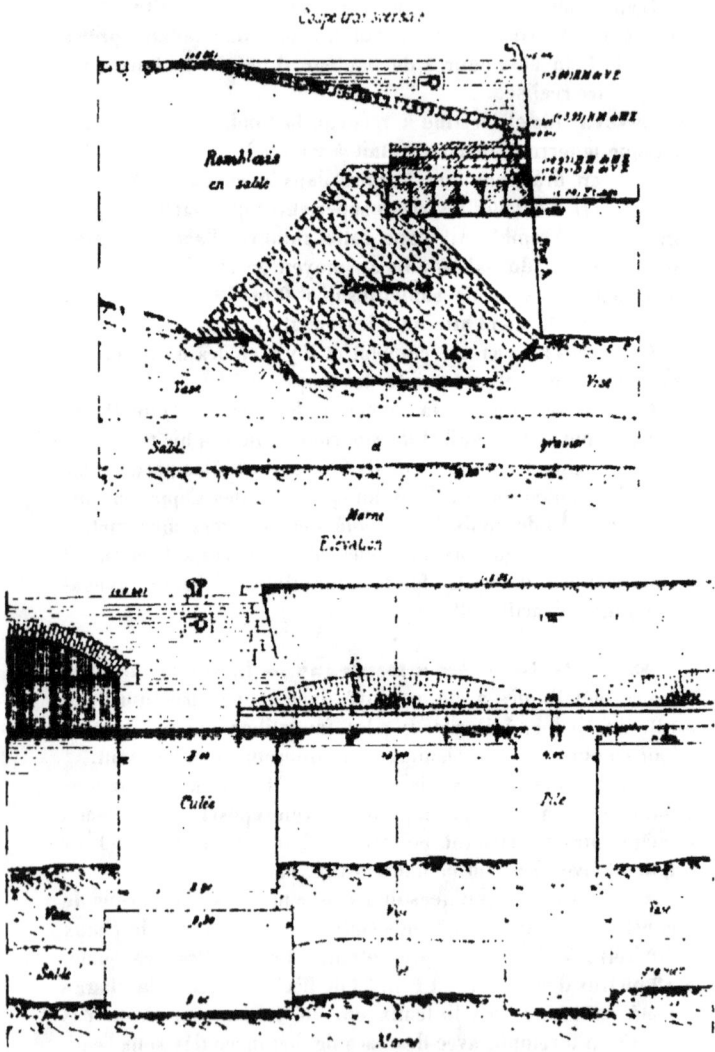

Fig. 774. — Bordeaux. Cale du Médoc sur linteaux métalliques.

supérieure d'un bordage en chêne pour empêcher l'effet des
chocs sur les tôles, et on a rempli, comme dans les autres
types, avec des enrochements, les vides derrière les voûtes ;
puis on a remblayé et construit le parement incliné de la cale.

On voit que, dans ce cas, l'ossature métallique des linteaux
est seulement considérée comme un moyen de construction
et que, par la forme de voûte adoptée au-dessus, les fers qui
enveloppent les maçonneries pourront être détruits plus tard
par l'oxydation sans compromettre la solidité de l'ensemble.

552. Caissons en bois. — En Amérique, les caissons
employés pour les fondations à l'air comprimé se construisent
souvent en bois. Un des types les plus anciens de ce mode de
construction est la fondation du grand pont de Brooklyn qui,
à travers la rivière de l'Est, fréquentée par de grands navires
de mer, relie cette ville à New-York (1870-1883).

553. Pont de Brooklyn. — Le pont suspendu de Brooklyn, un des plus grands ouvrages qui existent, est à trois
travées de 287 mètres et 493 mètres. La hauteur sous le
tablier est de 41 mètres ; la fondation descend à 18 mètres et
les piles s'élèvent à 84 mètres au dessus du niveau des eaux.

Les caissons ont 52 mètres sur 31 mètres ; le plafond et les
côtés sont composés de pièces de bois de yellow-pine entrecroisées de 0 m. 30 sur 0 m. 30 et présentent dans leur
ensemble une certaine analogie avec ceux du pont de Pough-
Keepsie. La chambre de travail a 2 m. 90 de hauteur, des
parois inclinées à 1.10' à l'extérieur et à 45° à l'intérieur,
s'appuyant sur un rouet en fer et fonte ; le plafond a une
épaisseur de 1 m. 50 (fig. 775).

Pour assurer l'étanchéité, on a placé entre deux lits successifs de poutres une feuille de fer blanc entre deux papiers
goudronnés, et on a garni l'extérieur de la chambre d'une
feuille de tôle.

La chambre de travail a été divisée en compartiments par
de fortes cloisons transversales en bois.

Après le lancement du caisson, on le renforça par de nouvelles assises de poutres, mais en ne s'astreignant pas à les
rendre jointives et en remplissant les vides par du béton.

CAISSON DE BROOKLYN 1870. COUPE LONGITUDINALE SUR AB DU PLAN

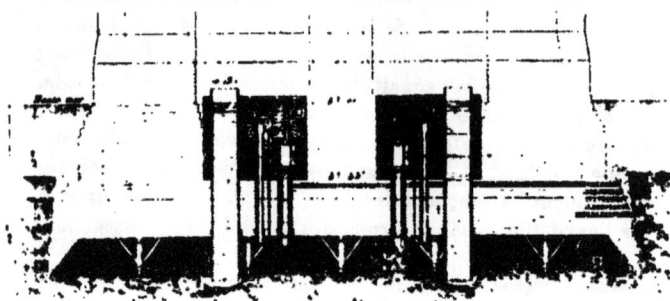

PLAN

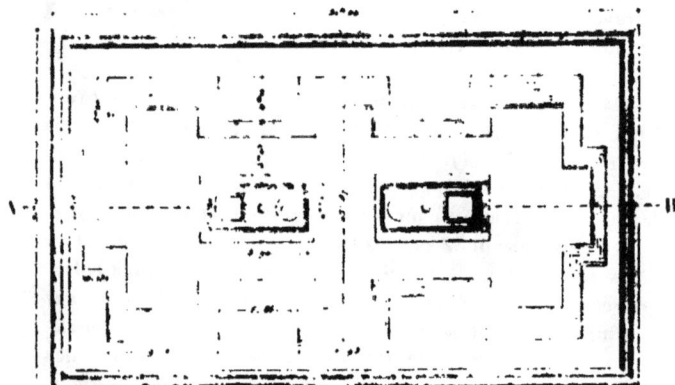

Fig. 775.   Pont sur la rivière de l'Est à New-York.

Trois groupes de puits furent ménagés dans ce plafond : deux pour recevoir des écluses, deux autres pour les puits de dragages ouverts comme à Kehl, mais avec cette différence que le dragage était effectué par des dragues à mâchoires Morris et Cummings ; enfin deux autres pour le passage des matériaux. On enleva aussi des sables au moyen de tuyaux, plongeant dans l'eau en contrebas du tranchant du caisson, dans lesquels on déterminait de véritables chasses par l'ouverture d'un robinet.

C'est un procédé analogue à celui que M. Cézanne a employé au pont de Szegedin, mais moins régulier ; le système que M. Hersent a mis en œuvre à Toulon et dans beaucoup d'autres ouvrages se rattache au procédé de Szegedin et est préférable au système des lâchures.

Dans le caisson (côté de New-York), cinquante tuyaux traversaient le plafond du caisson ainsi que les maçonneries et déversaient leurs eaux au-dessus du batardeau ; leur diamètre variait de 0 m. 09 à 0 m. 13.

Ils pouvaient être utilisés de deux manières différentes, soit par l'action directe de la pression de l'air, soit en employant des pompes à sable.

L'emploi direct de la pression de l'air pour projeter du sable renfermé dans des cylindres avait été expérimenté deux ans auparavant par le général Smith et par M. C. Martin, et plus récemment à Omoha ; après des expériences analogues faites au caisson de Brooklyn, on mit en œuvre le même procédé dans le caisson de New-York, en employant d'abord des bouts de tuyaux flexibles descendant jusqu'au bas de la chambre de travail et pourvus d'un robinet, destiné à produire des lâchures.

L'objection à laquelle ce système aurait pu donner lieu dans une fondation tubulaire de petite section ne s'appliquait pas à un grand caisson, constituant un vaste réservoir ; quant à l'augmentation produite dans la consommation de l'air, il faut remarquer qu'en dehors de l'alimentation nécessaire pour le maintien de la pression, on doit en outre fournir une certaine quantité d'air pour renouveler et rafraîchir l'atmosphère du caisson. En général cet air s'échappe sous le tranchant du caisson sans produire aucun travail utile ; on peut donc, sans augmenter sensiblement la dépense, s'en servir pour l'extraction du sable.

Ces considérations, jointes à la dépense élevée de l'installation de pompes spéciales, déterminèrent les ingénieurs à faire une application étendue de ce système.

A la profondeur de 18 mètres environ, avec un tuyau de 0 m. 09 ouvert pendant une demi-heure de suite, on a obtenu un débit de 0 m³ 38 par minute, en faisant travailler

15 hommes à jeter à la pelle les déblais près de l'orifice du tuyau, descendant un peu en contrebas du tranchant du caisson.

A cette profondeur, l'alimentation de l'air ne permettait pas de desservir simultanément plus de trois tuyaux. C'était peu, eu égard au nombre total des tuyaux ; mais on était limité par le nombre d'hommes nécessaires pour approcher le sable des tuyaux, tout en creusant le sol sous le tranchant du caisson et sous les poutres transversales.

De nombreuses expériences ont été faites par le colonel Paine et par M. Collingwood sur les dispositions à adopter pour les tuyaux à sable. On a d'abord essayé des bouts flexibles terminés par un filtre : ces organes s'étant ensablés, on supprima les filtres et on employa un coude en fer de petite dimension avec un bout de tuyau flexible qui pouvait ainsi être un peu écarté de l'extrémité du tuyau fixe.

Le robinet à air était placé sous le plafond et des ouvriers l'ouvraient et le fermaient successivement pendant que d'autres ouvriers rejetaient la terre en tas coniques au pied du tuyau.

Lorsque la pression augmenta par suite de l'approfondissement, les orifices inférieurs des tuyaux furent diminués à 0 m. 075 et 0 m. 05, et la même quantité de sable put être entraînée avec une moindre dépense d'air.

Les matériaux passaient très vite, les pierres et graviers étaient projetés à de grandes hauteurs, il y avait même des projections de sable lorsque l'alimentation était irrégulière, mais la pratique arrivait à la rendre plus uniforme.

Au début, les tuyaux en fer des conduites se terminaient à leur sommet par des coudes en fonte, mais le choc du sable les coupait en quelques heures, et quelques minutes suffisaient souvent pour diminuer l'épaisseur de la fonte de 0 m. 038 à 0 m. 030 ; après avoir remplacé ces coudes par des pièces en acier qui ne duraient que peu de jours, on prit le parti de supprimer tous ces coudes et de recevoir l'extrémité du tuyau au milieu de gros blocs de granit à travers lesquels les matériaux s'écoulaient au-dessus des batardeaux.

Pendant ce travail, on disposait de treize compresseurs à

air : quatre seulement étaient considérés comme nécessaires pour maintenir la pression, six autres servaient pour renouveler et rafraîchir l'air, tandis que les trois derniers constituaient la réserve, nécessaire pour parer aux accidents et aux réparations.

D'autres procédés furent nécessaires pour l'extraction des déblais lorsqu'on eût pénétré entièrement dans les sables compacts, mélangés de graviers et de cailloux roulés ; ce terrain était trop dur pour être pénétré par les mâchoires des dragues et il était même difficile de l'attaquer avec des barres à mine ; on dut fermer certains puits, les recouvrir d'écluses à air et remonter les déblais par ces écluses.

Dans la fondation (côté Brooklyn) la fin de la descente fut compliquée par la rencontre d'un rocher dont la surface supérieure était inclinée ; dès que le caisson prit appui sur le sol, par l'une de ses faces, on l'arrêta par des murettes en béton, puis on termina le déblai et on procéda au remplissage.

Le succès de ce travail considérable ne contribua pas peu à rendre les constructeurs entreprenants dans les applications successives qui furent faites depuis son achèvement.

Le pont de Brooklyn est décrit dans la collection des dessins remis aux élèves de l'École des Ponts et Chaussées (1885) et dans un article de M. Malézieux (*Annales des Ponts et Chaussées*, 1874, 1ᵉʳ sem., p. 352).

Les projets de ce grand ouvrage ont été dressés et la construction a été commencée par M. John Rœbling, remplacé après sa mort (1869) par son fils, M. Washington A. Rœbling.

On a reconnu à ce type de caissons de grands avantages en ce que, dans les pays où le bois est abondant, il est d'une construction facile, ne craignant ni les chocs, ni l'emploi des explosifs à l'intérieur, ni les inégalités du sol. Ces caissons flottent d'eux-mêmes et sont faciles à lancer et à mettre en place ; mais en revanche, quand ils sont immergés, leur légèreté oblige à augmenter la surcharge en maçonnerie et ils donnent lieu contre le terrain à des frottements plus élevés que la tôle ; c'est ce qui a conduit les Américains à employer presque systématiquement des lâchures d'air pour provoquer la descente des caissons, malgré les dangers de cette manœuvre.

554. Pont de Blair-Crossing. — Aussi, tout en maintenant l'emploi du bois, a-t-on, dans divers ouvrages cités par M. Le Rond (1), tels que les ponts de Plattsmouth (1880) et

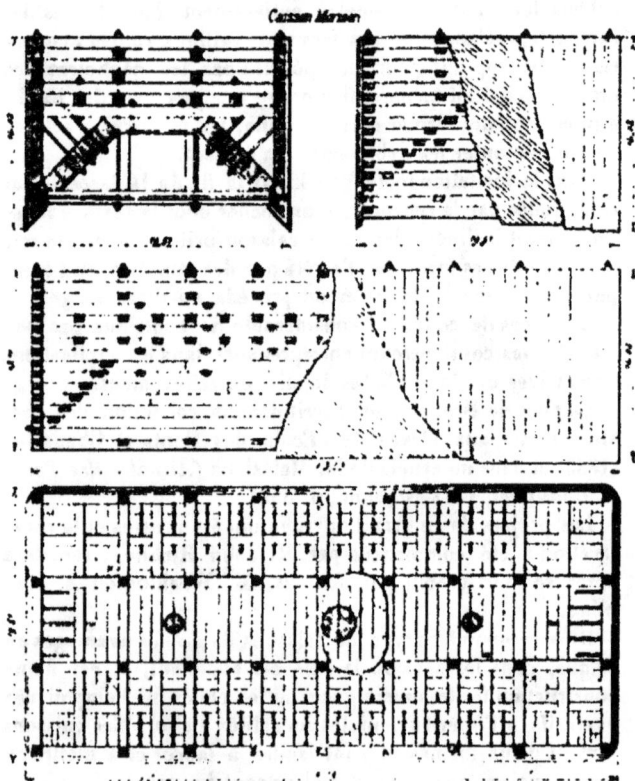

Fig. 770. — Pont de Blair-Crossing.

(1) *Les Travaux Publics de l'Amérique du Nord*, par M. Le Rond (Rothschild, éditeur, Paris, 1896).

de Blair-Crossing (1883) (fig. 776), employé un nouveau type
de caissons en bois, dans lequel la charpente, toujours formée
à l'extérieur de pièces superposées, est constituée à l'intérieur par un simple coffrage incliné à 45° et relié par des
tirants à la paroi extérieure ; le plafond est également composé de cours de poutres entrecroisées, laissant entre elles de
larges vides qui sont remplis par du béton : ce remplissage
consolide les parois latérales de la chambre de travail et constitue l'élément essentiel de l'étanchéité du plafond. C'est le
type créé par l'Ingénieur Georges Morison.

Au pont de Plattsmouth, des caissons de ce type ont été
chargés en béton après lancage de l'ossature en charpente, et
l'ensemble a formé une voûte reportant les charges sur le
couteau ; on a pu, grâce à l'augmentation de poids ainsi obtenue, produire la descente, sans recourir aux chutes brusques
de pression.

Pour rendre solidaires les différentes parties du caisson, les
poutres superposées étaient reliées par des broches de 0 m. 75
de longueur, et l'ensemble de chaque caisson consolidé, de
distance en distance, par de longs boulons et par des fourrures extérieures verticales.

353. Pont de Fort-Madison. — Cependant, d'autres
constructeurs ont conservé des types analogues à ceux de

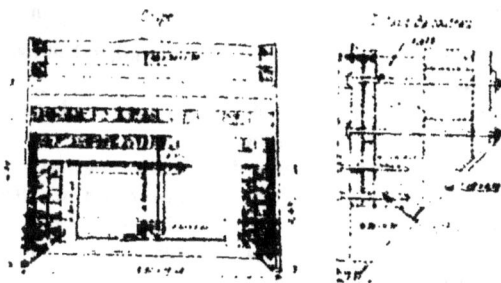

Fig. 777. — Pont de Fort-Madison.

Brooklyn. Ainsi au pont de Van-Buren (1885) et au pont de

Fort-Madison (1887) (fig. 777), les parois intérieures des caissons sont construites parallèlement aux parois extérieures, et celles-ci sont revêtues d'un bordage extérieur en madriers verticaux (type Sooy-Smith).

556. Pont de Chillicothe. — Dans les ouvrages de dimensions moyennes, l'emploi des caissons en bois donne lieu à des solutions souvent économiques.

En 1898, pour la reconstruction d'un pont-route sur la rivière Scioto, à Chillicothe (État d'Ohio, États-Unis), on avait à fonder deux piles à environ 9 mètres de profondeur, et une offre fut faite à forfait moyennant une somme de 66.000 fr., pour une fondation par épuisements.

Le prix demandé pour une fondation à l'aide de l'air comprimé ne fut que de 58.000 francs.

Les caissons, construits au moyen de deux cours de poutres de $\frac{0 \text{ m}. 30}{0 \text{ m}. 30}$, ont 3 m. 76 de largeur et 9 m. 86 de longueur ; la hauteur libre dans la chambre de travail est de 1 m. 83.

Les faces intérieures et extérieures sont revêtues d'un bordage vertical en madriers jointifs de 0 m. 05 d'épaisseur dont tous les joints sont calfatés ; les poutres sont assemblées au moyen de broches de 0 m. 020 à 0 m. 022 de diamètre, 0 m. 60 à 0 m. 75 de longueur, espacées de 1 m. 25 à 1 m. 50.

La base du caisson est taillée en biseau et armée d'un bordage de $\frac{0 \text{ m}. 05}{0 \text{ m}. 15}$; deux poutres transversales de 0 m. 30 sur 0 m. 30, placées à 0 m. 60 au-dessus du fond, entretoisent les parois longitudinales.

Le plafond de la chambre de travail comprend, au-dessus d'un revêtement en madriers, deux cours de poutres à joints croisés, puis des cadres formés de poutres superposées, dont les longues faces sont raidies par deux cours d'entretoises espacées de 0 m. 60 d'axe en axe ; les bordages extérieurs de la chambre de travail se prolongent sur toute la hauteur du caisson et sont également calfatés.

Trois tuyaux de 0 m. 10 de diamètre traversent le plafond de chaque caisson : deux pour servir au siphonnement des

déblais, le troisième pour alimenter le caisson d'air comprimé ;
deux autres ouvertures sont affectées, l'une de 0 m. 46 de

Elévations

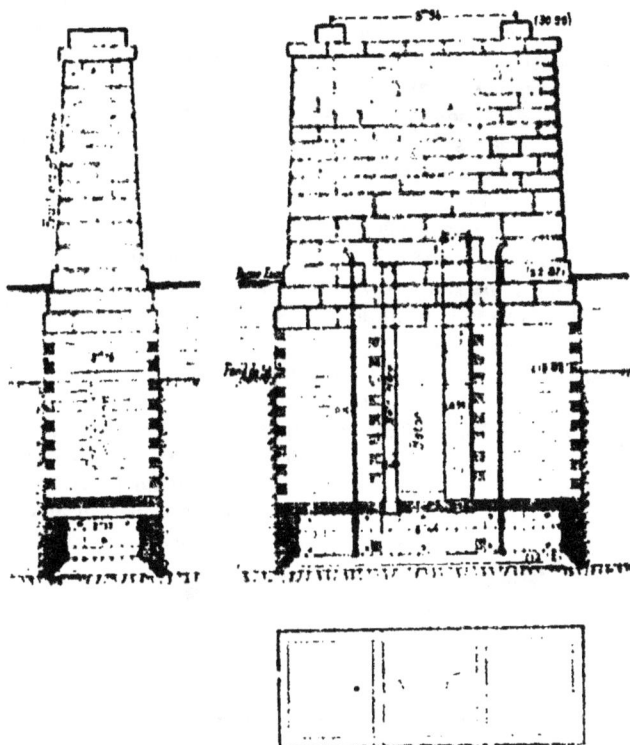

Fig. 778. — Pont de Chillicothe. Elévations ; plan du caisson.

diamètre, au service d'un puits de même ouverture pour l'introduction du béton, l'autre, de 0 m. 51 de diamètre, à l'accès
d'un puits de 0 m. 91 de diamètre, muni d'une échelle, servant de sas à air pour le personnel.

Les caissons furent mis à l'eau par lançage sur glissières, puis lestés au-dessus de l'emplacement de chaque pile au moyen de béton dosé à raison de 1 de ciment de Portland, 2,5 de sable et 5 de gravier.

Le foncage s'effectua ensuite à l'aide de l'air comprimé ; puis on entourait de déblais le pied des tuyaux de siphonnement, une chasse produite par un jeu de robinets les évacuait par le tuyau pendant que, par suite de la chute de pression, le caisson s'abaissait de 0 m. 15 à 0 m. 25.

Le travail ne donna pas lieu à d'autres incidents que la rencontre de gros galets, de pierres provenant de l'ancien pont et de troncs d'arbres qu'on dut faire sauter à la dynamite. Le foncage fut arrêté à des profondeurs voisines de 13 mètres sous l'eau pour deux piles.

Pour une troisième pile, dont la fondation avait été projetée avec pieux métalliques, l'entrepreneur offrit de la fonder à l'aide de l'air comprimé et le prix accepté fut de 14.500 fr., mais avec un caisson de 26 m. 25 de surface seulement, au lieu de 37 m², surface des premiers caissons.

La dépense totale pour la fondation des deux premières piles a été de 70.600 fr. ; nous aurons occasion de la comparer plus loin avec des ouvrages analogues construits en Europe.

Rappelons par l'exemple des ponts de Saint-Louis et d'Hawkesbury, que les ingénieurs américains ont également admis le fer et l'acier dans la construction des caissons pour certaines fondations.

b) Chambres de travail en maçonnerie.

337. Chambres de travail en maçonnerie. — En Europe, après avoir presque exclusivement employé le fer dans les fondations à l'air comprimé, on a cherché à diminuer le poids du métal et à construire des chambres de travail et des fondations exclusivement en maçonnerie.

338. Pont du Tet. — En France, ce procédé a été employé à titre d'expédient, vers 1867, à l'époque même où se constrnisaient, en Allemagne, les premières fondations sur chambre de travail en maçonnerie.

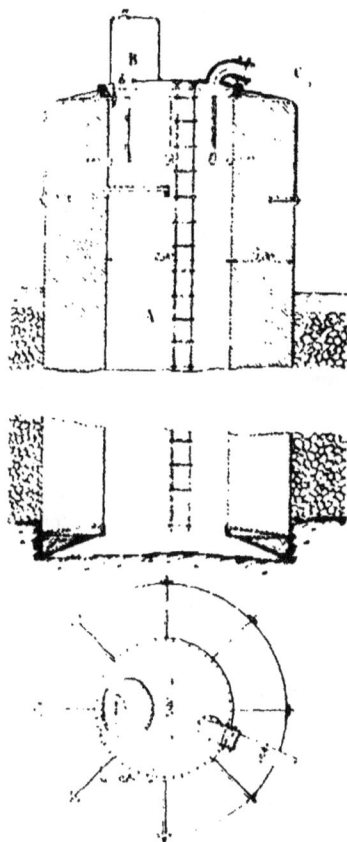

Fig. 779. — Pont du Tet. Puits foncé à l'aide de l'air comprimé.

Sur la ligne de Narbonne à Perpignan, pour la construction du pont du Tet, vers 1867, on avait projeté de fonder les culées au moyen de puits de 4 mètres de diamètre enfoncés à 8 mètres de profondeur à travers un terrain de cailloux agglomérés, superposés à un banc de tuf.

Les puits étaient construits sur des rouets en tôle avec garniture intérieure en bois ; mais les maçonneries ayant été élevées de 4 mètres au-dessus du sol, les eaux étant très abondantes et le terrain résistant, on ne put déblayer ni à l'aide d'épuisements, ni par dragage.

On prit le parti de recourir à l'air comprimé, en recouvrant la maçonnerie par une calotte en tôle de 0 m. 003 d'épaisseur supportant un sas à air (fig. 779).

Huit tirants doubles en fer plat $\dfrac{0 \text{ m. } 05}{0 \text{ m. } 015}$ reçurent une ceinture en fer à T sur laquelle la calotte fut assemblée par de nombreux boulons, avec interposition d'une bande de caoutchouc.

Le sas à air était elliptique, de 1 mètre sur 0 m. 80 de section ; il n'avait qu'une hauteur beaucoup trop faible, d'un mètre seulement. Les soupapes étaient de simples disques en caoutchouc manœuvrés par des ficelles. Un plancher en bois, placé à 1 m. 65 en contrebas de la calotte, facilitait l'accès du sas.

L'air comprimé était fourni par une machine de 6 chevaux.

A la traversée des cailloux, la pression se maintenait régulière, mais les frottements arrêtaient la descente, et on dut employer des chutes brusques de pression ; à la traversée du tuf, l'imperméabilité du terrain produisit une surélévation de la pression à laquelle on remédia en ajoutant une soupape de sûreté.

Ces dispositions étaient très sommaires et seraient aujourd'hui notablement modifiées dans le détail ; mais elles donnent le premier exemple que nous connaissions d'un puits en maçonnerie enfoncé, en France, à l'aide de l'air comprimé.

339. Pont de Hornsdorf. — En Allemagne, après la construction de divers ponts, en 1866, à Stettin, sur l'Oder et le Parnitz, et à Dusseldorf, sur le Rhin (1866), cette innovation a été surtout appliquée en 1876, sur l'Elbe, à Hornsdorf, pour un pont du chemin de fer de l'Etat de Hanovre (1), à travers

(1) *Annales des Ponts et Chaussées* 1883. 1re Sem. Fondations du pont de Marmande, M. Séjourné.

un terrain comprenant de grandes épaisseurs de sable et de
gravier avec des mélanges, par intervalle, de petites couches
de tourbe et d'argile.

Pour la fondation des piles de ce pont, on a construit des
colonnes creuses en maçonnerie de 8 mètres de diamètre sur
un rouet en bois supporté par un couteau en tôle (fig. 780).

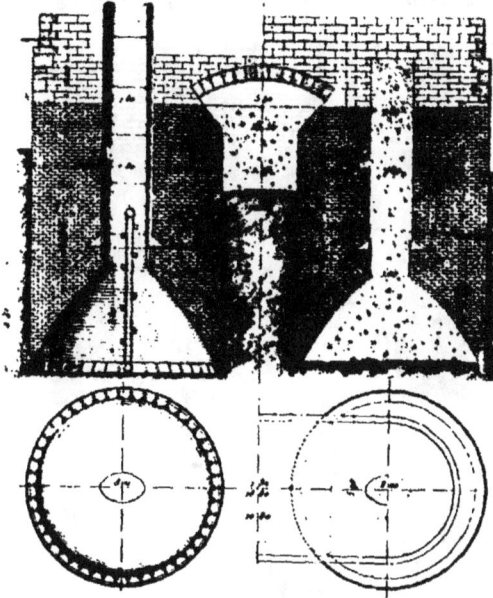

Fig. 780. — Pont de Hornsdorf. Premier type. Coupe transversale et plan.

La chambre de travail, de 6 m. 86 de diamètre à la base
avec 3 m. 80 de hauteur au-dessus du rouet, était constituée
par une maçonnerie verticale à l'extérieur, et construite à
l'intérieur, par retraites successives, en briques de 0 m. 11
d'épaisseur, jusqu'à se réduire à 1 mètre de diamètre. 19 ancres en fer rond de 0 m. 02 reliaient la maçonnerie.

Au-dessus du sommet de la voûte, une plaque de tôle engagée dans la maçonnerie supportait le pied de la cheminée qui
recevait à la partie supérieure une écluse à air.

Chaque pile devait être fondée sur deux colonnes de ce type espacées de 10 m. 80 d'axe en axe ; mais, ayant éprouvé des difficultés à relier par des voûtes supérieures les deux puits d'une même pile, on prit le parti de les relier à la base, en leur donnant la forme de deux contours elliptiques réunis par une corde commune ; une cloison évidée en maçonnerie reliait transversalement le milieu des parois opposées (fig. 781).

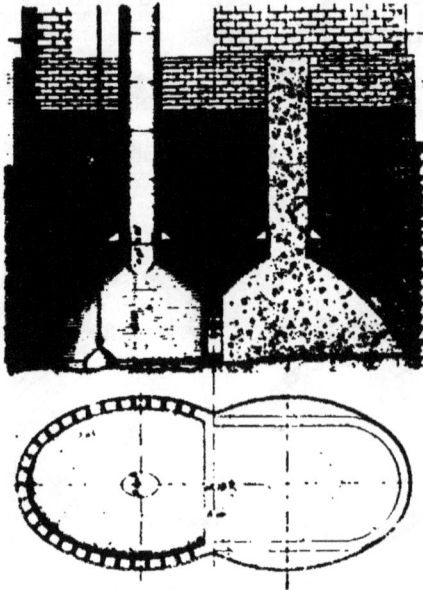

Fig. 781. — Pont de Bornsdorf. Deuxième type. Coupe transversale et plan.

389. Ponts de Marmande. — Lors de la construction des ponts de Marmande sur la Garonne (1881-1885) MM. Faraguel et Séjourné, après avoir employé, pour les fondations du grand pont et pour une partie des fondations des viaducs d'accès, des caissons en tôle analogues aux types ordinaires, ont fait adopter pour les autres fondations des viaducs : 1° pour les culées, des caissons rectangulaires en maçonnerie

sur rouets avec voûtes en ogive à l'intérieur de la chambre de
travail ; 2° pour les piles, des caissons sur plan elliptique,
avec voûtes ogivales à simple ou à double courbure dans la
chambre de travail.

La forme plane des parois des premiers caissons était peu
favorable à la résistance et surtout à l'étanchéité. Nous donnerons seulement les détails des caissons adoptés pour les dernières fondations dont les projets ont été présentés par MM.
Pugens et Guibert, en se servant de l'expérience acquise
dans les travaux exécutés par M. Séjourné qui en a rendu
compte dans son important mémoire.

Dans les derniers caissons de Marmande, pour les culées
comme pour les piles, la forme adoptée en plan est généralement elliptique ; mais, pour la commodité du tracé, on a remplacé les ellipses par des arcs à trois centres ayant, pour les
piles, 8 m. 50 de longueur sur 6 mètres de largeur (fig. 782).

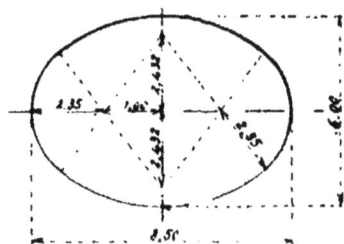

Fig. 782. — Pont de Marmande. Plan d'un caisson de pile.

Le couteau se compose d'une tôle de 0 m. 56 de hauteur,
renforcée à sa base par une tôle de 0 m. 15 et par une cornière
horizontale ; à une hauteur de 0 m. 35 est assemblée une tôle
horizontale sur laquelle s'appuie le rouet en charpente ; elle
est raidie à l'intérieur par une cornière et reliée à la paroi
verticale par des équerres formées de doubles cornières, dont
l'une des ailes est à l'intérieur. On trouve à cette disposition
l'avantage de limiter la descente du caisson qui est plus régulière lorsque le couteau est successivement dégagé par les
ouvriers, que lorsque la descente s'opère par la pénétration
directe du couteau dans le terrain (fig. 784).

Au-dessus se pose le rouet en charpente formé de trois assises de madriers de 0 m.08, formant des saillies successives, assemblés au rouet par des boulons verticaux et soigneusement calfatés.

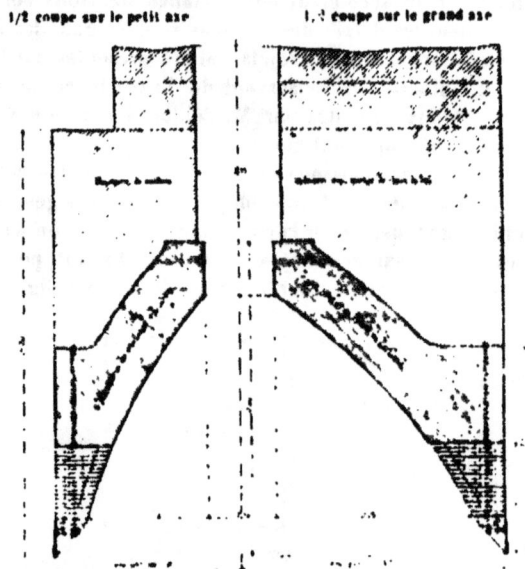

Fig. 783. — Pont de Marmande. Coupe de la chambre de travail d'une pile.

Le rouet supporte la maçonnerie de la chambre de travail, dont les parois extérieures sont verticales et dont les parois intérieures sont uniformément tracées avec un rayon de 9 mètres ; elles comprennent une hauteur de 1 m. 15 en briques et ciment ayant 0 m. 54 d'épaisseur à la base, au-dessus une maçonnerie de 1 m.55 de hauteur, réduite à 1 mètre parallèlement à l'intrados des voûtes en maçonnerie de moellons avec ciment de Portland, enfin le surplus est en maçonnerie ordinaire avec chaux du Teil (fig. 783 et 785).

En vue de l'étanchéité, les maçonneries de mortier de Portland sont dosées à raison de 500 kgs par mètre cube de sable,

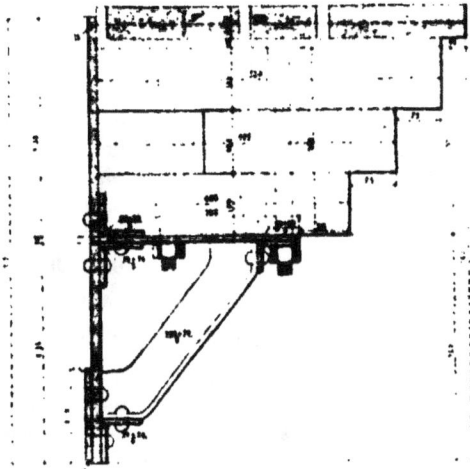

Fig. 784. — Pont de Marmande. Détails du rouet.

1 2 coupe sur le petit axe   1 2 coupe sur le grand axe

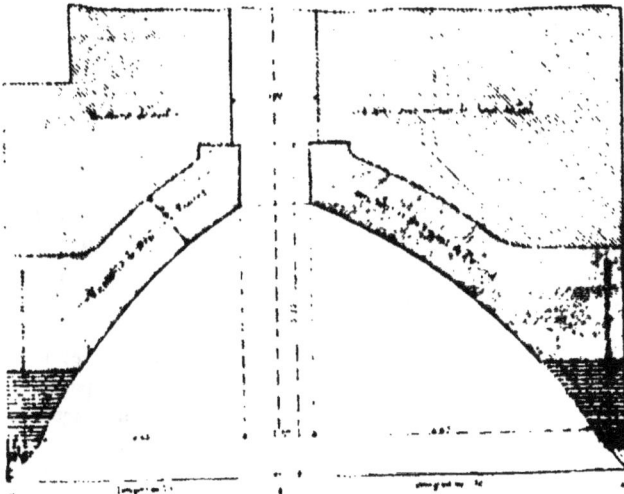

Fig. 785. — Pont de Marmande. Coupes de la chambre de travail d'une culée.

et les enduits à raison de 650 kgs ; pour les maçonneries de chaux, on emploie 350 kgs de chaux par mètre cube de sable.

Les maçonneries sont reliées au rouet par deux cours de tirants verticaux, les uns de 1 m. 10 de longueur utile et de 25 mm. de diamètre, les autres de 2 m. 95 de longueur utile et de 32 mm. de diamètre, boulonnés sur le rouet et s'appuyant sur les maçonneries par des ancres de 0 m. 60 de longueur.

Au-dessus de l'orifice central de 1 m. 10 de diamètre se pose la plaque d'appui de la cheminée qui a une section de $\frac{2 \text{ m. } 40}{2 \text{ m. } 40}$ et à laquelle est superposé un puits de 1 m. 35 de diamètre. Cette plaque est, avec le couteau, le seul élément métallique qui reste incorporé dans la fondation. A l'extérieur et à l'intérieur, toutes les maçonneries sont revêtues d'un enduit en mortier de ciment de 0 m. 03 d'épaisseur.

Elles forment un massif cylindrique de 6 m. 20 de diamètre qui s'enfonce avec le couteau ; c'est seulement au-dessus qu'on ménage les retraites nécessaires pour diminuer le cube des maçonneries supérieures.

M. Séjourné avait également, dans les fondations faites sur caisson métallique, pour le même ouvrage, supprimé les hausses au-dessus des chambres de travail ; dans une de ces fondations, il s'est produit un incident qui mérite qu'on s'y arrête.

Le terrain dans lequel le fonçage s'effectuait était un gravier très mobile donnant des frottements et des pressions considérables ; on s'était enfoncé dans le tuf de 0 m. 98, et le gravier au-dessus avait une épaisseur de 7 m. 48. Le poids de la pile était de 830 tonnes, la sous-pression de 397 tonnes ; il y avait donc un excédent de charge de 433 tonnes.

Par suite d'une détente brusque de l'air comprimé, un enfoncement subit de 0 m. 69 se produisit et on put constater qu'un décollement de 0 m. 04 s'était produit dans le massif, la partie supérieure restant suspendue par le frottement.

On résolut de continuer le fonçage et de ne réparer l'avarie qu'après son achèvement.

Pour y parvenir, après avoir enlevé la première cheminée

et le sas, on plaça au-dessus de la partie supérieure une plaque d'appui de cheminée surmontée d'une hauteur de maçonnerie de 2 mètres et on monta au-dessus une cheminée et un sas : la fissure se trouvait ainsi dans une région d'où on pouvait refouler l'eau par l'air comprimé : on reconnut qu'elle se trouvait à la première assise au-dessus des poutres du plafond, et on y pratiqua des reprises successives en maçonnerie, par retraites, à partir d'une hauteur de 1 m. 33 à l'intérieur, jusqu'à 0 m. 35 près du parement.

Cet accident montre le danger que présente la suppression des hausses métalliques, lorsqu'on se trouve dans un terrain qui produit des frottements énergiques ou inégaux et de fortes pressions. Il semble qu'il faudrait, dans ce cas, comme on l'a fait dans certains ouvrages, relier par des charpentes provisoires la partie inférieure du sas avec la maçonnerie, pour se servir de la cheminée comme d'un tirant rendant solidaires les diverses parties de la fondation.

D'autre part, plus les frottements sont élevés, plus la surcharge doit être forte, pour que *tout* le massif descende au fur et à mesure du déblai, sans qu'une partie puisse rester suspendue sous l'action des frottements, même lorsque le couteau ne s'appuie plus sur le fond.

Dans ce système, les chutes brusques de pression sont dangereuses et doivent être évitées avec grand soin.

Il est d'ailleurs beaucoup moins important, au point de vue de l'économie, de supprimer les hausses que l'enveloppe métallique de la chambre de travail, et avec le système des chambres en maçonnerie, le massif présente une homogénéité qu'il n'a pas lorsque la fondation est traversée par les poutres du plafond.

Dans les travaux exécutés par M. Séjourné, le métal incorporé aux fondations par caissons métalliques représentait un poids d'environ 250 kgs par mètre carré ; l'économie de métal, réalisée par l'emploi des chambres en maçonnerie, a été de 30 0/0 pour les culées et de 60 0/0 pour les piles.

Nous verrons plus tard que cette économie n'est pas sans compensations, eu égard à la forme elliptique qui a dû être adoptée pour les caissons et aux sujétions résultant de la

nécessité de laisser durcir les maçonneries au-dessus du
rouet avant de commencer le fonçage.

561. Bassin à flot de Rochefort. — Les travaux du troisième bassin à flot de Rochefort ont été généralement exécutés par havage (voir art. 497).

Dans certains puits, les rentrées de vase molle ou d'eau
par le fond ont été telles que le fonçage ne pouvait plus être
continué par les mêmes procédés et on dut avoir recours à
l'air comprimé.

En prévision de tels accidents, on a ménagé, à 5 mètres au-

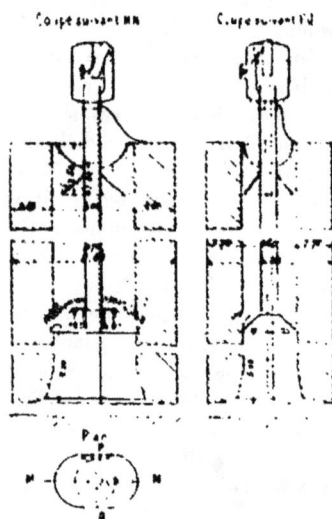

Fig. 786. — Rochefort : troisième bassin à flot. Fonçage de puits
en maçonnerie à l'aide de l'air comprimé.

dessus de la base de tous les puits restant à foncer, une cavité
sur le pourtour de leur parement intérieur. Lorsque le fonçage
par havage était arrêté par siphonnement de vase ou irruption
d'eau, cette cavité recevait le cintre et le sommier d'une voûte
en maçonnerie de ciment de Portland de 1 mètre d'épaisseur ;

un vide circulaire de 0 m. 70 de diamètre était laissé au sommet de la voûte (fig. 786).

Après le décintrement, la partie supérieure du puits était remplie soit en béton, soit en maçonnerie, en aménageant toujours au-dessus de la voûte l'évidement circulaire. Le puits était ainsi transformé en un caisson en maçonnerie présentant à sa partie inférieure une chambre voûtée, et, dans la partie centrale, une cheminée d'accès à cette chambre. A 2 m. 50 au-dessous du couronnement du puits, on établissait une amorce de cheminée en tôle de 1 m. 50 de hauteur avec tirants et équerres, on maçonnait soigneusement tout autour et on boulonnait sur la bride supérieure un sas à air. Le fonçage se terminait ainsi à l'aide de l'air comprimé ; pour assurer l'étanchéité, les parements intérieurs du puits avaient été revêtus d'un enduit en ciment de Portland pur.

Après l'enlèvement du sas à air, il ne restait dans le puits que 350 kgs de fer incorporés à la fondation.

349. Poids des caissons métalliques. — Pour comparer les caissons avec métal incorporé et les caissons en maçonnerie, en supposant qu'on puisse exécuter dans les deux systèmes des fondations de même surface, un élément important à connaître est le poids de métal du caisson proprement dit, c'est-à-dire de la chambre de travail, de son plafond et des hausses correspondant à la hauteur des poutres du plafond.

Pour le poids des hausses supérieures, qui est variable avec la profondeur de la fondation et avec le niveau des eaux, on pourra établir un calcul approximatif avec une épaisseur moyenne de 4 mm. généralement admise, les hausses étant quelquefois réduites à 3 mm. et rarement portées, dans les ouvrages récents, au-dessus de 4 mm.

Quant aux caissons proprement dits, M. Séjourné, dans son mémoire des *Annales* de 1883, 1er semestre, et M. Tavernier, dans un mémoire inséré aux *Annales* de 1893, 2e semestre, ont réuni de nombreux éléments ; mais ils ont fait remarquer que le poids des caissons variait avec le périmètre et avec la surface suivant une loi complexe, dans la détermination de

laquelle il faudrait faire entrer la profondeur à atteindre et
la résistance des couches à traverser.

On doit donc se borner à indiquer les limites réellement
atteintes sur divers chantiers, suivant la forme et la surface
des caissons, et les chiffres que nous allons citer s'appliquent
exclusivement à des ouvrages construits depuis 1880, c'est-
à-dire correspondant à la période où ce mode de fondation
est devenu d'un usage entièrement courant.

Dans 34 types de caissons construits de 1880 à 1891,
notamment par le Creusot, on trouve :

dans des culées de pont :

— d'une surface de — des poids de :

35 à 44 m²	217 à 250 kgs.	)	par
58 à 95 »	221 à 321 »	}	mètre
108 à 272 »	163 à 561 »	)	carré

dans des piles de pont :

27 à 44 m²	220 à 319 kgs.	)	par
64 à 90 »	188 à 214 »	}	mètre
115 à 200 »	254 à 413 »	)	carré

Dans chaque catégorie, les poids par mètre carré ne suivent pas une loi simple, en fonction de la surface ; celle-ci ne
constitue en effet qu'un des éléments de la résistance du
caisson, qui dépend en outre de la forme de la fondation, de
la profondeur à atteindre et de la résistance des terrains à traverser.

Dans les ponts de Marmande, pour les fondations exécutées sur chambres de travail en maçonnerie, le poids de métal
incorporé est :

dans les culées (massifs rectangulaires), pour une surface
de :   67 m² 31   154 kgs) par

dans les piles (massifs   } mètre

elliptiques) :   45 » 99   93 ») carré

Pour éviter la division des massifs de fondation par les
fers incorporés, on a employé d'autres procédés qui se rattachent à deux types principaux :

les caissons-cloches et les cloches équilibrées.

c) Caissons-cloches

563. Mode d'emploi des caissons-cloches. — D'une manière générale, le système des caissons-cloches consiste à entourer par un caisson, dans lequel on peut comprimer de l'air, l'espace où doit s'établir une fondation ; on exécute la fouille et la maçonnerie d'implantation à l'abri de cette enceinte, en enfonçant successivement la cloche au moyen d'un lest en fonte ou en matériaux, puis, lorsque la maçonnerie a atteint une certaine hauteur, on relève la cloche sur des vérins portés par des échafaudages fixes ou flottants et on continue à maçonner, à l'abri de l'air comprimé, jusqu'à ce que l'ouvrage soit terminé ou seulement élevé au-dessus de l'eau.

A ce moment, deux cas se présentent : Si on est dans une eau à niveau constant, que le niveau de la maçonnerie doit dépasser, il faut soulever ou démonter le caisson pour l'enlever ; si on est dans un port à marée, on pourra profiter de la haute mer pour alléger le caisson et l'enlever. On continuera ensuite à la marée les assises de maçonnerie qu'on n'aura pas pu monter pour permettre l'enlèvement du caisson.

564. Caisson-cloche de Pola. — Avant 1878, un appareil de ce genre a été employé à la fondation des bassins de radoub, à Pola (Autriche) ; il était destiné à enlever la vase qui recouvrait le fond, à niveler le terrain en remplissant les fissures qu'il présentait et à démolir le batardeau formant l'enceinte.

Un caisson A, à air comprimé, de 3 mètres de largeur, 6 mètres de longeur et 3 m. 70 de hauteur, était suspendu à l'extrémité d'un ponton par l'intermédiaire de tubes à joints télescopiques B ayant respectivement 1 mètre, 1 m 40 et 1 m. 60 de diamètre ; on pouvait ainsi atteindre toutes les profondeurs comprises entre 4 et 12 mètres. Un sas à air C était fixé à la partie supérieure de la colonne ; les déblais, remontés à l'aide d'un treuil à vapeur, étaient extraits par des éclusettes latérales, prolongées par des couloirs versant les déblais dans les chalands.

Pour compenser la sous-pression produite par l'air comprimé, des caisses à eau *a a*, placées sur le ponton, étaient
plus ou moins remplies, suivant la profondeur.

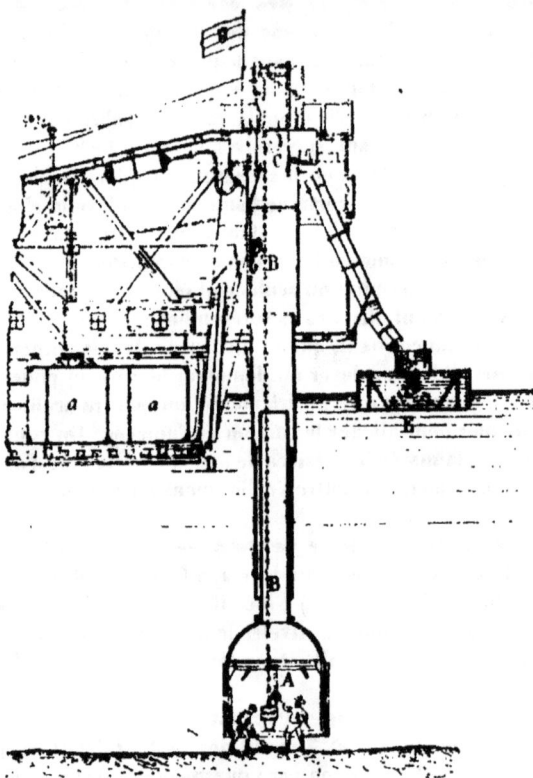

Fig. 787. — Forme de radoub de Pola (Autriche). Caisson-cloche.

Cet appareil a fonctionné d'une manière satisfaisante et a
servi à l'extraction de 3.000 mètres cubes de vase, 2.900
mètres cubes de débris de roches, ainsi qu'à l'introduction de
4.000 mètres cubes de ciment (1) ; il constituait plutôt un

(1) *Annales des Ponts et Chaussées*, Chronique, 1878, II, p. 435.

dispositif perfectionné de cloche à plongeur qu'un appareil de fondation proprement dit.

585. Ponts de Garrit et de Mareuil. — En France ce système a été employé pour la première fois en 1880, par M. Montagnier, pour les fondations du pont de Garrit, sur la Dordogne, puis au pont de Mareuil, sur la même rivière, en 1881.

M. Montagnier se proposait de n'employer l'air comprimé que pendant l'exécution des fouilles et des premières assises de maçonnerie ; on devait ensuite étancher le joint restant entre la cloche et le massif pour démonter les extrémités du plafond et achever la construction à l'air libre par épuisement. Les parois verticales servaient de batardeau pendant cette seconde période, après avoir, pendant la première, fait partie du caisson de fondation.

Ce dispositif était désigné sous le nom de *caisson-batardeau*.

Au pont de Garrit, la cloche avait la forme de la pile à fonder, mais un espace d'au moins 0 m. 75 de largeur était laissé libre entre la cloche et les maçonneries à construire.

La cloche se composait de panneaux verticaux en tôle de 2 mètres de largeur, consolidés par des cornières horizontales et par des montants verticaux. Dans chaque joint, une bande de caoutchouc suffisait pour assurer l'étanchéité.

Le toit, formé également par des panneaux divisibles, était supporté par des poutres d'environ 0 m. 60 de hauteur assemblées sur les montants verticaux par des contre-fiches boulonnées (fig. 788 et 789).

Les parois verticales étaient percées de deux rangées de hublots pour éclairer l'intérieur, auquel on accédait par deux écluses avec cheminées circulaires de 0 m. 80 de diamètre et par une écluse desservie par une cheminée elliptique dont le grand axe avait 1 m. 20 de longueur. On pouvait introduire par cette écluse des blocs de 1 mètre $\times$ 0 m. 80 $\times$ 0 m. 60.

Le lestage du caisson a été fait au moyen d'une surcharge de gueuses de fonte placées sur le plafond.

La fondation ayant été encastrée dans le rocher, on avait

pensé que pour étancher la base du caisson, il suffirait d'intercaler sous le tranchant une ligne continue de coins en bois dur qui seraient fortement serrés par le poids du caisson, lorsque la sous-pression cesserait d'agir, après l'arrêt de l'em-

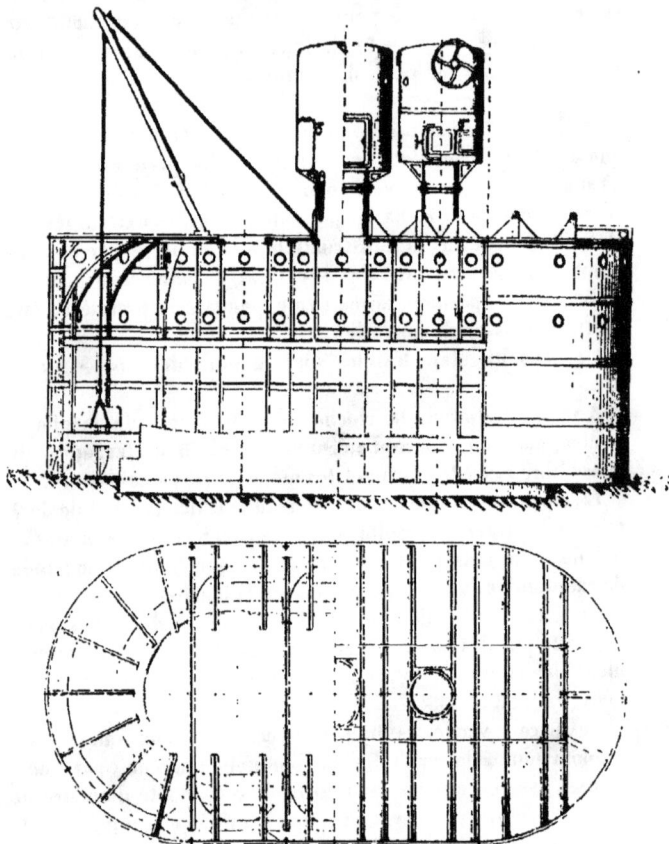

Fig. 738. — Pont de Garrit sur la Dordogne. Plan et coupe longitudinale.

ploi de l'air comprimé. Cette prévision ne s'est pas réalisée, mais il a suffi ensuite d'empâter les coins dans une petite

couche de 0 m. 10 à 0 m. 15 de béton pour obtenir une étanchéité suffisante. La hauteur d'eau pendant la durée des épuisements a été généralement comprise entre 2 et 3 mètres.

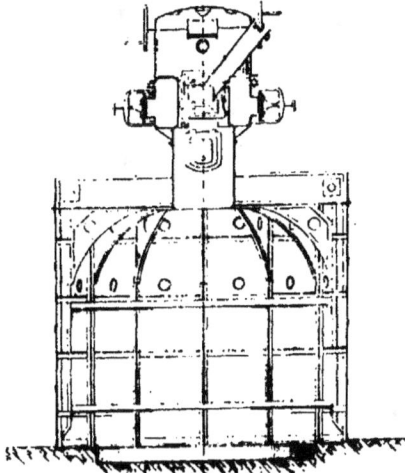

Fig. 789. — Pont de Garrit sur la Dordogne. Coupe transversale.

Le caisson des culées du pont de Mareuil (fig. 790) était aussi
entièrement métallique. Le remplissage entre les poutres au-
dessus du plafond étant fait avec des pierres et du gravier. On
a arrêté les maçonneries faites dans l'air comprimé après avoir
posé jusqu'à 0 m. 20 au-dessus de l'étiage une assise de libage
et une assise de pierre de taille ; on a ensuite procédé à l'enlèvement progressif de la charge artificielle pour relever le
caisson jusqu'au-dessus de la maçonnerie, en se servant au
début de la sous-pression produite par l'air comprimé et en
s'aidant de vérins de 15 à 20 tonnes qui, à la fin, devaient
porter toute la charge. Puis on a divisé le caisson en deux
parties pour le faire glisser sur des rails et le conduire sur des
bateaux à la 2e culée.

Pour les piles en rivière, on portait le caisson sur un échafaudage monté sur deux bateaux couplés, qui le supportait

Pose des sacs de béton dans les cavités.

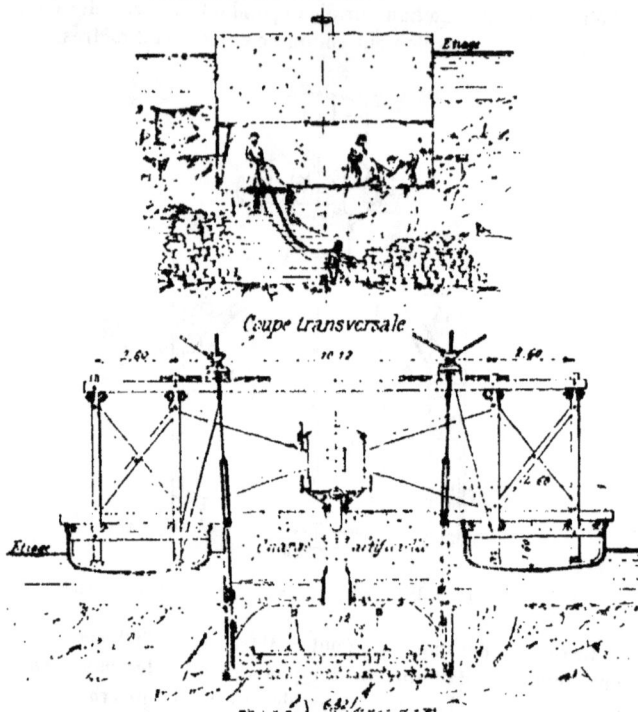

Étiage

Coupe transversale.

2.60 10 12 2.60

Étiage Cuvage artificielle

Fig. 790. — Pont de Mareuil sur la Dordogne.

par l'intermédiaire de 8 vérins à tige, aidés, pour le relevage, par des vérins à tête et par la sous-pression.

Les caissons de culées avaient une surface de 128 m², ceux des piles 95 m² ; la profondeur atteinte a été de 3 m. 50 à 6 mètres en contrebas de l'étiage, avec encastrement variable dans le rocher.

Dans une des piles de cet ouvrage, on a reconnu pendant le déblai que des fissures existaient dans le rocher du fond ; à l'aide de sondages, on put constater que de grandes cavités se trouvaient sous des couches assez épaisses de rocher compact ;

pour éviter les difficultés que la descente du caisson aurait
pu rencontrer en traversant les cavités, on prit le parti d'y
creuser un certain nombre de puits, et de les faire nettoyer et
remplir jusqu'à une profondeur de 7 m. 50 sous l'étiage, au
moyen de sacs en béton, par des scaphandriers. Les pompes
des scaphandres avaient été descendues dans le caisson, et la
fondation comportait ainsi l'emploi de l'air comprimé à deux
étages successifs.

Une question importante pour l'emploi de ce procédé est
l'évaluation des frottements pendant le fonçage et pendant le
relèvement du caisson ; des observations ont été faites au pont
de Mareuil sur les frottements dans le gravier et dans le sable
fin argileux.

Pour des enfoncements dans le sol, de 1 à 10 mètres, on a
trouvé des frottements par mètre carré, dans le gravier :

pendant le fonçage. . . de 100 à 1.300 k. par m².
pendant le relèvement. . » 60 à 125 k. »
dans le sable fin argileux :
pendant le fonçage. . . de 60 à 670 k. par m².
pendant le relèvement. . » 40 à 112 k. »

Dans des terrains de gros graviers ou de sables mélangés de
blocs, les maxima observés par M. Montagnier peuvent être
largement dépassés : dans la construction de 5 ponts sur le
Danube, fondés de 1868 à 1871, avec caissons en tôle,
M. Schmoll a observé, pour des encastrements dans le sol
variant de 3 m. 50 à 12 mètres, des frottements par mètre
carré compris entre 1.271 kgr. et 2.766 kgr., moindres pour
les sections rondes ou carrées que pour les sections allongées
comme celles des piles de ponts.

Les différences constatées dans le gravier et dans le sable
entre les frottements pendant le fonçage et pendant le relèvement peuvent être dues en partie à la résistance au déplacement des matériaux engagés sous le couteau lors du fonçage.
Mais on peut cependant s'expliquer que les frottements, considérés isolément, soient moindres lors du relèvement, car les
sables et graviers ont été divisés et mis en mouvement par le
fonçage, puis traversés par l'air comprimé ; ils présentent

donc, à la fin de cette opération, moins de compacité et une
mobilité plus grande.

366. Caisson suspendu du port d'Honfleur. — Au port
d'Honfleur, en 1882, on a exécuté, au moyen d'un caisson
analogue suspendu sur un échafaudage fixe par des vérins
supérieurs, la démolition d'anciens murs de quais sur 5
à 6 mètres de hauteur sous l'eau : la partie difficile du travail
était la démolition sous le tranchant du caisson, le surplus
rentrait dans les travaux courants.

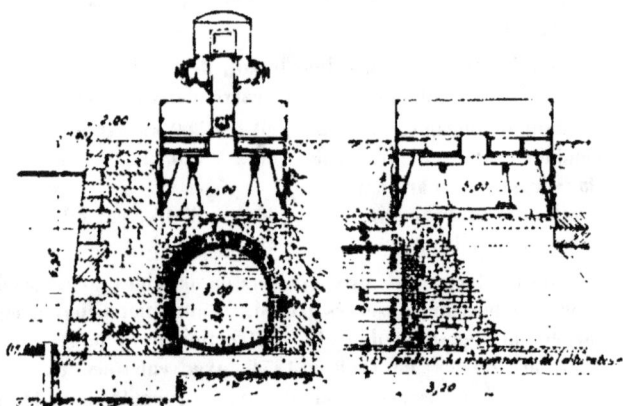

Fig. 791. — Honfleur. Caisson suspendu.

Un petit caisson de 20 m² de surface a été également
employé à démolir et à reconstruire des maçonneries sous
l'eau pour intercepter provisoirement un aqueduc qui mettait
en communication diverses parties des bassins, qui devaient
être isolées pendant l'exécution des travaux de construction
d'une écluse de communication (fig. 791).

**367. Allongement de la forme de radoub de Livourne :
raccordement des maçonneries.** — A Livourne, pour le
raccordement des maçonneries anciennes et nouvelles de la
forme de radoub, un caisson suspendu de 7 m. 50 sur 1 m. 80

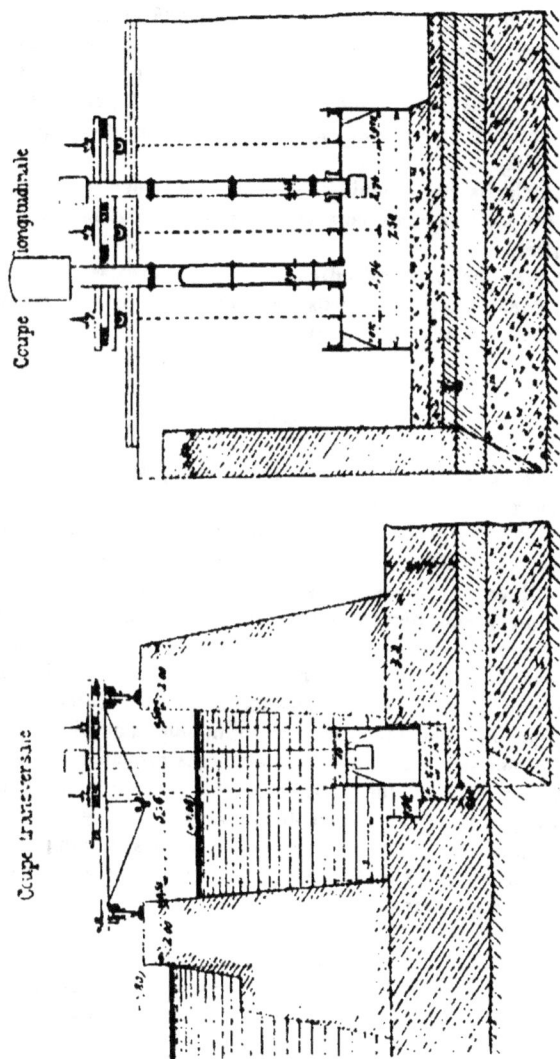

Fig. 792. — Livourne. Allongement de la forme de radoub. Raccordement des maçonneries.

et de 2 m. 95 de hauteur totale a été employé, en le suspendant
par des vérins à un échafaudage roulant ; comme la surface
sur laquelle on devait maçonner était assez grande, on avait
monté l'échafaudage sur un double chariot permettant le
déplacement du caisson dans deux directions rectangulaires
(fig. 792).

La cloche était munie de deux sas, l'un pour les hommes,
l'autre pour les matériaux avec une écluse latérale pour le
mortier.

Nous retrouverons d'autres dispositions de caissons suspendus dans l'étude des massifs continus, nous passons maintenant aux cloches équilibrées.

d) Cloches équilibrées

368. Mode d'emploi des cloches équilibrées. — Les
bateaux-cloches, dont nous avons cité des exemples à l'article 339 (Dérochements du Rhin), et à l'article 346 (Cloche
de la Seine) sont une des formes de cloches suspendues ou
équilibrées dans lesquelles, en vue de travaux n'occupant
pas un grand nombre d'ouvriers et exigeant de fréquents
déplacements des installations, on a concentré sur le même
bateau la cloche proprement dite et les machines de compression ; mais, pour les travaux de quelque durée, devant
occuper simultanément un certain nombre d'ouvriers, il est
préférable de séparer les deux éléments principaux du chantier qui sont : d'une part, la cloche flottante pouvant être
immergée pour l'exécution des travaux et relevée lors des
déplacements, et d'autre part, les machines de compression
qui peuvent être installées séparément : à terre, sur échafaudages, ou sur bateaux.

369. Cloche de Brest. — C'est ce système qui a été
employé par M. Hersent pour le dérasement de la roche « La
Rose », à Brest (1878-1880), et pour des travaux analogues, à
l'entrée du bassin n° 5 de Brest, à l'entrée du port de Cherbourg et dans les ports de Lorient et de Philippeville (1889).

La cloche de Brest (fig. 793) se composait d'une grande
caisse en tôle à angles arrondis, ayant 10 mètres de longueur

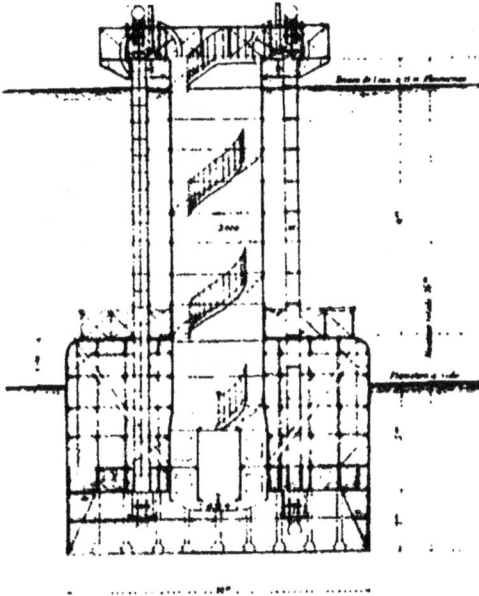

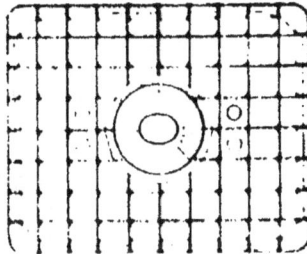

Fig. 793. — Brest. Cloche à dérochement.

sur 8 mètres de largeur et 7 mètres de hauteur. Cette caisse,
fermée à la partie supérieure, était divisée dans sa hauteur par

un plancher horizontal étanche ; le compartiment supérieur, complètement clos, constituait le flotteur ; celui d'en bas, ouvert à la partie inférieure, était la chambre de travail, à laquelle on accédait par un sas à air, placé immédiatement au-dessus et prolongé par une cheminée centrale de 2 m. 50 de diamètre, élevée au-dessus des plus hautes eaux et desservie par un escalier tournant.

Deux autres cheminées de 0 m. 75 de diamètre étaient disposées latéralement et aboutissaient à des écluses servant à l'extraction des déblais ; des treuils, placés sur le plafond de la cloche, servaient à la mise en place.

L'appareil renfermait : 1° Un lest fixe composé de maçonneries formant un tronc de cône, désigné en langage de chantier sous le nom de *crinoline*, placé entre les contrefiches de la chambre de travail, indépendamment de celles qui garnissaient les intervalles entre les poutres du plafond ; 2° Un lest fixe additionnel en fonte qui a pour but d'assurer la stabilité de l'appareil lorsqu'il flotte, c'est-à-dire lorsque le compartiment supérieur est vide d'eau.

Pour immerger la cloche, on ouvre des vannes servant à l'admission de l'eau extérieure dans le flotteur, en ouvrant en même temps, à la partie supérieure, des robinets pour la sortie de l'air ; pour la relever, on ferme les robinets et les vannes, et on introduit dans le flotteur l'air comprimé, qui refoule l'eau dans les tuyaux de vidange.

Pour se mettre, autant que possible, à l'abri des déplacements brusques du lest d'eau, on a pris la précaution de diviser le flotteur en six compartiments au moyen de cloisons verticales ; la mise en place, qui est l'opération la plus délicate lorsque la cloche peut avoir à reposer sur un rocher de surface un peu inégale, s'effectue au moment du jusant.

Pour éviter, pendant la durée du travail, des soulèvements brusques de la cloche qui pourraient être produits par l'accumulation de l'air comprimé, s'introduisant par de petites fuites dans le flotteur, on laisse le robinet supérieur toujours ouvert et on ne le ferme qu'au moment des manœuvres.

L'éclairage, fait d'abord avec des bougies, a été ensuite assuré par des lampes à incandescence.

Pour les mines, après avoir employé la poudre ordinaire et la dynamite, on a donné la préférence au fulmicoton ; la poudre donnait trop de fumée, la dynamite dégageait des gaz nitreux qui gênent les ouvriers, le fulmicoton était considéré comme l'explosif le moins incommode. Pendant le tirage des mines, les ouvriers se mettaient à l'abri dans les écluses à air : quelquefois des éclats de pierre ont produit des déchirures dans les tôles de plafond, on se bornait à boucher les fissures avec du suif et de la terre glaise jusqu'à ce que la réparation complète pût être faite. Cet exemple montre que, lorsqu'on a à employer la mine dans les caissons, il faut que les surfaces métalliques exposées aux coups de mine soient aussi restreintes que possible, et doublées par un revêtement en maçonnerie qui puisse diminuer les déchirures des tôles et par suite éviter en partie les rentrées d'eau en cas d'accident. Si on avait à employer des cloches entièrement métalliques, il pourrait être utile de protéger à l'intérieur les parois par des doublages en bois, de diminuer les charges et d'employer des fascines pour amortir les projections de matériaux.

Lorsqu'une cloche de ce genre travaille dans une mer à marée, les déplacements et les sous-pressions varient constamment ; il est donc nécessaire que la surcharge dépasse toujours notablement la sous-pression, surtout lorsqu'on est exposé à la houle, de manière que la cloche ne puisse jamais être soulevée.

A Brest, l'excédent de charge était de 40 à 50 tonnes, soit de 0 t. 500 à 0 t. 625 par mètre carré de surface de la cloche, et suffisait pour assurer la stabilité.

La profondeur atteinte a été de 11 m. 50 sous les plus hautes mers, la hauteur de la plateforme supérieure était de 16 m. 50 au-dessus du couteau.

La même cloche a été employée dans les travaux de Philippeville pour obtenir, par dérasement du rocher, une plateforme horizontale destinée à la fondation par blocs d'un mur de quai.

370. Cloche de Rotterdam. — Des cloches flottantes ont été également employées pour construire la plateforme et les premières assises de murs de quai fondés sur pilotis.

A Rotterdam (fig. 794) les pieux ayant été battus et récépés, on les a coiffés d'une cloche consistant en un caisson rectangulaire formé de compartiments à double paroi surmontés de caisses à eau supérieures. Les compartiments peuvent être, à

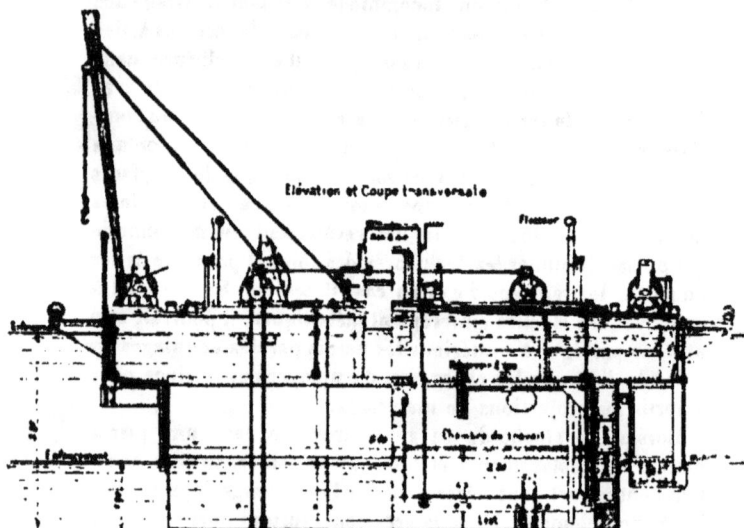

Fig. 794. — Rotterdam. Cloche flottante.

volonté, remplis d'air ou d'eau ; l'eau peut être amenée par des pompes dans les caisses supérieures.

Pour le délestage, les caisses se vident par des robinets, et les compartiments au moyen de l'air comprimé. Cette cloche a 13 m. 44 de longueur sur 6 m. 60 de largeur et 3 m. 20 de hauteur ; son tirant d'eau, quand elle est délestée, est de 1 m. 10.

On l'a employée à fixer sur les pieux les traverses et la plateforme et à élever le mur jusqu'au niveau des basses mers, le surplus s'exécutant ensuite à la marée.

B. Massifs construits à l'aide de plusieurs caissons contigus ; jonctions entre les caissons.

571. Emploi de caissons juxtaposés : jonctions entre les caissons. — Les procédés employés dans la construction de caissons foncés à une faible distance les uns des autres et destinés à être reliés par des jonctions ne diffèrent pas essentiellement de ceux qui servent à construire des massifs isolés.

Les modifications portent principalement sur la forme des caissons qui reçoivent à leurs extrémités des dispositions destinées à faciliter les jonctions et sur le matériel qui peut être d'autant mieux adapté aux travaux que ceux-ci sont plus importants.

Nous ne traitons dans ce paragraphe que les cas où le métal ou le bois des caissons reste incorporé dans les jonctions ; le paragraphe suivant sera consacré aux jonctions réalisées sans interposition de bois ou de métal.

Bien que nous donnions une description générale des procédés employés dans les travaux que nous avons à citer, nous nous attacherons surtout à l'exposé des moyens mis en œuvre pour faire les jonctions, moyens qui varient suivant qu'il s'agit de supporter des remblais ou une retenue d'eau.

572. Massifs supportant des remblais. Anciens quais de l'Escaut à Anvers. — A Anvers, de 1877 à 1884, pour la construction des quais de l'Escaut, on a employé des caissons de 9 mètres sur 25 mètres, auxquels était superposé un batardeau analogue à celui de Bordeaux et d'une surface beaucoup plus grande ; il avait à peu près la même hauteur (12 mètres) ; il pesait 200 tonnes et était également manœuvré sur un échafaudage flottant, porté entre deux bateaux de 26 mètres de long sur 5 m. 15 de large, qui recevait les engins de manœuvre, les matériaux, les appareils de compression et l'appareil de fabrication du mortier : c'était un véritable chantier flottant (fig. 795).

Le déblai étant le plus souvent du sable fin, on l'a évacué en le projetant alternativement dans deux caisses de 150 litres

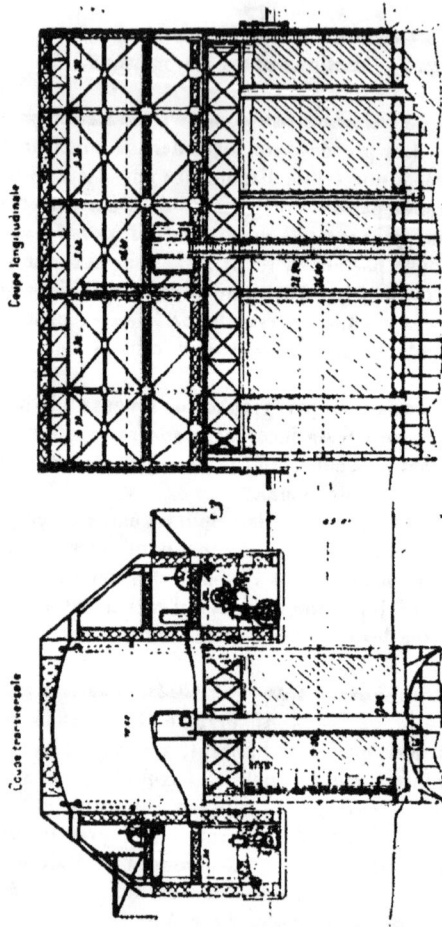

Fig. 795. — Anvers. Anciens murs de quai. Caisson.

de capacité placées à 1 mètre au-dessus du fond et dans lesquelles pénétraient des tuyaux de 0 m. 10 de diamètre, traversant le plafond et débouchant à l'extérieur ; ces tuyaux étaient fermés par des robinets qu'on manœuvrait succes-

sivement après avoir rempli la caisse correspondante d'un
mélange de sable et d'eau, celle-ci provenant de l'extérieur ;
la pression projetait ce mélange au dehors lorsqu'on ouvrait
le robinet ; c'était un système d'éjecteur à air comprimé ana
logue, dans son principe, à celui que représente la figure 796,
et qui a servi, à Calais, au refoulement des déblais.

Ce dernier est un éjecteur à vapeur, qui débouche dans
une caisse remplie d'un mélange de sable et d'eau ; le jet de
vapeur entraine ce mélange au dehors et, comme l'appareil
comprend deux caisses accolées, on remplit l'une de ces caisses
de sable, tandis que l'autre se vide (fig. 796).

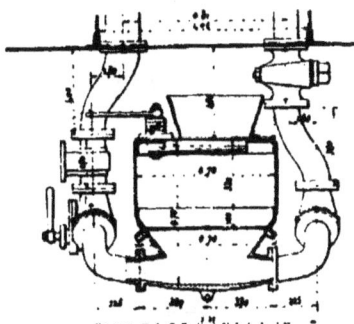

Fig. 796. — Calais. Éjecteur à vapeur.

Les caissons d'Anvers ont été enfoncés en laissant entre
eux des vides aussi réduits que possible, mais, dans la partie
correspondant aux batardeaux mobiles, dont l'épaisseur était
de 0 m. 50, le vide à combler entre les massifs voisins était
de 1 mètre à 1 m. 25.

Les faces opposées des massifs présentaient des rainures
de 0 m. 80 de largeur sur 0 m. 20 de profondeur, comme le
montre le plan (fig. 797).

M. Hersent, qui a exécuté ces travaux, décrit comme suit
le remplissage du joint : 1° On a posé sur chaque paroi un
panneau lesté, pour plonger dans l'eau, de la grandeur
exacte de l'orifice qu'on avait mesuré à l'avance ; des panneaux

semblables ont été attachés à chaque extrémité du mur, par
des crochets en fer agrafés dans les rainures, de façon à former une caisse pouvant contenir du béton.

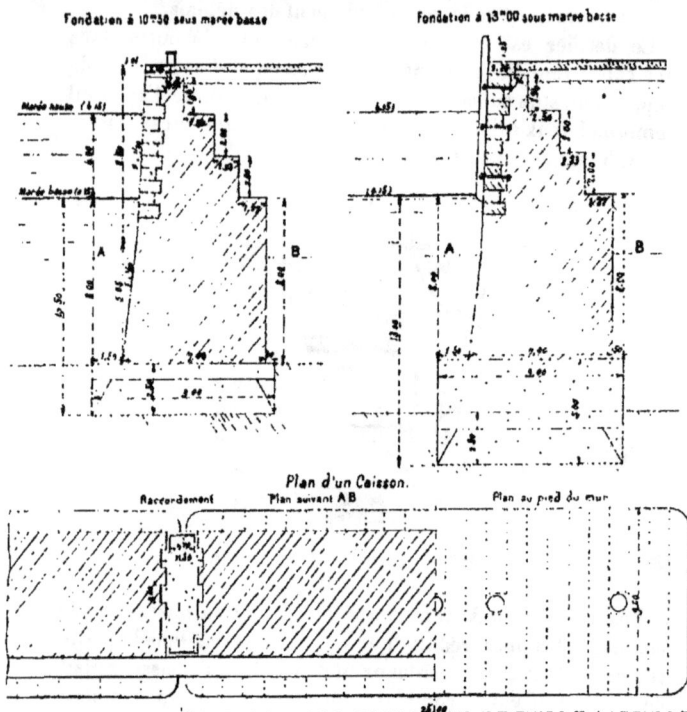

[Fig. 797. — Anvers. Anciens murs de quai. Jonctions entre les caissons.

2° On a nettoyé préalablement les surfaces et le joint par
injection d'eau ou d'air comprimé.

3° On a coulé du béton jusqu'à 1 mètre au-dessous du zéro,
dans l'espace fermé par les panneaux, au moyen d'une bétonnière à portes inférieures.

4° On a épuisé à basse mer la partie restant à remplir et on
a posé les assises de moellons piqués, qui commençaient à
0 m. 80 environ au-dessous de basse-mer.

5° Enfin, pour éviter que le sable des remblais pût être entraîné à la partie inférieure des caissons, on a fait les remblais, autour de tous les joints, au moyen d'argile d'alluvion appelée schorre.

Les *Annales des Ponts et Chaussées* (G. Lechalas, 1882, 2ᵉ semestre), ont rendu compte de ce travail qui a bien réussi, malgré quelques siphonnements de sable qui se sont produits derrière les joints et qu'on a réparés en étendant les remblais de schorre.

Sur d'autres chantiers analogues, on a seulement rempli au moyen de panneaux fixés sur des pieux l'intervalle derrière les joints, et on a réuni à la partie supérieure les massifs par de petites voûtes placées aussi bas que possible.

573. Nouveaux quais de l'Escaut à Anvers. — En 1897, on a commencé le prolongement des quais d'Anvers, sur une longueur de 2.000 mètres en amont de la ville ; M. Hersent y a employé des procédés analogues, mais la forme des caissons proprement dits a été modifiée de manière à porter de 1 m. 50 à 2 m. 50 la saillie des caissons formant risberme en avant de la base des murs. La pression *maxima* sur le sol de fondation (argile de Boom) ne doit pas dépasser 3 kgr 57 et la pression *maxima*, à la base des maçonneries, doit être inférieure à 10 kilogrammes par centimètre carré.

Le remplissage entre les poutres du plafond et celui de la chambre de travail sont exécutés en maçonnerie de béton de ciment ; au-dessus, on emploie de la maçonnerie de briques, à l'exception du parement qui est en moellons piqués de Tournai.

Les caissons ont, en plan, 9 m. 50 de largeur à la base sur 30 mètres de longueur ; la chambre de travail a 1 m. 70 de hauteur, les poutres du plafond 1 m. 40 ; au-dessus, on pose un rang de hausses amovibles de 2 m. 25 de hauteur, et c'est sur ces hausses que s'assemble le batardeau proprement dit de 10 mètres de hauteur, pesant 120 tonnes.

Les jonctions entre les éléments de murs construits à l'abri de ce batardeau s'effectuent dans les mêmes conditions que lors de la première entreprise.

Les figures 798 et 799 montrent la coupe longitudinale du caisson, avec l'échafaudage flottant employé à sa construction et le profil du quai terminé.

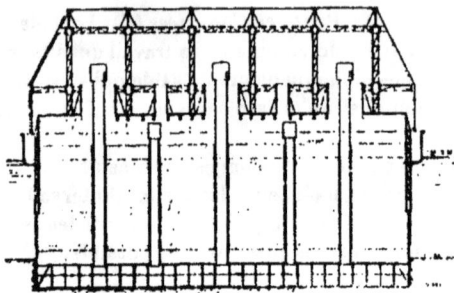

Fig. 798. — Anvers. Nouveaux quais. Caisson. Coupe longitudinale.

A la suite d'un accident, survenu en 1899, on a augmenté la résistance au glissement en approfondissant la fondation en

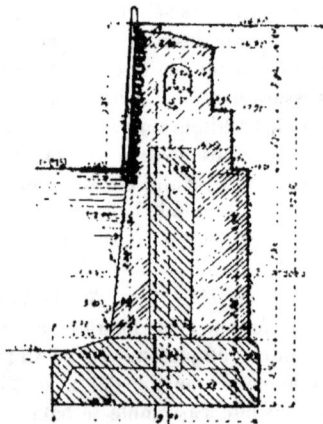

Fig. 799. — Anvers. Nouveaux quais. Coupe transversale.

contrebas du couteau avec une pente d'environ 1/10 dirigée du côté des terres et la poussée des remblais a été diminuée

par l'emploi de fasci.:ages chargés d'enrochements et noyés
dans le remblai.

574. Quai Chanzy à Boulogne. — A Boulogne, dans
la construction des quais Chanzy et Gambetta, les jonctions
ont été faites en profitant de la marée pour travailler à l'air
libre, après épuisement.

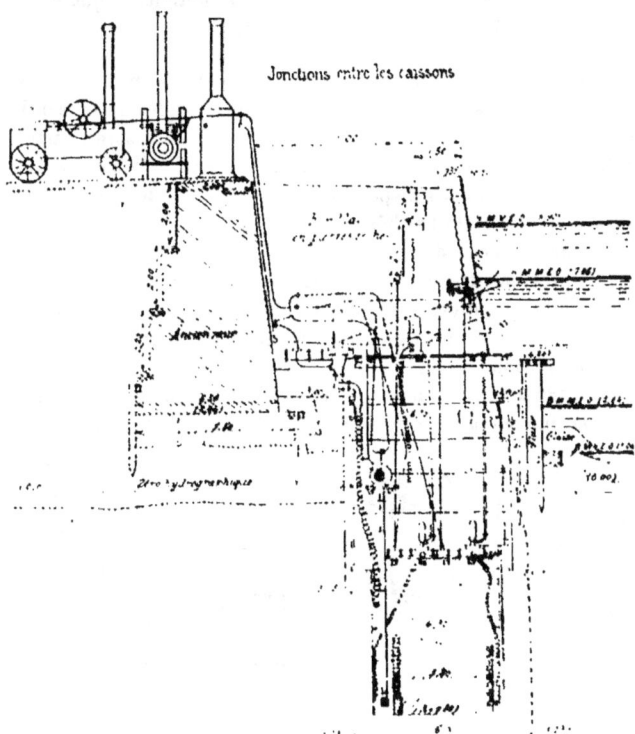

Fig. 800. — Boulogne. Quai Chanzy. Jonctions entre les caissons.

Au quai Chanzy (fig. 800) des batardeaux formés de deux
cours de palplanches à grain d'orge avec masques en glaise
étaient établis en avant des caissons à réunir ; on a pu

déblayer à la marée jusque vers la cote zéro, puis on a continué
en fouille blindée jusqu'à —7 m.80. Le travail a été plus facile
au quai Gambetta, parce qu'on avait en avant une large risberme de terrain en place et parce que les caissons ne descendaient qu'à la cote — 5 mètres.

Des jonctions aussi complètes ne se pratiquent généralement que pour les massifs supportant directement une charge
d'eau et devant en conséquence être aussi étanches que possible, comme les barrages et les écluses.

**575. Massifs supportant une retenue d'eau. Barrage
éclusé de Saint-Malo.** — Les jonctions entre les massifs qui
doivent supporter des retenues d'eau exigent des soins particuliers, notamment pour le nettoyage du sol à la base de la
fondation et pour les dispositions à prendre pour augmenter
autant que possible l'adhérence entre les parois des caissons
et les maçonneries de jonction.

Des procédés très différents ayant souvent été employés sur
les mêmes chantiers, nous en rendrons compte en suivant à
peu près l'ordre chronologique et nous discuterons ensuite
leurs conditions d'emploi.

De 1880 à 1884, le barrage éclusé de Saint-Malo a été construit au moyen de caissons juxtaposés dont le plan général

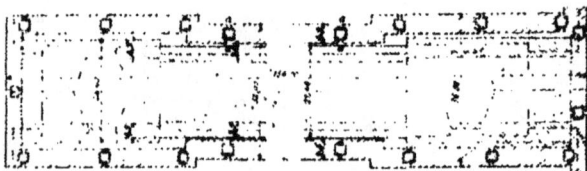

Fig. 801. — Barrage éclusé de Saint-Malo. Plan général.

(fig. 801) montre les dispositions ainsi que l'emplacement des
différentes jonctions. Sur la coupe transversale (fig. 802) sont
indiquées les parties des fondations construites à l'aide de
caissons fixes.

Entre les caissons, ces jonctions se faisaient, suivant la profondeur, par différents procédés.

Lorsque la profondeur ne dépassait pas 4 à 5 mètres au-dessous du fond du port, on exécutait les jonctions à la marée,

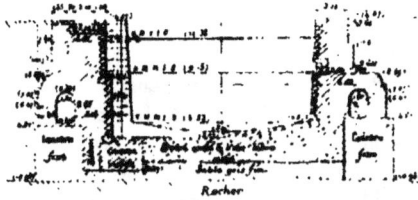

Fig. 802. — Barrage écluse de Saint-Malo. Coupe transversale.

par épuisement, dans des enceintes constituées au moyen de pieux battus dans l'intervalle entre les parois voisines des caissons.

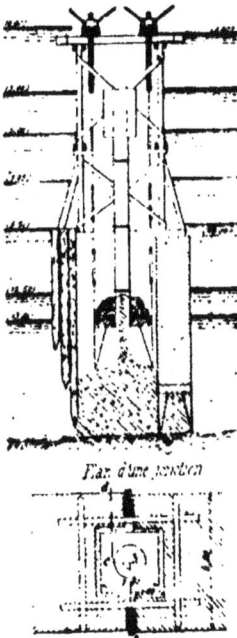

Fig. 803. — Barrage écluse de Saint-Malo. Cloche suspendue.

Lorsque les eaux étaient abondantes, on avait recours à l'emploi de couches alternatives de mortier et de pierrailles, descendues dans des sacs vidés au fond.

Enfin, lorsqu'il fallait descendre à 9 ou 10 mètres au-dessous du fond, on employait une petite cloche suspendue analogue à celle que nous avons décrite à l'occasion des travaux de Livourne (art. 567). Comme le montre la fig. 803, on avait disposé, à l'extrémité des caissons, des évidements de 3 m. 20 de largeur sur 1 m. 50 de longueur, formant avec le caisson opposé, distant d'environ 0 m. 40, des puits de 3 m. 20 sur 3 m. 10 dans lesquels on descendait une cloche suspendue par des vérins à un échafaudage supérieur. Un nettoyage sommaire, fait à la

drague dans ces chambres, était complété en extrayant les vases
au moyen de la cloche ; puis le remplissage était fait en béton,
en soulevant progressivement la cloche après avoir pris des
dispositions spéciales pour que l'échappement de l'air en excès
ne se fît pas sous la cloche, où il aurait délavé le béton, mais
à travers des tuyaux dont le débit était réglé par des robinets.

M. l'Inspecteur général Mengin-Lecreulx a donné le détail
des observations qu'il a faites dans ce travail (*Annales* 1883,
p. 17) (1) et indiqué les précautions à prendre. Indépendamment de celles qui concernent l'exécution du remplissage proprement dit, il faut disposer les parois des caissons de manière
qu'elles adhèrent aux maçonneries et il vaut mieux pour cela
qu'elles ne soient pas recouvertes de peinture.

Un procédé analogue a été employé à Calais : la fig. 804

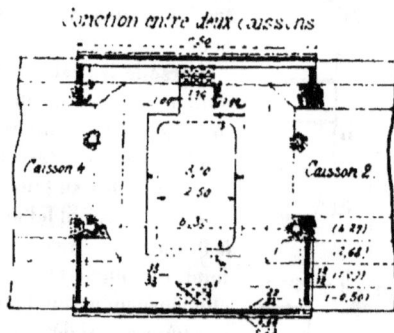

Fig. 804. — Calais. Quais de l'avant-port. Jonction entre deux caissons.

représente le plan d'une jonction entre deux caissons des quais
de l'avant-port.

376. Barrage et écluses de Poses sur la Seine. —
De 1879 à 1885, les travaux du barrage de Poses (2), près

(1) Note sur la jonction des caissons dans les fondations à l'air comprimé
par M. Mengin, ingénieur en chef des Ponts et Chaussées. *Annales des
Ponts et Chaussées*, 1883, I. p. 18.
(2) Portefeuille des élèves des Ponts et Chaussées 5ᵉ série, section B, pl.
15 à 19.

de Pont-de-l'Arche, sur la Seine, ont été exécutées avec des fondations descendues à la cote —5 mètres sur la craie compacte, le radier de l'ouvrage devant être implanté à + 3 m. 10 pour certaines passes et à + 5 m. 20 pour d'autres.

En égard à l'importance de la retenue qui atteignait 5 mètres au-dessus du seuil des passes profondes, il était nécessaire que les radiers fussent entièrement pleins et continus jusqu'à la craie compacte.

Après avoir commencé les fondations au moyen de béton immergé à l'intérieur de murs en blocs artificiels, on a eu recours à l'air comprimé, et on a employé des caissons distincts pour les piles et pour les passes, le plus grand ayant 329 m² pour la passe N° 7.

Pour relier les maçonneries exécutées dans les caissons voisins de la passe et de la pile, on entourait l'emplacement du raccord par un batardeau ; le déblai entre les deux caissons était commencé par une drague à treuil et terminé à l'aide de scaphandres. Lorsque la fouille était complètement nettoyée, on immergeait du béton de ciment jusqu'au niveau d'implantation des assises d'appareil du radier, qui étaient exécutées à sec par voie d'épuisement. Les batardeaux étaient ensuite démolis et les tôles des hausses dépassant le niveau du radier étaient enlevées (fig. 805).

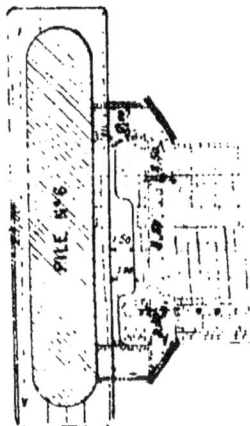

Fig. 805. — Barrage de Poses.
Plan général d'une jonction.

Les fondations des écluses de cette retenue ont été descendues en moyenne à l'altitude — 5 m. 50 et encastrées de 0 m. 20 dans la craie compacte ; les bajoyers construits, ainsi que les chambres des portes, sur des caissons à l'air comprimé constituent une enceinte continue étanche qui a permis de se dispenser de la construction d'un radier général.

Les dimensions des caissons variaient de 21 m. 76 à 27 mè-

23

tres de longueur sur une largeur de 6 mètres à 10 mètres.

Pour assurer l'étanchéité des jonctions, on a donné, comme à Saint-Malo, aux extrémités des caissons la forme d'un double T, en ménageant des évidements de 3 m. 20 de largeur sur 1 m. 50 de profondeur; entre les saillies opposées, le vide a été réduit à 0 m. 20 environ (fig. 806). Le déblaiement et le remplissage ont été exécutés à sec, en employant l'air comprimé, dans un petit caisson mobile dont la section différait peu de celle du puits. Ce caisson était suspendu par 4 vérins à un échafaudage porté par les maçonneries voisines; on déblayait non seulement sous le caisson, mais en dehors, l'intervalle entre les abouts des caissons ayant été fermé par des palplanches battues à l'extérieur. Le remplissage était fait ensuite en béton de ciment de l'intérieur du petit caisson qui était progressivement relevé à l'aide des vérins. Pour aller plus vite, on a exécuté pour certaines jonctions un dragage préalable avec une drague Priestmann en réservant la cloche pour le nettoyage. Les caissons de fondations étant ainsi soudés, on exécutait à sec le raccordement des maçonneries supérieures : dans ce but, l'intervalle entre deux tronçons consécutifs était fermé par des masques en tôle composés de pièces cintrées vers l'extérieur, avec les extrémités repliées à angle droit et garnies d'un boudin en caoutchouc; le joint de base sur le béton de fondation était bourré avec de la mousse posée par un scaphandrier. Des tirants provisoires munis d'un tendeur réunissaient les deux masques placés en face l'un de l'autre et permettaient de les serrer contre les maçonneries; dès que les épuisements étaient commencés, la pression de l'eau les maintenait en place; une pompe Letestu suffisait pour assécher ces fouilles.

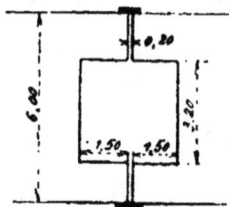

Plan

Fig. 806. — Ecluses de Poses. Jonction entre les caissons.

377. Barrage de Port-Mort sur la Seine. — Au barrage de Port-Mort, entre Vernon et les Andelys, sur la Seine où l'ensemble des fondations a été également exécuté à l'air comprimé, les dispositions adoptées pour les jonctions ont été différentes. La section horizontale des caissons des piles a la forme d'un T dont la barre, placée à l'aval des caissons des passes, présente de chaque côté une saillie de 1 m.50. Le caisson de la passe est posé de manière que les abouts de sa face aval portent sur une longueur de 1 mètre contre les saillies des caissons des piles ; grâce à cette disposition, toutes les parties de la fondation du barrage se trouvent solidaires.

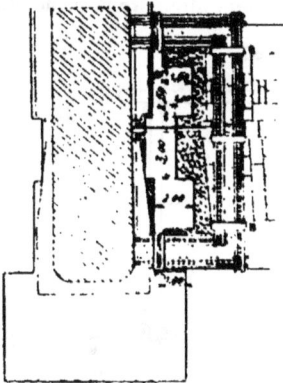

Fig. 807. — Barrage de Port-Mort. Jonction.

Les redans des fondations donnent aux vides une largeur moyenne de 2 mètres. Les raccords ont été exécutés à sec, par voie d'épuisement, à l'abri d'un batardeau contournant la jonction et se terminant contre le parement des maçonneries de la pile voisine (fig. 807).

A quelque distance en contrebas du radier, le dessus des maçonneries a été dressé en forme de cintre et les maçonneries supérieures ont ensuite été appareillées en voûtes s'appuyant sur les massifs des caissons voisins.

578. Barrage d'Évry sur la Seine. — Vers la même époque (1882), des travaux analogues ont été exécutés sur la Seine en amont de Paris, et ont donné lieu à l'application de procédés différents dans deux barrages voisins, où on a admis pour l'un (le barrage d'Évry) le système des caissons incorporés, tandis que pour l'autre (au Coudray) on employait, comme nous le verrons plus loin, le système des cloches suspendues.

Au barrage d'Évry, la fondation devait atteindre 6 m. 91 sous l'eau et 5 m. 10 au-dessous du radier ; en réduisant à 1 m. 60 la hauteur de la chambre de travail, on pouvait

employer des caissons perdus ; leur longueur était de 32 m. 69
avec 7 mètres de largeur et 7 m. 43 de hauteur totale. Les
caissons proprement dits n'avaient qu'une hauteur de 4 m. 92
à l'amont et 4 m. 62 à l'aval : au-dessus, des hausses de
2 m. 51 à 2 m. 81 de hauteur devaient former batardeau et
s'enlever après le travail.

Mais les maçonneries de remplissage qu'on pouvait seules
exécuter avant l'arrêt du fonçage n'ayant que 2 m. 44 d'épaisseur, on a dû ajouter un lest supplémentaire en sable et en
moellons de 1 m. 20 d'épaisseur pour atteindre la profondeur

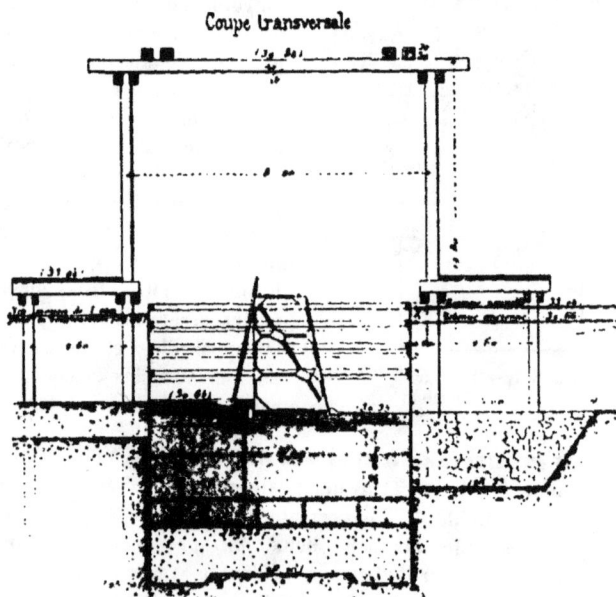

Fig. 808. — Barrage d'Évry. Caisson incorporé : échafaudages.

prescrite ; on n'a pas d'ailleurs déblayé horizontalement le
fond de la fouille, mais laissé au milieu le terrain naturel sur
une épaisseur de 0 m. 15, pour mieux arrêter les filtrations.
Le remplissage de la chambre de travail a été fait avec béton
de chaux du Teil, terminé par un coulis de ciment.

La figure 808 montre le batardeau en tôle qui a servi à l'exécution du radier et les échafaudages employés pour le montage du caisson.

La raccordement avec les maçonneries anciennes, auxquelles devait s'accoler cet ouvrage, a été fait en déblayant le fond au plongeur, y construisant un radier en béton avec des sacs de béton vidés sur place par le plongeur, et en épuisant au-dessus à l'abri de vannages serrés contre les maçonneries avec des joints d'argile.

Le raccordement entre les deux caissons a été fait par des procédés analogues et protégé à l'amont par un parafouille extérieur en béton.

379. Écluses de Saint-Aubin, près Elbeuf, sur la Seine. — Comme pour le barrage de Poses, les fondations des écluses de Saint-Aubin, près Elbeuf (1882), ont été descendues jusqu'à la craie compacte, à une profondeur de 5 m. 41 en contrebas du radier d'aval. Cette écluse est également fondée sur plusieurs caissons dont les plus grands, divisés en compartiments, comme les caissons de Toulon, ont 41 mètres sur 22 mètres ; la partie fixe, y compris la chambre de travail, a une hauteur de 3 m. 40.

La fouille a été exécutée par dragage, mais il restait à la nettoyer sur un mètre de profondeur, ce déblai a été effectué en partie par siphonnement pour les parties molles, en extrayant les sables et cailloux par les écluses à air.

Sur ce chantier, sur lequel se trouvaient plusieurs caissons de dimensions différentes, on a employé pour la construction du batardeau mobile un système différent de celui d'Anvers. Au lieu d'avoir une caisse unique, on a construit des panneaux composés, comme à Anvers, de treillis horizontaux et verticaux, avec paroi intérieure, couloir étanche à la base et cheminée verticale pour le déboulonnage. Ces panneaux avaient 8 m. 50 de hauteur avec des largeurs variables de 5 m. 30 jusqu'à 13 mètres ; des nervures verticales formées de longues aiguilles en bois faisaient saillie sur l'ossature en tôle et la protégeaient contre les corps flottants. L'étanchéité du joint horizontal a été obtenue par une bande de caoutchouc ;

pour les joints verticaux, on a interposé entre les panneaux
en tôle des madriers de 0 m. 04 à 0 m. 06 calfatés à l'étoupe.
Les surfaces intérieures étaient lisses pour faciliter l'étaiement
qui se faisait à trois hauteurs successives et se modifiait au
fur et à mesure de l'exécution des maçonneries en s'appuyant
sur leurs parements.

Les cheminées verticales pour l'accès de la galerie de déboulonnage se plaçaient aux extrémités des panneaux, de manière
à servir à consolider les angles.

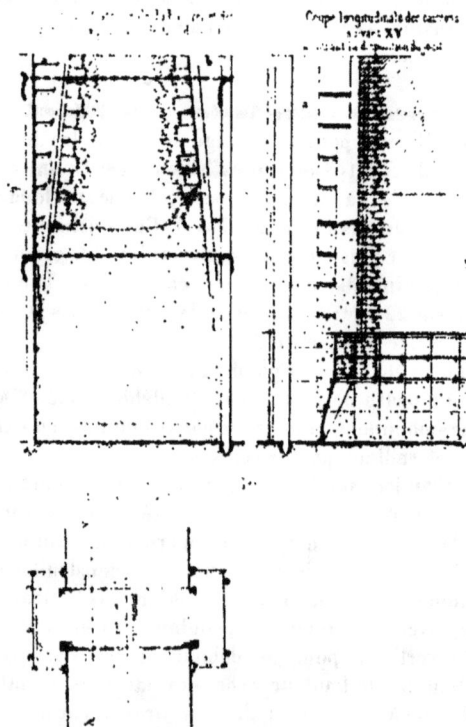

Fig. 809 et 810. — Écluses de Saint-Aubin. Coupes et plan.

Les figures 809 et 810 montrent diverses coupes de ces ba-

tardeaux ; sur la figure 811, on voit que les batardeaux mobiles
faisaient saillie sur les caissons fixes ; lorsque la partie fixe du
caisson pénètre seule dans le terrain, cette disposition permet
de réaliser sur la largeur de celui-ci certaines économies.

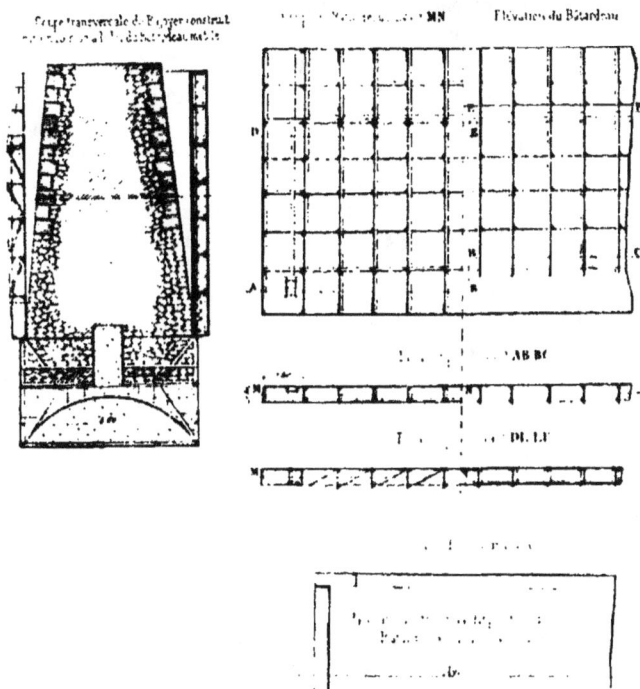

Fig. 811. — Écluses de Saint-Aubin. Batardeau.

Pour faire les joints entre les caissons des bajoyers, on a
procédé de la manière suivante :

Avec un jet d'air comprimé, on a agité le sol et avec une
pompe on a enlevé l'eau et la vase en suspension après avoir
isolé l'intervalle entre deux caissons au moyen de panneaux
verticaux en tôle assujettis avec deux pilotis, les panneaux
opposés étant reliés par des ligatures faites à deux hauteurs

par des chaînes (fig. 809). Au moyen de sondages, et au besoin
par une exploration au scaphandre, on a reconnu qu'il ne restait plus au fond que des cailloux propres ; on a alors coulé
au fond de la rainure une couche de mortier de ciment de
Portland pour empâter les cailloux restés au fond : puis on a
coulé du béton et on a attendu la prise

Des couches successives de béton ont été ensuite coulées
jusqu'au niveau de basse mer, en les relevant un peu sur les
bords, de manière à faciliter l'étanchement des deux panneaux en tôle ; la partie supérieure de ces panneaux formait
des batardeaux, s'appliquant par des joints de mousse sur
les maçonneries faites, et limitant des enceintes dans lesquelles on a épuisé et exécuté à sec les maçonneries supérieures.

Quelques fissures se sont produites pendant l'hiver de
1883-1884 dans ces bajoyers : elles s'arrêtaient à 1 m. 50 ou
2 mètres sous le couronnement. On les a expliquées d'abord
par la contraction des parties métalliques des caissons, mais
il n'est pas bien certain que cette cause ait agi seule. Ces fissures, qui avaient environ un demi-millimètre au plan d'eau,
pouvaient aussi provenir de l'inégalité des sous-pressions, se
produisant à travers un calcaire très fissuré. On a construit
après coup un radier en béton de 2 mètres d'épaisseur, pour
étancher les sas des écluses et pour renforcer la base de leurs
bajoyers.

**581. Garde-radier du barrage de Jonage sur le
Rhône.** — Plus récemment (1899), un système analogue a
été employé pour rendre étanches les jonctions du garde-
radier construit pour arrêter les filtrations qui se produisaient
sous le barrage de l'usine du canal de Jonage.

Les caissons qui constituent ce garde radier sont enfoncés à
une distance de 0 m. 20 qui n'a pu être admise que parce que
le fonçage ne présentait pas de grandes difficultés ; les parois
des caissons portaient des feuillures saillantes (fig. 813), formées de cornières entre lesquelles on pouvait enfoncer des
palplanches battues jusqu'au fond, préalablement nettoyé
au moyen d'une pompe centrifuge qui enlevait les vases, les

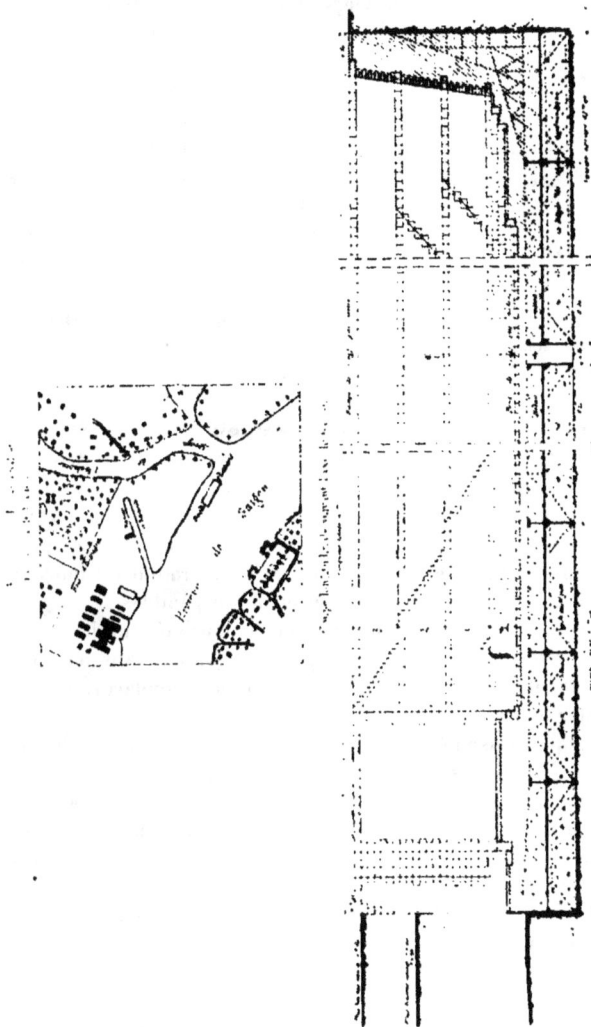

Fig. 812. — Saïgon. Forme de radoub. Plan général et coupe longitudinale.

laitances et les petits graviers. Lorsqu'il ne coulait plus que de l'eau claire, les gros graviers du fond restaient seuls.

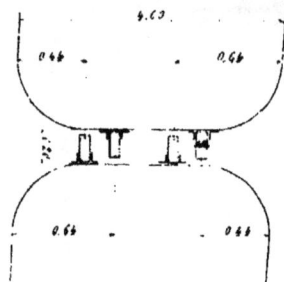

Fig. 813. — Barrage de Jonage près Lyon. Jonction entre les caissons du garde-radier.

Pour faire le joint, on coulait sur ces graviers du béton de ciment autour d'un tube métallique vertical : puis, après la prise du béton, on injectait dans ce tube un coulis de ciment destiné à empâter les graviers inférieurs.

Ces injections absorbaient souvent un cube de 5 à 6 mètres de ciment.

581. Forme de radoub de Saïgon. — En 1885, la forme de radoub de Saïgon a été construite par M. Hersent, au moyen de deux caissons mesurant chacun 83 mètres de longueur sur 30 mètres de largeur. Cette disposition, plus compliquée en réalité que celle adoptée à Toulon et aussi plus coûteuse, a été préférée pour diviser l'opération du fonçage en deux périodes moins longues et moins pénibles.

Un travail trop continu dans l'air comprimé aurait exposé les ouvriers à un excès de fatigue dangereux dans les pays chauds, et l'on n'aurait pu facilement ni les remplacer, ni augmenter leur nombre.

Chaque caisson était fermé à ses extrémités par des batardeaux métalliques, à une seule paroi, qui ont été démontés lorsque les maçonneries ont été terminées, tandis que les côtés latéraux sont restés pour envelopper la maçonnerie et en assurer l'étanchéité (fig. 812 et 812 bis). Les caissons pesaient 1.900.000 kilogs.

Le point délicat dans ce système est la jonction des deux caissons. Ceux-ci portaient à cet effet chacun un aileron extérieur de 0 m. 70 de long, destiné à former batardeau pour le nettoyage du fond du joint et la confection de la maçonnerie de remplissage. La jonction a été exécutée lorsque les deux caissons ont été complètement assis. Grâce au batardeau, on a démonté les abouts métalliques des deux caissons et relié les

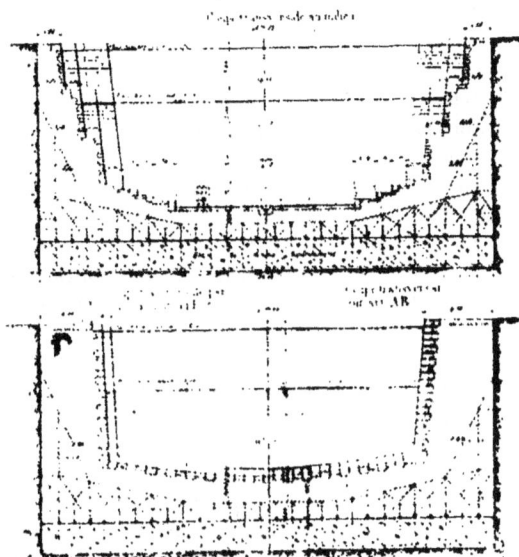

Fig. 812 bis. — Saïgon. Forme de radoub. Coupes.

maçonneries avec celles qui ont été faites dans le joint. Le succès a été complet et la jonction est très étanche.

582. Troisième forme de radoub de Missiessy à Toulon. — Postérieurement à 1894, M. Hersent a fait une nouvelle application du même système pour la construction d'un troisième bassin de radoub, qui a été établi à Missiessy, dans un terrain analogue à celui des deux bassins dont les fondations ont été décrites plus haut.

La fouille a été exécutée par dragage et la forme, qui devait être construite dans un caisson unique de 161 m. 60 de longueur sur 41 mètres de largeur, a été allongée en cours d'exécution de 25 m. 25, au moyen d'un second caisson relié au précédent par un joint en maçonnerie.

Dans une notice insérée aux *Annales des Ponts et Chaus-*

sées (1899, 3ᵉ trimestre, p. 151), M. Guiffart, ingénieur des Ponts et Chaussées, a exposé les calculs relatifs à l'équilibre du caisson pendant la construction des maçonneries, en tenant compte des charges, de la sous-pression et des poussées latérales, et en supposant, pour répartir les efforts entre le fer et la maçonnerie, que le coefficient d'élasticité du fer est égal à 20 fois celui de la maçonnerie.

Ces calculs ont été refaits, à des intervalles rapprochés, pendant la période du lestage, au fur et à mesure de l'exécution des maçonneries qui étaient réparties d'après le résultat des nivellements, de manière à obtenir un enfoncement régulier ; au début, la déformation des charpentes métalliques est très importante, et les nivellements indiquent encore plus que les calculs quelles sont les parties qui doivent être surchargées ; lorsque, par l'augmentation de la masse des maçonneries, la rigidité de l'ensemble augmente, les résultats des nivellements deviennent moins nets et l'importance des calculs augmente.

Le caisson primitif avait une largeur de 11 mètres et une longueur de 161 m. 60, divisée par 21 poutres transversales espacées de 8 m. 04 ; mais, en cours d'exécution, cette longueur a été augmentée de 25 m. 20, au moyen de la juxtaposition d'un petit caisson de 23 m. 75, placé à 0 m. 15 du caisson primitif. Au droit des cloisons intermédiaires, les poutres transversales ont 4 m. 43 de hauteur sur l'axe ; cette hauteur atteint 6 m. 70 aux extrémités.

Les poutres transversales sont reliées par quatre cours de poutres longitudinales régnant au-dessus du plafond des chambres de travail et présentant des hauteurs de 2 m. 56 pour les poutres médianes et de 1 m. 90 pour les poutres de rive ; enfin le plafond des chambres de travail est supporté par des poutrelles de 0 m. 95 de hauteur espacées de 1 m. 05. Les tôles de plafond ont 5 millimètres d'épaisseur, celles des cloisons entre les chambres de travail 7 millimètres; les tôles des hausses, de 5 à 7 millimètres, sont réduites à 4 millimètres pour les parties supérieures où ces hausses doivent être enlevées.

De même que dans les autres fondations du même type, l'avant du caisson du côté du bassin est fermé par un batardeau qui peut être enlevé après l'achèvement des maçonneries et qui s'appuie sur les parois du caisson, renforcées par des étrésillonnements.

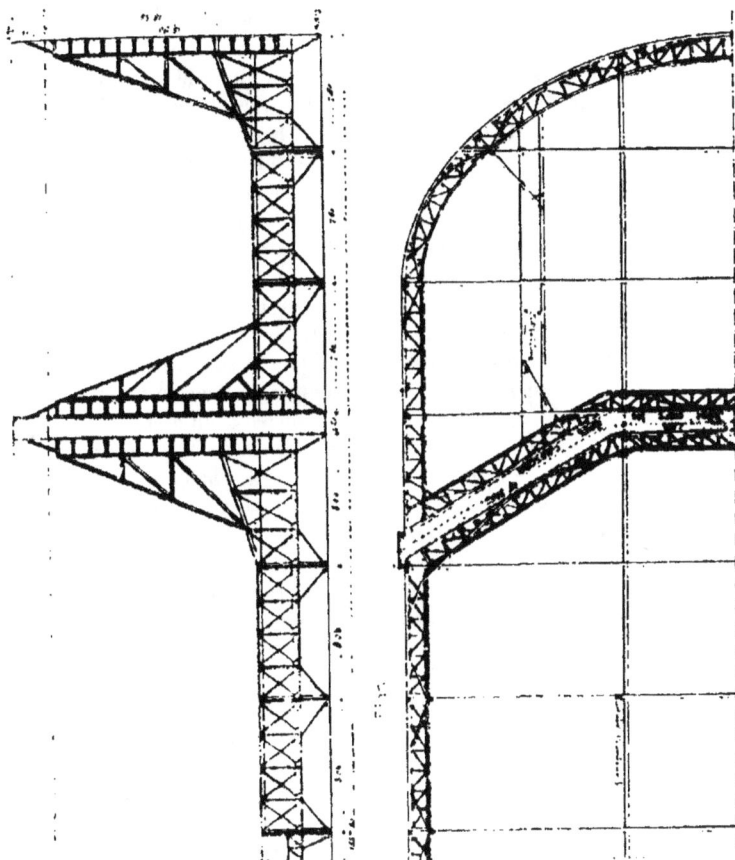

Fig. 844. — Toulon Troisième bassin de radoub de Missiessy. Grand et petit caisson Coupe longitudinale. Plan.

Tandis que, dans les premiers bassins construits à Missiessy, le poids des caissons était de 370 à 380 kgs par mètre

carré (rivets non compris), le poids analogue du troisième
bassin a été inférieur à 300 kilogrammes.

Pour faire le joint entre le caisson et le batardeau, on a
interposé une fourrure de peuplier mince, munie sur chaque
face de deux cordes goudronnées et suiffées et le joint a été
enduit d'un mastic spécial formé de : un litre de coaltar,
0 kgr. 500 de ciment à prise rapide et 0 kgr. 100 de suif, le
tout pétri, puis battu et employé avant 24 heures.

Avant l'exécution des maçonneries, les tôles de plafond ont
été recouvertes d'un enduit de 2 centimètres de mortier dosé
à raison de 600 kilogrammes de ciment par mètre cube de
sable, puis les premières couches de béton ont été faites avec
le même mortier (3 parties de mortier pour 2 de pierrailles);
ce béton très riche a été reconnu nécessaire pour l'étanchéité,
des essais faits avec le dosage : une partie de mortier pour une
de pierrailles n'avait pas donné de résultats satisfaisants.

Le béton de ciment a été employé sur une hauteur variable,
suivant les points, entre 0 m. 62 et 1 mètre ; on a ensuite
eu recours au béton de chaux du Teil, puis successivement à
la maçonnerie de ciment et à la maçonnerie de chaux.

Au fur et à mesure de l'enfoncement, il fallait raidir les
parois verticales du caisson par des maçonneries, mais pour
ne pas trop charger les bords par rapport au milieu, ce mur a
été construit au moyen de contreforts placés au droit des cloisons transversales et un lest en moellons a été placé vers le
milieu pour maintenir un équilibre convenable entre les
charges des différentes parties du caisson.

M. Guiffart a fait remarquer que, à ce point de vue, l'épaisseur du radier ne pourrait pas être réduite sans inconvénient et qu'il y aurait intérêt pour renforcer le radier près
de l'axe, au point où les maçonneries travaillent le plus pendant la construction, à employer, en vue de l'assèchement
ultérieur du bassin, des rigoles latérales au lieu d'une rigole
centrale, comme on le fait ordinairement dans les formes de
radoub.

L'échouage du caisson a été facile et régulier ; les dragages
avaient laissé au fond une couche d'argile d'un mètre d'épaisseur, imperméable qui, en se tassant sous les couteaux, arrê-

Vue de côté   Vue de face

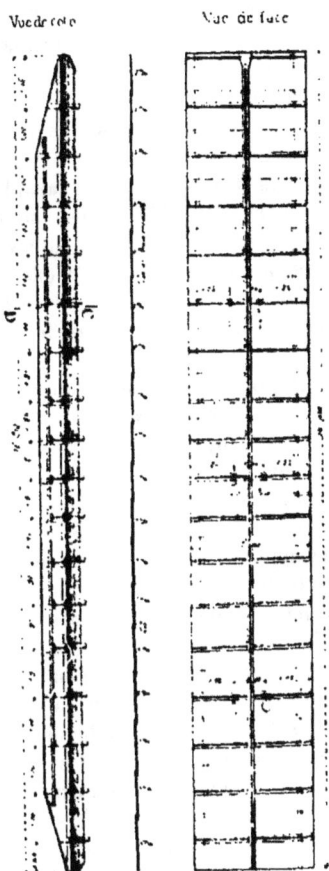

Coupe suivant CD

Fig. 86. — Toulon. Troisième bassin de radoub de Missiessy.
Panneau de joint.

tait la descente et empêchait tout passage d'air ; dès qu'on a eu percé quelques petits trous dans les parois, la pression s'est abaissée et la descente a pu être achevée.

Le nettoyage des chambres de travail a été effectué par siphonnement, au moyen de tuyaux munis de robinets, plongeant dans l'eau chargée d'argile.

Nous avons dit que, le projet primitif ayant été dressé et l'exécution commencée dans l'hypothèse de l'emploi d'un caisson unique, on avait été conduit en cours d'exécution à décider l'allongement du bassin ; on l'a effectué au moyen d'un petit caisson de 14 mètres de largeur et de 23 m. 75 de longueur. L'allongement total, y compris le joint, a été de 24 m. 20.

Pour faire le joint, on a descendu, le long des parois extérieures des caissons, des panneaux en tôle de 2 m. 50 de largeur et de 16 m. 94 de hauteur, raidis par une poutre centrale de 0 m. 51 d'épaisseur et par des entretoises de 0 m. 305. Ces panneaux s'appuyaient sur les tôles au moyen de bourrelets en toile garnis de mousse, ils étaient mis en place après nettoyage du fond et appuyés au pied par un remblai extérieur. Le joint ayant été nettoyé à la pompe, on a fait une visite au scaphandre pour nettoyer et gratter les tôles contre lesquelles devait s'appuyer le béton destiné à étancher le joint. Le coulage du béton était dirigé par un plongeur : il était effectué par couches successives de 0 m. 50, en faisant alterner du béton fin (pierrailles de 0 m. 02) et du béton ordinaire (pierrailles de 0 m. 06), le dosage étant dans les deux cas de un de pierrailles pour un de mortier de ciment du Teil dosé à 800 kilogrammes.

Le béton a été coulé par redans jusqu'à 6 m. 80 sur les bords et surchargé au moyen de caisses remplies de moellons. Lors de l'épuisement on a étanché avec des cales en bois les filtrations qui se produisaient le long des panneaux et on a écoulé les eaux dans un tuyau pendant la construction des maçonneries ; puis, après leur achèvement, on a rempli l'intervalle entre les maçonneries et les panneaux par un coulis de ciment sous pression.

Enfin on a complété la liaison du radier en arrachant les

tôles des hausses au niveau du dessus du béton et en pratiquant des arrachements dans les maçonneries voisines.

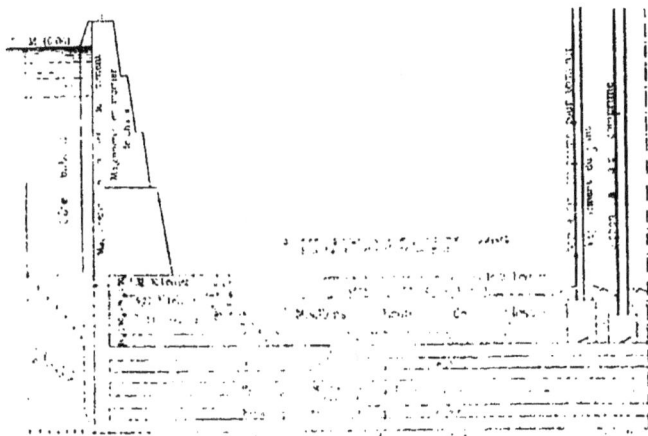

Fig. 816. — Toulon. Maçonneries du joint entre les deux caissons.

583. Massifs continus sans métal interposé. — Dans les exemples qui précèdent, il s'agissait de fondations profondes dans lesquelles on pouvait admettre l'interposition des fers dans les parties les plus basses des massifs.

Pour la fondation des déversoirs du Coudray et d'Evry sur la Seine, en amont de Corbeil, exécutés de 1882 à 1883, on avait des profondeurs moindres, et la question se posait de savoir si on pouvait sans inconvénient admettre le même système. Nous avons indiqué au n° 578 la solution adoptée pour le barrage d'Evry ; pour celui du Coudray, en égard à la moindre profondeur des fondations, on a préféré recourir à un autre système.

584. Barrage du Coudray sur la Seine. — Le déversoir du Coudray devait avoir une épaisseur maxima de 3 m. 54 sous le seuil d'amont. Le terrain de fondation se composait en partie de sables et graviers mélangés de gros blocs siliceux

24

ou calcaires, et en partie de roches compactes ou fissurées, dans lesquelles des pieux se seraient difficilement enfoncés.

On prit le parti de recourir au système des caissons suspendus avec une longueur de 20 mètres, une largeur de 7 m. 80 et une hauteur de 6 m. 08. Pour permettre le démontage de ce caisson en vue de son enlèvement, on a simplement boulonné les poutres horizontales du plafond sur des consoles fixées aux parois verticales ; la chambre de travail avait 2 m. 60 de hauteur, le caisson était suspendu par ses parois verticales sur un échafaudage fixe portant des vérins extérieurs. Les écluses à air étaient au nombre de trois, l'une pour les matériaux permettait l'introduction de pierres de 1 m. 10 × 0 m. 60 × 0 m. 50 ; les autres servaient à l'extraction des déblais et étaient munies d'écluses latérales pour l'introduction du mortier ; ces trois écluses pouvaient être employées par le personnel.

Ces dispositions avaient pour but, dans la pensée de M. Montagnier, de permettre de n'employer l'air comprimé que lors de la descente du caisson ; on devait ensuite exécuter les maçonneries d'implantation, étancher le joint de la base et démonter une partie des tôles du plafond, de manière à continuer le travail à ciel ouvert par épuisements.

C'était le système du caisson batardeau qui n'a pu être appliqué que lorsque le terrain n'était pas trop perméable.

Au Coudray, le montage du caisson destiné à l'application de ce système a été fait sur place, en supportant les tôles par un plancher provisoire et en les soulevant ensuite à l'aide de vérins. Le caisson a été lesté au moyen de sable et de gueuses de fonte, et on a atteint le fond de la fouille ; mais, ayant rencontré un terrain très perméable, on n'a pas pu se servir du caisson comme batardeau en arrêtant l'air comprimé et en étanchant seulement le joint de la base ; on a pris le parti d'exécuter toutes les maçonneries à l'air comprimé en relevant successivement la cloche, comme nous l'avons vu pour les travaux de La Pallice, au moyen de vérins intérieurs. On a aussi relevé successivement le caisson de 3 m. 66.

L'ouvrage entier comportant quatre déplacements de la cloche, on a fait passer au moyen des vérins extérieurs la cloche de l'emplacement primitif à celui de la 2ᵉ caissonnée au moyen d'un ripage obtenu par le déplacement successif des vérins deux à deux ; les vérins intermédiaires portaient seuls la charge pendant le déplacement.

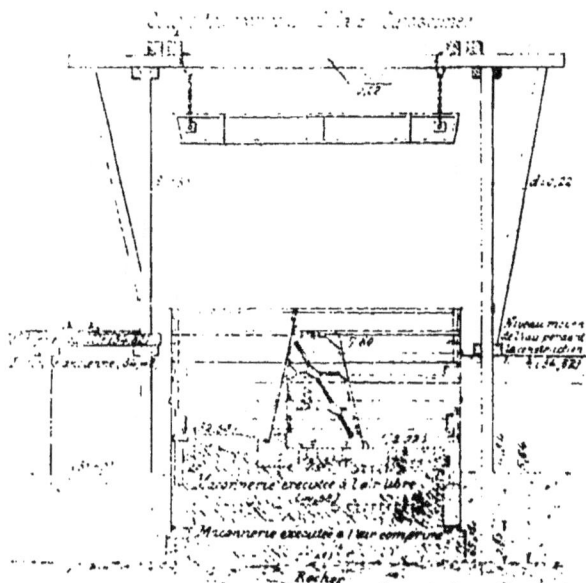

Fig. 817. — Barrage du Coudray. Caisson-batardeau.

Dans la 2ᵉ caissonnée, le terrain étant compact et presque imperméable, on put arrêter l'air comprimé après avoir construit un massif de 1 m. 60 d'épaisseur et avoir étanché le joint sous le tranchant du caisson par du béton recouvert d'argile chargée par des gueuses de fonte (fig. 817).

Pendant le coulage du béton sous le tranchant, il était nécessaire, pour qu'il ne fût pas délavé, que l'eau ne s'échappât pas sous le caisson ; on y est parvenu en perçant dans le borde du caisson des trous de 0 m. 015 à 0 m. 02, bouchés par des tampons en bois qu'on ouvrait ou fermait de manière à rendre le niveau de l'eau inférieure à peu près constant.

Après la prise du béton, on a arrêté l'air comprimé. on a démonté les poutres du plafond et travaillé à l'air libre.

Les raccordements entre les différents massifs ont été exécutés à sec par épuisements à l'abri de batardeaux, après avoir exécuté au fond une première couche de béton à l'aide de plongeurs qui vidaient des sacs de béton après avoir avivé les maçonneries voisines.

On a d'ailleurs ajouté à l'amont et à l'aval des parafouilles en béton (fig. 818).

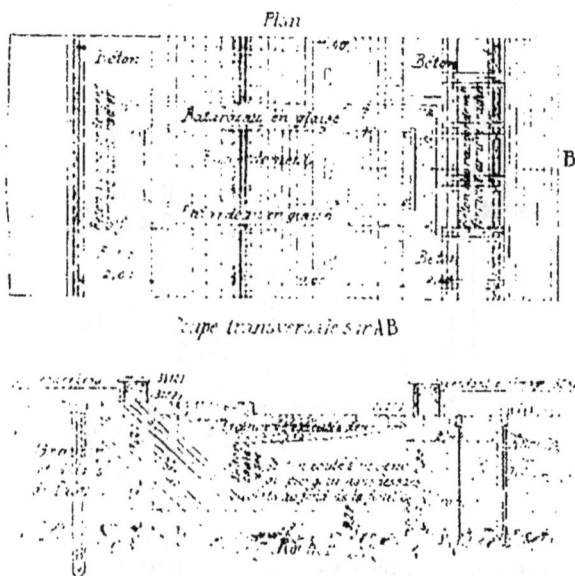

Fig. 818. — Barrage du Coudray. Jonctions.

En rendant compte de ces travaux dans les *Annales des Ponts et Chaussées*, M. Lavollée a fait remarquer que le prix moyen du mètre cube de maçonnerie a été plus élevé au Coudray qu'à Evry et que les prix de revient d'ouvrages analogues exécutés dans son service au moyen de batardeaux et d'épuisements ont été intermédiaires entre les précédents.

Il n'y a donc pas dans la considération des prix de revient de motif bien déterminant pour choisir entre les différents systèmes.

Mais lorsque, pour éviter des épuisements difficiles, on aura recours à l'emploi de l'air comprimé, il conviendra de recourir aux caissons-cloches ou aux caissons-batardeaux, toutes les fois que l'épaisseur du radier au-dessus de la chambre de travail ne sera pas suffisante pour résister seule aux sous-pressions.

Car on ne peut considérer les maçonneries inférieures que comme un remplissage qui ne fait pas corps avec le massif supérieur du radier et ne doit pas entrer en compte dans les calculs relatifs à la résistance du radier aux sous-pressions.

343. Jetées du Port de La Pallice. — De 1885 à 1888, les jetées du port de La Pallice ont été fondées sur de grands blocs en maçonnerie, construits par un procédé analogue à celui du pont de Mareuil, mais au moyen d'une cloche équilibrée, dont les dispositions d'ensemble présentent, sauf les dimensions, une assez grande analogie avec celles de la cloche de Brest (fig. 819) [1].

A l'abri de la cloche, on dérasait les premières couches de rocher jusqu'à une couche assez résistante, dans laquelle on encastrait la base de la maçonnerie ; puis en prenant un point d'appui sur les premières assises, on soulevait le plafond de la chambre de travail par des vérins placés à l'intérieur, et après avoir, par des soulèvements successifs, dépassé le niveau des basses mers, on faisait à mer haute flotter le caisson et on le conduisait à un autre emplacement.

Le caisson mobile avait 22 mètres de longueur, 10 mètres de largeur et 3 m. 80 de hauteur ; il était divisé, comme à Brest, en deux étages et comprenait une chambre de travail et un flotteur ou chambre d'équilibre.

Au-dessus de la tôle du plafond, le lest fixe en maçonnerie

_____

(1) Notice sur les fondations à l'air comprimé des jetées du nouveau port de La Pallice à La Rochelle, par MM. Thirouger, Ingénieur en Chef, et Constolle, Ingénieur des Ponts et Chaussées, *Annales des Ponts et Chaussées*, 1889, II, p. 561.

Port de La Pallice

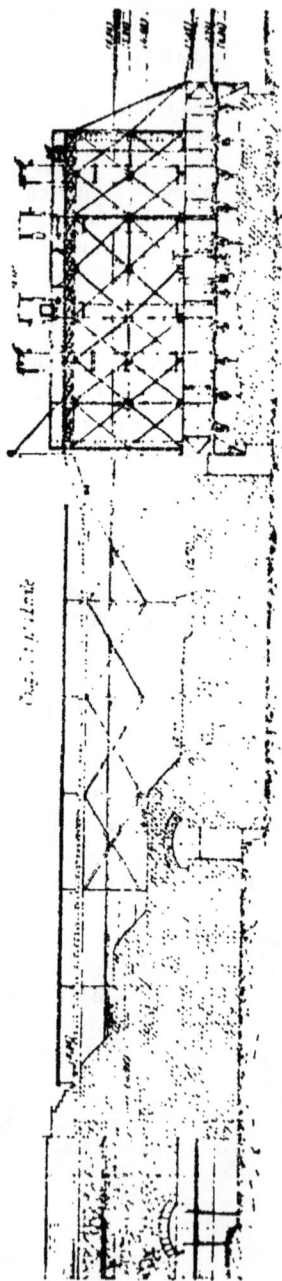

Fig. 819. — Jetée. Coupe longitudinale.

n'avait que 0 m. 30 d'épaisseur; il était complété, en cas de besoin, pour les profondeurs de plus de 3 m. 80, par un lest en gueuses de fonte, placées sur le plafond supérieur. Quatre

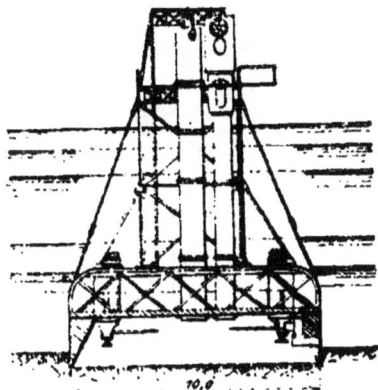

Fig. 820. — La Pallice. Coupe transversale du caisson mobile.

cheminées montaient jusqu'à la plateforme supérieure et se terminaient par des écluses : elles étaient contreventées par une charpente métallique. Deux de ces cheminées avaient 1 m. 05 de diamètre et servaient, avec un dispositif analogue à celui des quais de Bordeaux, à l'extraction des déblais et à l'introduction des matériaux; les deux autres de 0 m. 70 étaient destinées au personnel et, par des écluses latérales, au passage du mortier.

Les vérins pour le levage de la cloche étaient au nombre de 24 et transmettaient leur charge au plafond par de fortes chaises coniques en tôle terminées par des écrous en bronze.

Comme à Brest, on a dû se préoccuper de la stabilité de la cloche, aux divers états de la mer, d'autant que, vers la fin du travail, le tranchant est à une faible profondeur au-dessous de la basse mer.

Le flotteur étant en communication par un robinet-vanne avec l'eau extérieure, le calcul a montré que la surcharge (excédent des charges sur les sous-pressions) avait, avec un lest en fonte de 230 tonnes, les valeurs suivantes :

Pour une hauteur d'eau de 7 mètres au-dessus du plafond, 110 tonnes.

Lorsque le plafond du caisson découvre, 158 tonnes.

Lorsque le dessus du lest en maçonnerie découvre, 162 tonnes.

Lorsque le niveau descend au tranchant du caisson, 636 tonnes.

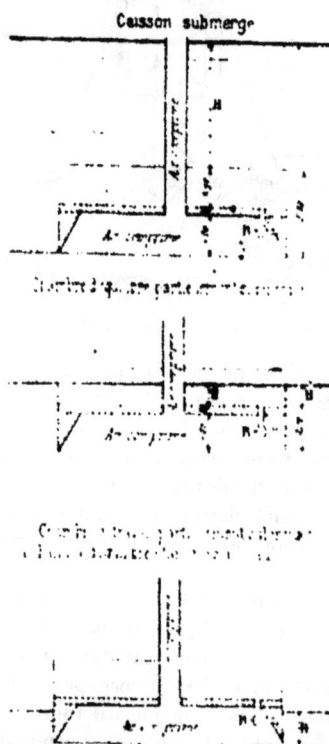

Fig. 821. — La Pallice. Équilibre du caisson.

Les fig. 821, extraites du mémoire de MM. Thurninger et Constolle (*Annales des Ponts et Chaussées*, 1889, 2ᵉ Semestre)

montrent les principales hypothèses en vue desquelles on a
dû assurer l'équilibre du caisson :

1° Le caisson est entièrement submergé, l'air comprimé
dans la chambre de travail, l eau dans la chambre d'équilibre.

2° Le niveau de la mer est entre le pont et le dessus de la
maçonnerie du plafond, l'eau étant au même niveau dans la
chambre d'équilibre et à l'extérieur.

3° Le niveau de la mer est inférieur au plafond de la chambre
de travail et la chambre d'équilibre ne contient plus d'eau.

Pour resister aux efforts latéraux produits par les courants
et les lames, on a engagé les pieds des vérins dans les maçonneries de manière à empêcher leur déplacement latéral et on a
étayé les parois latérales des caissons sur les maçonneries faites.

Quand la mer devenait trop houleuse, on cessait de comprimer l'air, et la surcharge augmentait de 349 tonnes, au moment où le niveau de la mer était au-dessus du plafond : cet
excès de charge diminuait naturellement, lorsque la mer bais-
sait, et tendait à s'annuler, si la mer descendait jusqu'à une
faible hauteur au-dessus du tranchant du caisson : mais il n'y
avait pas lieu de s'en préoccuper, le calcul montrant que c'est
dans cette position que la surcharge totale a sa valeur maxima.

On a eu, pendant des tempêtes, diverses avaries dans la
superstructure des caissons, mais ceux-ci n'ont subi en plan
que des déplacements peu importants.

De ce qui précède, il résulte que les soulèvements des caissons étaient plus faciles à haute mer : c'était le moment choisi
pour les manœuvres des vérins.

Pour l'enlèvement des caissons après l'arrêt des maçonneries, qui étaient interrompues à un niveau un peu supérieur à
celui de basse mer, on avait à arrêter la compression de l'air,
à enlever les gueuses de fonte, à fermer à basse mer le robinet-vanne du flotteur, et à profiter de la haute mer pour
soulever le caisson flottant au-dessus des maçonneries faites.

Le tirant d'eau du caisson avec son lest en maçonnerie étant
de 3 m. 35 et le niveau des mers de vive eau étant à la Pallice
de 5 m. 40 au-dessus du zéro, on avait ainsi une hauteur libre
de 2 m. 05 ; on élevait la maçonnerie à la cote 1 m. 50 au
maximum, et il restait en vive eau une marge de 0 m. 55 au-

dessus des blocs : ce qui était suffisant, en opérant par beau temps.

On a, par ce moyen, construit un certain nombre de blocs entièrement en maçonnerie, on les a reliés à la partie supérieure par de petites voûtes se prolongeant jusqu'à l'aplomb des parements longitudinaux des blocs, et on y a réservé une ouverture fermée par une cheminée terminée par un sas à air. On a ensuite fermé ce pertuis à ses extrémités par des panneaux métalliques reliés par des tirants transversaux ; on a étanché les joints, puis comprimé l'air dans le caisson mixte ainsi constitué. Ce procédé n'était d'ailleurs employé que lorsqu'il n'était pas possible d'épuiser directement entre les blocs à la marée, à l'aide de batardeaux fermant les extrémités des pertuis lorsque celles-ci découvraient à basse mer.

Les panneaux métalliques se composaient d'éléments horizontaux ayant 0 m. 40, 0 m. 50 et 0 m. 60 de hauteur sur 3 mètres de longueur, et s'assemblant en nombre convenable pour fermer successivement les différents pertuis (fig. 822). Après avoir essayé pour l'appui sur les maçonneries de bourrelets en caoutchouc, on a reconnu qu'on obtenait des résultats aussi satisfaisants par des joints d'argile.

Mais une difficulté se présentait par suite des différences dans la profondeur de fondation des blocs et aussi par suite des irrégularités dans l'alignement des caissons voisins : la forme extérieure de l'excavation réalisée pendant le fonçage était donc irrégulière et, des déblais s'étant déposés dans l'intervalle, on ne pouvait souvent descendre les panneaux qu'à 2 mètres ou 2 m. 50 au-dessus du fond.

Les panneaux ayant été dressés à la marée et mis en place verticalement à cette hauteur, on serrait à basse mer les tendeurs supérieurs, ce qui était possible puisque les voûtes de jonction avaient leurs naissances au-dessus des basses mers de morte eau ; puis après avoir étanché tous les joints hors d'eau, on commençait à comprimer l'air, qui abaissait le plan d'eau, et on pouvait successivement étancher de nouveaux joints et mettre en place les tirants inférieurs, divisés, en vue de leur passage par les sas, en éléments articulés par des anneaux.

Les dépôts du fond n'étaient souvent pas assez épais pour

empêcher qu'en les dégarnissant on arrivât à descendre de nouveaux éléments par l'extérieur et à les boulonner sous les précédents, en travaillant dans l'eau ; puis, comme ces rem-

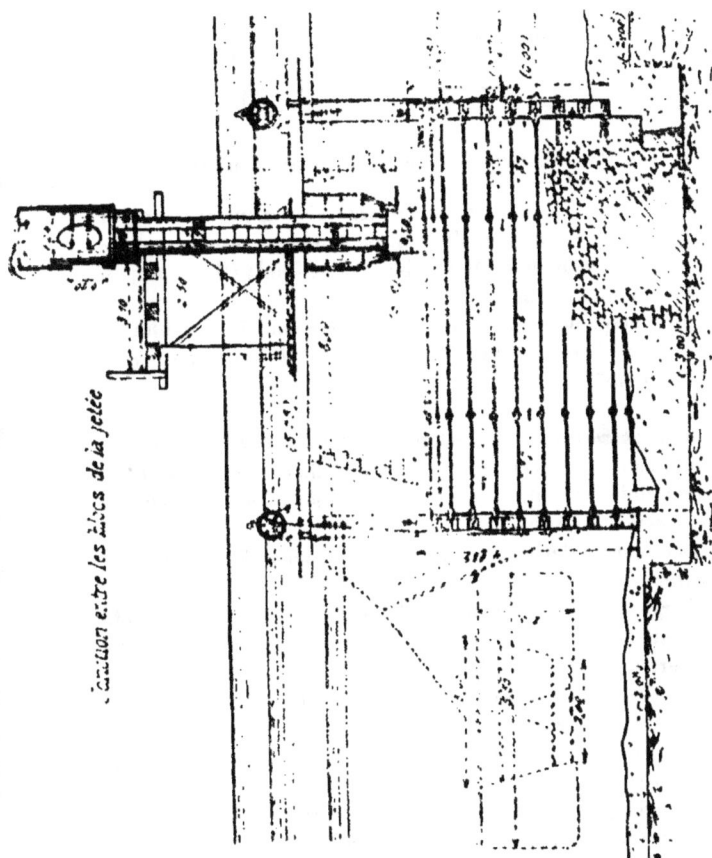

Fig. 222. — La Pallice. Jonctions. Coupe transversale.

blais étaient peu perméables, on s'en servait pour appuyer des murettes en sacs de ciment qui permettaient d'abaisser le plan d'eau, et de construire ainsi jusqu'au solide des murettes par retraites successives ; mais, à ce moment, la chambre devenant presque entièrement étanche, il fallait se mettre à l'abri, par des manœuvres de robinets, des excédents de pression.

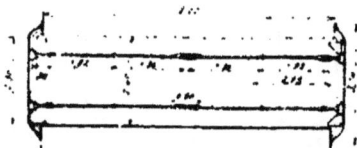

Fig. 823. — La Pallice. Jonctions. Plan des panneaux mobiles.

C'est dans l'enceinte ainsi formée qu'on a pu exécuter au minimum une longueur de 4 m. 50 de maçonnerie complètement pleine et bien reliée aux blocs et au fond; elle a complètement assuré l'étanchéité.

Les détails de ces travaux sont exposés dans le mémoire de MM. Thurninger et Coustolle (*Annales des Ponts et chaussées*, 1889, p 455).

346. Bassins de radoub du port de Gênes. — La construction des bassins de radoub du port de Gênes (1888-1890) comportait l'exécution de massifs de maçonnerie présentant les dimensions suivantes :

Longueur intérieure au niveau des quais, 179 m. 40 à 220 mètres.

Largeur intérieure au niveau des quais, 24 m. 90 à 29 m. 40.

Hauteur d'eau sur le seuil, au-dessus du niveau moyen de la mer, 8 m. 50 à 9 m. 50.

On s'est proposé d'éviter les soudures faites après coup, au moins pour les radiers, qui, étant établis sur le rocher déblayé jusqu'à une profondeur de 13 mètres, ne devaient avoir, dans les parties les plus basses, que l'épaisseur de 2 m. 20 jugée nécessaire pour l'étanchement des formes.

On a successivement employé sur ce chantier deux systèmes de cloches (1) :

Des cloches suspendues de 22 mètres sur 6 m. 50 pour percer les trous de mines et exécuter le dérochement : ces cloches ont ensuite servi à la construction des bajoyers.

(1) *Druckluft-Grundungen*. C. Zschokke (1896).

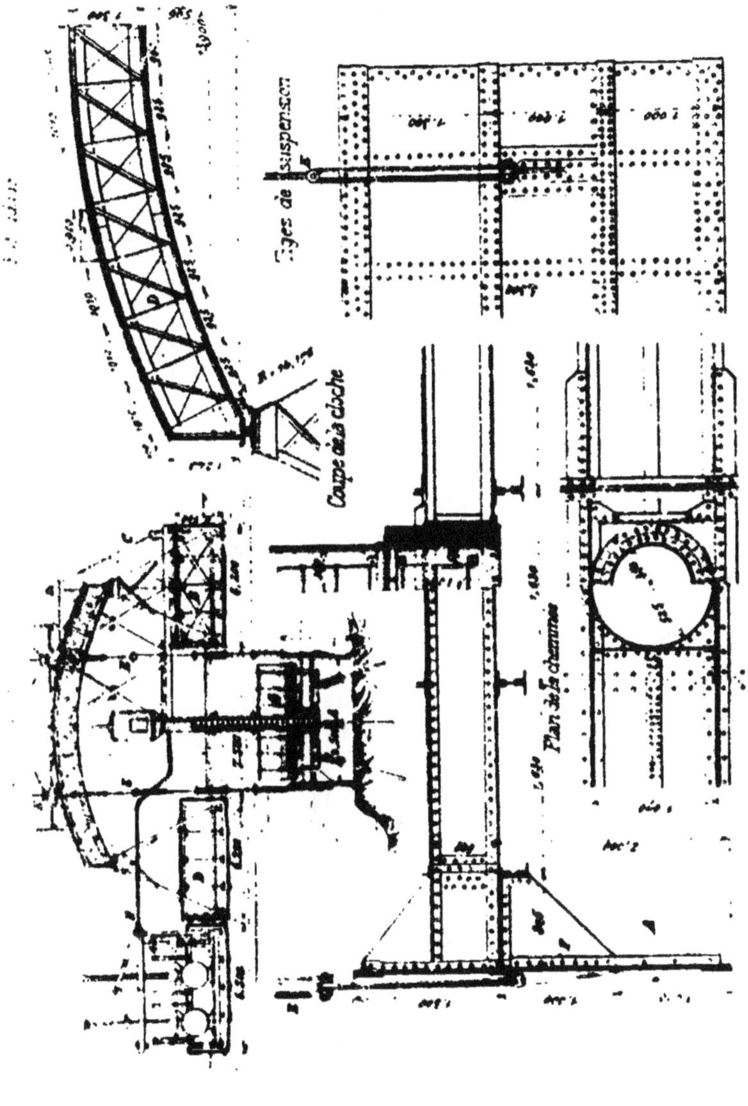

Fig. 304. — Gênes. Forme de radoub. Cloche suspendue.

Des cloches flottantes de 38 mètres sur 32 mètres, dépassant ainsi la largeur des radiers qui est de 36 mètres, devant servir au nettoyage et au règlement de la fouille, ainsi qu'à la construction des radiers.

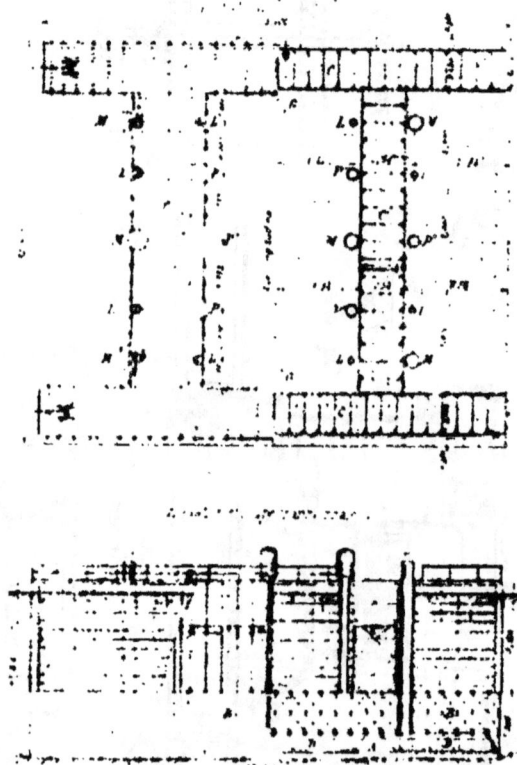

Fig. 825. — Gênes, Forme de radoub. Cloche flottante.

M, grandes écluses avec cheminées de 1 m. 45 pour le passage des matériaux et du personnel de surveillance. — P', écluses avec cheminées de 0 m. 70 pour les ouvriers. — L, bétonnières de 0 m. 45.

La disposition des cloches suspendues ne différait pas essentiellement de celles que nous avons précédemment décrites ;

cependant elles renfermaient au-dessus du plafond des cylindres horizontaux de 2 mètres de diamètre G permettant de
faire varier, par l'introduction de l'eau ou de l'air comprimé,
la surcharge portant sur les vérins.

La fig. 824 montre l'échafaudage porté sur bateaux, le mode
d'attache des tiges des vérins et l'emplacement occupé par le
bateau spécial portant les machines de compression.

Quant à la cloche flottante, elle a 13 m. 60 de hauteur dont
2 mètres pour la chambre de travail, 3 mètres pour la chambre d'équilibre et 8 m. 60 pour les quatre réservoirs ou puits
régulateurs qui débouchent au-dessus du niveau de la mer.

Les puits transversaux CC (fig. 825) ont 3 mètres de largeur et sont placés à 0 m. 98 en arrière des parois extrêmes
de la cloche ; les puits longitudinaux C'C', reliés avec les précédents, ont 3 m. 52 de largeur et sont placés à 8 m. 56 des
parois transversales. Ils sont entourés par les cheminées des
sas qui forment trois groupes autour de chaque puits.

Les variations dans le tirant d'eau de la cloche étaient
obtenues à chaque instant au moyen des puits régulateurs, dans lesquels on pouvait élever ou abaisser les eaux à
l'aide de pompes. Ces puits étaient divisés en compartiments
pour diminuer les oscillations sous l'action de la houle.

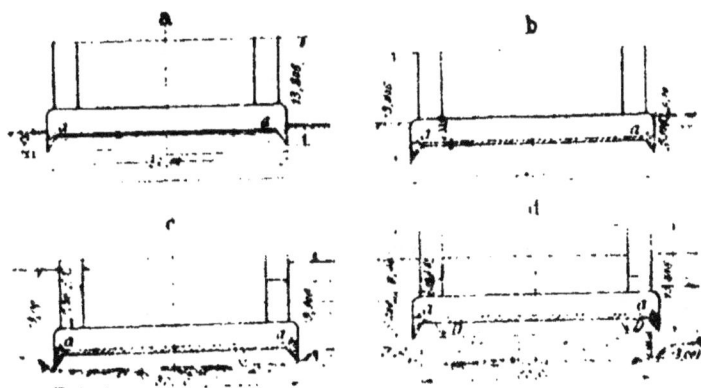

Fig. 826. — Coupes longitudinales des caissons à divers états d'équilibre.

Les fig. 826 montrent le caisson sans lest, le caisson lesté avec la chambre d'équilibre pleine d'eau, le caisson immergé avec les puits partiellement remplis d'eau d'après la profondeur à atteindre, enfin le caisson en partie relevé et s'appuyant sur les maçonneries par des vérins à vis dont les chaises sont représentées en D (fig. 826).

Les maçonneries de béton, limitées latéralement par des murettes, s'exécutaient par hauteurs de 0 m. 50 à 1 mètre, en laissant en talus la partie à prolonger et en relevant la cloche au fur et à mesure de l'élévation de la maçonnerie

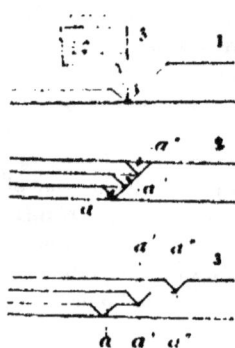

Fig. 827. — Gênes. Forme de radoub. Radier en béton.

On déplaçait ensuite la cloche de toute sa longueur et on l'amenait au pied du talus de béton : lorsqu'on avait exécuté 0 m. 50 de hauteur dans la deuxième position, on relevait la cloche (fig. 827, 1). On bouchait la rigole triangulaire a à ses extrémités, on l'épuisait et on la maçonnait à sec. On faisait une nouvelle levée de 0 m. 50 et on ramenait de même le caisson en arrière, n'ayant à exécuter par reprises que les triangles successifs a' a'' (fig. 827, 2).

Mais, dans ce système, tous les raccords sur une hauteur de 1 m. 50 sont superposés. Il aurait été préférable de laisser plus de largeur au talus à raccorder, de manière que les reprises a a' a'' (fig. 827, 3) fussent séparées : on aurait pu les épuiser et les maçonner avec plus de facilité, le tranchant du caisson étant en a' lorsqu'on remplit a et en a'' lorsqu'on remplit a', tandis que, dans le système adopté, la rigole à remplir se trouvait tout près de la paroi du caisson : il devait être difficile de la protéger contre le délavage produit par les sorties d'air et par les mouvements du caisson.

Quoi qu'il en soit, les résultats satisfaisants qui ont été obtenus sont dus à la rapidité avec laquelle les différentes couches se superposaient, après un nettoyage soigné de la couche inférieure, de manière à rendre l'adhérence aussi com-

plète que possible, tant entre les couches superposées qu'aux
jonctions effectuées après chaque reprise.

La même cloche a pu être employée pour la construction
des bajoyers, en pratiquant des jonctions analogues à celles
du radier jusqu'au niveau nécessaire pour dégager la cloche
au-dessus des maçonneries faites.

A partir de ce niveau, on a dû recourir aux cloches suspendues et faire ensuite, après leur enlèvement, les jonctions
par épuisements.

587. Murs de quai de Marseille. — Ce système a été
appliqué depuis 1895 à Marseille pour la construction de murs
de quai, lorsque le terrain résistant ne se trouve qu'au-dessous de la cote — 12 mètres.

On drague jusqu'à cette profondeur et on construit une
digue en enrochements présentant à la cote — 9 mètres une
largeur de 12 m. 50 ; c'est au-dessus de cette digue qu'on
élève le mur de quai suivant le profil donné par la fig. 828.

Jusqu'à la cote — 1 m. 50,
les maçonneries sont exécutées sous des cloches suspendues ou flottantes, dans
l'air comprimé.

Entre les cotes — 1 m. 50
et + 0 m. 50, elles sont exécutées à l'air libre, au moyen
d'épuisements, dans un caisson métallique sans fond
formant batardeau.

Fig. 828. — Marseille. Murs de quais
fondés à l'aide de l'air comprimé.

Les caissons-cloches ont des chambres de travail de 2
mètres de hauteur, avec des longueurs de 18 mètres à
20 m. 20 et des largeurs de 5 m. 40 à 6 m. 67.

La cloche flottante a 18 mètres de longueur et 9 mètres de
largeur.

Les travaux étant exécutés par M. Zschokke, les dispositions de détail sont très analogues à celles des travaux de
Gènes.

Le matériel comprend quatre caissons suspendus et un cinquième caisson, pourvu d'une chambre d'équilibre et de puits régulateurs pouvant flotter ou s'échouer par ses propres moyens.

On emploie, suivant les cas, les cloches suspendues ou flottantes pour construire sur la digue en enrochements un bloc de maçonnerie de 1 m 20 à 1 m. 25 de hauteur, ayant comme largeur la dimension de la base du mur et comme longueur celle du caisson, déduction faite d'un certain jeu aux deux extrémités ; lorsque ce bloc est terminé, on soulève le caisson pour le ramener dans le prolongement et le plus près possible des maçonneries faites. Une première assise se trouve donc ainsi composée de blocs successifs séparés par un intervalle d'environ un mètre.

Dès que deux blocs sont terminés, un caisson est échoué à cheval sur les deux blocs, ses deux extrémités reposant dans des rainures transversales de 0 m. 25 de profondeur, ménagées à dessein sur le dessus des blocs. Le niveau d'eau dans la cloche descend donc un peu en contrebas du dessus des maçonneries, lorsque l'air comprimé remplit la chambre de travail. Un scaphandrier établit alors sous l'eau une murette en briques et ciment à prise rapide aux extrémités de l'intervalle entre deux blocs et sur toute la hauteur de ceux-ci.

On épuise la cuvette ainsi constituée et on la remplit de maçonnerie construite à sec. Les blocs de la seconde assise sont ensuite construits comme ceux de la première.

Ces dispositions assurent un travail régulier et satisfaisant par beau temps, en eau calme ; mais la houle, dès qu'elle devient un peu forte, gêne le déplacement des caissons suspendus et rend leur échouage dangereux.

Pendant le travail, elle expose à des avaries par suite du choc des chalands, sur lesquels les matériaux sont approvisionnés, contre les caissons.

Quant à la cloche flottante, son fonctionnement n'est plus possible dès que le creux des vagues est suffisant pour qu'elle soit exposée à toucher le fond par un angle.

Dans la partie de l'avant-port la plus exposée aux vents violents, on a dû prévoir un autre système pour la suspension des caissons, dont les supports seront formés de panneaux reposant sur le fond, mis en place par flottaison et reliés transversalement par des entretoises mobiles qui puissent être enlevées lors des déplacements nécessaires pour faire passer le caisson d'une position à la suivante.

Cette installation a commencé à fonctionner en 1902.

Le caisson-batardeau, employé au-dessus de la cote — 1 m. 50, est en tôle ; il a 17 mètres de longueur, 4 m. 20 de largeur et 2 m. 90 de hauteur (fig. 829) ; il pèse 25 tonnes.

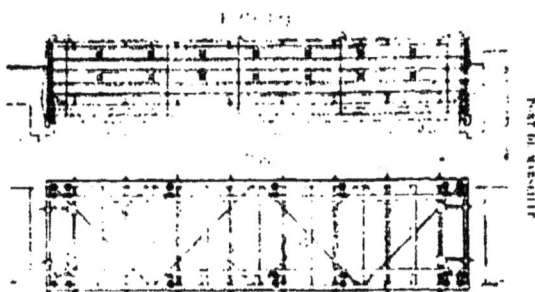

Fig. 829. — Marseille. Caisson-batardeau.

Les parois sont renforcées par des armatures, à la partie inférieure desquelles sont boulonnées des consoles pouvant s'appuyer sur les maçonneries antérieurement construites. D'autre part, à l'intérieur de chacune des arêtes du caisson, sont rivées obliquement des tôles de 0 m. 25 de largeur qui laissent autour de la maçonnerie construite un vide de largeur à peu près égale.

Lorsque le caisson a coiffé un bloc de maçonnerie, cet intervalle entre le bloc et le coin en tôle est presque entièrement rempli par des cylindres de bois, recouverts d'une garniture de corde tressée et d'une enveloppe de toile.

Au moyen de tiges de suspension manœuvrées par des treuils, on coince ces garnitures entre la maçonnerie et la tôle oblique ; on étrésillonne avec des étais en bois les parois opposées du batardeau et on épuise à l'aide d'une pompe centrifuge placée sur un bateau.

La sous-pression achève le serrage des garnitures et assure
une étanchéité suffisante pour qu'on puisse maçonner à sec,
jusqu'à la cote 0 m. 50, à laquelle on s'arrête pour enlever le
batardeau à l'aide d'une grue flottante et le reporter sur un
autre bloc.

Les intervalles entre deux blocs successifs sont remplis de
maçonnerie exécutée à l'air libre, en épuisant à l'intérieur
d'une enceinte constituée par des panneaux en bois fortement
serrés contre les maçonneries par des tirants en fer ; l'étanchéité est complétée par des murettes en briques et ciment
établies contre les panneaux, entre leur paroi intérieure et
la maçonnerie définitive.

Pour l'exécution de murs de quai, ce mode de fondation ne
donne lieu à aucune des objections qui peuvent être faites à la
construction d'un radier *en béton* par couches successives,
puisque dans ces murs, les blocs successifs de *maçonneries*
sont reliés les uns aux autres par arrachements, après nettoyage ; il en est de même pour les jonctions qui présentent
sur celles des fondations par caissons incorporés l'avantage
de l'homogénéité, aucun élément métallique ne restant engagé
dans les maçonneries.

388. Forme de radoub de Kiel. — Une application
récente (1900) a été faite des mêmes procédés à la fondation
d'une forme de radoub dans le port de Kiel.

Cette forme doit mesurer 175 mètres de longueur, sur 30
mètres de largeur, avec 11 m. 25 de tirant d'eau en eaux
moyennes.

La profondeur des fondations est de 16 m. 50 ; le radier en
béton aura 183 mètres de longueur sur 41 mètres de largeur et
4 m. 25 d'épaisseur.

Il est construit à l'aide d'un caisson suspendu en acier de
42 mètres de longueur, 14 mètres de largeur et 5 mètres de
hauteur, dont 2 m. 50 pour la chambre de travail et 2 m. 50
pour la chambre d'équilibre.

Le caisson est suspendu au moyen de 20 vérins à tige, à
une plateforme métallique, portée par deux bateaux en acier,
mesurant 52 mètres de longueur, 6 m. 10 de largeur et 4 m.
50 de hauteur (fig. 830).

Le béton est exécuté par couches de 0 m. 50 à 0 m. 80, et,
comme le montre la figure, les jonctions entre les blocs successifs sont placées en découpe, à grande distance ; on peut
seulement regretter que par suite de la longueur assez faible
de la cloche, ces jonctions soient bien nombreuses.

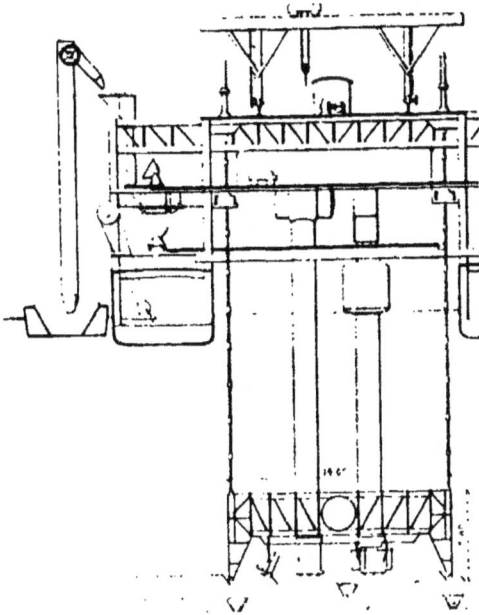

Fig. 830. — Kiel. Fondation d'une forme de radoub.

Les murs d'enceinte de la forme s'exécuteront en béton par
les mêmes procédés jusqu'à 3 mètres au-dessous du niveau
moyen : on construira le surplus dans un caisson spécial,
analogue au caisson flottant de Marseille.

Si on compare ces travaux avec ceux de Brest et de La
Palice ou de Gênes et de Marseille, on doit remarquer que
les cloches équilibrées s'emploient dans deux cas bien différents.

Dans une eau calme et à niveau constant, elles peuvent

rester flottantes pendant l'emploi (Gênes, Coulage du béton
de la forme de radoub).

Mais dans une eau agitée, à niveau variable, comme celle
des ports à marées, ces cloches doivent être surchargées, et,
par suite, il est nécessaire qu'elles prennent un point d'appui
sur le fond (Brest) ou sur des maçonneries déjà faites (La
Pallice).

349. Jonctions entre les massifs. — Quel que soit le
système des caissons employés pour réaliser une fondation
reposant sur plusieurs massifs, entre lesquels la continuité
doit être établie, les jonctions doivent être faites avec plus ou
moins de précision, suivant qu'il s'agit de supporter la pression de remblais ou une retenue d'eau.

Dans le premier cas, on a employé : des voûtes recouvrant
les vides entre les massifs, avec des panneaux en charpente
et des remblais argileux placés en arrière ; du béton immergé à
la base des jonctions, supportant des maçonneries construites
à l'abri de batardeaux en charpente ou en tôle, s'appuyant
sur les massifs voisins (Anvers) ; des jonctions entièrement
faites par épuisement à la marée, à l'abri de batardeaux (Boulogne).

Dans le second cas, dans lequel l'étanchéité des jonctions
a le plus d'importance, on a eu recours aux procédés suivants :

Maçonneries construites par épuisements à l'abri de batardeaux (Barrage de Port-Mort, forme de radoub de Saïgon,
barrage du Coudray, écluse de Saint-Malo, bajoyers des formes de radoub de Gênes) ;

Béton immergé, servant de base à des maçonneries construites par épuisement (Barrage de Poses, écluses de Saint-
Aubin, barrage d'Evry) ;

Béton ou maçonnerie construit à l'abri de cloches suspendues (Ecluses de Poses, écluse de Saint-Malo, quais de
Calais) ;

Maçonneries construites à l'aide de l'air comprimé dans
des chambres de travail, constituées en partie par des maçonneries, et en partie par des panneaux métalliques (La Pallice).

Pour exécuter des jonctions étanches, il est nécessaire de pouvoir nettoyer très soigneusement les massifs à relier, et, à ce point de vue, on se trouve dans des conditions plus favorables lorsqu'on procède par épuisements ou dans l'air comprimé que lorsqu'on emploie le béton immergé.

389. Comparaison entre les différentes méthodes de fondation à l'aide de l'air comprimé. — Reprenant maintenant la division indiquée au commencement de ce chapitre entre les différentes méthodes de fondation à l'aide de l'air comprimé, nous reconnaissons :

1° des fondations sur caissons en métal ou en bois incorporés aux maçonneries, généralement surmontés de hausses métalliques fixes, destinées à rester enfoncées dans le sol, et, au-dessus, de hausses ou de batardeaux mobiles correspondant à la partie des fondations qui dépasse le fond du lit ou à celle dans laquelle les maçonneries supérieures doivent être continues.

C'est le système le plus généralement employé pour toutes les fondations profondes, quelle que soit leur destination. Comme cas particulier, il présente diverses variantes : hausses métalliques supprimées ou amovibles, chambres de travail en maçonnerie (Ponts de Hornsdorf et de Marmande : puits de Rochefort enfoncés en partie par havage, en partie à l'aide de l'air comprimé).

2° des fondations exécutées à l'intérieur des caissons-cloches ou de cloches équilibrées extérieurs aux maçonneries dont ils permettent la construction et destinés à être enlevés aussitôt après leur exécution.

Les caissons-cloches peuvent être suspendus à bord d'un bateau (Cloche du Rhin), ou sur un échafaudage porté par deux bateaux (Cloche à dérochement du port de Gênes) ou sur des échafaudages fixes (Cloches suspendues de Honfleur, de Livourne, caissons des ponts du Garrit et de Mareuil, barrage du Coudray).

Les cloches équilibrées peuvent être installées à bord d'un bateau qui porte les machines de compression et d'épuisement destinées à lester ou à alléger la cloche (Cloche de la

navigation de la Seine) ; mais elles consistent le plus souvent
en un appareil flottant, susceptible de s'enfoncer à des profondeurs variables au moyen d'un lest d'eau ou de métal, et
séparé des appareils fixes ou flottants qui supportent la machinerie (Cloches de Brest, de Rotterdam, de La Pallice, de
Gênes).

L'emploi des caissons amovibles présente sur le premier
type de fondations l'avantage de permettre l'exécution de
massifs de maçonnerie entièrement continus et d'éviter les
inconvénients qui peuvent résulter, surtout pour les fondations qui ne sont pas très épaisses, de leur division par les
tôles des chambres de travail ; c'est donc surtout dans
les fondations à faible profondeur que ce système doit être
recommandé.

Dans les fondations courantes, on a cherché à réaliser par
la diminution du poids du métal incorporé aux massifs une
certaine économie : on ne peut pas dire d'une manière générale que le résultat ait répondu à cette prévision.

Avec des cloches suspendues sur échafaudages, on peut
toujours relever l'appareil au-dessus des maçonneries construites jusqu'au niveau de l'eau, et on peut lester ces cloches,
quelles que soient les variations du nivea : de l'eau, de
manière qu'elles restent fixes, sans prendre de point d'appui
soit sur le fond, soit sur les maçonneries déjà faites.

Au contraire, une cloche suspendue au milieu d'un bateau
suivra les variations du plan d'eau et le niveau supérieur des
maçonneries qu'on pourra construire à l'intérieur sera limité
par le tirant d'eau minimum du bateau-porteur.

On pourrait, il est vrai, gagner la hauteur correspondante
en supportant la cloche par des échafaudages reposant sur
deux bateaux, mais à la condition de pouvoir déplacer le système parallèlement à l'axe de ceux-ci, de manière à ne pas
rencontrer la maçonnerie construite au-dessus du niveau du
fond des bateaux.

Une cloche équilibrée pourra rester flottante pendant le
travail, dans une eau calme, à niveau constant ; on ne pourra
construire à l'intérieur que jusqu'à un niveau inférieur à celui
de la cloche délestée.

Dans une eau agitée ou à niveau variable, une cloche équilibrée devra, pour ne pas se soulever par la houle ou par le jeu des marées, avoir une surcharge telle qu'elle s'appuie, par l'intermédiaire de vérins ou de béquilles, sur le fond ou sur les maçonneries faites ; mais on pourra profiter des variations du plan d'eau, par exemple dans les mers ou dans les fleuves à marée, pour construire les maçonneries au-dessus des plus basses eaux, à condition de déplacer la cloche pendant les heures où les eaux sont le plus hautes.

Ce sont ces considérations qui ont guidé les constructeurs dans les applications qui ont été faites de ces différents engins, et il est nécessaire d'y avoir égard dans les cas analogues.

En résumé, sauf dans des cas exceptionnels, le choix à faire entre les différents procédés de fondations à l'aide de l'air comprimé sera déterminé par la question de savoir si, eu égard à la nature et à la profondeur des ouvrages, les maçonneries peuvent ou non être divisées sans inconvénient par des tôles incorporées. Dans le premier cas, on aura recours aux fondations à caissons perdus ; dans le second, on cherchera à relier les massifs de maçonnerie par des jonctions de même nature, sans interposition de métal, en ayant recours, suivant les cas, aux cloches suspendues ou équilibrées.

§ 13. — EXAMEN COMPARATIF DES DIFFÉRENTS ÉLÉMENTS DES FONDATIONS A L'AIR COMPRIMÉ

Après avoir terminé la revue des principales applications de l'air comprimé qui ont été faites dans ces dernières années pour les dérochements sous-marins, l'approfondissement des chenaux et les fondations, il nous reste à revoir les différents éléments de ces travaux et à donner quelques indications générales sur l'outillage spécial aux chantiers où on fait usage de ce procédé, et notamment sur les machines de compression. Nous nous occuperons surtout des éléments des caissons fixes, qui sont ceux dont la construction intéresse le plus directement les ingénieurs, puisqu'une partie est incorporée aux fondations proprement dites et ne constitue pas seulement un moyen d'exécution.

Un caisson, au moment où il fonctionne sous l'action de l'air comprimé, renferme les éléments suivants :

1° Une chambre de travail ;

2° Un caisson fixe qui fait corps avec la chambre de travail, et qui est destiné à être enfoncé dans le terrain et à y rester engagé, en totalité ou en partie ;

3° Un batardeau à l'abri duquel on exécute, au-dessus du caisson, la construction des maçonneries et qui doit être enlevé ensuite ;

4° Des cheminées mettant en communication la chambre de travail avec l'extérieur et recevant sur un point de leur hauteur les écluses ou sas à air ; ces cheminées sont munies de tuyaux de prise d'air et quelquefois de tuyaux servant à l'extraction des déblais.

591. Chambres de travail. — Les chambres de travail doivent être envisagées au point de vue de leurs dimensions et de leur mode de construction.

Pour leurs dimensions, en hauteur, après avoir commencé par des chambres de travail élevées (3 m. 20 au pont de Kehl), on les a réduites à la hauteur strictement nécessaire, en général 1 m. 90 à 2 mètres, exceptionnellement 1 m. 60 (barrage d'Evry). On a ainsi diminué le poids des tôles, de même que la durée et le prix du remplissage ; on a en même temps réduit la partie de la fondation qui ne fait pas corps avec les massifs supérieurs.

En plan, avec le métal, les formes les plus diverses ont été réalisées ; on emploie des caissons rectangulaires terminés ou non par des éléments cylindriques, avec des évidements ou avec des feuillures de raccordement, comme dans les écluses et barrages où on doit pratiquer des jonctions entre plusieurs massifs.

Lorsque les caissons sont de grande dimension, les chambres de travail sont traversées par des cloisons qui augmentent la résistance des plafonds, et il faut se demander dans ce cas si ces cloisons doivent ou non former tranchant.

Lorsque ces cloisons se terminent à un niveau plus élevé que le tranchant du caisson, toutes les chambres qu'elles séparent communiquent entre elles, et les cloisons sont généralement construites à treillis.

Lorsque les cloisons descendent au niveau du couteau, elles forment nécessairement tranchant ; elles permettent donc, si elles sont étanches, de n'introduire simultanément l'air comprimé que dans des compartiments répartis de manière à rendre la descente bien régulière.

Dans un terrain à peu près uniformément résistant, on a avantage à multiplier les points de contact avec le sol pour diminuer les charges sur chaque point et pour rendre l'enfoncement plus régulier, en ayant soin de diriger les déblais de manière à redresser les déviations qui peuvent se produire.

Ce système a été suivi dans la construction de la forme de radoub du bassin Missiessy à Toulon (art. 513), ainsi que pour les grands caissons des culées du pont Alexandre III, à Paris (1898).

Les chambres de travail de ces caissons, en forme de parallélogrammes de 44 mètres sur 33 m. 50 (surface 1474 mètres), sont divisées parallèlement à l'axe du pont par 4 cloisons transversales à treillis espacées de 9 m. 60, terminées à leur base par des couteaux arasés dans le même plan que les couteaux de la paroi extérieure.

Un autre exemple de ce système est donné par le fonçage du caisson employé au Havre (1900-1901) pour la construction de la tête aval d'une nouvelle écluse, destinée à mettre le bassin de l'Eure en communication avec le nouvel avant-port.

Ce caisson, dont la surface est de 2236 m² = 63 mètres × 35 m. 50, présente transversalement deux armatures espacées de 11 m. 83 d'axe en axe avec 1 m. 20 de hauteur ; dans le sens longitudinal, cinq armatures divisent le caisson en chambres de 10 m. 50 de largeur et descendent jusqu'au niveau des couteaux extérieurs ; ces cloisons intermédiaires sont reliées au plafond par des contrefiches.

Le terrain, composé de couches successives de glaise et

de sables fins, présente une certaine résistance à l'enfoncement des tranchants et une assez grande homogénéité dans
chaque section horizontale.

En laissant auprès des couteaux de larges banquettes d'environ un mètre, on a pu faire descendre le déblai intermédiaire
jusqu'à un mètre au-dessous de ces couteaux ; à ce moment tous
les ouvriers travaillaient en même temps à réduire la largeur
des banquettes qui s'écrasaient sur toute la surface ; on déterminait ainsi une descente progressive, mais rapide, du caisson, dans un délai de deux à quatre heures pour un mètre
d'enfoncement ; ce tassement ne s'augmentait que de quelques centimètres dans les jours suivants.

Pour qu'il soit régulier, il importe que, pendant la descente,
on reste maître de la pression et en outre qu'on surveille avec
soin le début de l'opération pour combattre toute inégalité de
tassement.

Eu égard à l'homogénéité du terrain, ce résultat a pu être
atteint dans des conditions très satisfaisantes. Le fonçage de
ce caisson a atteint une profondeur de 17 mètres environ en
contrebas des basses mers. Un caisson analogue, destiné à la
fondation de la tête amont de la même écluse, a pu être arrêté
à 14 mètres de profondeur.

Mais, dans un terrain de rocher dur et inégal, la multiplicité
des points d'appui pourrait augmenter les chances de déformation du caisson et il serait préférable de renforcer les
parois extérieures, ainsi que les poutres du plafond, en re-
nonçant aux appuis intermédiaires.

Quant à leur mode de construction, les chambres de travail
diffèrent par les matériaux employés : elles sont en métal, fer
ou acier, en bois ou en maçonnerie.

En Europe, les prix relatifs des matériaux ne donneraient
pas généralement d'avantage au bois, dont l'emploi est excep-
tionnel ; on ne pourrait y recourir que dans les pays dans lesquels, comme en Amérique, on trouve facilement et à bas
prix des bois de gros échantillon et de grande longueur.

A condition de bien calfater les différentes assises, de les
relier par des broches et des boulons et de réduire les profils
aux épaisseurs nécessaires pour envelopper les maçonneries,

de manière à augmenter le poids spécifique de la fondation, les caissons en bois, malgré les frottements plus forts auxquels ils donnent lieu contre le terrain, présentent l'avantage d'une construction facile, robuste, capable de résister aux rencontres de pierres et de souches d'arbres et ne craignant pas les chocs des éclats projetés par les explosifs ; tout danger d'incendie peut être écarté lorsqu'on a recours à l'éclairage électrique.

Les caissons le plus souvent employés en Europe sont en fer ou en acier.

La construction de leurs parois, destinées à supporter des pressions d'eau ou d'air, doit être surveillée au point de vue de l'étanchéité ; on y emploie des rivets rapprochés, comme dans la construction des coques de navires, et souvent les constructeurs interposent entre les tôles à assembler des bandes de papier goudronné, de feutre ou de toile empâtée de céruse.

Lorsque ces caissons sont fixes et destinés à être incorporés, on garnit souvent l'intervalle entre les consoles qui relient les parois verticales au plafond avec de la maçonnerie : c'est ce qu'on appelle en terme de chantier la « crinoline » ; cette maçonnerie, qui facilite l'étanchéité et met les tôles verticales à l'abri des coups de mines, s'emploie surtout lorsque les caissons sont mis en place par lançage ou lorsque, montés au-dessus de leur emplacement, ils doivent être suspendus avant le fonçage. On ne pourrait pas en effet lancer commodément par glissement des caissons alourdis par le poids de maçonneries qu'on risquerait de disloquer.

Dans ce cas, il faudrait, comme on l'a fait à Bordeaux, pour la première entreprise des quais, recourir à un chariot de lançage, dispositif qui conduit à une dépense assez élevée d'installation. Ce système n'est guère admissible que si on peut s'aider du jeu de la marée et si on a à faire beaucoup de fondations semblables.

Quand on devra lancer par glissement un caisson destiné à flotter et à être foncé sans être suspendu, le mieux sera d'employer un caisson entièrement métallique dans ses parois verticales, sauf à exécuter, après lancement, les maçonneries destinées à renforcer ces parois.

On pourra, dans ce cas, comme on l'a fait à Lyon pour les caissons des ponts Morand et Lafayette, faire descendre les tôles du plafond le long des contrefiches, de manière à relier sans interposition de tôle la crinoline, construite en béton après le lançage, avec le remplissage exécuté entre les poutres du plafond.

Lorsqu'on adoptera un chariot de lançage, rien n'empêchera, si le terrain à traverser n'est pas de résistance trop variable et ne renferme ni souches ni grosses pierres, d'imiter la disposition de la première entreprise de Bordeaux et de supprimer les tôles verticales de la chambre de travail, en les remplaçant par un enduit lisse en ciment (Voir art. 549).

Pour le plafond constitué par des poutrelles de hauteur appropriée à la résistance à obtenir, on assurera généralement l'étanchéité par un revêtement en tôle. Si le caisson est fixe, on la complétera en remplissant les intervalles entre les poutrelles en béton ou en maçonnerie ; lorsqu'on aura recours à ce dernier système, il sera bon de faire entre les poutrelles une première couche de béton en forme de cintre sur laquelle les maçonneries seront appareillées en voûtes, en ayant soin de ne pas les araser au-dessus des poutres du plafond, mais de les relier, par des arrachements, avec les maçonneries voisines du dessus des poutres, qui ont toujours tendance à se décoller.

On a quelquefois supprimé la tôle du plafond (Pont de Château-Thierry, Chemin de fer de l'Est ; — Fondations des quais de Rome). Pour qu'il n'y ait pas danger à adopter cette disposition, il faut que la descente des caissons soit facile et qu'on n'ait pas à craindre l'ébranlement produit par de fortes mines; mais, au point de vue du remplissage de la chambre de travail, il vaut mieux que la surface inférieure de la maçonnerie du plafond soit plane, plutôt que de présenter la forme de voûtes.

Lorsque des fondations doivent être faites à une profondeur qui ne soit pas trop grande, 10 à 15 mètres par exemple, à travers un terrain qui ne donne pas lieu à des pressions trop fortes et surtout inégales, il peut être économique d'adopter les chambres de travail en maçonnerie du pont de Horusdorf et des ponts de Marmande. Le danger de ce système, dont nous avons précédemment indiqué les détails d'exécution, est l'éventualité des décollements.

Si on peut assurer une descente régulière au moyen du déblai sous le couteau, sans exagérer la surcharge, le système peut donner de bons résultats avec une certaine économie, l'expérience ayant prouvé qu'au bout d'un mois une maçonnerie de briques de 0 m. 50 et de moellons de 0 m. 70 à 0 m. 80 avec des mortiers riches en ciment de Portland, revêtue d'enduit, peut être pratiquement étanche à l'air comprimé, avec une pression de 10 à 15 mètres de hauteur.

Mais, si les pressions latérales et les frottements devenaient tels qu'on ne pût obtenir la descente qu'en augmentant notablement la surcharge, on courrait le risque de voir les parties hautes du massif suspendues par les frottements et les parties basses descendre seules, s'il se produisait le moindre abaissement de pression.

L'économie du système est d'ailleurs en partie compensée par deux inconvénients :

1° à cause de la forme elliptique des caissons, le cube de maçonnerie est proportionnellement plus élevé qu'avec des caissons métalliques, surtout pour des massifs rectangulaires ;

2° la nécessité de laisser sécher, pendant un mois environ, la maçonnerie des chambres empêche d'aller aussi vite avec ce procédé qu'avec un caisson métallique.

406. Remplissage des chambres de travail. — Après l'achèvement du fonçage, les chambres de travail doivent être remplies en béton, quelquefois en maçonnerie ; c'est une opération toujours délicate, surtout lorsqu'on arrive à la partie voisine du plafond. S'il y a des maçonneries de revêtement entre les goussets ou consoles reliant le plafond à la paroi verticale, et surtout des enduits intérieurs, il faut les aviver et les repiquer, au moment du remplissage, en interposant une couche de mortier avant de mettre en place le béton qui devra être fortement pilonné contre les parois.

Soit à l'aide de soupapes, soit au moyen de trous tampon-

nés, on devra chercher à obtenir une pression constante, de
manière à ne pas délaver le béton inférieur par les variations
du niveau des eaux produit par l'échappement de l'air sous
le tranchant du caisson.

Arrivé à la partie supérieure de la chambre, on cherchera
à remplir tous les vides par un coulis de ciment. Dans la
partie fixe de la cheminée, qui sera abandonnée dans la fondation, on emploiera du béton de ciment, puis sur une couche
de mortier de ciment un tampon de bois sec fixé par des coins
en bois aussi serrés que possible et recouverts de mortier et
de béton de ciment.

Ces travaux se feront dans l'air comprimé : au moment
d'arrêter les machines de compression, on démontera la plus
grande partie des boulons d'assemblage de la cheminée, au-
dessus de la partie engagée dans le plafond, et le démontage
sera ensuite terminé au scaphandre, s'il est nécessaire.

Suivant la destination des ouvrages, on pourra ensuite remplir le vide laissé autour des cheminées soit avec du béton
immergé, soit au moyen de maçonneries construites par
épuisement.

Ce dernier moyen est nécessaire dans la construction des
écluses et des formes de radoub, où l'étanchéité du joint des
cheminées est très importante.

Lors de la construction de la 3e forme de radoub de Missiessy,
à Toulon, chaque chambre de travail était desservie par deux
bétonnières et par une cheminée centrale, aboutissant à l'écluse
à air. Au début le remplissage se faisait à l'aide de bétonnières, en allant des bords vers le centre ; lorsque le béton
approchait de la base des bétonnières, on les fermait à l'intérieur avec un clapet métallique pourvu d'une bande de caoutchouc, puis on continuait le remplissage au moyen de la cheminée centrale, dont la fermeture était assurée par : 1° un
tampon en tôle de 0 m. 012 d'épaisseur avec bandes de caoutchouc ; 2° une couche de mortier de ciment de 0 m. 20 ;
3° une couche de ciment en poudre mélangé à sec avec du
sable sur 0 m. 10 d'épaisseur, et recouverte d'un enduit de
0 m. 01 en mortier de ciment ; 4° un tampon en sapin de
0 m. 10 serré par des coins jointifs de 0 m. 22.

Enfin on employait du béton de ciment jusqu'à 0 m. 95 au-dessus de la tôle du plafond et du béton de chaux pour les parties supérieures.

Dans les ouvrages qui doivent supporter des sous-pressions, il serait utile de relier le béton de remplissage au plafond de la chambre de travail en traversant cette chambre par des tirants verticaux boulonnés sur des disques en fonte ; on éviterait ainsi la séparation du massif en deux parties dont le poids de la section inférieure ne serait pas utilisé.

593. Caissons fixes. — Les caissons fixes ont généralement le même mode de construction que les chambres de travail qui les supportent : en fer ou en acier, en bois ou en maçonnerie ; ils doivent en tout cas être très bien reliés à la chambre de travail.

Dans certains terrains où la descente était facile, on a voulu, sur des chambres de travail en fer, économiser la tôle extérieure des caissons : pour le faire sans danger, il faut ancrer les maçonneries sur le plafond, où se trouve un joint qui tend à se décoller, et M. Séjourné a fait remarquer avec raison que l'économie qui porte sur les hausses du caisson est beaucoup moins importante que celle qui se rapporte à la chambre de travail elle-même. On ne doit donc la rechercher que si le terrain ne fait redouter aucune irrégularité dans l'enfoncement, le moindre accident pouvant coûter plus cher que l'économie qu'on aurait cherché à réaliser. Si, après y avoir eu recours, on a lieu de craindre une descente brusque, un étaiement s'appuyant sur les maçonneries et les reliant avec le dessous de l'écluse à air peut être recommandé, de manière à utiliser la cheminée comme un tirant qui relie le massif dans toute sa hauteur.

Au début de la construction des maçonneries dans un caisson fixe, celui-ci fonctionne comme batardeau ; il faut prévoir que l'étaiement horizontal au moyen de bois provisoires est de nature à gêner le travail des maçons et à retarder le fonçage : il pourra donc être utile d'en diminuer l'importance en reliant les parois des caissons au plafond par des contrefiches, lorsqu'elles pourront être ou bien incorporées aux maçonne-

26

ries sans trop les diviser ou enlevées au fur et à mesure de
l'enfoncement.

Mais l'étaiement horizontal devra toujours être maintenu
dans les caissons de grande surface reposant seulement sur
leur périmètre extérieur, pour éviter les flexions des poutres
du plafond, sous l'action combinée des forces qui agissent
pour déterminer à un moment donné l'équilibre intérieur du
système, et qui sont : verticalement, le poids de la surcharge
diminué de la sous-pression ; horizontalement, en bas, les
poussées sur la chambre de travail, en haut les poussées sur
le caisson, poussées qui se modifient constamment avec la
profondeur, suivant la nature des couches traversées et d'après
les variations du plan d'eau.

594. Remplissage des caissons fixes. — Sur un ou
plusieurs points, les maçonneries du caisson fixe sont traversées par les cheminées : on laisse généralement autour du
joint du premier anneau de la cheminée une petite largeur
libre pour faciliter le démontage et l'enlèvement des anneaux
supérieurs. Après le remplissage de l'anneau inférieur, on
arrête l'air comprimé, on démonte l'écluse et les anneaux
supérieurs et on termine le remplissage, soit avec du
béton, soit avec de la maçonnerie, en évitant, si on est forcé
d'épuiser, de commencer trop tôt pour laisser aux maçonneries de la chambre de travail le temps de faire prise, et en
observant, s'il y a lieu, les précautions indiquées à l'article 592.

595. Batardeaux. — Au-dessus du caisson fixe, destiné
à être perdu, on doit presque toujours exécuter une certaine
hauteur de maçonnerie à l'abri de hausses qui peuvent être
enlevées après le travail, les maçonneries supérieures présentant des retraites successives ou des parements en arrière de la
paroi du batardeau.

Dans les conditions les plus simples, par exemple pour la
construction des ponts, les batardeaux consistent simplement
en un ou deux panneaux assemblés sur le caisson fixe au
moyen d'un double cours de cornières horizontales séparées
par un joint en caoutchouc ou en corde suiffée, et reliées par

de longs boulons qui peuvent être dévissés de la partie supérieure, après achèvement du travail.

Nous avons vu, dans des cas plus compliqués, des batardeaux importants composés, surtout lorsqu'on avait à exécuter un grand nombre de fondations sur caissons semblables, par une grande caisse fixée sur les caissons fixes et pouvant être démontée soit à l'aide de la galerie de déboulonnage employée par M. Hersent, soit par de longs boulons dévissés de la partie supérieure.

Lorsque les caissons sont de surfaces variables, on n'emploie plus un batardeau unique, mais des panneaux assemblés en nombre convenable, suivant la surface des caissons ; il faut dans ce cas combiner les différentes dimensions des caissons d'un même ouvrage, de manière à avoir certaines dimensions communes ou qui soient des multiples les unes des autres, pour pouvoir constituer les batardeaux à l'aide d'un petit nombre d'éléments constants.

L'emploi des batardeaux ainsi disposés ne dispense pas, pour les grandes profondeurs, des étaiements horizontaux, mais il importe de donner à leurs parois une certaine rigidité pour que ces étaiements, comme dans les caissons fixes, ne tiennent pas trop de place.

Lorsqu'à Bordeaux, dans la première entreprise, on a cherché à diviser les batardeaux en petits panneaux qui ne présentaient par eux-mêmes aucune rigidité, on a, en dehors de certaines difficultés de démontage dont nous avons parlé, accepté l'obligation de demander aux étaiements horizontaux toute la résistance nécessaire, et on a reconnu que le travail des maçons en était notablement ralenti.

Cependant, dans les ouvrages où on a appliqué les batardeaux amovibles de M. Schmoll, on a considéré cette sujétion comme compensée par une diminution du poids des fers perdus, et on a pu enlever entièrement, par panneaux, des batardeaux engagés dans le sol sur une profondeur de plus de 9 mètres.

186. Exécution des travaux. — Sur un chantier de fondation par l'air comprimé, les travaux comprennent certaines parties qui se font dans les conditions ordinaires, à l'air libre, par exemple l'exécution de la maçonnerie de surcharge. L'extraction des déblais et la construction des maçonneries dans la chambre de travail se font seuls à l'air comprimé.

Pour les déblais, on réduit quelquefois le cube à exécuter dans l'air comprimé en ouvrant une fouille préalable par dragage au moins sur une partie de la profondeur, mais en tout cas il faut nettoyer et régler le fond de la fouille, avant de commencer le remplissage.

Si on a à pénétrer dans des couches de vase molle, peu perméables, qui puissent être facilement traversées par le caisson, le travail peut souvent commencer à l'air libre, mais alors les vases remplissent la plus grande partie de la chambre de travail, et on ne peut employer que deux ou trois ouvriers qui se placent à la base de la cheminée.

Si, à ce moment, on met en jeu l'air comprimé, on est gêné au début par le petit volume de l'espace disponible et par l'imperméabilité de la vase qui ne permet pas le dégagement de l'air en excès ; la pression monte et peut varier rapidement : il en résulte une grande gêne pour les ouvriers. Il vaut mieux, si les dispositions locales le permettent, faire à la drague, comme dans la deuxième entreprise de Bordeaux, une fouille partielle qui permette de n'attaquer à l'air comprimé qu'un terrain d'une certaine consistance.

397. Exécution des déblais dans les caissons. — Pour exécuter les déblais, on procède le plus souvent comme à l'air libre, en employant la mine, lorsqu'il est nécessaire ; nous avons indiqué précédemment les précautions à prendre dans le choix des explosifs, en vue d'éviter les projections et les gaz dangereux.

A Gênes, dans le dérochement des formes de radoub, on a employé pour le forage des trous des perforatrices Brandt suspendues par des attaches articulées à un chariot roulant sous le plafond du caisson et actionnées par l'eau sous pression. Les perforatrices américaines, montées sur des colonnes qui par l'intermédiaire de vis ou de vérins peuvent se fixer en un point quelconque, en s'appuyant sur le sol et sous le plafond, peuvent très bien se prêter à une installation de ce genre dans une chambre de travail.

Dans les fondations du pont du Forth, pour fouiller un terrain d'argile compacte avec conglomérats, on s'est servi d'une pelle hydraulique commandée directement par un cylindre à eau sous pression.

508. Extraction des déblais. — L'extraction des déblais se relie très intimement aux dispositions adoptées pour les écluses à air. Mais elle peut quelquefois se faire sans passer par leur intermédiaire, nécessairement lent et coûteux.

On a généralement renoncé, à cause de l'encombrement, au système des puits à noria employés au pont de Kehl ; mais, pour les sables et les vases, on a pu s'en débarrasser au moyen d'appareils rentrant dans trois catégories différentes et qu'il suffira de rappeler ici, puisqu'il en a été question dans la description de différentes fondations :

Les pompes à sable, dont le type le plus ancien est la pompe Eads, du pont de Saint-Louis ;

Les éjecteurs à robinet, dont il a été fait usage à Anvers, au moyen desquels on introduit dans une caisse placée au-dessus du fond de la chambre de travail un mélange d'eau et de sable que l'air comprimé refoule dans un tuyau et rejette au dehors, lors de l'ouverture d'un robinet ;

Enfin et surtout, le siphonnement qui est fondé sur l'observation faite par Cézanne à Szegedin qu'une colonne d'eau refoulée par l'air comprimé est allégée par le dégagement dans la masse d'un courant d'air comprimé introduit par de petits trous.

On siphonne les sables ou les vases, ou au-dessus du sas, en faisant passer le siphon par la cheminée, ou au-dessus du caisson, pourvu qu'on ait ménagé à l'avance le passage du tuyau dans le plafond et dans la maçonnerie supérieure.

Le tuyau doit plonger dans l'eau au-dessus du tranchant du caisson : on interpose sur son trajet une partie flexible pour lui permettre d'aller se placer successivement dans de petits puisards où on amène les terres.

Mais on ne peut siphonner ni les gros graviers ni les argi-

les compactes, et il faut les monter par les écluses, à moins
que la profondeur ne soit faible et que les mottes ou les graviers puissent être assez divisés.

500. Écluses à air. — Une première question se pose
pour les écluses :

Où doit-on placer l'écluse ? Immédiatement au-dessus de la
chambre de travail, ou à la partie supérieure de la cheminée.

Au point de vue des hommes, il y aurait intérêt à restreindre le plus possible le séjour dans l'air comprimé, pourvu que
le volume de la chambre de travail fût assez grand pour que
la pression ne fût pas exposée à varier notablement.

Pour le montage des matériaux, si on l'exécute mécanique-
ment, on aura deux manœuvres successives avec l'écluse basse
et une seule avec l'écluse haute.

Enfin, au point de vue du travail lui-même, il est désirable
que les massifs soient aussi continus que possible et ne soient
pas divisés par des tôles. Si dans de grands massifs il n'y a
pas grand inconvénient à incorporer le sas, il n'en serait pas
de même pour un grand nombre de fondations qui n'ont pas
une très grande épaisseur.

Contrairement à l'opinion de M. Morison, ingénieur américain très expérimenté dans les questions de construction,
qui est l'auteur d'un type d'écluse placé sur le plafond des
chambres de travail, on peut citer la pratique contraire de
tous les constructeurs européens, qui, sauf dans des cas particuliers, comme au pont de Collonges construit par M. Carnot
ou dans le caisson à dérochement de Toulon, placent le sas à
la partie supérieure pour rendre plus facile l'extraction des
déblais et permettre son enlèvement, malgré les sujétions qui
peuvent résulter des temps perdus pour rallonger la cheminée ; au point de vue de la sécurité, il semble d'ailleurs qu'en
cas d'accident les hommes puissent plus facilement se mettre
à l'abri dans une cheminée en libre communication avec la
chambre de travail. Nous verrons d'ailleurs que le sas Morison, qui est très commode pour le personnel, ne présente
aucune disposition spéciale pour l'extraction des déblais ; il
est donc surtout applicable dans le cas où ceux-ci peuvent

être siphonnés ou lorsqu'on dispose d'un élévateur spécial
pour leur enlèvement.

Dans les ouvrages de moyenne importance, les sas à air servent à assurer tout le service qui comprend :

1° le passage des ouvriers ;

2° l'extraction des déblais ;

3° l'introduction des matériaux et des outils.

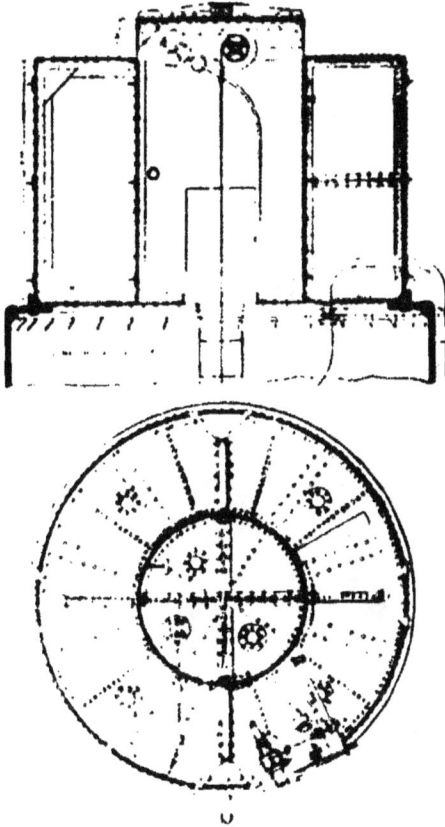

Fig. 831. — Pont d'Argenteuil. Écluse à hommes.

Dans les grands ouvrages, on a disposé des écluses spéciales pour les deux derniers services.

En France, les écluses à hommes se rattachent à divers
types, que nous décrirons dans l'ordre chronologique. Au pont
d'Argenteuil, elles comprenaient un corps central de 1 m. 35
entouré d'un cylindre de 3 mètres de diamètre, divisé par des
cloisons diamétrales en deux sas opposés de 2 m. 30 de hau-

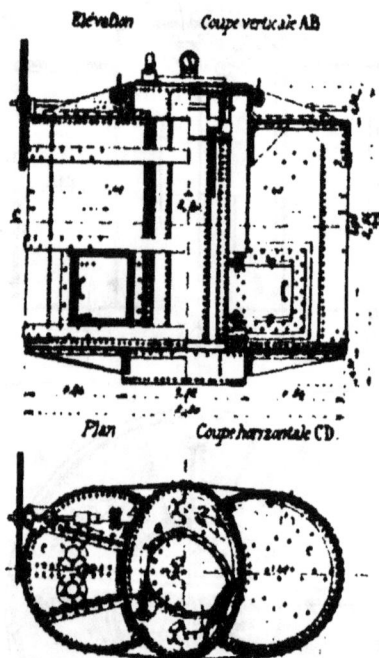

Fig. 831. — Arles. Écluse à hommes.

teur. Le montage des déblais dans des seaux était fait par une
poulie montée sur un arbre actionné par une locomobile extérieure (fig. 831).

A Arles, on a employé une écluse analogue dans son principe, mais de dimensions plus restreintes : le corps central

avait 1 m. 50 sur 1 m. 05, les sas 1 m. 40 de diamètre ; avec
cette écluse on peut employer, soit la transmission par locomobile, soit un câble d'acier traversant un presse-étoupes et
mû de l'extérieur par un treuil à vapeur (fig. 832).

A Toulon, on a employé des écluses plus petites, de 1 m. 40
de diamètre pour les hommes, avec de petites éclusettes latérales pour l'extraction des déblais ; celles-ci se composaient
d'un cylindre oblique fermé en haut par un couvercle, dans le
sens de la pression, et en bas par une porte extérieure serrée
par une armature mobile : les déblais tombent par leur poids
lorsque, la porte supérieure étant fermée, on ouvre de l'extérieur la porte inférieure (fig. 833).

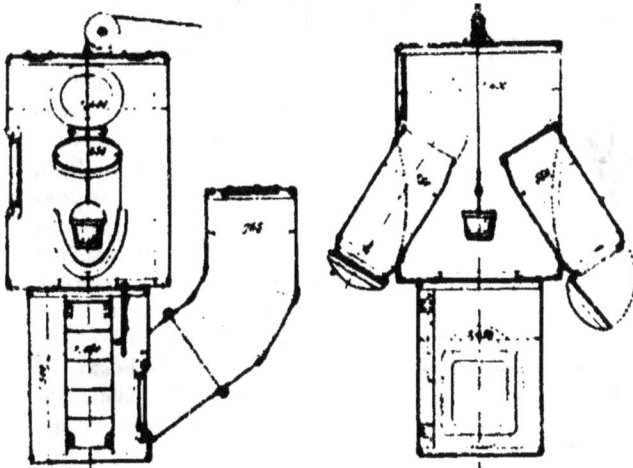

Fig. 833. — Toulon. Écluse à hommes avec éclusettes à déblais et bétonnière.

Ce qu'on doit signaler d'abord dans ces dispositifs, c'est la
réduction du poids des écluses : tandis que les premières
écluses pesaient 7 à 8 tonnes, en général (9000 kgs à Argenteuil), on est arrivé à ne plus employer que des écluses de
2000 à 2400 kilogrammes.

Le type américain de M. Morison (fig. 834) est d'un poids
intermédiaire : en plan, il comprend un rectangle de 1 m. 80

sur 0 m. 90 divisé en deux parties correspondant l'une à la cheminée inférieure, l'autre à la cheminée supérieure et donnant accès à deux demi-cylindres de 1 m. 80 de diamètre. La hauteur est de 2 m. 40, le diamètre des cheminées de 0 m. 80 ; il ne présente aucune disposition spéciale pour l'extraction des déblais.

M. Sooy-Smith, autre ingénieur américain que nous avons déjà cité, a réduit au minimum l'installation des sas en disposant ses cheminées par anneaux espacés de 2 mètres environ de manière qu'on puisse, en fermant successivement les anneaux, placer le sas en un point quelconque de la colonne ; mais ce système ne paraît pas faciliter l'extraction mécanique des déblais.

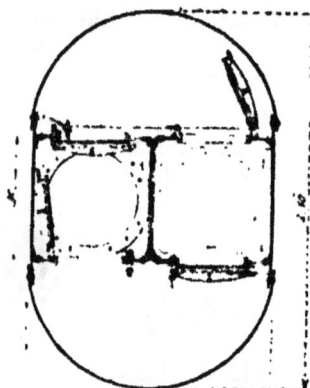

Dans les écluses disposées surtout pour l'extraction des déblais par couloirs, les différences portent principalement sur la disposition des éclusettes à déblais, dont l'orifice supérieur est incliné comme à Toulon, ou horizontal comme dans les écluses de MM. Zschokke et Montagnier (fig. 835) et de la Cie Fives-Lille (fig. 836), l'orifice inférieur étant plus ou moins recourbé, ce qui lui a valu le nom de pipe : une courbure trop rapprochée du demi-cercle rend difficile la sortie des argiles : il vaut mieux comme dans le sas de Fives-Lille avoir un évasement et un seul changement de courbure.

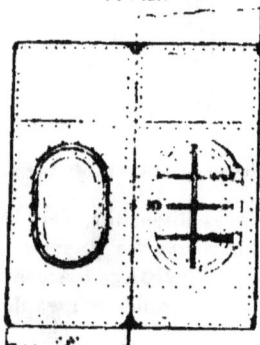

Fig. 834. — Sas Morison.

Le diamètre des éclusettes à déblais varie de 0 m. 30 à 0 m.65; leur cube de 100 à 600 litres.

Les éclusettes ne devant être ouvertes du dehors que quand la porte supérieure est fermée, il y aurait intérêt à adopter, pour les robinets et pour les portes, des dispositions mécani-

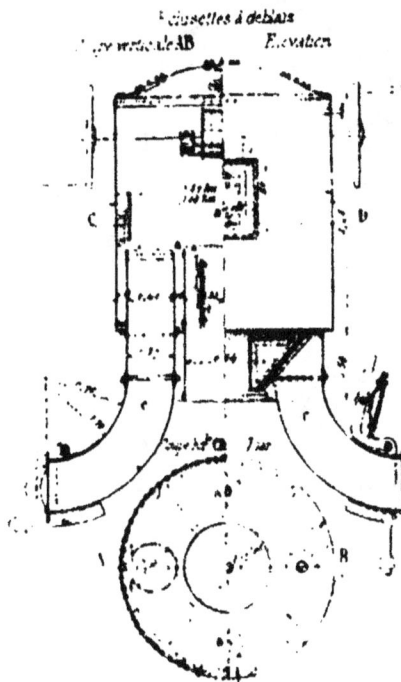

Fig. 835. — Écluses de MM. Zschokke et Montagnier. Éclusettes à déblais.

ques ne permettant que des manœuvres successives. Il ne nous est pas possible d'entrer dans ces détails sur l'intérêt desquels nous devons nous borner à appeler l'attention, dans l'intérêt de la sécurité des ouvriers.

Pour le montage des déblais dans ces écluses, on a employé des dispositifs très variés, avec machines de commande à va-

peur ou des treuils à air comprimé ou mûs par l'eau sous
pression.

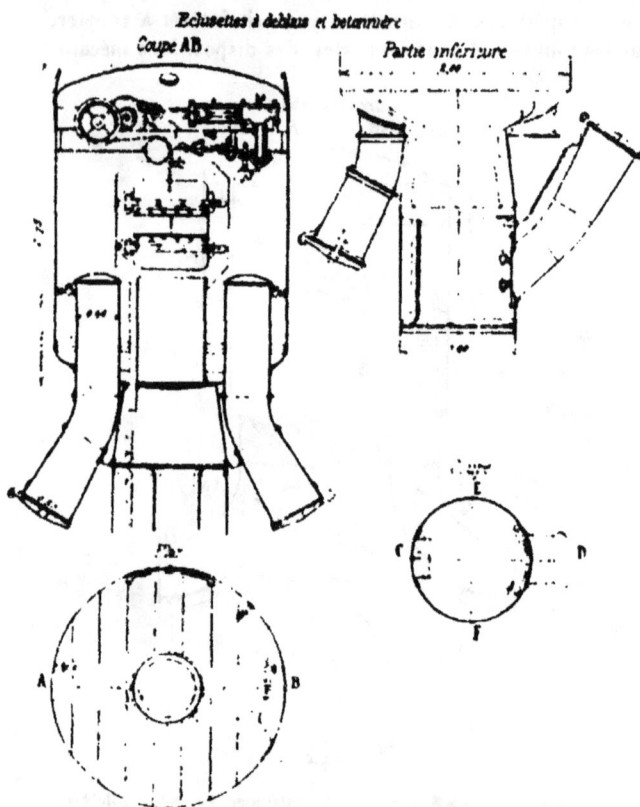

Éclusettes à déblais et betonnière

Coupe AB.   Partie inférieure

Fig. 536. — Écluses de la Compagnie de Fives-Lille.
Éclusettes à déblais et bétonnière.

La Cie de Fives-Lille emploie depuis 1889 un treuil à air
comprimé placé dans l'écluse, avec pression supérieure à
celle du caisson (fig. 536).

A la Rochelle, ce mode de transmission a été employé avec

des moteurs Schmidt, placés au-dessus des écluses, à une distance de 850 mètres des compresseurs qui les alimentaient.

Les écluses qui précèdent servent en même temps au personnel et à la sortie des déblais ; elles sont le plus souvent employées, mais ne sont pas d'un grand rendement. Pour de grands caissons, on est conduit à employer des écluses spéciales à déblais, manœuvrées du dehors, pour monter et décharger des bennes de plus grande capacité.

Cette disposition est importante au point de vue de la rapidité des manœuvres ; car dans les écluses manœuvrées de l'intérieur, eu égard aux précautions à prendre dans l'intérêt de la santé des ouvriers (voir article 534), on ne peut adopter les moyens d'éclusage rapide que nous allons décrire.

Au pont du Forth, dont les fondations étaient exécutées par M. Coiseau, entrepreneur français, en 1883, on a employé pour l'extraction des déblais un sas formé par le prolongement de la cheminée et fermé par deux portes horizontales glissant par l'eau sous pression.

Dans ce sas, on manœuvrait une benne de 764 litres à l'aide d'un treuil intérieur pour le montage des déblais et d'une grue à vapeur pour leur déchargement.

De 1886 à 1890, M. Morison a employé dans différentes fondations un élévateur à déblais, mû par l'air comprimé, qui a donné de bons résultats. La benne est suspendue par des poulies mouflées à un piston mobile dans un corps de pompe latéral ; lorsque, le sas étant sous pression, l'air comprimé est introduit sous le piston, la benne descend au fond par son poids. Lorsqu'elle est pleine, on la remonte en mettant à l'échappement le dessous du piston. La porte inférieure du sas est fermée par un levier extérieur, la porte verticale tournante est ouverte après échappement et la benne est déchargée par basculement. Sa capacité est de 484 litres (fig. 837).

L'écluse Zschokke, que nous avons décrite à l'occasion des travaux de Livourne et de Bordeaux, et dont la benne a une capacité de 400 litres, rentre dans cette catégorie et est bien disposée pour le déchargement. Le treuil était actionné, soit par l'air, soit par l'eau sous-pression (fig. 758).

Il est difficile d'indiquer le cube qui peut être produit nor-

malement par ces différents appareils, eu égard aux conditions
très diverses dans lesquelles ils peuvent fonctionner ; ce qu'on
peut dire seulement, c'est que, si on calcule le rendement
théorique, d'après la capacité des couloirs ou des bennes et
d'après la durée minima des opérations, il faut en prendre le
quart ou le cinquième pour avoir le cube qui sera extrait en
moyenne, en travail courant.

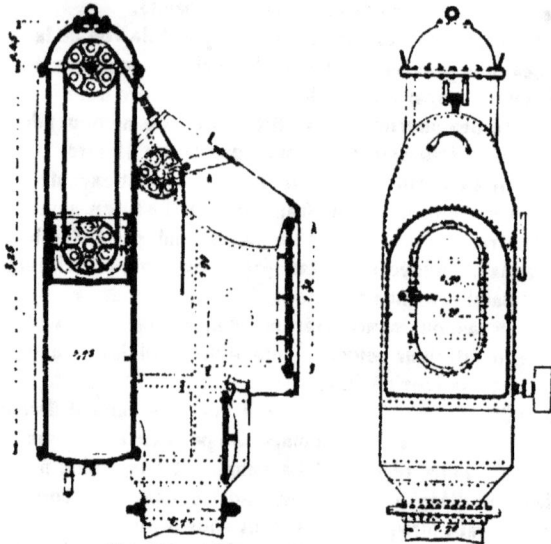

Fig. 837. — Élévateur Morison à déblais.

600. Écluses à matériaux. — Les appareils à benne
peuvent servir en fonctionnant en ordre inverse à l'introduction des matériaux. Pour le béton, on trouve souvent des dispositions spéciales ; dans les écluses de Toulon (fig. 833), dans
les écluses de la Cie de Fives-Lille (fig. 836), elles consistent
dans une pipe débouchant dans la cheminée et aboutissant à
un orifice vertical placé à l'extérieur.

Ailleurs, on a employé des tuyaux verticaux avec des
portes haut et bas constituant un sas spécial, dont le béton
peut être conduit à la cheminée.

L'introduction des autres matériaux ne comporte pas de dispositions spéciales ; on se borne à agrandir les dimensions des portes et des sas lorsqu'on doit poser à l'intérieur de caissons-cloches des pierres de taille de grandes dimensions. Quelquefois, pour s'éviter la manœuvre difficile de ces blocs dans des écluses étroites, on a préféré faire descendre à l'air libre les pierres près de leur emplacement et les recouvrir ensuite avec la cloche au moment de l'emploi (bassin de radoub de Gênes).

601. Écluses à plusieurs compartiments. — D'après ce que nous venons de voir, sur les chantiers où les différents services prennent de l'importance, on a généralement reconnu la nécessité d'avoir des écluses spéciales pour les trois principales destinations auxquelles elles doivent satisfaire.

Cependant, en Autriche, les entrepreneurs Klein, Schmoll et Gaertner ont employé pour divers ponts, de 1872 à 1876, une écluse pesant environ 7.000 kgs qui renfermait 4 compartiments distincts servant, les uns aux matériaux, les autres aux déblais et au personnel ; le montage des déblais se faisait par une chaîne à godets dont le produit était versé par des caisses oscillantes dans des éclusettes latérales se vidant par le bas. Ces dispositions n'ont pas été imitées et paraissent moins satisfaisantes que celles des écluses plus simples dont la division facilite les accès.

En résumé, les écluses ordinaires Hersent (voir figure 833) ou Fives-Lille (voir figure 836) suffisent sur les chantiers de moyenne importance ; lorsque le cube des déblais est considérable, on peut recommander les élévateurs Zschokke et Morisson.

Les écluses à béton Hersent sont les seules qui aient été d'une application un peu étendue ; elles permettent d'écluser de 5 à 7 mètres cubes de béton à l'heure.

Quant aux moteurs à employer, une locomobile ou un treuil à vapeur sont souvent les plus simples. L'emploi de l'air comprimé, en lui donnant quelquefois une pression supérieure à celle du caisson, est aussi d'un agencement facile. C'est seulement sur de grands chantiers qu'on aura recours à l'eau sous pression exigeant des installations spéciales.

Quant à l'électricité, dans les travaux des villes où existent des distributions électriques, il sera souvent facile, en même temps qu'on leur empruntera l'énergie nécessaire pour l'éclairage, de s'en servir pour actionner de petits moteurs. En général, ce système sera surtout avantageux pour des services intermittents et consommant peu de force, lorsqu'on aura intérêt à éviter les dépenses et l'encombrement d'une installation spéciale. Il pourra devenir économique, même pour une installation plus complète, lorsqu'on se trouvera en rapport avec des usines électriques ayant des machines peu utilisées, pendant une partie de la journée, comme celles qui servent à l'éclairage.

669. Installation des chantiers. Réglage de la descente. — Les caissons de fondation peuvent, suivant les cas, se construire ou au-dessus ou en dehors de leur emplacement définitif.

S'il s'agit de fondations en pleine terre, on creusera une plateforme jusqu'au niveau de l'eau et on construira directement le caisson, en le faisant reposer sur des madriers si le terrain est inconsistant. Quelquefois, même en rivière, lorsque la profondeur est faible, on construit une semblable plateforme au moyen d'un remblai de gravier.

Mais avec une profondeur ou un courant qui ne permettraient pas la construction d'une plateforme, on emploie des échafaudages : on leur donne plus ou moins d'importance, suivant qu'ils doivent servir exclusivement au montage du caisson ou recevoir en outre des matériaux en approvisionnement et l'atelier de fabrication du mortier.

En tout cas, ils comprennent deux planchers ; l'un à une hauteur peu supérieure à celle des eaux moyennes, destiné au montage du caisson et pouvant s'enlever après cette opération, l'autre placé à 3 mètres ou 3 m. 50 au-dessus, sur lequel des vérins à tige seront placés pour supporter le caisson, par l'intermédiaire de chaînes spéciales à longues mailles.

Le montage terminé, on suspend le caisson et on enlève le plancher inférieur ; puis en allongeant les chaînes, on commence la descente et on exécute les maçonneries entre les poutres du plafond et au-dessus, de manière à équilibrer la sous-pression, en immergeant progressivement le caisson jusqu'à ce qu'il porte sur le fond. C'est alors qu'après avoir donné à la surcharge une valeur suffisante, on commence le montage des écluses et le déblai à l'aide de l'air comprimé.

La surcharge, diminuée de la sous-pression, doit être suffisante pour vaincre, après exécution du déblai sous le couteau, les frottements du caisson contre le terrain.

A l'article 34 (tome I) nous avons donné, d'après M. Schmoll d'Eisenwerth, la valeur du coefficient de frottement observé dans le glissement de différents matériaux sur du gravier ou sur du sable.

Les observations faites dans différents fonçages tendent à établir que la valeur du frottement, rapportée au mètre carré de surface frottante, dépasse celle qui résulterait de ces coefficients.

Quelques chiffres cités par M. Schmoll montreront que, suivant les cas, la valeur moyenne augmente ou diminue avec la profondeur.

Au pont de Kehl (1859), par des enfoncements de 14 à 18 mètres, on atteint 2447 à 3743 kilogrammes par mètre carré.

Au pont d'Orival sur la Seine (1863) avec des enfoncements de 7 à 10 mètres, 1335 kgs ; de 12 à 17 mètres, 800 kgs.

Au pont sur le Danube à Vienne (1868) :
à 7 m. 50, 1.300 à 2.500 kgs ; de 8 à 9 mètres, 3.150 à 3.880 kgs.

Au pont de Steyereyg (1870) :
à 6 mètres, 2650 kgs ; à 12 mètres, 1750 kgs.

La pression, rapportée au mètre carré de surface frottante, dépend sans doute, en dehors de la nature des terrains traversés, de l'âge des dépôts qui les constituent. Comme nous l'avons vu à l'article 565, elle est également modifiée par toutes les circonstances qui influent sur la consistance des terres, et notamment par le passage de l'air comprimé le long des parois.

Sur les rivières navigables, on remplace souvent les échafaudages fixes par des échafaudages mobiles placés sur deux bateaux accouplés ; il suffit d'avoir des amarres manœuvrés à l'aide de treuils bien surveillés pour assurer la descente du caisson au point précis qu'il doit occuper.   27

Lorsque le courant n'est pas trop vif et la profondeur suffisante, au moins 2 m. 50, on peut construire le caisson à terre et le lancer soit par glissement, soit au moyen d'un chariot de lançage, suivant sa construction.

Lorsque le caisson est de grande hauteur et lorsqu'on veut profiter de tout son déplacement avec un tirant d'eau aussi réduit que possible, on peut adapter à sa base un fond mobile, qu'on enlève après la mise en place, à moins qu'on puisse, sans crainte pour sa stabilité, le soulever au moyen de flotteurs.

En tout cas, c'est lorsque le caisson est arrivé à son emplacement qu'en le guidant sur des amarres ou au moyen de pieux extérieurs, on le surcharge de manière à l'enfoncer ; et ce n'est que lorsque l'air comprimé a commencé à agir et lorsque le caisson repose régulièrement sur le fond qu'on construit les maçonneries de remplissage entre les goussets ou les consoles de la chambre de travail, dites de *crinoline*.

Lorsque le caisson pénètre dans le sous-sol, on dispose pour augmenter son enfoncement de deux moyens : la surcharge supérieure en maçonneries, matériaux ou lest, et le déblai sous le couteau. La surcharge doit toujours être supérieure à la sous-pression, mais dès qu'elle la dépasse, en tenant compte des variations possibles dans le niveau des eaux, il vaut mieux obtenir l'enfoncement par le déblai que par une augmentation de surcharge qui pourrait donner lieu à des irrégularités dans le fonçage et à des accidents ; la surcharge doit cependant être assez forte pour appuyer le tranchant sur le fond et empêcher la rentrée dans la chambre de travail des terres ou des vases extérieures

Lorsque le sol est inconsistant, et lorsque le caisson a été descendu sur vérins, on peut être conduit à le laisser suspendu pendant la première période de sa pénétration dans le sol pour éviter les déversements ou pour les corriger, dès qu'ils commencent à se produire.

Soit pour diriger la manœuvre des vérins, soit, lorsque le caisson est libre, pour corriger les irrégularités dans la descente, des échelles sont placées aux angles extérieurs et indiquent dans quel sens se produisent les irrégularités à redresser : elles peuvent consister soit dans des déversements,

soit dans des déplacements, sous l'action des poussées inégales. Comme nous l'avons indiqué à l'occasion des travaux de
havage, l'observation seule indique de quel côté le déblai
doit être accéléré pour redresser les caissons qui se déversent ;
pour combattre les déplacements, on est souvent conduit à
augmenter la résistance du côté où ils se produisent, par un
dépôt de déblais ou d'enrochements appuyé contre le caisson.

Dans les courants très rapides qui rencontrent obliquement
un caisson en fonçage, on peut avoir des déviations qui
altèrent à la fois la position et l'orientation du caisson ; il est
prudent d'avoir dans ce cas des risbermes plus larges que dans
une eau calme. Mais lorsque, par suite de la profondeur du
terrain sous l'eau, l'action du courant s'exerce sur une paroi
de grande hauteur, il faut en outre améliorer les guidages et
au besoin employer des treuils pour maintenir et, au besoin,
redresser l'axe du caisson.

C'est ce qu'on a dû faire en 1899, lors de la construction
d'un pont de chemin de fer sur le Rhône à Avignon, pour
résister à un courant de 2 m. 50 à la seconde.

Enfin un autre obstacle à une descente régulière est l'excès
de pression qui peut se produire dans un terrain imperméable, lorsque l'air en excès ne peut s'échapper sous le couteau ;
il faut, dans ce cas, augmenter les dimensions des soupapes
de sûreté et les régler à un taux peu supérieur à celui qui correspond à la profondeur.

Quand, au contraire, la descente est arrêtée par des obsta-
cles isolés, tels que des bois, des souches ou des pierres, il
faut concentrer tous les efforts sur ces points, en arrêtant le
déblai sur le reste du périmètre, de manière à éviter les accidents qui pourraient se produire si le caisson ne s'appuyait
plus que sur un petit nombre de points, inégalement répartis
sur son périmètre.

663. Compression de l'air. — Pour terminer cette revue
du matériel des travaux à l'air comprimé, il nous reste à parler
de la compression de l'air.

Cette compression développe une telle augmentation de
chaleur que, sans l'emploi de procédés très perfectionnés de

refroidissement, on ne pourrait pas dépasser 2 atmosphères à grande vitesse et 3 atmosphères à petite vitesse sans atteindre des températures de 90 à 100°.

C'est le cas des compresseurs Westinghouse, employés sur les locomotives pour actionner les freins.

Dans les travaux de fondation et dans la construction des souterrains, où il importe, pour la respiration des ouvriers, que l'air soit humide et à une température modérée, on a successivement cherché à atteindre ce résultat, soit en employant des machines à faibles vitesses, soit en refroidissant l'air comprimé au moyen de circulation ou d'injection d'eau.

Dans les compresseurs à choc employés lors du percement du tunnel du Mont-Cenis (côté de Bardonnèche), analogues aux béliers hydrauliques, on battait 2,5 coups par minute, pour atteindre une pression de 6 atmosphères.

A l'entrée du même tunnel (côté de Modane), on ne tarda pas à employer des compresseurs à piston hydraulique donnant une pression de 7 atmosphères avec 8 tours par minute et une température montant à 40 ou 45°.

Dans les mines, on trouve des compresseurs à refroidissement extérieur ou à couche d'eau sur le piston, qui ont un moindre débit avec une température plus élevée, et qui, par suite, ne conviennent pas sur les chantiers, où il s'agit d'avoir des appareils faciles à déplacer, avec un grand débit et une température modérée.

Dans les appareils mobiles, comme ceux qu'exige l'organisation des chantiers de fondation, le seul système qui assure une marche assez rapide avec un refroidissement convenable, est celui du courant d'eau extérieur, combiné avec une injection d'eau à l'intérieur du cylindre à air, soit que cette injection ait lieu par de petits orifices parallèles, comme dans le compresseur construit par la Société des Forges de l'Horme à St-Chamond pour M. Hersent, soit que, comme dans les appareils Colladon, dont le premier type a fonctionné à Airolo pour le percement du St-Gothard, le jet d'eau soit pulvérisé par l'intersection de deux filets d'eau obliques. Avec cette dernière disposition, en marchant à 65 tours, on comprime l'air à 6 atmosphères sans dépasser 30° ; on atteint 40° avec 90 tours.

La maison Sautter et Harlé a construit sur ce principe 3 types de compresseurs sur bâtis, avec des machines de 25 à 100 chevaux, et un type réduit, monté sur roues, avec un réservoir d'air, actionné par une machine de 10 chevaux.

Lorsque la pression passe de 2 à 7 atmosphères, on admet que, pour empêcher l'air de s'élever à plus de 40° centigrades, il faut injecter, par kilogramme d'air comprimé, de 0 k. 734 à 2 k. 063 d'eau, sans compter l'eau extérieure; c'est une sujétion avec laquelle on doit compter dans les installations de cette nature.

Comme organes accessoires, elles comportent :

La tuyauterie en fonte ou en fer. Au Mont-Cenis, les tuyaux principaux avaient 0 m. 20 ; des diamètres de 0 m. 06 à 0 m. 12 suffiront sur les chantiers de fondations ordinaires. Ces tuyaux s'assemblent à vis, pour les tuyaux en fer, et, pour les tuyaux en fonte, au moyen de colliers rabotés et rondelles passant dans des rainures, avec 2, 4 ou 6 boulons. Sur cette tuyauterie, un clapet de retenue permettra de s'assurer contre un arrêt intempestif du moteur ou contre une rupture de tuyau.

Un manomètre, une ou plusieurs soupapes de sûreté, des réservoirs d'air, lorsqu'on a à alimenter plusieurs appareils pouvant fonctionner ensemble ou séparément, ces réservoirs pouvant servir de régulateurs, à condition d'être munis de valves pour diminuer les écarts de pression.

Enfin, des robinets dont le diamètre doit varier avec la pression et qui, dans les pressions élevées, ne doivent pas être à la portée des ouvriers et ne doivent pas pouvoir être manœuvrés rapidement, pour éviter les décompressions brusques.

Dans sa notice pour l'exposition de 1889, M. Hersent a donné les dessins du compresseur de la Société de l'Horme. La collection des dessins distribués aux Élèves de l'École des Ponts et Chaussées renferme la description des compresseurs Colladon du Saint-Gothard (11ᵉ Série, Section E., planche 4). Les compresseurs employés par M. Zschokke étaient au début des compresseurs Colladon, modifiés dans leurs détails par la maison Sautter et employés concurremment avec des compresseurs Burckhardt à grande vitesse, permettant de comprimer l'air à une pression de 6 kgs.

Lors de la construction du souterrain des Echarmeaux (1892-1895) de 4150 mètres de longueur environ, qui franchit la ligne de partage des bassins de la Loire et du Rhône sur le chemin de fer de Paray-le-Monial à Lozanne (département de Saône-et-Loire), des installations pour la compression de l'air ont été faites à chacune des têtes, en vue de l'emploi de la perforation mécanique.

Bien que, pour cette application, il fût moins nécessaire que dans les travaux de fondation de se préoccuper du refroidissement de l'air, ces installations ont présenté une grande analogie avec celles qui s'emploient sur les chantiers de fondation.

Du côté de la Loire, deux machines horizontales de 55 chevaux chacune actionnaient des compresseurs à piston à double enveloppe, avec circulation d'eau. Le débit était régularisé par deux réservoirs en tôle de 6 mètres cubes chacun, la pression étant de 6 kilogrammes à la sortie de ces réservoirs. La conduite de distribution était en fer, avec 0 m. 115 de diamètre intérieur ; elle produisait une chute de pression de 2 atmosphères. Les compresseurs provenaient des ateliers Demange et Saire, à Lyon.

Du côté du Rhône, les compresseurs étaient du type Colladon, modifié par MM. Sautter et Harlé. Une machine de 100 chevaux, marchant à 90 tours par minute produisait un volume de 2850 litres d'air comprimé à 5 atmosphères avec un rendement de 88 0/0 ; le volume de l'eau de refroidissement était de 18 litres par minute. Une machine de 60 chevaux, marchant à 100 tours par minute, produisait un volume de 1500 litres d'air comprimé à 5 atmosphères avec un rendement de 81 0/0 ; le volume de l'eau de refroidissement était de 10 litres par minute.

Quatre réservoirs de 6 mètres cubes étaient disposés pour emmagasiner l'air jusqu'à une pression de 7 atmosphères. La conduite de distribution en fer avait 0 m. 120 de diamètre.

TROISIÈME SECTION

Questions communes aux différents modes de fondation

604. Généralités. — Après avoir exposé dans le chap. Ier les principes des différents modes de fondation et en avoir décrit les procédés dans les deux premières sections du présent chapitre, il nous reste à traiter de quelques questions qui se présentent dans tous les travaux et qui peuvent recevoir des solutions analogues, quel que soit le mode de fondation employé.

Nous résumerons d'abord les règles essentielles de la stabilité et de la solidité des constructions. Puis nous parlerons de l'entretien et des réparations des ouvrages en maçonnerie, celles-ci s'effectuant souvent par des procédés différant de ceux qui avaient été employés à la construction.

Enfin nous traiterons des dispositions accessoires des ouvrages, qui comprennent :

1° La protection des fondations contre les affouillements ;
2° La défense des talus.

§ 14. — STABILITÉ ET SOLIDITÉ DES CONSTRUCTIONS

605. Définitions. — La stabilité des constructions et la résistance des matériaux ont fait l'objet de plusieurs ouvrages publiés tant par l'*Encyclopédie des Travaux publics* que par l'*Encyclopédie industrielle*. Nous pourrions nous borner à y renvoyer le lecteur, mais nous croyons utile de lui rappeler quelques règles générales, dont les constructeurs ne doivent pas s'écarter pour que leurs ouvrages soient à la fois stables et solides.

Nous définirons d'abord la stabilité et la solidité des constructions.

1° La stabilité proprement dite résulte de l'équilibre des forces extérieures et intérieures appliquées aux solides qui composent les constructions, considérés comme invariables ;

2° La solidité est la propriété que les différents éléments de la construction doivent avoir de résister, sans déformations qui dépassent ou même qui atteignent la limite d'élasticité des matériaux, aux efforts permanents ou accidentels et aux causes extérieures de destruction auxquels ils sont soumis.

Tant au point de vue de la stabilité que de la solidité, trois conditions d'équilibre doivent être remplies :

I. Les forces ou les réactions extérieures qui s'exercent sur la construction entière doivent se faire équilibre. Ces forces ou ces réactions sont : le poids de la construction, la résultante des pressions ou des charges extérieures, la résistance de la fondation.

II. Les forces qui agissent sur chaque partie de la construction doivent se faire équilibre. Ces forces sont : le poids de cette partie, la résultante des pressions ou des charges extérieures qui agissent sur cette partie, la résultante des forces intérieures qui s'exercent aux joints, entre la partie considérée et celles qui sont en contact avec elle.

III. Les forces qui sont transmises à chacune des parties, en lesquelles on peut supposer la construction divisée, doivent se faire équilibre.

Si on suppose une partie quelconque de la construction de la surface A à la surface B, les forces qui agissent sur cette partie sont : son poids P, la résultante R des forces extérieures qui agissent sur cette partie, la résultante des forces intérieures qui s'exercent aux surfaces de joints A et B (fig. 838).

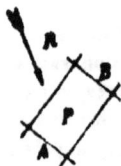

Précisons par un exemple. Considérons un mur de soutènement supportant une charge de remblai : sur le mur entier, on aura un poids P et une poussée C ; leur résultante R devra être équilibrée par la résistance de la fondation (fig. 839).

Fig. 838. — Équilibre des forces agissant sur un élément de construction.

Si on coupe le mur par un plan horizontal AB, il faudra, pour que la partie supérieure soit en équilibre, que les forces intérieures de la section AB fassent équilibre à la résultante du poids P' au-dessus de AB et de la poussée C' sur AM. Si on considère l'intervalle entre deux sections CD, AB, l'élément ABCD devra être en équilibre sous l'action de son poids P'', de la poussée sur AC et des forces intérieures qui agissent sur AB et CD.

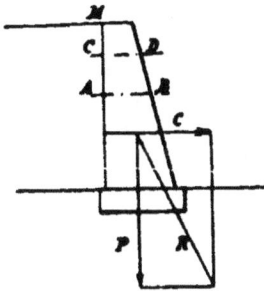

Fig. 839. — Stabilité d'un mur de soutènement.

Mais ces calculs supposent que les efforts transmis au sol de fondation ou à chacune des sections quelconques, telles que AB et CD, ne sont pas assez grands pour y produire des déformations permanentes : d'autre part, les matériaux dont se composent les constructions sont soumis à des actions extérieures, produites par l'humidité, la gelée ou l'eau de mer, qui peuvent les altérer. En supposant les matériaux bien choisis pour résister à ces actions, il restera à vérifier que les pressions, les tensions, les flexions auxquelles ces matériaux sont exposés restent toujours au-dessous de la limite d'élasticité.

Mais, comme nous l'avons vu précédemment, la limite d'élasticité peut avoir des valeurs différentes, suivant qu'on envisage la limite théorique d'élasticité, la limite d'élasticité proportionnelle ou la limite apparente d'élasticité. De là l'usage de recourir à une hypothèse qui est loin d'être exacte et par laquelle, considérant la limite de rupture comme plus facile à déterminer que la limite d'élasticité et présentant avec elle un rapport simple, on compare souvent les efforts calculés non à la limite d'élasticité, mais à la limite de rupture.

Ainsi, dans le cas du mur précédemment considéré, on aura à vérifier :

1° Sa stabilité, pour se rendre compte qu'il ne peut ni tourner autour de son arête antérieure, ni glisser sur sa base, la démonstration devant être faite pour toutes les sections, de forme ou d'orientation quelconque, en lesquelles on pourra concevoir que le mur soit divisé ;

2° Sa solidité, pour reconnaître si aucun point de la fondation ou des maçonneries n'est exposé à des efforts qui soient trop voisins de la limite d'élasticité ou qui atteignent une fraction trop élevée de la limite de rupture ; on aura à faire les mêmes vérifications pour toutes les sections AB, BC, suivant lesquelles on peut concevoir la construction divisée, en envisageant principalement celles où se rencontrent des modifications, soit dans les dimensions des maçonneries, soit dans la nature des matériaux.

600. Coefficients de stabilité. — Ces calculs reposent sur de nombreuses hypothèses : au point de vue de la stabilité, on n'est pas certain d'avoir exactement calculé la valeur maxima des forces extérieures, les poids peuvent être plus ou moins modifiés par des sous-pressions variables, enfin, la valeur exacte de la résistance du sol est encore plus incertaine que celle des matériaux.

Il est donc nécessaire, en dehors des conditions rigoureuses de l'équilibre statique, d'augmenter la stabilité des constructions, au moyen d'un accroissement de dimensions tel qu'elles puissent résister à des forces extérieures notablement plus élevées que celles qui sont indiquées par le calcul ; c'est dans ce but qu'on multiplie leur résultante par un nombre arbitraire qu'on appelle le coefficient de stabilité.

Mais on ne peut donner de règles générales pour la détermination de ce coefficient ; il dépend des circonstances spéciales à chaque ouvrage et doit être d'autant plus élevé que les hypothèses qui ont servi à le calculer sont moins certaines.

601. Coefficients de solidité. — En ce qui concerne la solidité, les efforts pratiques auxquels les matériaux sont considérés comme pouvant normalement résister sont calculés en les comparant, suivant les cas, à la limite d'élasticité ou à la limite de rupture déterminées par l'expérience, tout en tenant compte des causes d'altération ou des défauts d'homogénéité qu'on peut craindre.

Pour les pierres, nous avons admis 1/10 de la résistance de rupture, cette limite pouvant être dépassée pour des matériaux homogènes dans des constructions très soignées.

Nous avons d'ailleurs eu occasion de signaler, § 10, que, dans les maçonneries, la résistance des mortiers intervient souvent plus que celle des pierres pour fixer la limite pratique qui peut être admise pour les efforts.

Pour les métaux, si on prend pour base la limite d'élasticité, on ne devra pas dépasser 1/2 à 1/3 de la charge qui lui correspond ; si on compare les efforts à la charge de rupture, on devra ne pas dépasser, suivant les cas, 1/4 à 1/8 de cette charge.

Dans le règlement de 1891, sur la construction des ponts, en comparant les limites pratiques qui sont prescrites avec la charge de rupture, on trouve :

Pour le fer, dont la résistance à la rupture est de 32 kil. par millimètre carré, des efforts pratiques variant de 4 à 8 k. 5 par millimètre carré, soit entre les efforts pratiques et la charge de rupture, des rapports de :

$$\frac{1}{8} = \frac{4 \text{ kil.}}{32 \text{ kil.}} \quad \text{à} \quad \frac{1}{3,76} = \frac{8 \text{ k. } 5}{32 \text{ kil.}}$$

Pour l'acier, dont la résistance à la rupture est de 42 kil. par millimètre carré, des efforts pratiques variant de 6 à 11 k. 5 par millimètre carré, soit, entre les efforts pratiques et la charge de rupture, des rapports de :

$$\frac{1}{8} = \frac{6 \text{ kil.}}{42 \text{ kil.}} \quad \text{à} \quad \frac{1}{3,65} = \frac{11 \text{ k. } 5}{42 \text{ kil.}}.$$

Les limites supérieures, fixées à 8 k. 5 par millimètre carré pour le fer et à 11 k. 5 par millimètre carré pour l'acier, s'appliquent exclusivement aux poutres principales des ponts de grande ouverture ; elles sont très au-dessus de celles qui concernent les ouvrages courants.

Ces chiffres montrent la nécessité de proportionner, dans les constructions importantes, la limite de sécurité aux conditions que doivent remplir les différentes parties des ouvrages, c'est-à-dire de faire varier les limites pratiques d'après l'im-

portance des efforts accidentels et d'après la valeur relative
des hypothèses admises dans les calculs.

L'expérience prouve que les accidents tiennent moins à
l'exagération des efforts prévus qu'à l'inexactitude des hypothèses qui ont servi de base aux calculs et qui permettent à
des efforts accidentels, non prévus ni calculés, d'avoir une
importance prédominante dans la stabilité et dans la solidité
des constructions.

De là deux règles également importantes :

1° Porter toute son attention dans les calculs de stabilité et
de résistance sur la valeur des hypothèses qui servent de base
aux calculs ;

2° Corriger par l'abaissement des limites pratiques admises
pour les efforts l'incertitude qui peut se rencontrer dans certaines de ces hypothèses.

686. De la hardiesse dans les constructions. — Pour
l'application de ces règles, une question grave se pose au
constructeur :

Dans quels cas doit-il adopter des coefficients élevés de stabilité et de résistance?

Dans quels cas est-il fondé, en vue de l'économie, à réduire
les dimensions à ce qui paraît strictement nécessaire, ou à
ne pas prendre certaines mesures de précaution, en acceptant
l'éventualité de quelques travaux ultérieurs de réparation?

C'est la question de la hardiesse dans les constructions.

Tout dépend, à notre avis, de la gravité des conséquences
que peut entraîner un accident.

Comparons à ce point de vue une distribution d'eau faite
pour alimenter une ville, avec le réseau des égouts qui servent à l'assainir. La distribution d'eau se divise en deux parties : l'une qui alimente les réservoirs, l'autre qui distribue
l'eau dans les différents quartiers. La première est d'un
intérêt capital, puisque si, sur un point quelconque, elle vient
à manquer, la ville entière peut être privée d'eau, c'est un
motif qui paraît suffisant pour ne rien laisser au hasard et
pour construire des ouvrages présentant toute sécurité.

La question présente moins d'importance pour les conduites

de distribution, notamment dans les réseaux secondaires : une avarie locale n'empêchera pas le fonctionnement de l'ensemble du réseau et n'entraînera généralement pas de graves conséquences. On peut donc admettre que les conditions d'établissement de ces réseaux secondaires tiennent un plus grand compte des conditions d'économie. Il en est de même dans un réseau d'égouts, en dehors des collecteurs principaux.

Pour un chemin de fer, les ouvrages qui traversent la voie en dessous ou en dessus, notamment les ponts et les viaducs, rentrent manifestement dans la première catégorie.

Mais il peut en être autrement pour les travaux accessoires des terrassements; dans certains de ces travaux, tels que des assainissements de tranchées, des perrés, des murs de soutènement, des avaries locales pourront produire une gêne momentanée et quelques dépenses supplémentaires d'entretien, mais la circulation ne sera pas compromise : ce sont des ouvrages dans lesquels il est permis de se montrer économe, tout en restant prudent.

Au contraire, dans les travaux principaux de la navigation et des ports, surtout en ce qui concerne les barrages et les écluses, la moindre réparation de quelque importance suspend le service et expose à la fois l'administration à de grandes dépenses et le public à de sérieux dommages.

Ces exemples suffisent pour indiquer où doit se placer la limite que nous cherchons :

Dans les ouvrages principaux, dont aucune partie ne peut être réparée sans empêcher le fonctionnement de l'ensemble, limite élevée de sécurité.

Dans les ouvrages secondaires, dans lesquels des défectuosités partielles n'ont pas de conséquences graves pour le service, limite moins élevée s'il doit en résulter une notable économie.

Mais un point sur lequel on ne saurait être trop prudent, c'est l'évaluation des forces extérieures qui ne sont pas susceptibles d'une mesure rigoureuse.

Nous avons vu comment, dans les terrains vaseux, les poussées des terres acquièrent des valeurs élevées, qui croissent souvent dès qu'un premier mouvement s'est produit d'une façon dangereuse pour la stabilité des ouvrages. Les sables, les graviers, les pierrailles donnent lieu à des poussées beaucoup moindres, et les circonstances de l'exécution ne les modifient pas sensiblement.

Entre ces deux limites se placent les remblais de terres plus ou moins sableuses ou argileuses, et pour celles-là les poussées peuvent varier notablement, suivant qu'elles sont plus ou moins humides. S'il peut être commode pour la disposition de certains chantiers d'effectuer les remblais en même temps que les maçonneries, on ne doit le faire que lorsqu'on peut remblayer à sec avec des terres peu mouillées ; sinon, on met au contact de maçonneries récentes, qui n'ont pas encore acquis toute leur résistance, des remblais mouillés dont la poussée est plus grande que celle qu'ils auront après tassement, et on s'expose à des avaries contre lesquelles il est très important de se prémunir.

De là l'importance considérable des études relatives à la poussée des terres qui ont donné lieu à de nombreux mémoires et à des ouvrages spéciaux. (Voir dans l'*Encyclopédie des Travaux publics* : Flamant, « Stabilité des constructions et résistance des matériaux », et dans l'*Encyclopédie industrielle* : Föppl, « Résistance des matériaux et éléments de la théorie mathématique de l'élasticité »).

Au nombre des forces extérieures dont l'évaluation est difficile se placent :

Dans les rivières, les courants et principalement les remous ;

Dans les travaux à la mer, les courants, la houle et les vagues, ainsi que les variations de pression dues aux oscillations de la marée influencée par le vent ;

Dans les constructions élevées au-dessus du sol, viaducs ou bâtiments en élévation, les effets du vent, dont on doit surtout se préoccuper dans les régions voisines de la mer et qui produisent : 1° des composantes verticales qui modifient la répartition des charges sur les appuis ; 2° des composantes horizontales qui peuvent produire des flexions accidentelles, indépendamment des efforts d'arrachement que déterminent les tourbillons ou les rafales à mouvement ascendant.

En France, le règlement ministériel du 29 août 1901 sur la

construction des ponts métalliques indique les hypothèses admises pour la pression du vent dans le calcul de ces ouvrages.

On admet que la pression du vent, par mètre carré de surface verticale, peut atteindre 270 kilogrammes et que le passage des trains est interrompu dès que cette pression dépasse 170 kilogrammes.

Le travail du métal, sous l'influence des plus grands vents, ne doit pas dépasser de plus de un kilogramme les limites fixées par le règlement pour le travail des pièces sous les charges d'épreuve.

Pour les autres constructions métalliques des chemins de fer, et notamment pour les halles de marchandises, un règlement récent (25 janvier 1902) a envisagé à la fois les surcharges produites par la neige et la pression du vent.

Pour la neige, on a admis un poids de 60 kilogrammes par mètre carré de surface horizontale, correspondant à peu près à une épaisseur de 0 m. 50 ; pour le vent, la pression a été considérée comme limitée à 150 kilogrammes par mètre carré de surface normale à sa direction, celle-ci étant supposée dirigée vers la terre, suivant un angle de 10° avec l'horizontale.

On admet que le vent maximum peut se produire même après une chute de neige.

Le règlement a admis, pour le travail des pièces, des limites assez élevées pour qu'il ne soit fait qu'un seul calcul de résistance dans lequel entrent la surcharge de la neige et la pression du vent.

Pour les constructions civiles, il n'y a pas de motif d'admettre une autre valeur pour la charge due à la neige, mais pour le vent, en tenant compte de la protection qui résulte souvent pour les constructions du voisinage d'autres édifices, on limite généralement à 113 kilogrammes la pression dont on tient compte dans les calculs de combles placés dans des agglomérations.

Cette pression correspond à une vitesse de 31 m. 6 par seconde, ce qui, d'après les nomenclatures usuelles, correspond à une *tempête* ; elle n'est dépassée que dans les *grandes tempêtes* ou les *ouragans*.

On n'aurait donc à augmenter la pression indiquée que pour des constructions de bâtiments ou d'usines isolés, placés sur le bord de la mer ou plus généralement dans des régions exposées à des vents violents.

§ 15. — PROTECTION DES FONDATIONS CONTRE LES AFFOUILLEMENTS

609. Généralités. — Après avoir indiqué, dans le chapitre premier, les principes des divers modes de fondation, nous avons fait connaître les limites, variables suivant la destination des ouvrages et suivant la nature des terrains, dans lesquelles les pressions doivent se maintenir. Pour les fondations hydrauliques, nous avons indiqué le danger des affouillements et la nécessité de prévoir dans les projets les travaux nécessaires pour protéger les ouvrages contre les dégradations qui peuvent en résulter.

Il ne suffit pas, en effet, que le terrain de fondation présente une solidité suffisante et qu'il puisse être atteint par le procédé qu'on a en vue : il faut encore qu'il soit stable, c'est-à-dire qu'il ne soit pas soumis à des actions extérieures de nature à l'attaquer ou même à le détruire, ni sujet à être déplacé par l'action des charges supportées par une partie de sa surface.

610. Affouillements : (a) sous les fondations, (b) autour des fondations. — Dans les rivières et dans les travaux à la mer, il faut se protéger contre les affouillements qui peuvent se produire sous la fondation ou autour de la fondation.

Si un pont, fondé sur le gravier, détermine un certain remous, si les fondations d'un barrage ne sont pas disposées de manière à intercepter ou au moins à réduire à un faible volume les filtrations de l'amont à l'aval, il peut se creuser des cavités sous les fondations, et leur agrandissement peut produire la chute de l'ouvrage ou obliger à des réparations coûteuses.

Autour des fondations, on devra s'être rendu compte de la limite extrême à laquelle peuvent descendre les affouillements à prévoir en tenant compte, bien entendu, de ceux qui peuvent résulter de la construction de l'ouvrage lui-même ; on devra descendre les fondations jusqu'à une profondeur plus grande, et limiter autant que possible ces affouillements, soit par des enceintes extérieures, soit par des enrochements, soit par d'autres travaux de défense.

611. Affouillements sous les fondations, dans les cours d'eau à vitesses modérées. — Les moyens de se protéger contre les affouillements sous les fondations, notamment pour les ouvrages qui supportent une retenue d'eau, consistent généralement dans des enceintes de pieux jointifs ou, plus souvent, de pieux et de palplanches qu'il vaut mieux placer à l'amont de l'ouvrage, pour que les filtrations qui les traversent ne produisent pas de sous-pressions ; on construit également une enceinte à l'aval, mais il y a moins d'intérêt à la rendre jointive, parce qu'elle a surtout pour but de protéger l'ouvrage contre les affouillements qui pourraient se produire dans les enrochements d'aval (figure 546).

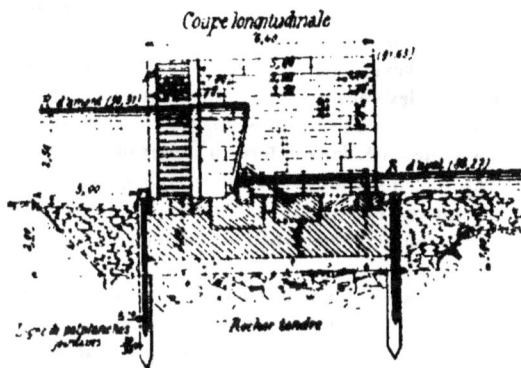

Fig. 546 (reproduction). — Fondation d'un barrage mobile dans une enceinte de pieux et palplanches.

Un exemple de fondation analogue est celui du barrage de

Suresnes, dont nous avons donné plus haut la coupe transversale (voir figure 548). Le radier de cet ouvrage est renforcé à l'amont et à l'aval par des parafouilles, limités par des files continues de palplanches ; la partie des avant et arrière-radiers comprise à l'intérieur des batardeaux qui ont servi à la construction du radier, a été revêtue de maçonnerie à mortier sur une épaisseur de 0 m. 35 à l'amont et de 0 m. 80 à l'aval.

Dans les ouvrages secondaires ou moins exposés aux affouillements, on évite la dépense des enceintes continues, en garnissant le dessous des fondations de parafouilles, c'est-à-dire de surépaisseurs qui brisent les lignes de jonction du terrain et de la maçonnerie et gênent le passage des filtrations, ou de murs de garde, c'est-à-dire de parties profondes descendant jusqu'au rocher, ou bien, au lieu de deux enceintes situées l'une à l'amont, l'autre à l'aval, on n'en construit qu'une seule sous l'ouvrage lui-même (voir figures 547).

Des parafouilles, des écrans, des retraites dans les parements des murs ne sont pas moins nécessaires pour mettre les écluses à l'abri des affouillements que peuvent produire des filtrations abondantes sous le radier.

L'écluse de la Cunette, à Dunkerque, qui servait à l'évacuation des eaux de desséchement à basse mer, a subi, en 1877, un accident dû à des affouillements. Lorsque l'avarie s'est produite, le niveau d'eau était de 3 m. 50 plus élevé en aval qu'en amont ; les eaux se sont infiltrées au pied du mur en retour de rive droite d'aval, dans une partie où ce mur en retour était peu enraciné dans le terrain ; elles ont contourné l'arrière du bajoyer en suivant une ligne latérale de pieux et de palplanches jointives et sont venues sortir brusquement au droit de la file de pieux et palplanches d'amont, à mi-hauteur du talus.

L'irruption de ces eaux qui ont passé en grande quantité dès les premiers moments a fait enfoncer le bajoyer de rive droite de 1 mètre environ ; puis, en se propageant sous le radier, elle a déterminé des affouillements qui ont gagné jusqu'au-dessous du bajoyer de rive gauche. Celui-ci s'est abaissé de quelques centimètres.

On doit tirer de cet accident une double conclusion : 1° il

Fig. 337 (reproduction). — Fondations de barrages mobiles (coupes).

avec parafouilles en maçonnerie.

avec parafouilles et écran en palplanches

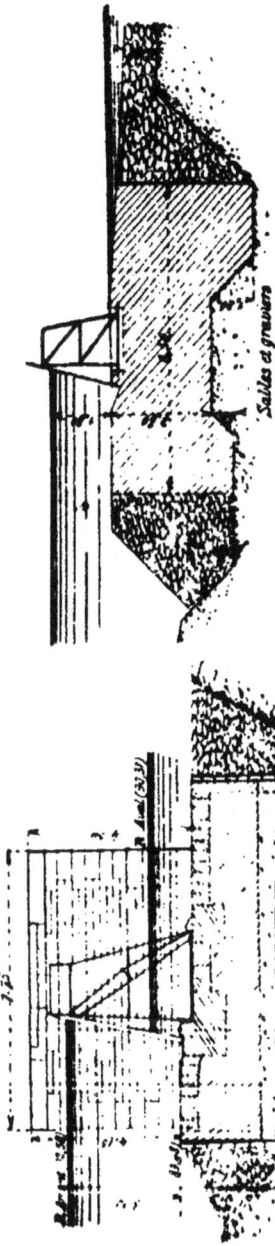

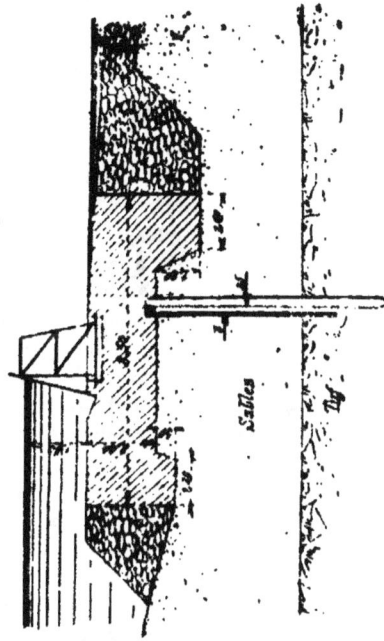

avec murs de garde.

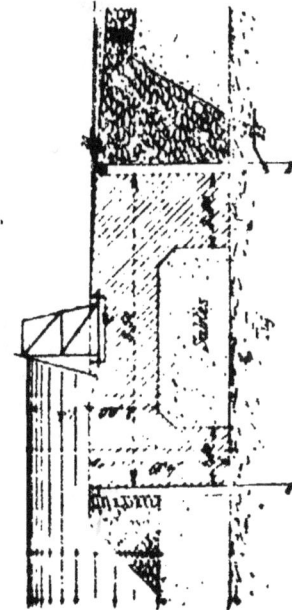

est utile, dans les ouvrages qui supportent des charges d'eau,
de bien enraciner les murs en retour dans le terrain en place ;
2° lorsque les fondations sont entourées d'une enceinte, il
faut, de distance en distance, couper les moises longitudinales
avant de remblayer, et même arracher quelques palplanches
pour s'opposer à la formation de filtrations le long des lignes
continues de charpentes, limitant latéralement les fondations.

Dans les vases ou dans les sables fins, même consolidés par
des pieux, les différences de pressions peuvent produire des
fractures dans les radiers ; c'est le motif pour lequel on construit depuis longtemps, à Dunkerque et en Hollande, les
écluses sur un pilotis général passant sous le radier comme
sous les bajoyers.

**619. Affouillements sous les fondations dans les
cours d'eau torrentiels.** — Sur les cours d'eau rapides
et surtout sur les cours d'eau torrentiels, on a cru se mettre
à l'abri des affouillements en descendant assez bas, sur des
massifs d'éboulis de grande dimension, des fondations consistant en béton immergé dans des caissons sans fond.

Plusieurs ouvrages du chemin de fer de Saint-Étienne au
Puy avaient été construits dans ce système, sur la haute
Loire ; les inondations de 1866 ont dépassé les niveaux
atteints depuis de longues années et ont affouillé un grand
nombre de ces fondations : on a reconnu que, tant au point
de vue des affouillements que de la résistance au choc des
matériaux entraînés par les eaux, il était nécessaire de fonder
partout sur le rocher en place, en n'employant à la base des
fondations que des matériaux très résistants et de grande
dimension.

Dans ces terrains, les sondages sont difficiles à interpréter :
ils indiquent qu'on trouve du rocher, mais non si ce rocher est
en place et n'appartient pas à des blocs transportés ; c'est
souvent la constitution minéralogique des roches qui ren-
seigne à ce sujet : les blocs provenant d'éboulis viennent de
l'amont et peuvent être de toute autre nature que les roches
du fond, qui seules sont semblables à celles des berges ou des
parties de la vallée en dehors de la rivière.

Au point de vue des affouillements autour des fondations, nous distinguerons les écluses, les barrages et les ponts.

613. Avant et arrière-radiers des écluses. — Indépendamment des parafouilles, dont il a été question plus haut, les extrémités des radiers des écluses doivent souvent être défendues contre les affouillements par des avant et arrière-radiers. Dans les écluses fluviales, ces avant et arrière-radiers consistent le plus souvent en enrochements dont la surface est maçonnée aux abords des têtes de l'ouvrage. Dans les écluses des ports, ils se composent d'ordinaire de revêtements en fascinages ou en maçonnerie et de lignes jointives de pieux et palplanches. Ils sont le plus souvent indispensables lorsque le radier assèche à basse mer ou n'est recouvert que d'une mince tranche d'eau ; mais ils peuvent être supprimés quand il reste à basse mer, même dans les vives eaux exceptionnelles, une grande profondeur d'eau. Les courants qui se forment près des aqueducs d'alimentation ou de vidange n'ont pas, dans ce cas, d'action bien sensible sur les fonds.

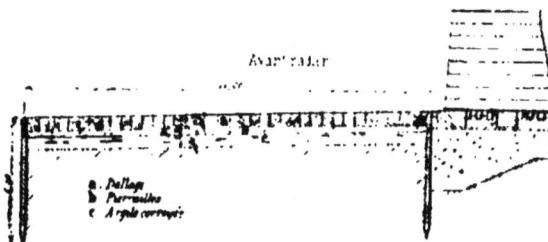

Fig. 850. — Calais. Écluse à sas du bassin à flot.

A Calais, les avant et arrière-radiers (1), qui ont des longueurs de 20 et de 18 mètres, sont formés de couches superposées de glaise, de blocailles et de blocs en maçonnerie

(1) Ces expressions ne doivent pas s'entendre pour les écluses maritimes de la même manière que pour les écluses fluviales. Pour celles-ci, comme pour les barrages, l'avant-radier est en amont, tandis que, pour les écluses maritimes, il est du côté de l'avant-port, c'est-à-dire en aval par rapport au bassin.

contenus dans des enceintes de pieux et palplanches. L'épaisseur de l'arrière-radier est de 2 mètres, savoir : 1 mètre
pour la couche d'argile corroyée, 0 m. 40 à 0 m. 50 pour les
pierrailles et 0 m. 50 à 0 m. 60 pour le revêtement en blocs
de maçonnerie ou de béton ; celle de l'avant-radier n'est que
de 1 m. 30, savoir : 0 m. 60 pour la couche d'argile, 0 m. 30
pour les pierrailles et 0 m. 40 pour le dallage (fig. 840).

A l'écluse nord du bassin de Freycinet, à Dunkerque,
l'arrière-radier a 10 mètres de longueur et l'avant-radier
30 mètres, avec une épaisseur variant de 2 m. 10 à 3 m. 50.

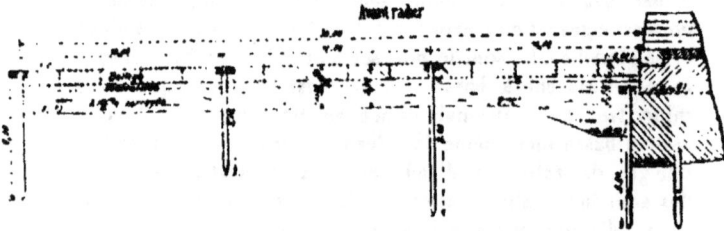

Fig. 841. — Dunkerque. Ecluse Nord du bassin Freycinet.

Ce dernier est composé de trois parties de 10 mètres de longueur, séparées par des lignes jointives de palplanches.
Comme à Calais, ces radiers se composent de couches successives d'argile corroyée et de pierrailles recouvertes d'un
dallage maçonné (fig. 841 et 842).

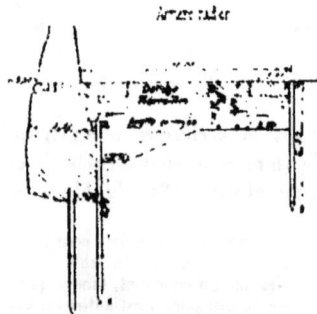

Fig. 842. — Dunkerque. Ecluse Nord du bassin Freycinet.

Dans quelques cas, comme aux abords des écluses fluviales, on se borne à disposer en avant du radier des enrochements que l'on recharge au fur et à mesure qu'il se produit des affouillements ; mais des avaries sérieuses pourraient être causées aux navires qui viendraient à échouer en cet endroit, surtout si, par suite des courants produits par les aqueducs, les enrochements étaient déplacés et venaient faire saillie sur le fond du chenal. Cette solution doit donc être rejetée toutes les fois qu'il s'agit d'ouvrages aux abords desquels se produisent des courants d'une certaine intensité.

414. Avant et arrière-radiers des barrages. — Les avant et arrière-radiers des barrages ne diffèrent pas essentiellement des ouvrages analogues des écluses ; nous indiquerons plus loin comment les enrochements y sont employés ; dans les terrains très affouillables, il est souvent utile de les maintenir par des lignes transversales de pieux et de palplanches.

A l'aval des barrages, on établissait autrefois des arrière-radiers formés de pieux en quinconce recouverts de longrines et de traversines, surmontées d'un plancher sous lequel les vides étaient remplis par des enrochements ; lorsque ces ouvrages sont construits à sec et sont quelquefois découverts, comme dans les ports à marée, ils sont d'un bon usage, mais il est nécessaire qu'ils puissent être visités et réparés, et on y a souvent renoncé dans les travaux en rivière, même après les avoir construits, à cause de la difficulté des réparations ; des vides se produisent dans les enrochements, sous le plancher qui se disloque et se soulève par l'effet des remous et des glaces ; les têtes de pieux émergent et causent de nouveaux remous qui déterminent souvent le départ des enrochements.

Dans des terrains rocheux ou dans le lit des torrents à forte pente, les mêmes procédés ne peuvent pas être employés : on ne peut battre des pieux et la violence des courants, surtout à l'aval des déversoirs fixes, enlève les enrochements, même de gros échantillons.

Lorsqu'il s'agit de roches tendres sujettes à érosion, on

doit les revêtir entièrement en maçonneries construites avec
des matériaux résistants de grande dimension.

C'est faute d'avoir pris cette précaution qu'un barrage-
déversoir, situé à Austin (Texas), au point où le Colorado
sort du lac Mac-Donald, a été détruit par une crue qui dépassait de 3 mètres sa crête, élevée de 18 m. 30 au-dessus du sol
de fondation. Celui-ci consistait en une roche calcaire, de
résistance variable ; des affouillements se sont produits dans
des parties tendres, et le barrage dont la base avait plus de
20 mètres d'épaisseur a été déplacé de 20 à 25 mètres par
glissement, dans deux sections présentant chacune une longueur d'environ 75 mètres.

Lorsque le lit d'un torrent est formé d'éboulis rocheux, il
est utile de relier ces blocs par des maçonneries, de manière
à en constituer des blocs artificiels, entre lesquels on pourra
laisser, s'il y a chance de mouvements, quelques joints vides
près de la surface.

Une bonne précaution à prendre consiste à abaisser les parties de radier voisines du barrage de 0 m. 50 à 1 mètre en
contre-bas du fond du lit auquel on se raccordera par un talus ;
par suite de cette disposition, la chute du barrage se produira
sur un matelas d'eau qui en amortira les effets nuisibles.

**615. Crèches hautes et basses autour des piles de
ponts.** — Autrefois, on construisait souvent autour des piles
ou culées des ponts des enceintes de protection, dont le vide
était rempli par des enrochements : c'est ce qu'on appelait
des crèches, divisées en crèches hautes et basses ; on en trouve
autour d'un grand nombre d'anciens ponts, et on doit reconnaître que, lorsque ceux-ci sont fondés sur pieux dépassant
beaucoup le fond du lit, l'emploi des crèches pour retenir les
enrochements était tout à fait indiqué ; mais, suivant les cas,
on aurait pu remplacer utilement par du béton une certaine
hauteur d'enrochements.

L'exemple ci-contre (Pont de Rouen, fig. 843) montre d'ailleurs qu'il est absolument nécessaire de proscrire les crèches
hautes, au moins dans les arches marinières, et de recourir,
malgré l'augmentation de la dépense, aux crèches basses.

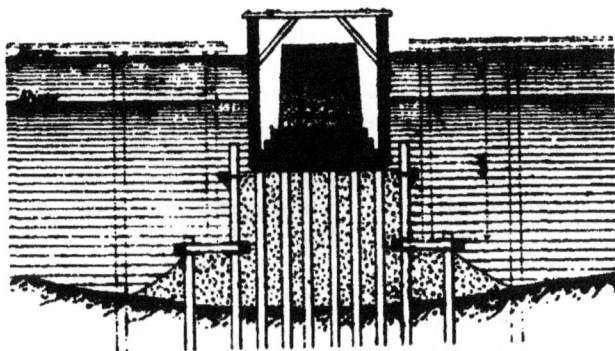

Fig. 843. — Crèches basses. Pont de Rouen.
Coupe transversale pendant la construction.

On doit d'ailleurs remarquer que si, en amont et en aval des ouvrages, les massifs d'enrochements atteignent généra-

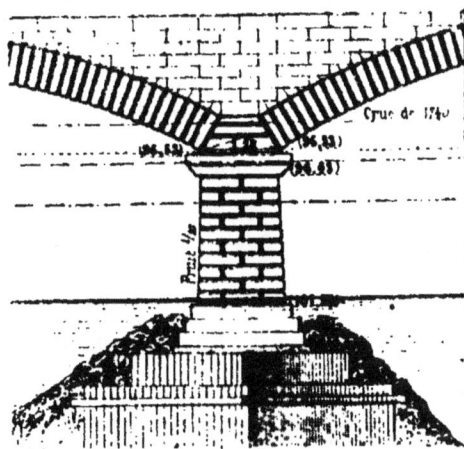

Fig. 844. — Crèches basses. Pont de Rouen.
Élévation après achèvement de la construction.

lement des profondeurs qui ne les rendent pas nuisibles à l'écoulement des eaux ou à la navigation, il n'en est pas de

même dans le profil transversal, où on est tenté d'en exagérer
la hauteur pour diminuer la profondeur d'implantation de la
base des piles ou culées (fig. 844).

Sur les rivières navigables, les services de navigation impo-
sent généralement la condition de ne pas employer d'enrochements sur la profondeur correspondant au tirant d'eau de
la voie considérée ; sur les autres rivières, on doit également,
au point de vue de l'écoulement des eaux, chercher à augmenter le plus possible la section libre entre les piles.

C'est sous cette réserve qu'on doit citer des exemples de
crèches hautes qu'on aurait certainement pu établir à un
niveau moins élevé.

En 1845, au pont de Tarascon, sur le Rhône, les piles
étaient entourées d'une double enceinte de pieux non jointifs ;
la distance entre les deux enceintes était de 3 mètres ; le
périmètre de l'enceinte intérieure était entouré de vannages
en bois destinés à soustraire au courant la surface dans
laquelle devait se faire la fondation sur béton immergé ;
mais auparavant, l'intervalle entre les deux enceintes était
rempli d'enrochements reposant sur trois ou quatre assises
régulières de libages en pierres non taillées placées sur deux
rangs dans chaque assise et surmontées de moellons jusqu'au
niveau de l'étiage ; enfin l'extérieur des pieux jusqu'au fond
du lit était garni d'un talus d'enrochements.

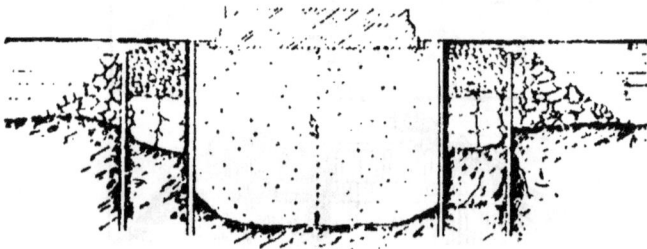

Fig. 845. — Crèches hautes. Pont de Tarascon sur le Rhône.

Les libages avaient de grandes dimensions, au moins en
dehors des angles, 3 m. 00 × 1 m. 20 × 0 m. 70, et pesaient

5.500 kgs ; ils étaient mis en place au moyen de deux treuils, à l'aide de louves suspendant chaque bloc à ses deux extrémités.

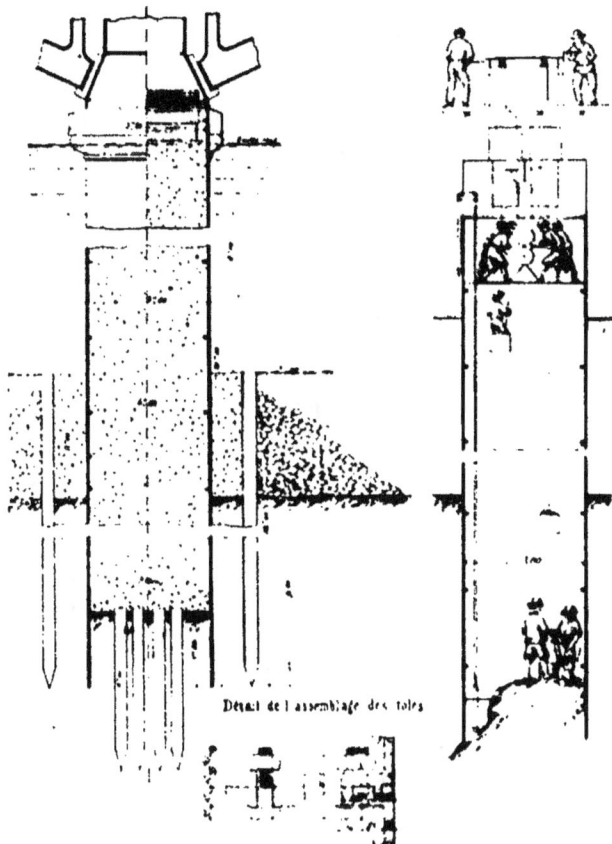

Fig. 846. — Risberme en béton dans une enceinte.
Pont de Szégédin sur la Theiss.

En 1857-1858, pour la construction du pont de Szegedin, sur la Theiss, Cézanne avait employé des tubes de 3 mètres de diamètre s'enfonçant de 9 mètres dans un sable très fin mélangé d'argile autour desquels on craignait des affouillements profonds ; la profondeur du lit, sous l'étiage, était de 3 mètres environ ; la solidité du fond était assez douteuse pour qu'on eût pris le parti de battre des pieux de 7 mètres de longueur descendant de plus de 5 mètres en contre-bas du fond des tubes. Ceux-ci ont été entourés, à une distance de 0 m. 50, d'une enceinte de pieux jointifs, à l'intérieur desquels on a coulé du béton ; les pieux étaient eux-mêmes protégés à l'extérieur par un talus d'enrochements (fig. 846).

Nous ne mentionnons ici cette fondation qu'au point de vue du procédé employé pour la défendre ; quant à la fondation elle-même, il eût été préférable de la descendre plus bas, à l'aide de l'air comprimé, au lieu de la compléter par le battage des pieux intérieurs ; les chocs ont produit des ruptures dans un certain nombre de cylindres en fonte, qui se sont fendus sur plusieurs points suivant leurs génératrices.

Une crèche basse, mise en place par immersion et combinée avec la fondation elle-même, a été employée en 1888 pour la construction d'un pont à New-London (Connecticut, Etats-Unis), dont les ouvertures variaient de 45 m. 00 à 94 m. 50 et qui devait être fondé, sous une profondeur d'eau de 16 m. 70, à travers une épaisseur de vase de 26 mètres ; les variations du niveau de l'eau ne dépassaient pas 1 mètre à 1 m. 80.

La fondation devant être faite sur pilotis, il était à craindre que les pieux de grande longueur, s'ils n'étaient pas guidés, ne puissent être maintenus en direction.

Dans une fouille préalablement creusée de 5 m. 50 à 7 m. 70 en contre-bas du fond du lit, c'est-à-dire de 17 m. 60 à 23 m. 40 au-dessous des basses eaux, on immergea un caisson évidé en charpente devant former crèche basse autour de la fondation et devant servir à guider le battage des pieux.

Pour une pile, supportant des travées tournantes, représentée par la figure 847, le plan était carré, avec 21 m. 40 de côté ; pour les autres piles, il était rectangulaire avec une longueur de 24 m. 40 sur 15 m. 20 de largeur.

Le caisson était porté sur un ouet en charpente et présentait à l'extérieur une double paroi séparée par un intervalle de 2 m. 44 ; ce vide était rempli par des moellons pour immerger le caisson et pour protéger l'extérieur de la fon-

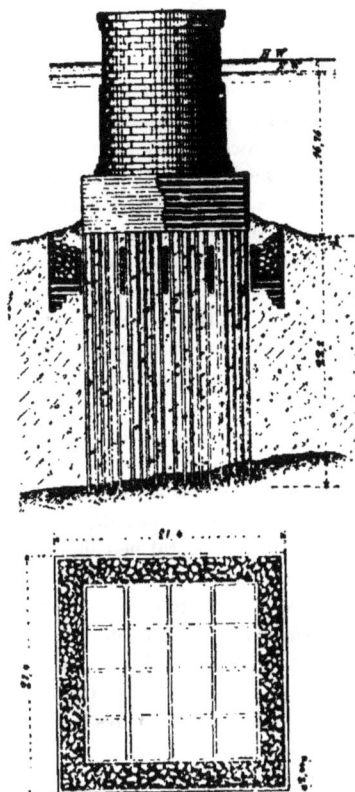

Fig. 847. — Crèche basse autour de la pile d'un pont tournant à New-London (Connecticut).

dation. A l'intérieur de cette caisse des cloisons en bois divisaient l'intervalle en 16 cases de 3 m. 66 de côté, destinées à recevoir les pieux au nombre de 40 à 46. Après le battage ces pieux ont été recepés par des plongeurs et les intervalles remplis de gravier.

Au-dessus on a mis en place un caisson flottant en charpente ayant, pour la pile centrale, 15 m. 24 de côté, 7 mètres de hauteur et supportant les maçonneries construites à l'abri d'un batardeau amovible.

616. Emploi des enrochements. — Des ouvrages analogues ne sont plus justifiés que dans des cas exceptionnels, car, en raison de l'approfondissement des fondations par suite de l'emploi des procédés par havage à l'air libre ou à l'air comprimé, et avec l'aide de blocs artificiels dans les régions dans lesquelles les matériaux naturels n'ont pas une dimension suffisante, on peut dire que le procédé le plus général pour protéger les fondations consiste dans l'emploi de massifs d'enrochements de dimensions appropriées à la puissance des courants, sauf, s'il y a lieu, à maçonner leur surface de manière à constituer de gros blocs plus difficilement attaquables, cette surface étant maintenue à un niveau assez bas pour ne pas gêner la navigation et l'écoulement des crues.

Lorsqu'on emploie les enrochements en eau calme ou à peu près, autant pour diminuer la dépense que pour créer un massif qui ne renferme pas de trop grands vides, on se sert d'enrochements de la grosseur courante des moellons de carrière, dont le poids est en général peu supérieur à 20 kgs et ne dépasse pas 50 kgs. Mais, en vue des crues qui peuvent augmenter les vitesses et surtout les remous, il est prudent de recouvrir la surface de moellons de choix pesant environ 120 kgs sauf à régulariser les vides qu'ils laissent entre eux au moyen de moellons de moindre échantillon.

Dans les courants vifs et à l'aval des barrages, ces dimensions seraient insuffisantes, et, si on peut les admettre pour les parties profondes des massifs, c'est à la condition de les recouvrir de plusieurs couches de matériaux ayant un volume de 0 m³ 06 à 0 m³ 12 et un poids de 120 à 250 kgs.

Enfin, au fur et à mesure de l'accroissement des courants dans les rivières ou des lames dans les travaux maritimes, on arrive à de gros enrochements naturels de 0 m³ 20, pesant au moins 400 kgs et à des blocs artificiels, dont le volume, au pied des jetées et des môles, s'est successivement élevé, avec la puissance des moyens employés pour les mettre en œuvre, de 10 à 20 m³ et même à 40 m³ (port de la Réunion, 1882). Ce volume a encore augmenté dans la construction de quelques digues ou jetées, soit en groupant les blocs à l'intérieur de caissons métalliques (Bilbao, voir article 486. p. 137), soit en immergeant des blocs évidés mis en place par flottaison et ensuite remplis de béton (Heyst, voir article 486, p. 138).

Dans tous les cas, la résistance des enrochements au déplacement soit par rotation, soit par glissement dépend de leur forme et de leur poids ; il faut y employer les matériaux les plus denses dont on puisse disposer, en évitant autant que possible les blocs arrondis, qui sont plus facilement déplacés par les courants que les blocs de forme à peu près prismatique.

Dans les cours d'eau torrentiels, le déblai dans des terrains mélangés de graviers et de blocs naturels de différentes grosseurs est difficile et coûteux : pour protéger les berges, par exemple aux abords d'une culée de pont, ou lorsqu'un remblai de route doit descendre au-dessous du niveau des hautes eaux, on se contente souvent de régulariser, au pied, une risberme de 2 mètres de largeur et d'y construire en place des blocs en maçonnerie de 1 à 2 m³, à petite distance les uns des autres ; si le pied s'affouille, l'excavation se remplit par des blocs qui y descendent et on n'a qu'à les recharger par d'autres blocs dans l'intervalle des crues.

Dans les pays où on trouve facilement de grandes dalles plates, notamment dans certaines régions de l'Italie, on en garnit le pied des berges, et ces dalles descendent par leur poids, au fur et à mesure des affouillements.

Mais on doit éviter de placer des enrochements sur un sol facilement affouillable, par exemple sur des alluvions récentes, surtout lorsqu'elles sont vaseuses. Il faut, dans ce cas, draguer le fond à une profondeur plus grande que les affouillements ordinaires et y immerger les enrochements par grosseurs successivement croissantes, en raison de la violence des courants et des remous.

En résumé, les règles principales relatives à l'emploi des enrochements consistent :

à les placer en contre-bas du lit naturel à une profondeur

qui dépend de la résistance du sous-sol aux affouillements ; à
les recouvrir de materiaux plus gros et plus résistants à une
profondeur assez grande pour ne pas nuire à la navigation et
à l'écoulement des eaux ;

à les maintenir, lorsque les circonstances l'exigent, dans
des crèches basses, en évitant les pieux isolés qui peuvent
former écueil et provoquer des remous ;

à les surveiller à la suite des crues, au moyen de sondages
assez multipliés pour indiquer les points à recharger, et à
faire les réparations d'entretien avec assez de soin et assez
promptement pour ne pas laisser se déchausser les massifs de
fondation qu'il s'agit de défendre.

La diversité des circonstances locales ne permet pas de
donner des indications plus précises, mais c'est un point à
surveiller de près, tant dans la construction que dans l'entretien des ouvrages.

Le *mesurage* des enrochements, en raison de l'irrégularité
de leur forme et des différents prix qui s'appliquent aux catégories dans lesquelles ils sont divisés par grosseurs, n'est pas
sans difficulté.

Dans les ports, quand il s'agit de fournitures importantes
extraites d'une seule carrière, on peut payer à part le déblai
au mètre cube, moyennant un prix moyen appliqué à l'aide
des profils relevés avant et après l'extraction. D'autres prix
s'appliquent alors au transport et à l'emploi, par catégories,
les matériaux étant triés et emmétrés sur la carrière.

Quand une même carrière alimente en même temps plusieurs chantiers, ce procédé n'est plus applicable et on doit
se borner à payer à un prix convenu les matériaux emmétrés
par catégories.

Lorsque les transports se font par bateaux chargés de
matériaux d'une seule catégorie, il peut être commode
d'éviter cet emmétrage, et on paie alors les matériaux au
poids, en employant des bateaux pourvus de plusieurs échelles
fixes et préalablement jaugés ; chaque centimètre d'enfoncement a l'échelle correspond à un certain tonnage déterminé
par le procès-verbal de jaugeage du bateau ; on a seulement à
vérifier que celui-ci est resté bien étanche, pour être certain

que son enfoncement n'est pas dû en partie à de l'eau qui aurait pénétré dans la cale.

Si, sur le même bateau, on devait charger des matériaux de différentes catégories, il faudrait installer sur les appontements servant au chargement des bateaux, des bascules pour peser les wagonnets avant leur déversement ; ce serait un moyen de contrôler le jaugeage des bateaux et de répartir le poids total entre les différentes catégories. Le même système est fréquemment employé, à titre de contrôle, lorsque les enrochements, divisés par catégories dans la carrière, peuvent être jaugés dans le bateau.

617. Réparation des affouillements : (a) sous les fondations. — La réparation des affouillements que les filtrations abondantes produisent sous les radiers des barrages mobiles est un travail délicat, qu'il y a intérêt à entreprendre dès que le mal a été constaté.

S'il s'agit de filtrations isolées ne se produisant pas sur de grandes longueurs, on peut les boucher au moyen de coulis de ciment ; un tuyau vertical sera posé au centre de l'affouillement, entouré à son pied d'un joint d'argile, et rempli suivant les cas de ciment pur ou d'un mortier de ciment qui devra dépasser, autant que possible, le niveau de l'eau d'un à deux mètres au moins ; on ajoutera successivement du ciment ou du mortier jusqu'à ce que le niveau reste constant dans le tuyau, et on n'enlèvera celui-ci que lorsque le mortier aura commencé à prendre.

Ce travail ne peut s'exécuter que dans une eau à peu près calme, après abaissement de la retenue du barrage.

Si les filtrations sont continues et se produisent sur une certaine longueur de barrage, il pourra être nécessaire de construire un mur de garde. On battra, à 2 ou 3 mètres en amont, une ligne de palplanches, en déblayant entre cette enceinte, convenablement étayée, et le radier jusqu'au-dessous de ses fondations, et en remplissant l'intervalle soit par un corroi d'argile, soit par du béton ; l'emploi de l'argile ou du béton ne doit se faire que lorsque la retenue n'existe pas.

Si les maçonneries du barrage présentent des fissures ou

des cavités, il peut être nécessaire de combiner ces deux procédés et de remplir les vides des maçonneries en traversant celles-ci par des forages recevant des tuyaux pour y pratiquer des injections de ciment.

Des procédés un peu différents ont été employés au barrage d'Anseremme, sur la Meuse belge. Mis en service en 1878, ce barrage, fondé sur une couche de gravier de 1 m. 50 d'épaisseur, superposée à du rocher, s'est maintenu en bon état jusqu'en 1894, sauf des affouillements dans les avant et arrière-radiers. Mais, à cette époque, des fuites notables se produisirent sous la fondation de la passe navigable et donnèrent lieu à des sources abondantes sortant en aval en divers points de l'enceinte en charpente.

Un parafouille en béton exécuté en 1895 du côté d'amont ne produisit pas de résultat durable, et en 1897, après avoir reconnu, sous la fondation, la présence d'une couche de gravier fin très affouillable, on prit le parti de chercher à y faire pénétrer, sans abaisser la retenue, des matières propres à s'agglutiner et à remplir d'une manière durable les vides produits par les eaux. On commençait par aveugler les sources à leur point d'émergence en aval, au moyen de mattes de plomb de différentes grosseurs ; puis, à la faveur du calme relatif qui en résultait, on faisait pénétrer par l'amont des matières plus ou moins lourdes, dont l'emploi se succédait d'après les résultats obtenus : d'abord de fines ou grosses mattes de plomb, puis du gravier, des cendres d'usine et enfin du béton de ciment de Portland.

Cette réparation a employé 275 tonnes de plomb et 11 tonnes de ciment ; elle montre que, dans cette fondation, les charpentes des enceintes n'étaient ni assez jointives, ni assez profondes et qu'il eût été nécessaire soit de descendre la fondation jusqu'au rocher, soit au moins de prolonger jusque-là un mur de garde en béton ou en maçonnerie.

(b) **Autour des fondations.** — La difficulté de réparer les affouillements qui se sont produits autour des fondations, lorsqu'ils ont atteint de grandes proportions, montre l'intérêt qu'il y a à les prévenir.

Un exemple remarquable de ces difficultés est fourni par la reconstruction du pont-route de Mainoss, sur la Reine.

Cet ouvrage avait été détruit pendant les opérations de la guerre de 1870, et la chute dans le lit de la Seine des matériaux qui le composaient avait creusé, en aval, une fosse profonde.

Lors de la reconstruction de l'ouvrage, on avait dragué une certaine partie des matériaux, mais on avait laissé le surplus sous les arches pour défendre les fondations.

En 1873, la sitation était représentée par la figure 848 donnant une coupe longitudinale sous le milieu de l'arche 4.

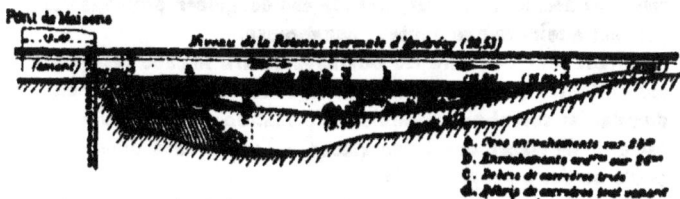

Fig. 848. — Pont-route de Maisons, sur la Seine. Réparation des affouillements.

Elle était manifestement dangereuse pour la solidité du pont à cause de la proximité de la fosse de 12 mètres; on prit donc, en 1874, le parti de revêtir le talus amont avec des enrochements.

Mais la navigation restait très gênée, les différences de profondeur produisant aux abords du pont des remous et des tourbillons qui rendaient les accidents fréquents.

Après avoir, de 1881 à 1886, comblé une partie de la fosse au moyen de produits de dragage, et augmenté le débouché en enlevant une partie des enrochements sous les arches, on dut, vers 1888, combler la fosse jusqu'à 4 m. 75 en contrebas de la retenue, au moyen d'une couche de sable, recouverte de débris de carrière, puis de débris triés, d'enrochements ordinaires et de gros enrochements, sur 25 mètres en amont de ce revêtement.

Lors de ces derniers travaux, on avait proposé de recouvrir le sable par une couche d'argile chargée d'enrochements. On a préféré remplacer l'argile par des débris de carrière : quelques affouillements partiels se sont encore produits, mais ils n'ont qu'une importance secondaire : on doit seulement remarquer que ce n'est qu'en 1888 que les désordres causés, en 1870, par la chute du pont ont été réparés, et le fleuve ramené, sur ce point, à l'état normal d'entretien.

616. Brise-glaces. — Les remous et les chutes d'eau qui se produisent en temps de crue aux abords des ouvrages ne sont pas les seules causes d'affouillement contre lesquelles on doive les défendre.

Les amoncellements de glaces ou embâcles déterminent des retenues accidentelles qui, dans le cas de gelées prolongées, peuvent atteindre une hauteur dangereuse.

Autant pour défendre les ouvrages contre le choc des glaces flottantes que pour diviser celles-ci en vue d'empêcher ou de retarder autant que possible la formation des embâcles, il est utile de placer des brise-glaces à l'amont des piles des ponts ou des barrages en rivière.

Lorsqu'il s'agit de protéger des palées en bois, ces ouvrages peuvent, suivant les cas, être reliés avec les palées ou en être indépendants.

Les figures 203 et 204 (T. I, p. 266) représentent des palées protégées à l'amont par des contre-fiches formant brise-glaces, souvent défendues par des armatures en fer. Lorsque les brise-glaces sont indépendants des palées, leurs dispositions générales sont analogues, en élévation, à celle de la figure 204, sauf suppression de la passerelle ; en plan, l'ouvrage présente généralement une forme de triangle très allongé, consolidé par des contre-fiches obliques.

Pour les ouvrages en maçonnerie, on se contente le plus souvent de tracer les extrémités des piles en forme d'avant et d'arrière-becs.

Dans les régions tempérées, ceux-ci peuvent être des cylindres ou des troncs de cône à base circulaire (voir figures 121 et 128), quelquefois on les établit sur plan ogival. Dans les pays froids, on augmente du côté d'amont la saillie des avant-becs, tracés en forme de pyramides ou de prismes avec une arête très oblique (voir figure 573).

Dans les mêmes pays, on rencontre également des brise-glaces en charpente, tracés comme il a été dit plus haut, pour protéger des ouvrages en maçonnerie.

§ 16. — DÉFENSE DES TALUS

Les affouillements peuvent également attaquer le pied des berges ou des talus, notamment aux abords des ouvrages, ou le long des ports fluviaux ou des bassins maritimes, dans les parties qui ne sont pas pourvues de murs de quais.

619. Perrés. — Suivant l'intensité des courants et la distance entre le pied du talus et le chenal de navigation, on emploie divers moyens pour fonder les perrés qui servent à revêtir et à protéger les talus. Nous avons vu à l'article 470 que les fondations de perrés comportent ou de simples enrochements (voir figures 580, 581, 582) ou un massif de béton coulé sous l'eau (voir figure 578), ou des lignes de pieux avec palplanches ou panneaux (voir figure 579), quelquefois arasées à un niveau inférieur à l'étiage et supportant les perrés par l'intermédiaire d'une maçonnerie de béton coulée sous l'eau, quelquefois arasées à l'étiage et maintenues par des pieux de retenue moisés.

Les perrés s'arrêtent souvent à une faible hauteur au-dessus des eaux de navigation, mais aux abords des ouvrages d'art, ils recouvrent tout le talus et sont couronnés, soit par des moellons en hérisson, soit par des pierres de taille.

620. Autres modes de revêtement. — Dans les pays où les matériaux de construction sont rares et où on se préoccupe moins de revêtir les talus que de maintenir leur pied, surtout dans les canaux à niveau constant, on se contente quelquefois de battre une ligne de piquets de 1 m. 50 à 2 m. 75 de longueur et de les réunir par des clayonnages, derrière lesquels on remblaie en débris rocailleux revêtus par des matériaux un peu plus gros posés à plat ; dans les régions industrielles, ces matériaux sont remplacés par des scories de forge ou par du mâchefer provenant des usines.

Sur le canal de Gand à Terneuzen, on a anciennement

défendu des talus en battant, à une petite hauteur au-dessus
de la ligne de flottaison, une rangée de vieilles traverses de
chemins de fer jointives, reliées à leur tête par un madrier ;
derrière et au-dessus de cette défense, le talus était recouvert
par des morceaux de briques.

Le développement de la navigation et surtout l'augmentation de la vitesse et des dimensions des navires a exigé des
défenses plus énergiques, et, dans des travaux en cours d'exécution (1901), on a employé sur de grandes longueurs le profil représenté par la figure 849.

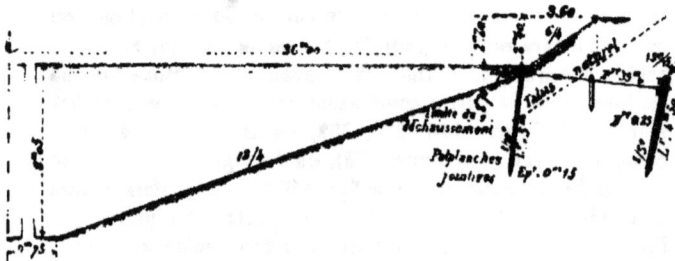

Fig. 849. — Canal de Gand à Terneuzen. Défense de rives.

Après avoir, au moyen de petits bourrelets de terre, isolé
le pied d'une berge à consolider, de manière à placer le dessus des bois en contre-bas du niveau de l'eau, on bat, à l'aide
d'injections d'eau, des files continues de palplanches rainées,
de 0 m. 15 d'épaisseur et de 5 mètres de longueur, inclinées à
1/10 du côté des terres.

La tête de ces palplanches s'appuie sur une moise simple de
$\frac{0 \text{ m. } 25}{0 \text{ m. } 30}$ d'équarrissage et, en mauvais terrain, cette moise est
reliée, tous les cinq mètres, par un tirant à vis de 0 m. 035 de
diamètre, à un pieu de retenue de 0 m. 25 de diamètre et de
4 m. 50 de longueur, incliné à 1/6 et maintenu par des traverses de $\frac{0 \text{ m. } 15}{0 \text{ m. } 20}$ et de 1 m. 20 de longueur.

Ces défenses de rives doivent être en rapport avec la vitesse des courants et avec les variations de niveau.

Les détails de leur emploi sont développés dans les cours de navigation intérieure ou maritime.

691. Revêtement des talus dans les ports de mer. — Dans les ports de mer, les talus perreyés des bassins ne présentent rien qui les distingue des ouvrages similaires établis le long des fleuves et des rivières; ceux placés dans les avant-ports où il règne une certaine agitation doivent être plus solidement établis.

A Anvers, les revêtements de talus dans les bassins aux bois et Asia (fig. 850) sont simplement formés d'un revêtement

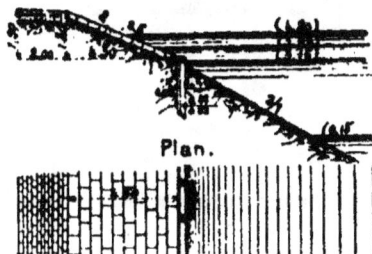

Fig. 850. — Anvers. Bassin aux bois.

de dalles de 0 m. 20 d'épaisseur, régnant depuis la partie supérieure jusqu'à un niveau un peu inférieur à celui auquel le plan d'eau est maintenu dans les bassins. Le talus perreyé a une pente de 2 1/2 de base pour 1 de hauteur (4 m. 50 pour 1 m. 80); son pied est défendu par une file de pieux dont les têtes sont surmontées d'un chapeau et par une ligne jointive de palplanches. Les pieux de 0 m. 22 sur 0 m. 22 d'équarrissage et distants de 1 m. 50 ont 4 mètres de longueur; les palplanches, de 0 m. 08 d'épaisseur, n'ont que 2 m. 50 de longueur. Le talus sous le plan d'eau n'est pas revêtu; il est dressé avec une pente de 2 de base pour 1 de hauteur.

A Fécamp, toute la rive Est du nouvel avant-port est munie

de perrés inclinés à 45° formés d'un massif de béton revêtu à l'extérieur d'un parement en briques de 0 m. 22 d'épaisseur (fig. 851). Ce perré repose sur le sol formé de sable et gravier,

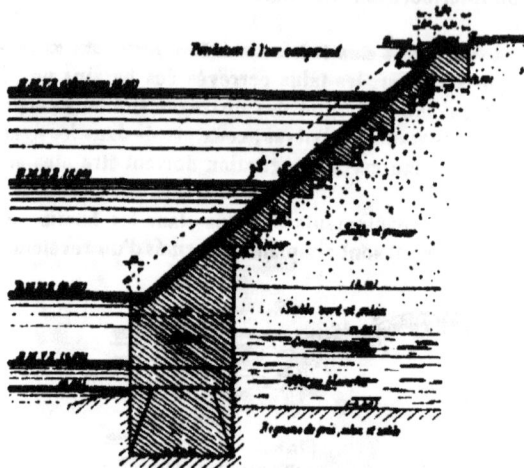

Fig. 851. — Fécamp. Perré de la rue Sous le Bois.

par une série de redans de 0 m. 50 de base et de hauteur. Le pied est porté sur un mur de 3 mètres d'épaisseur descendu jusqu'au terrain solide au moyen de caissons foncés à l'air comprimé. Cet ouvrage est très robuste, parce qu'il a à supporter une houle parfois assez forte ; il est revenu à 1.656 fr. le mètre courant ; sa longueur est de 296 mètres.

Au Havre, les rives du bassin aux pétroles sont revêtues par un perré dont l'épaisseur varie de 0 m. 60 à 1 m. 10 (fig. 852). Le pied de l'ouvrage est défendu par une file de pieux de 4 mètres de longueur ; ces pieux, distants de 1 m. 50 d'axe en axe, supportent des madriers jointifs de 0 m. 08 d'épaisseur.

À Bordeaux, les rives de la Garonne sont en partie défendues au moyen de larges cordons d'enrochements, soutenant des remblais du côté de terre. Ces remblais revêtus par des

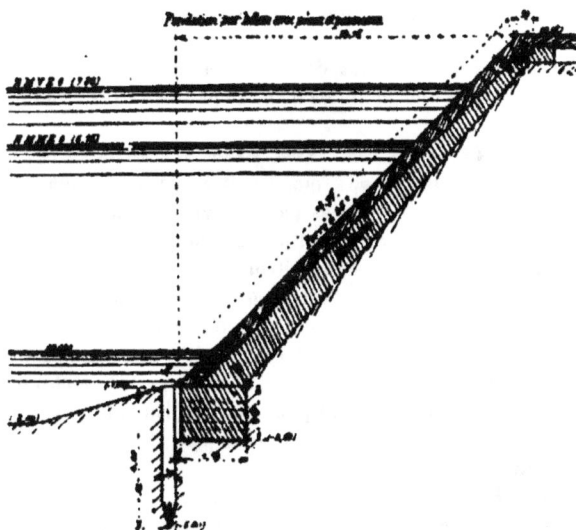

Fig. 832. — Le Havre. Perré du bassin à pétrole.

pavages, connus sous le nom de cales, servent au débarquement de certaines natures de marchandises et en particulier

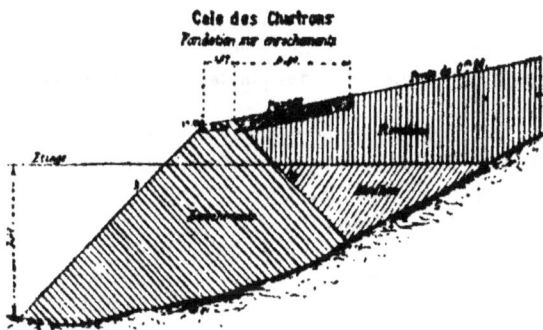

Fig. 853. — Bordeaux.

des bois. Les cales sont arasées à 1 m. 60 au-dessus de

l'étiage ; elles ont 2 mètres de largeur en crête ; le terre-plein
au delà présente une pente de 0 m. 20 par mètre (fig. 833).

**682. Revêtement des talus dans les canaux mari-
times.** — Dans les canaux maritimes et dans les canaux et
rivières navigables fréquentés par la navigation à vapeur, les
revêtements de talus prennent une grande importance parce
que, lorsqu'ils ont une section étroite n'atteignant pas six à
huit fois la section immergée des bâtiments au maître-couple,
la navigation accélérée y produit des ondes profondes contre
lesquelles il faut défendre les rives jusqu'à 1 m. 50 à 2 mètres
en contre-bas du plan d'eau, et que, d'autre part, l'emploi des
enrochements doit être évité pour que les bateaux puissent,
sans s'exposer à des avaries, frotter le pied des talus, en cas
de croisement.

Suivant la nature des terrains, le prix des matériaux et
l'activité de la circulation, on y emploie : des plantations, des
clayonnages souvent recouverts de fascines ou de débris de
briques, de pierrailles ou de mâchefer, des perrés généralement maçonnés, fondés sur pieux clayonnés ou sur béton,
des murs en maçonnerie fondés à l'aide de batardeaux et
des revêtements en charpente.

Sur le canal de Suez, on rencontre dans les terrains sablonneux solides, des risbermes de 2 mètres de largeur au-dessous
des plus basses mers, avec des plantations de roseaux et de
tamaris ;

dans les terrains argileux durs, des perrés maçonnés
inclinés à 45° fondés sur une risberme et s'appuyant sur une
ligne de piquets en fers à T, le bois ayant dû être abandonné
à cause de l'attaque des tarets ;

dans les terrains de vase ou de sable vaseux, des perrés
fondés comme les précédents, mais avec des inclinaisons plus
douces et des risbermes plus larges permettant d'employer
des enrochements jusqu'au niveau des basses mers, en ne
maçonnant que la partie supérieure.

Sur le canal de l'Empereur Guillaume (1), les consolidations

(1) Fülscher, *La construction du canal de l'Empereur Guillaume.*
1897.

de rives ont compris, sur une longueur de 179 kilomètres, des revêtements en maçonnerie (béton, briques, pierre cassée) jusqu'à 0 m. 60 au-dessus des plus hautes eaux et des revêtements en gazon au-dessus (fig. 854) ; la dépense a été de 64 fr. 50 par mètre de longueur de revêtement et de 9 fr. 80 par mètre carré de surface couverte. Elle s'est appliquée à une longueur de rive de 179 kilomètres et à une surface de 1.200.000 mètres carrés, non compris les semis et gazonnements.

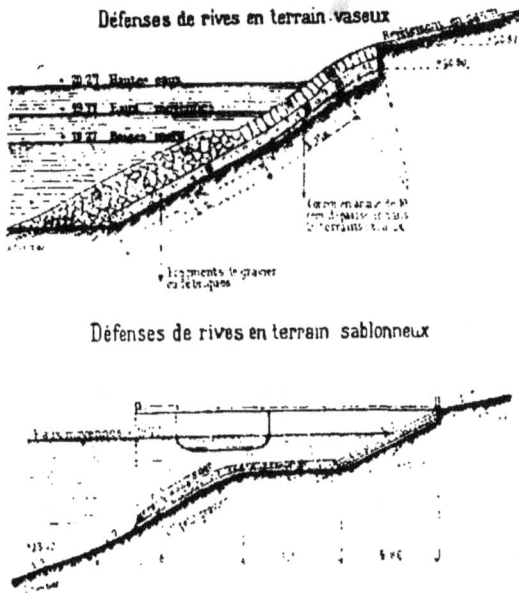

Fig. 854. — Canal de l'Empereur Guillaume entre la Baltique et la mer du Nord.

Dans les terrains sablonneux, des risbermes de 5 m. 50 au niveau des basses eaux ont été recouvertes de gravier, et, au-dessus, le talus a été protégé par des débris de briques ou de pierres cassées (fig. 854) ; la dépense a varié de 13 fr. 75 à

62 fr. 50 par mètre linéaire de rive, sur une longueur d'environ 60 kilomètres.

§ 7. — ENTRETIEN ET RÉPARATION DES OUVRAGES D'ART EN MAÇONNERIE : DÉMOLITIONS

Malgré les précautions prises dans la rédaction des projets et dans l'exécution des ouvrages, les prévisions peuvent être déjouées : des accidents se produisent, des avaries ou des dégradations sont constatées.

Pour procéder à leur réparation, il est nécessaire d'abord de se rendre compte de la cause, souvent compliquée, des accidents ou des avaries. C'est le seul moyen de leur trouver un remède efficace, qui ne soit pas de nature, comme cela arrive quelquefois, à aggraver le mal.

On ne peut formuler aucune règle générale dans une matière aussi complexe.

Nous nous bornerons à citer quelques exemples ayant pour objet :

A. l'entretien et la réparation de travaux courants de maçonnerie ;

B. des réparations de fondations exécutées à l'air libre ;

C. des réparations d'ouvrages ou de fondations exécutées par l'air comprimé ;

D. des réparations exécutées par la congélation ;

en laissant, bien entendu, en dehors de cet exposé, les cas dans lesquels on a dû procéder à des reconstructions complètes de certaines parties des ouvrages.

Nous aurons enfin quelques indications utiles à donner sur les travaux de démolition (E).

A. Entretien et réparation des ouvrages courants de maçonnerie

682. Entretien et réparation des maçonneries hors de l'eau. — L'entretien courant des ouvrages d'art, en ce qui concerne les maçonneries à mortier, se limite d'ordinaire aux nettoyages, qui ont pour but d'empêcher la végétation de s'y attacher, et à la réfection des joints ; ces opérations ne présentent aucune particularité à signaler, à l'exception de l'emploi de petits échafaudages volants analogues à ceux dont se servent les peintres pour réparer les façades des maisons. On les suspend, au moyen de crochets en fer fixés, par des calages provisoires, sur les parapets ou sur les garde-corps ; des cordages, passant sur des poulies, permettent de les placer à diverses hauteurs.

Mais il arrive que, des matériaux tendres ayant été employés, on s'aperçoit que certaines surfaces s'effritent et produisent des cavités qui, à la longue, deviendraient dangereuses : si l'ouvrage est récent et les matériaux poreux, la silicatisation pourra être employée. Si les surfaces sont seules altérées, sur une faible profondeur, suivant qu'on a ou non à se préoccuper des questions d'aspect, on emploiera les mastics métalliques, en usage dans les ponts de Paris, ou les enduits en mortier de ciment de Portland.

Lorsque les pierres sont rongées sur une plus grande profondeur, on aura recours à un autre procédé, appelé le rocaillage, qui est également employé pour dresser les parements de certaines constructions neuves. Lorsqu'on construit des murs en meulière brute, destinés ou non à être recouverts d'enduits, l'irrégularité de la forme des matériaux laisserait en parement des joints très ouverts que le mortier remplirait mal ; on garnit ces joints par des éclats de pierre dure et, suivant les cas, on fait des joints apparents en laissant en saillie les pointes des cailloux ou on recouvre le tout d'un enduit, par exemple dans la construction des égouts ou des aqueducs de distribution d'eau.

Dans des maçonneries rongées par les agents atmosphériques, le même procédé s'emploie en avivant les parois des cavités et en leur donnant plus de largeur au fond qu'en parement ; on les remplit avec une maçonnerie de briques dures et de ciment recouverte d'un enduit.

Dans les parements verticaux ou peu inclinés, on emploie du ciment à prise lente, dont la résistance est meilleure et

qui est d'un emploi plus facile que le ciment à prise rapide
auquel on n'a recours que pour certaines réparations de voûtes. En démolissant celles-ci par parties, on se dispense de
construire des cintres complets ; on se borne à appuyer les
maçonneries fraîches sur des gabarits rapprochés, le long
desquels on pose des couchis au fur et à mesure de l'avancement du travail.

**694. Réparations de maçonneries sous l'eau. Pont de
Joigny.** — Dans les travaux hydrauliques et dans les ports,
on a fréquemment à exécuter sous l'eau des réparations d'affouillements sous les ouvrages ou de corrosions creusées
dans les maçonneries. M. Rossignol, ingénieur des ponts et
chaussées, a décrit, dans les *Annales* de 1890, 1er semestre,

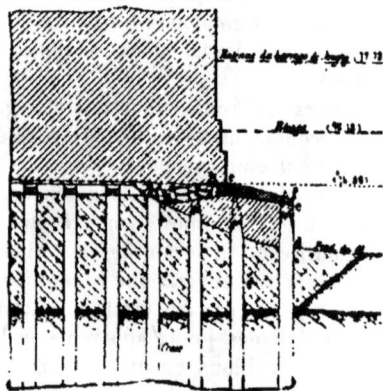

Fig. 855. — Restauration des fondations du pont de Joigny.

une réparation exécutée au pont de Joigny fondé sur des
pilotis empâtés dans du béton dont une partie avait été
affouillée (fig. 855).

Le travail, exécuté au scaphandre sous une profondeur
de 4 à 5 mètres d'eau, a consisté à nettoyer l'excavation, en
enlevant les graviers et les débris de bois et en construisant
sur l'ancien béton, convenablement avivé, une maçonnerie

avec mortier de ciment de Vassy, à l'abri de laquelle on bourrait des sacs de mortier dans les parties trop profondes pour être accessibles aux scaphandriers.

Les maçonneries nouvelles formaient autour des piles à réparer une risberme d'environ 1 m. 50 de largeur : à l'abri d'un coffrage provisoire en planches clouées contre les pieux et mis en place au fur et à mesure du travail, on maçonnait en descendant de petits seaux pleins de mortier à prise rapide qu'on versait au fond et dans lequel on empâtait des moellons descendus à l'avance ; en descendant les seaux entièrement pleins et en les versant avec précaution, on évitait le délavage.

Quant aux sacs, ils avaient 0 m. 25 à 0 m. 30 de diamètre sur 0 m. 35 à 0 m. 40 de hauteur et étaient remplis aux deux tiers d'un mortier dosé par parties égales de sable et de ciment.

Pour cet emploi, les sacs doivent être à tissu lâche pour permettre au mortier d'empâter la toile et de faciliter la liaison entre les différents sacs.

Le cube de maçonnerie produit par jour était d'environ 3 m. 00 et la dépense, par mètre cube, s'élevait pour nettoyage, écrans, temps perdu, à 15 francs et pour maçonnerie à 50 francs.

Le bourrage des sacs dans les excavations produisait un mètre cube par jour et coûtait 135 francs.

685. Murs de quai de Cette. — A Cette, un quai formé de trois blocs de béton superposés, descendant à 5 mètres en contre-bas du niveau de la mer, avait été profondément attaqué par suite de la décomposition de ses mortiers, et on désirait augmenter de 2 mètres le tirant d'eau en avant de ce quai (fig. 856).

Des pieux ont été battus en avant de l'ancien mur à des intervalles de 1 m. 50 et reliés à des pieux de retenue par des tirants en fer à une dizaine de mètres en arrière; on a dragué ensuite au pied des murs par petites longueurs jusqu'à 7 mètres sous basse mer, puis on a exécuté une base en béton de ciment de 1 m. 50 d'épaisseur. Quelques jours après un coffrage formé de panneaux en charpente s'engageant au pied

dans le béton et relié par des tirants avec les pieux, a été posé
à environ 2 mètres en avant de l'ancien mur, avec un fruit de
1/10; du béton de chaux du Theil a été immergé derrière
jusqu'au niveau des basses mers ; puis deux ou trois mois plus

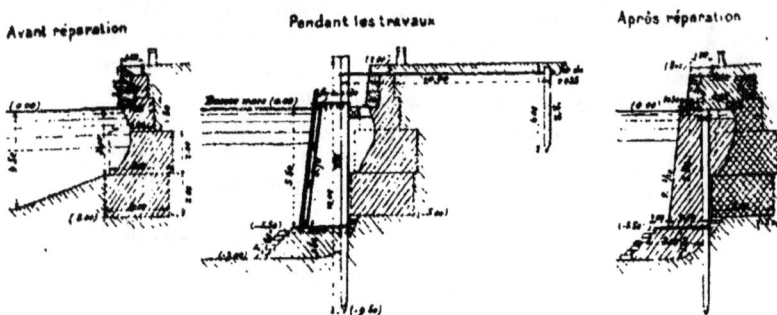

Fig. 856. — Cette. Mur de quai. Approfondissement.

tard, la charpente a été enlevée et le mur achevé au-dessus
de l'eau à 0 m. 30 en arrière de cette fondation : ces travaux
ont coûté 1.052 francs le mètre courant.

632. Murs de quai de Toulon. — A Toulon, on a eu
recours à un autre procédé consistant dans l'emploi d'un
suçon ou caisson métallique mobile fonctionnant à l'air libre
(fig. 857 et 858).

Ce caisson avait 10 m. 05 de haut, 4 m. 01 de large et
1 m. 505 d'épaisseur ; il était constitué par des membrures en
tôle et cornières de 0 m. 30 de hauteur, reliées entre elles par
des entretoises de même hauteur. Le fond du caisson est également formé par des membrures semblables entretoisées en
leur milieu et l'ensemble de cette charpente est revêtu de tôle
sur les quatre faces.

La grande face, restant ouverte, qui doit être appliquée sur
le parement du mur, est entourée d'une lisse en tôle percée de
trous pour le passage des boulons fixant une lisse en bois. Le
paillet destiné à assurer l'étanchéité du caisson est fixé sur
cette lisse en bois ; il est formé d'un fort bourrelet d'étoupe

noire, enduite de suif, et entourée d'une toile à voile, dont les
rebords sont cloués sur la lisse en bois. La toile renfermant
l'étoupe est en outre enveloppée de vieilles couvertures en
laine pour augmenter l'adhérence sur la pierre de taille.

La grande face extérieure du caisson porte trois forts pitons
pour la suspension et la mise en place de l'appareil.

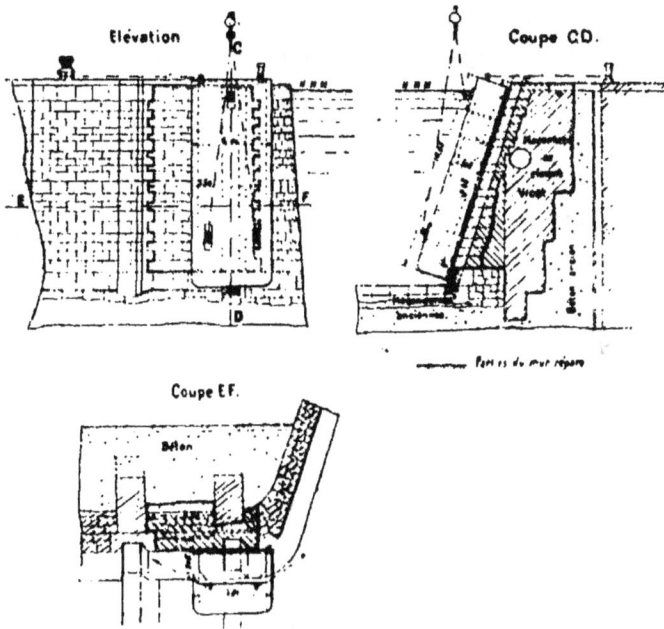

Fig. 857. — Toulon. Mur de quai. Caisson métallique : ensembles.

Le caisson était amené en avant de la partie du parement à
refaire et bien appliqué contre le mur. Une pompe centrifuge,
d'un débit de 1.000 litres à la minute, épuisait à l'intérieur.
La pression extérieure de l'eau se faisait sentir presque instantanément et l'épuisement du caisson était facile ; mais, pour
éviter le soulèvement du caisson par la sous-pression, celui-ci

était lesté de 30 tonnes. Le déplacement était de 64 tonnes et demie.

Il a été démoli et refait 125 mètres cubes de maçonnerie moyennant une dépense de 20.000 francs, y compris l'acquisition du caisson qui a coûté 9.000 francs. Le mètre cube

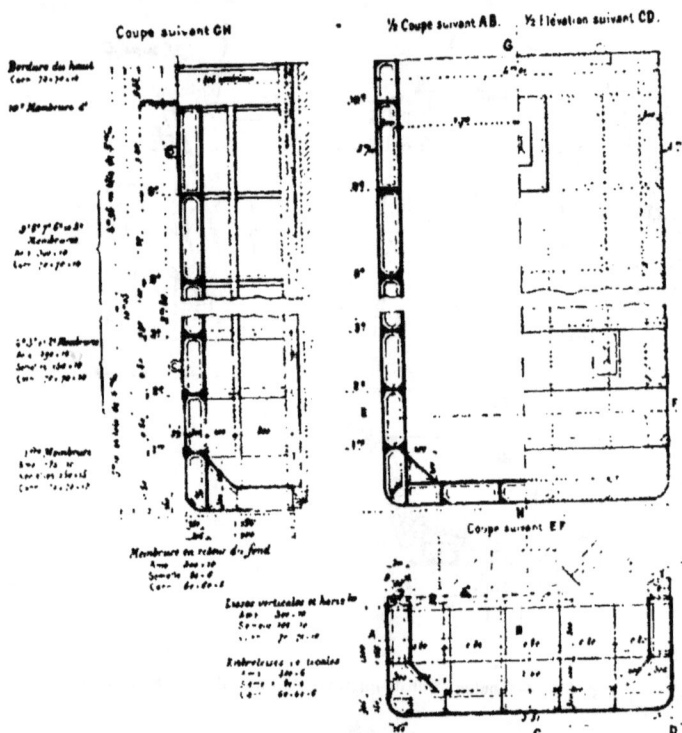

Fig. 858. — Toulon. Mur de quai. Caisson métallique : détails.

de maçonnerie démolie et reconstruite est donc revenu à 88 francs, abstraction faite du prix d'acquisition du caisson, qui n'a subi aucune dépréciation et qui peut être utilisé pour d'autres travaux analogues.

Un caisson du même système, mais de plus petites dimen-

sions, construit en bois, a été employé au Havre pour couper
le mur de quai du bassin de l'Eure, de manière à raccorder ce
mur avec les bajoyers de l'écluse de la Citadelle qui était construite en arrière du quai servant de batardeau.

687. Murs de quai de Saint-Nazaire. — Dans les
Annales des Ponts et Chaussées de 1888 (2ᵉ sem., p. 782)
M. Préverez, ingénieur des ponts et chaussées, a décrit un
appareil analogue en bois qui coûte 400 francs et qui était
alors employé couramment aux travaux d'entretien sous l'eau
et de réparation de l'écluse du port de Saint-Nazaire.

Il consiste en une caisse prismatique de 1 m. 30 sur 1 m. 30
de section horizontale et de 7 m. 10 de hauteur, se terminant
par un plan très incliné à la partie inférieure.

La face antérieure de la caisse est ouverte ; les trois autres
faces sont coffrées par des planches qui s'assemblent sur des
cadres horizontaux formés de bois de 0 m. 10 à 0 m. 11
d'équarrissage, reliés par des montants de 0 m. 13 à 0 m. 17
de côté. Les dimensions et la construction sommaire de ce
suçon en limitent l'emploi à des travaux de peu d'importance.

688. Murs de quai de Calais. — Un appareil du même
genre, installé pour permettre de nombreuses réparations,
rendues nécessaires dans les quais du port de Calais par des
décompositions de mortier, est décrit par M. Charguéraud
dans les *Annales des Ponts et Chaussées* (1897, 1ᵉʳ trimestre).
L'appareil est en tôle, pourvu, en dehors d'un lest fixe, d'un
lest variable d'eau placé dans des caisses étanches de forme
triangulaire qui occupent les angles (fig. 859). La section
moyenne en plan est de 5 m. 50 sur 2 mètres.

Deux tuyaux sont placés à poste fixe en vue de l'épuisement : l'un de 0 m. 26 est relié par un tuyau flexible à une
pompe centrifuge Dumont actionnée par une machine de
15 chevaux ;

l'autre de 0 m. 10 sert à compléter l'épuisement en contre-bas de la crépine du tuyau de pompe et à entretenir l'assé-
chement au moyen d'un pulsomètre placé à demeure au milieu
de la hauteur.

Coupe verticale suivant DD.

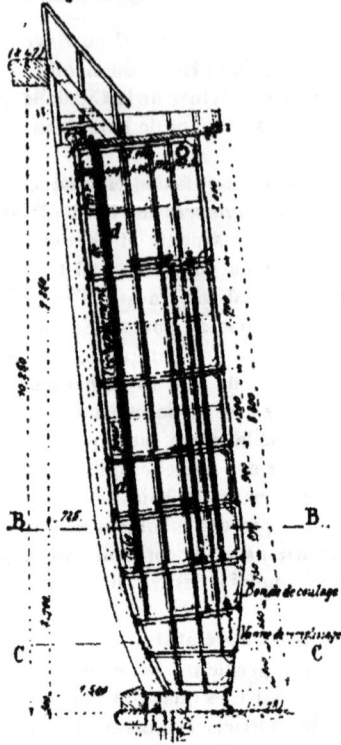

Coupe horizontale s^t BB.

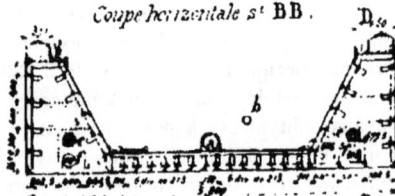

Coupe horizontale s^t CC.

Fig. 808. — Caisson, Réparation de murs de quai.

Pour la construction de l'appareil, indépendamment des
accessoires d'épuisement que le port possédait déjà, il a été
dépensé 29.300 fr.

En dehors de la part de ces frais à répartir sur l'ensemble
des réparations, le mètre courant de mur reconstruit a coûté
695 francs, soit, par mètre carré, 84 fr. 46, et, par mètre cube
de maçonnerie, 89 fr. 81.

B. Réparations de fondations exécutées à l'air libre

689. Pont de Malzéville. — Dans les anciens ponts,
les massifs d'enrochements successivement renforcés pour
combattre les affouillements gênent souvent l'écoulement des
eaux et peuvent obliger à des reprises en sous-œuvre.

M. Alfred Picard a décrit dans les *Annales des Ponts et
Chaussées* (1879) les réparations qu'il a exécutées aux fondations du pont de Malzéville, près de Nancy (fig. 860).

Construit en 1500, cet ouvrage reposait sur des enrochements insuffisants ou sur des pilotis trop courts, et il existait
des chutes dangereuses à l'aval des massifs d'enrochements,
formant un radier sous les arches.

A la pile n° 2, le gravier à travers lequel les pieux avaient
été battus avait été remplacé à la suite d'affouillements par du
sable fin et de la vase avec quelques enrochements ; les
avant et arrière-becs étaient presque sans fondations, protégés
seulement par un bourrelet en béton, construit depuis quelques années.

Pour consolider la fondation et abaisser l'ancien radier, on
a commencé par dégager la pile sur 2 m. 50 à 3 mètres de
largeur et 2 mètres de profondeur jusqu'au gravier compact,
sur lequel on a établi des batardeaux de terre pour épuiser
dans cette enceinte, enlever les alluvions et les pieux déraci-
nés, et exécuter de nouvelles maçonneries sous la pile en opérant par reprises de 1 m. 40 à 1 m. 50 de profondeur et de
1 mètre à 1 m. 50 de largeur.

Suivant l'affluence des eaux, ces maçonneries étaient faites
avec du mortier de ciment de Vassy ou de Portland ; on posait

Coupe longitudinale sur l'arche

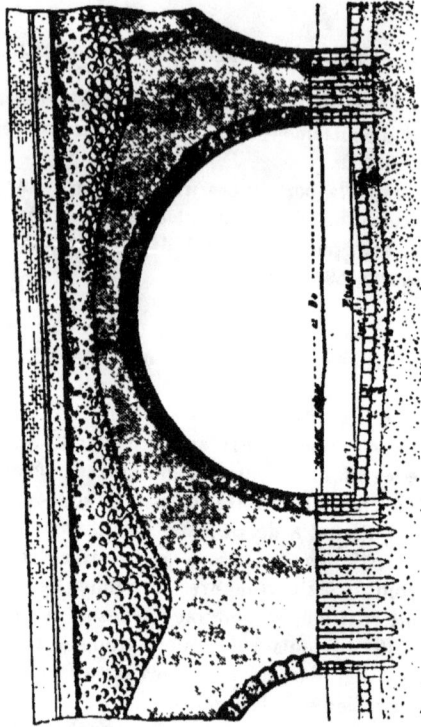

Coupe transversale

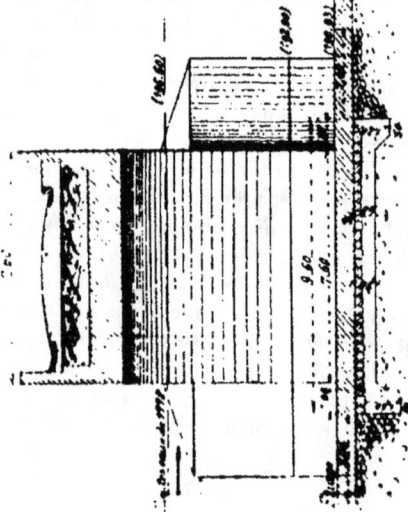

Fig. 800. — Pont de Maizeville. Restauration des fondations.

des libages à la base, des moellons à assises réglées au-dessus
et on amorçait en même temps le nouveau radier. Les assises
supérieures étaient serrées sous la maçonnerie ancienne au
moyen de coins en chêne : peut-être eût-il mieux valu
employer pour faire ce joint un coulis de ciment.

Lorsque ces maçonneries furent terminées sur tout le pourtour de la pile, le parement fut régularisé au moyen d'un
enduit de ciment de Vassy.

Entre les arches, le radier abaissé fut refait avec une épaisseur de 0 m. 40 de béton revêtue d'une maçonnerie têtuée à
joints irréguliers de 0 m. 30.

Il fut défendu à l'amont et à l'aval par des parafouilles en
béton de 1 m. 50 à l'amont et de 1 m. 20 à l'aval, et raccordé
avec le lit de la rivière par des glacis d'enrochements.

630. Mur de quai de Norfolk (Virginie). — De 1880
à 1882, on eut à consolider sur les quais de Norfolk (Virginie),
un mur fondé à 5 m. 50 sous le niveau des hautes eaux sur
quatre rangées de pieux recouverts d'un plancher et protégés
par une ligne de pieux jointifs inclinés.

Des excavations s'étaient produites entre les pieux, les rangées extérieures étant détruites par les tarets et les tassements
des maçonneries allant de 0 m. 15 à 0 m. 20.

Pour éviter la reconstruction complète du mur qui était
évaluée 7.375 francs par mètre courant, on procéda à la reprise
en sous-œuvre par chambres de 2 mètres de longueur dans
lesquelles on coupa deux files de pieux, pour les surmonter
de chapeaux avec plancher portant des sacs de béton, remplis
aux deux tiers, bourrés jusqu'au-dessous de la plate-forme
primitive ; ces chambres étaient successivement commencées
en différents points de la longueur de 90 mètres à laquelle
s'est appliquée la réparation et continuées de proche en proche.
Tout le travail a été exécuté par des plongeurs, au moyen de
jets d'eau qui, en délayant l'argile, nettoyaient les pieux ou
rendaient le recepage plus facile et la reprise moins coûteuse.

La dépense a été de 2.050 francs par mètre courant.

(1) *Comptes rendus de la Société américaine des Ingénieurs civils,*
juin 1882, M. Menocal.

621. Pont de Villmenrod. — Avant 1887, pour les fondations d'un pont sur la vallée d'Elbbach, à Villmenrod, dans une couche de plus de 20 mètres d'argile plastique, on avait éprouvé de grandes difficultés pendant l'exécution même des travaux, notamment des déblais à l'emplacement des piles IV et V (fig. 861); le fond des fouilles se soulevait sous la pression des terres voisines, pendant qu'il se produisait, à 50 mètres de distance, des glissements dans le terrain, ainsi que des affaissements et des fissures dans les constructions récemment exécutées.

Fig. 861. — Pont de Villmenrod sur la vallée d'Elbbach. Élévation.

Bien que les pressions sur le sol ne fussent pas supérieures à 1 k 9 pour les culées et à 3 k. 7 ou 4 k. pour les piles et qu'on eût ajouté des radiers en forme de voûte de 0 m. 75 d'épaisseur pour les arches de 12 mètres et de 0 m. 60 pour les arches de 8 mètres, il se produisit des tassements de 0 m. 012 et de 0 m.085; lorsque les quarts de cône ont été construits, de nouveaux mouvements, indiqués en pointillé sur la figure, ont réduit l'ouverture de l'arche de droite de 8 mètres à 7 m. 76 et celle de l'arche suivante de 12 mètres à 11 m. 74.

En même temps, un déversement, dont l'amplitude est exagérée par la figure, s'est produit vers l'aval et a exigé la construction d'un contrefort en maçonnerie s'appuyant par des redans sur le terrain en place, à 9 m. 30 de la tête aval du pont, pour contre-buter la pile V (fig. 862). Pour remédier à des mouvements des tympans, on dut les relier par des armatures et on assainit les fondations de la pile V au moyen d'un drainage, en même temps que, par la suppression du bief supérieur, figuré dans l'arche II-III (fig. 861), on diminuait l'humidité des terres aux abords de l'ouvrage.

Fig. 862. — Consolidation du pont sur la vallée d'Elbbach.

L'ensemble de ces dispositions paraît avoir sauvé un ouvrage très compromis ; mais il faut supposer que des circonstances spéciales ont permis de fonder solidement les contreforts à une aussi faible distance d'une fondation en mouvement : il est douteux que ce résultat puisse être fréquemment atteint par le même procédé, dans des cas analogues.

682. Écluse du canal Saint-Martin. — En 1885, sur le canal Saint-Martin, on s'aperçut que des excavations s'étaient produites derrière un bajoyer d'écluse, par suite de l'infiltration des eaux qui avait entraîné les marnes gypseuses sur lesquelles la fondation était établie. Certaines maçonneries s'étaient fissurées et on a reconnu, d'après la longueur de la fissure, que la charge produite par la maçonnerie décollée correspondait à une traction de 0 k. 500 sur les maçonneries de la section de rupture.

On se proposa d'exécuter la reprise en sous-œuvre des maçonneries, en réduisant au minimum les travaux à exécuter pendant un chômage de l'écluse (fig. 863).

Après être descendu par une fouille soigneusement blindée de 20 mètres de longueur et 7 mètres de largeur en haut, derrière le bajoyer, on se trouva en présence d'infiltrations trop fortes pour pouvoir épuiser et on se décida à étancher le

radier à travers lequel passait la plus grande masse d'eau, par
le procédé suivant :

On y coula une couche d'argile corroyée dont la surface
supérieure horizontale était recouverte d'un plancher assemblé à rainures et languettes chargé de rails de tramway.

Le radier ainsi étanché, on poussa sous le bajoyer et sous
une largeur de 1 m. 50 du radier une galerie boisée masquée

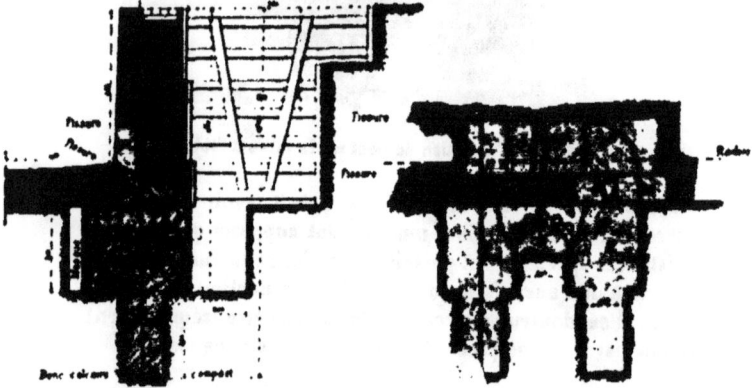

Fig. 863. — Canal Saint-Martin. Ecl... . reprise en sous-œuvre.

au bout par un bouclier en maçonnerie et supportant les
maçonneries disloquées au moyen de chevalets ; puis, sous
la galerie, on descendit jusqu'au calcaire compact, à 6 mètres
sous le radier, des puits qui fournirent des points d'appui
pour supprimer les chevalets, maçonner la galerie en s'appuyant sur les puits et refaire par partie la maçonnerie disloi-
quée jusqu'à 1 mètre en arrière du parement.

A la suite de ce premier travail, on fit, toujours en sous-
œuvre et sans interrompre la navigation, de nouveaux puits
sous le radier, et on prépara ainsi la réfection sur des fondations solides des parements du radier et des bajoyers qui
furent exécutés pendant un chômage de 21 jours.

Ce travail a coûté 90.000 fr. On eût certainement dépensé

beaucoup moins en démolissant et en reconstruisant à ciel ouvert pendant un chômage ; mais il aurait fallu dépasser les limites des chômages ordinaires et arrêter pendant longtemps la circulation. L'importance de la navigation du canal Saint-Martin justifiait donc les dispositions exceptionnelles qui ont été adoptées et qui ont pleinement réussi, moyennant une exécution prudente et une surveillance très attentive (*Extraits d'une note de M. Le Châtelier, ingénieur des Ponts et Chaussées*, 1886).

622. Injections de ciment sous faible pression. — Dans les consolidations de fondations, on se propose souvent d'injec-

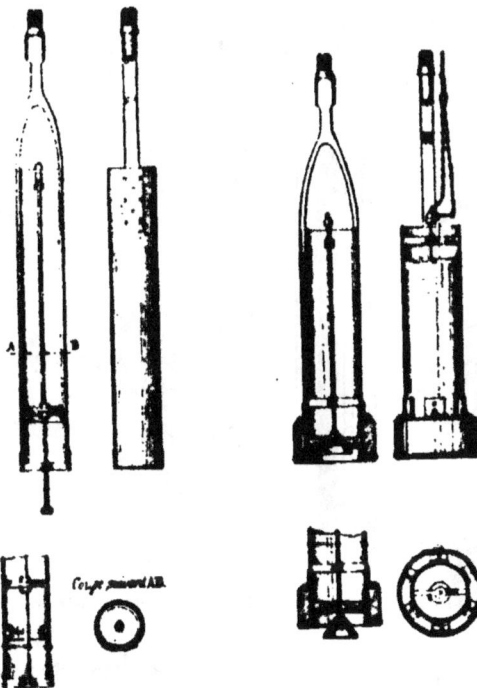

Fig. 864. — Cuiller à ciment avec clapet.

Fig. 865. — Cuiller à ciment avec piston conique manœuvré par un déclic.

ter dans les fissures du terrain, dans des enrochements, ou à travers des maçonneries dont les mortiers sont partiellement décomposés, du ciment qui puisse en remplir les vides.

Dans des trous forés, comme pour l'exécution des sondages, on descend une cuiller à ciment qui, lorsqu'elle est à fond, s'ouvre au moyen d'un clapet ou d'un piston placé à la base. Quand la profondeur est faible, le clapet se manœuvre d'en haut par une corde ; quand la profondeur est plus grande, le clapet peut se prolonger par une tige qui le fait ouvrir quand elle touche le fond (fig. 864), ou bien il est remplacé par un piston conique, manœuvré par un déclic (fig. 865).

Des travaux de cette nature ont été pratiqués avec le concours de la maison Dru à l'écluse de Froissy, sur la Somme (300 sondages verticaux). Au viaduc du Point du Jour, pour la consolidation de la culée de Javel, 45 forages ont été disposés en éventail autour de cette culée, jusqu'à 10 à 12 mètres

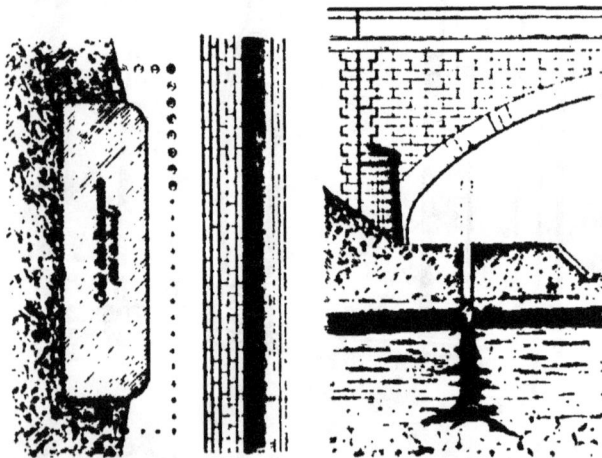

Fig. 866. — Viaduc du Point du Jour. Consolidation de la culée de Javel.
Plan et élévation.

de profondeur, et ont permis d'injecter un volume de ciment qui était quelquefois triple de celui des déblais. La figure 866

montre le plan et l'élévation de cette culée et la disposition
des forages.

684. Pont de Langon. — Des travaux analogues ont été
exécutés pour la réparation d'une pile du pont de Langon, sur
la Garonne. Bien qu'ils n'aient pas entièrement réussi, il n'est
pas inutile de faire connaître leur mode d'exécution.

Le pont de Langon a été construit en 1840. C'est un pont
suspendu à trois travées : une travée centrale de 70 mètres,
deux extrèmes de 63 mètres. La largeur de la rivière est de
200 mètres.

La culée Langon et la première pile sont fondées sur le
rocher.

La deuxième pile et la culée opposée sont fondées sur
pilotis.

On s'est aperçu, il y a une vingtaine d'années, que le
tablier de la travée centrale se creusait, qu'au contraire le
tablier de la dernière travée se bombait, et on a reconnu que
ces mouvements provenaient de ce que la deuxième pile s'inclinait vers Langon.

On a aussitôt organisé des observations périodiques qui ont
indiqué que le mouvement continuait.

La pile (fig. 867) est fondée sur pilotis de 5 mètres de long,
supportant un platelage.

Ces pieux traversent le banc de gravier qui forme le fond
du lit de la Garonne. Ils atteignent une couche solide d'argile
marneuse.

La pression moyenne sur la surface de platelage est de 3 k. 2
par centimètre carré.

Mais si cette pression se reporte exclusivement sur les pieux
qui sont au nombre de 151 et ont 0 m. 20 de diamètre moyen,
la charge est de près de 30 tonnes par pieu, soit environ
100 kilogrammes par centimètre carré.

Or, comme le gravier a été affouillé, on a constaté des vides
sous le platelage, les pieux ont eu effectivement à porter cette
charge et n'ont pas pu y résister.

Pour remédier à cette situation, on a évidé la pile : on a
ouvert une arche A dans le sens de la longueur du pont et

creusé deux niches dans le sens transversal, comme le montre la figure 867.

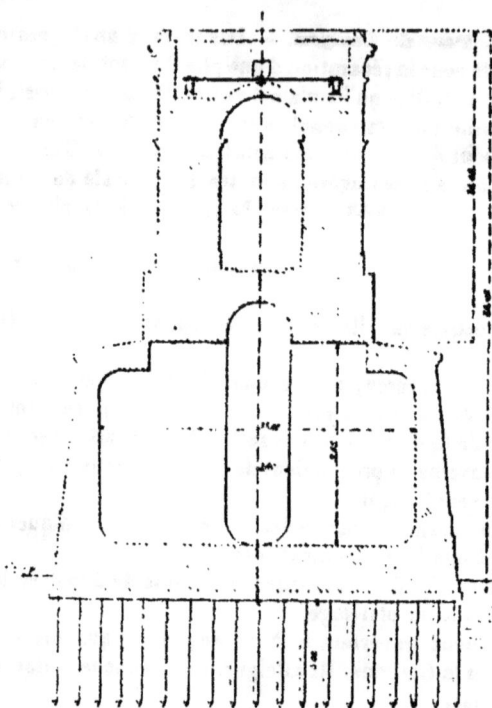

Fig. 867. — Pont suspendu de Langon, sur la Garonne.
Élégissement d'une pile.

On l'a ainsi déchargée de près de 1.000 tonnes. La pression sur les pieux a été réduite à 75 kgs par centimètre carré.

On a ensuite bourré en chaux les vides existant dans le gravier sous le platelage (1893).

Pour cela, on a pratiqué à la base de la pile, dans les maçonneries, une quarantaine de forages de 0 m. 14 de diamètre, par lesquels on a fait descendre de la chaux en pâte ferme au moyen de bourroirs. On est arrivé à faire refluer cette pâte par tous les sondages.

L'année suivante (1894) on a fait des injections de ciment sous 14 mètres de pression : la cuve à ciment étant installée sur le tablier du pont, les tuyaux descendaient de là jusque dans les forages, et y étaient à l'avance soigneusement cimentés.

Le ciment a été gâché juste assez liquide pour bien passer dans les tuyaux : 1 kilog. de ciment pour 1/2 litre d'eau, soit en volume : 1 litre de ciment pour 0 l. 675 d'eau, produisant ensemble 1 l. 15 de coulis qui, une fois pris, donne 0 l. 900 de matière solide et 0 l. 250 d'eau libre.

Ces injections n'ont pénétré que très peu dans les parties où avaient été faites précédemment les injections de chaux. Comme cependant elles étaient bien faites, cela prouve que le remplissage en chaux était parfait, tout en n'ayant pas pris une consistance suffisante pour résister aux pressions.

Malgré ces réparations, les mouvements ont continué, et on a dû étudier un projet de reconstruction complète de l'ouvrage.

Voici quelques détails sur l'installation du chantier de coulis de ciment.

Le coulis de ciment était fait sur une aire surélevée, d'où il s'écoulait dans une benne, à laquelle était fixé un bout de tuyau en fer de 1 mètre de longueur terminé par un pas de vis ; sur ce pas de vis se montait la virole d'un tuyau de pompe à incendie en cuir de 7 centimètres de diamètre et de 11 mètres de long pouvant être prolongé par un ou plusieurs tuyaux semblables de 2 à 6 mètres de longueur.

Le dernier tuyau se vissait sur un tuyau en fer appelé « canule » par les ouvriers, empâté dans un joint de ciment à l'orifice du forage ; des haubans manœuvrés du haut du pont soutenaient les tuyaux pour empêcher qu'il s'y formât des coudes brusques pouvant gêner l'écoulement : celui-ci était maintenu jusqu'au refus, et, lorsqu'un forage était plein, on ajoutait de l'eau pour maintenir la pression le plus longtemps possible, mais pas assez pour que le ciment pût prendre dans les tuyaux : on a observé qu'à la température de 16°, lorsqu'il n'y a pas d'écoulement, la prise se fait en 10 à 15' ; on doit donc, lorsque l'opération s'arrête, laver à grande eau les tuyaux pour enlever entièrement le ciment qui peut y adhérer.

Quant à la compacité du coulis injecté, elle résulte des chiffres cités plus haut.

Si un litre de ciment pesant 1.350 grammes, gâché avec 675 grammes d'eau, a donné 1 l. 15 de coulis se divisant après la prise en une masse solide de 0 l. 900 et 250 grammes d'eau libre, on en déduit que le retrait a été de 31 0/0 en volume, et que le poids d'un décimètre cube de la masse a été de :

$$\frac{1350 + 675 - 250}{0,9} = \frac{1775}{0,9} = 1.972 \text{ grammes,}$$

poids d'une maçonnerie ordinaire.

On s'explique cependant que, malgré la compacité de ce remplissage, il n'ait pas effectivement reporté les charges du platelage sur le terrain en place de manière à diminuer notablement la charge supportée par les pieux. Ce système, qui aurait pu être efficace s'il avait été employé lorsque l'affouillement sous la fondation était peu important, ne pouvait pas, au moment où il a été mis en œuvre, remédier au défaut de résistance des pieux. On aurait dû, dans les circonstances données, calculer ceux-ci pour supporter entièrement le poids de la construction et ne pas compter sur la résistance du sol.

625. Écluses du Havre. — Dans des écluses à la mer, des avaries se sont souvent produites par suite de la décomposition des mortiers, le béton de fondation ayant été attaqué malgré la protection du dallage du radier.

A l'écluse de la Floride, au Havre, la décomposition des mortiers ayant été très étendue, les injections de coulis de ciment de Portland n'ont pas donné un résultat assez complet, et on a pris le parti de fermer l'écluse par un batardeau en maçonnerie.

Des injections de mortier de ciment de Portland ont, au contraire, été employées avec plein succès pour maintenir les musoirs de l'écluse de la Barre qui s'affaissaient. Ces musoirs étaient fondés à 1 m. 55 au-dessus du niveau des basses

mers sur une plate-forme en charpente supportée par des pieux.
Les vers marins ayant dévoré les bois, mis en partie à nu par
suite des affouillements produits par les filtrations, les musoirs tassaient en s'inclinant un peu. Il a suffi pour les maintenir d'injecter du mortier de ciment dans les vides qui existaient au-dessous de la plate-forme ; les bois ainsi noyés dans
la maçonerie ont cessé d'être attaqués par les vers et aucun
mouvement ne s'est plus manifesté dans les musoirs depuis
plus de vingt ans.

C'est également au moyen d'injections de ciment de Portland que l'on a fait disparaître des filtrations assez abondantes
qui existaient dans le radier de l'écluse Notre-Dame, au Havre,
(fig. 868).

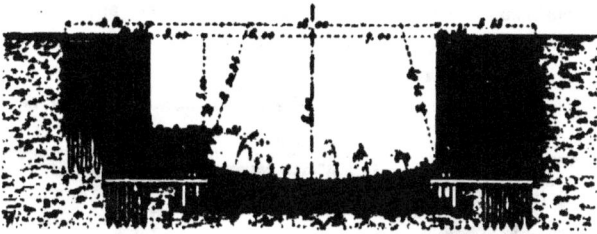

Fig. 868. — Le Hâvre. Ecluse Notre-Dame.

Cette écluse construite par Vauban et achevée en 1669,
avait 13 mètres d'ouverture ; le radier était à la cote 2,40.
En 1835, l'écluse a été élargie de 3 mètres et approfondie de
1 m. 25 ; l'élargissement n'avait été fait que sur une partie de
la hauteur (5 mètres) du bajoyer de gauche, de manière qu'en
morte eau il restât au moins 2 mètres de hauteur d'eau sur
la retraite formée par le reculement de la partie supérieure du
bajoyer, hauteur alors jugée suffisante pour le tirant d'eau
d'une roue de bateau à vapeur.

La reconstruction du radier se fit par tranches transversales
de 2 mètres de largeur environ. Le terrain était creusé à la
cote — 0 m. 45 et bien dressé ; on y répandait une couche

31

de mortier hydraulique de 0 m. 03 d'épaisseur, puis, sur ce mortier, on plaçait une plate-forme en hêtre de 0 m. 15 d'épaisseur, en engageant les bordages de 1 mètre au moins sous les bajoyers ; sur cette plate-forme, on posait d'abord une assise de libages de 0 m. 45 de hauteur, puis au-dessus on construisait le radier appareillé en voûte renversée.

A la longue, des filtrations eurent lieu à travers le radier, mais ce n'est qu'en 1880 qu'elles prirent une grande importance. A cette époque, il se produisit par les joints du radier des jets d'eau dont quelques-uns avaient jusqu'à 2 mètres de hauteur. Pour remédier à cette situation, on se décida alors à pratiquer des injections de ciment de Portland dans le radier, et, en même temps, on résolut de supprimer la saillie que formait la partie basse du bajoyer de gauche, à cause des nombreuses avaries que cette saillie faisait aux navires à voiles et aux vapeurs à hélice (fig. 869). Des trous de 0. m. 08

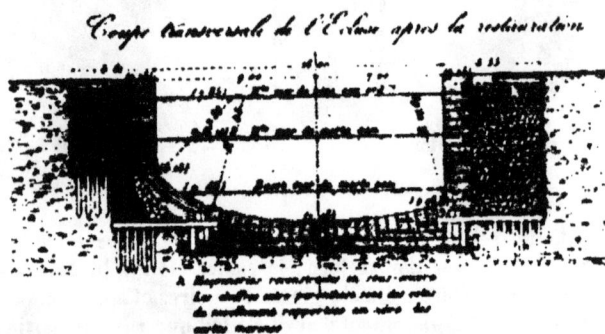

Fig. 869. — Le Hâvre. Ecluse Notre-Dame.

de diamètre, espacés de 0 m. 60, furent percés à la barre à mine dans chacun des joints de la voûte, distants en moyenne de 0 m. 60 à 0 m. 70 les uns des autres ; leur nombre a été en tout de 602. Par ces trous on injecta des coulis de ciment de Portland. Le poids total de ciment ainsi employé a été de 36.260 kilogrammes, représentant un volume solide de 25 m³ 43, réparti sur une surface de 272 m² 30. Le poids du

ciment injecté dans chaque trou a été très variable ; il a été
en moyenne de 60 k. 23 et fréquemment de 100 à 150 kilogrammes, mais il a atteint parfois 250 kilogrammes et exceptionnellement jusqu'à 410 kilogrammes.

Le succès a été complet ; l'écluse se comporte bien depuis
plus de 18 années, et les filtrations à travers le radier ne se
sont pas reproduites.

**686. Injections de ciments sous forte pression. —
Appareil Greathead.** — Dans les exemples qui précèdent,
l'injection de ciment était produite par des pompes à main ou
sous la charge résultant d'une différence de niveau ; dans les
travaux souterrains, en Angleterre et en France, lorsqu'on a
dû pratiquer systématiquement des injections pour remplir
les vides produits par certains procédés de percement, on a eu
recours à l'emploi de l'air comprimé. L'appareil Greathead,
très répandu, surtout en Angleterre, consiste en un cylindre
horizontal en fer, à parois résistantes, dans lequel tourne, à
travers des presse-étoupes, un arbre portant des ailettes. Une
ouverture pratiquée au haut du cylindre et fermée par un
couvercle hermétique permet d'introduire l'eau avec la quantité convenable de chaux, de ciment ou de mortier, lorsqu'il
y a lieu de recourir à son emploi ; le mélange mis en suspension par les palettes est refoulé au moyen de l'air comprimé
dans un tuyau flexible, qui se termine par une lance, au moyen
de laquelle le coulis pénètre dans les vides qu'il doit remplir.

687. Procédé Neukirch. — Les injections de ciment
dans un terrain de sable ou de gravier ont été considérées
comme un moyen de consolider le sol et de le transformer en
une masse compacte, analogue à un massif de béton.

M. Fr. Neukirch a pour la première fois appliqué ce système
à Brême, et il en a été rendu compte dans les « Transactions »
de la Société américaine de Ingénieurs civils en 1892.

Le procédé consiste à faire pénétrer sous l'eau, à l'aide de
l'air comprimé, le ciment en poudre dans le terrain.

Un tuyau, de 38 millimètres de diamètre intérieur, suspendu à une chèvre ou à une grue roulante, est étiré en pointe

à une extrémité et percé d'un certain nombre de trous de
9 millimètres de diamètre.

A la partie supérieure, un tube flexible le met en communication avec le tuyau qui amène l'air comprimé et sur lequel
est branchée une sorte d'injecteur servant à l'introduction du
ciment.

On commence par injecter de l'air seulement pour refouler
l'eau et diviser le sable ; puis, au moyen d'un courant d'air
préalablement chauffé pour empêcher l'agrégation du ciment,
on injecte la matière pulvérulente qui empâte le sable et fait
prise lorsque l'injection est arrêtée.

L'opération ne réussit bien que dans les sables qui ne sont
pas mélangés d'argile ou de trop grosses pierres. Elle peut
atteindre des profondeurs de 5 à 6 mètres ; la plus grande
difficulté consiste à répartir uniformément le ciment sur la
surface totale à consolider.

On ne peut la résoudre qu'en divisant la surface en carreaux, dont les dimensions seront déterminées expérimentalement et en cherchant à injecter la même quantité de ciment
dans chacun d'eux.

On a consolidé par ce procédé des sables bouillants dans
lesquels un égout avait été fondé et la base de défense de
rives affouillées dans le port de Vegesack, près Brême.

683. Procédé Caméré. — Vers 1890, M. Caméré (1) a
employé des injections de ciment pour remplir des fissures
dans des maçonneries et a étudié le même système pour la
consolidation des terrains de fondation.

Opérant sur de très petites fissures, qui s'étaient produites
entre des caissons de fondation contigus, il les surmontait
d'une cheminée à parois rugueuses ménagée au milieu des
massifs en élévation. Au sommet de cette cheminée, on fixait,
avec un joint étanche, un tuyau vertical terminé par un robinet et un entonnoir ; sur ce tuyau s'assemblait, au-dessus des
maçonneries, une tubulure horizontale avec robinet (fig. 870).

(1) Note sur l'emploi d'injections de ciment à l'air comprimé, dans les
maçonneries, terrains de fondation, etc., par M. Caméré, inspecteur général
des ponts et chaussées (A. P. C., 1900, 1er sem., p. 406).

On commençait par injecter de l'air comprimé, amené par
le tuyau horizontal ; puis on introduisait le ciment dans l'entonnoir par petites quantités sous forme de coulis liquide, en
maintenant la pression et en injectant des quantités successives de ciment qui pénétraient non seulement dans les joints,
mais jusqu'à la surface des briques et des pierres de taille.

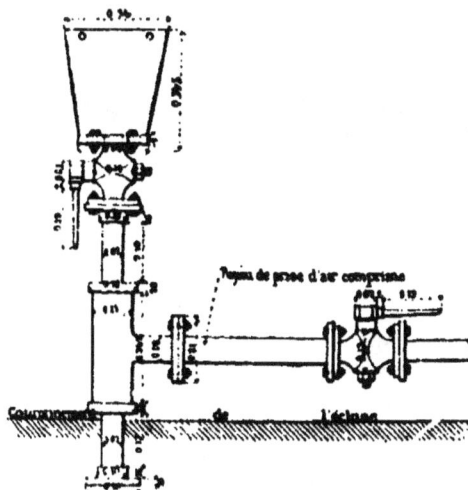

Fig. 870. — Appareil à injection de ciment de M. Caméré.

Quant à l'emploi des injections dans le sol, M. Caméré a
reconnu que lorsqu'on opère sur des massifs de pierre sèche,
de cailloux ou de sable, on obtient un remplissage très satisfaisant des vides au moyen de l'injection de coulis liquide, tandis
que, si les matériaux sont mélangés de vase, il est nécessaire
de faire un lavage préalable au moyen d'eau sous pression.

L'emploi de coulis de ciment pour remplir les vides entre
des enrochements ou dans de vieilles maçonneries est depuis
longtemps pratiqué ; les expériences de M. Caméré ont eu
pour but de montrer l'importance des précautions à prendre
dans le nettoyage préalable à l'injection et l'influence de la
pression pour expulser l'eau en excès et augmenter la compacité des coulis de ciment.

C. Réparations de fondations exécutées au moyen de l'air comprimé.

Même dans les ouvrages pour la construction desquels l'air comprimé n'avait pas été employé, des réparations ont été fréquemment exécutées par ce procédé.

Comme les travaux de construction, ces réparations ont été effectuées au moyen de caissons incorporés ou à l'aide de caissons mobiles.

639. Réparations exécutées à l'aide de caissons incorporés. Pont-Neuf à Paris. — Un travail de ce genre a été exécuté de 1886 à 1890 pour la réparation des fondations du Pont-Neuf à Paris et a fait l'objet d'une notice de M. Guiard (*Annales des Ponts et Chaussées*, 1891, 1er semestre).

En 1578, lors de la fondation du Pont-Neuf, le lit de la Seine était à la cote 25 m. 70 et l'ouvrage avait été fondé à des cotes variant de 24 m. 15 à 24 m. 36 sur des plateformes reposant, sans pilotis, sur un terrain sableux, aggluliné par place au moyen d'un ciment marneux, formant l'agglomérat désigné dans la vallée de la Seine sous le nom de falaise. Les plateformes se composaient des traverses ou racineaux de 0 m. 40 à 0 m. 45 d'équarrissage perpendiculaires à chaque pile, espacées de mètre en mètre environ et supportant un plancher jointif en madriers de chêne de 0 m. 16 d'épaisseur.

Le fond du lit ayant été successivement abaissé jusqu'à la cote 23 m. 80, des affouillements se sont produits au-dessous des enrochements dont la pile avait été entourée; ils ont entraîné la couche de sable située au-dessous de la falaise et il en est résulté des dislocations, notamment dans la partie amont de la pile 2 dont l'aval devait d'ailleurs être également consolidé, dans la crainte de dégradations ultérieures.

Après avoir mis sur cintre les voûtes contiguës, on a démoli la moitié amont de ces arches, en conservant la circulation sur l'autre moitié, et, au-dessous de l'eau, on a descendu, en démolissant les anciennes fondations, un caisson à l'air comprimé de 7 m. 80 de hauteur sur une longueur moyenne de

13 m. 88, jusqu'au calcaire grossier, à la cote 20 m. 04, à 7 m. 14 au-dessous des eaux ordinaires. On a relié les maçonneries nouvelles à celles de la partie conservée de la pile au moyen de béton de ciment, et au-dessus on a construit les nouvelles voûtes sans les relier aux anciennes.

La démolition des chaussées et du pont a coûté 66.000 fr., la reconstruction 207.000 fr. et le rétablissement des chaussées et de l'éclairage 10.000 fr.

A l'aval de la même pile, on n'a pas cru prudent de faire des battages que la présence des cintres rendait difficiles et qui auraient ébranlé le terrain. On a entouré cette pile de trois murs formant parafouille, enfoncés à l'air comprimé, au moyen de caissons de 2 mètres de largeur, distants de 2 m. 50 à 3 mètres de la pile, fondés à des cotes variables de 20 m. 43 à 20 m. 90 et arasés à la cote 23 m. 80, puis reliés par des revêtements maçonnés en talus au dernier socle de la pile.

La descente des caissons qui, pour une largeur de 2 mètres présentaient des longueurs de 13 m. 30 à 17 m. 10, offrit certaines difficultés, surtout à cause de la rencontre des enrochements qui entouraient la pile.

Les perrés maçonnés reliant les murs aux socles furent ensuite construits à sec à l'abri de batardeaux qui avaient permis de reconnaître que la partie conservée de la fondation était restée solide. Cette partie de la consolidation a coûté 73.700 francs.

Pour les autres piles, qui n'avaient pas été affouillées, on a pu employer un procédé plus économique en entourant chaque pile d'une enceinte de pieux et palplanches jointives reliés aux socles par des perrés maçonnés.

649. Pont sur la Loire à Orléans (chemin de fer de Vierzon). — Vers la même époque, un travail analogue a été exécuté à un pont de chemin de fer dans les conditions suivantes :

Le pont à deux voies sur lequel le chemin de fer d'Orléans à Vierzon traverse la Loire, à Orléans, a été fondé de 1843 à 1846, sur béton immergé à l'intérieur d'une enceinte de pieux jointifs, après que le sous-sol eût été consolidé par des pieux

de fondation de 3 m. 60 de longueur ; mais le terrain formé de
marnes et de rognons siliceux avec des alternances de feuillets
de calcaire dur était découpé par des poches ou cavités remplies de vases, de sable ou d'eau, qu'on a reconnues par des
sondages, lorsqu'en 1885 les tassements, observés depuis
longtemps à la pile 3 et qui atteignaient alors 0 m. 21, ont été
considérés comme assez graves pour exiger une réparation.
Celle-ci devint d'autant plus urgente qu'au mois de novembre
1886 un nouveau tassement brusque de 0 m. 03 se produisit
et entraîna le décollement des tympans et des bandeaux des
arches voisines.

La charge moyenne sur la surface des fondations n'était que
de 3 kil. 75 par centimètre carré, mais si on supposait le terrain affouillé et la pression reportée en entier sur les pieux,
elle pouvait atteindre la valeur excessive de 175 kil. par centimètre carré de pieu.

On se décida à mettre ces arches sur cintres et à reconstruire successivement la pile par moitié en maintenant sur
l'autre moitié la circulation des trains au moyen d'un service
à voie unique ; la reconstruction de la pile fut faite au moyen
de deux caissons à l'air comprimé jusqu'à l'argile compacte, à
13 mètres sous l'étiage.

Les points sur lesquels l'attention doit être appelée dans
cette réparation sont :

les moyens employés pour supporter la voie d'une demi-
voûte pendant la démolition de l'autre moitié. On a enlevé le
remblai et posé la voie sur des longrines $\frac{0 \text{ m. } 35}{0 \text{ m. } 30}$ placées sous
les traverses et supportées elles-mêmes par des tas de traverses
reposant sur des lits d'escarbilles pilonnés, les talus étant
maintenus par un vannage. Ces traverses étaient reliées aux
quatre angles par des cornières au moyen de tirefonds assemblant chaque traverse aux cornières (fig. 871).

Pour donner de la rigidité à la voie, on avait fixé chacune
des traverses sous rails à une des longrines par une équerre ;
pour l'autre, on laissait entre la cornière et la traverse la largeur nécessaire pour pouvoir chasser un coin ;

les précautions relatives au fonçage. Pour éviter de pro-

duire des affouillements sous la demi-pile en service, on a
cherché à empêcher l'air comprimé de s'échapper de ce côté,
en inclinant le caisson vers l'intérieur, mais il a été difficile de
maintenir cette inclinaison lorsqu'on a rencontré des pieux,

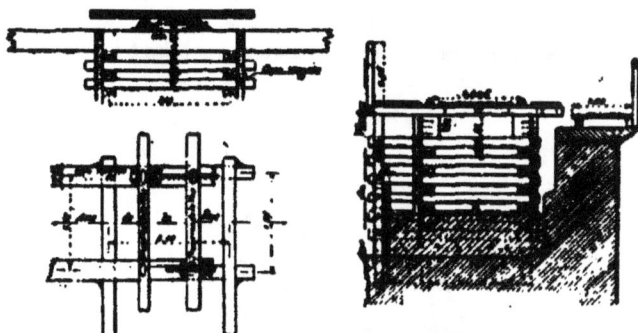

Fig. 871. — Reconstruction d'un pont sur la Loire, à Orléans.

et, malgré les précautions prises (pilonnage d'argile dans l'intervalle) on a eu de petits affouillements, surtout quand le
caisson est arrivé à la région caverneuse, et de nouveaux
tassements, qui ont atteint jusqu'à 0 m. 058, se sont produits
et ont augmenté la dislocation des voûtes ;

les précautions prises pendant la construction des maçonneries. Au-dessus des caissons jusqu'aux joints de rupture,
les maçonneries des deux moitiés de la pile ont été liées aussi
complètement que possible. Au contraire, comme dans la
construction des voûtes on pouvait craindre des tassements
inégaux, on les a établies sans aucune liaison ; mais pour
diminuer les tassements de chaque moitié au décintrement,
on a construit les voûtes en deux rouleaux successifs, reliés
par des arrachements et clavés aux joints de rupture, qui
étaient remplis d'abord avec du sable, remplacé ensuite par
du mortier de ciment après enlèvement du sable par petites
parties.

**645. Réparations faites au moyen de caissons mo-
biles.** — Ces travaux ont été faits au moyen de caissons

incorporés dans les maçonneries ; dans d'autres cas, on a eu
recours à l'emploi de caissons mobiles. Au § 566, nous avons
signalé des travaux de ce genre exécutés au port de Honfleur.

642. Mur de quai de Dunkerque. — A Dunkerque, le
parement de mur de quai Est de la darse Est du bassin de
Freycinet a été refait à l'aide de caissons mobiles à l'air comprimé.

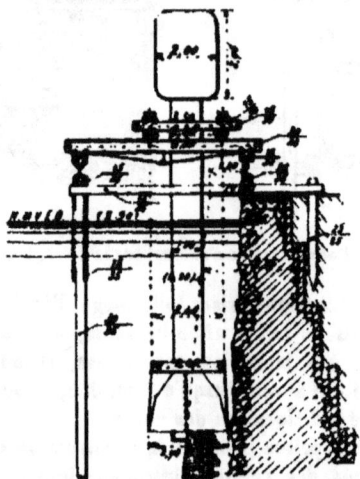

Fig. 872. — Dunkerque. Mur de quai Est de la darse Est
du bassin Freycinet. Caisson mobile.

Le caisson (fig. 872) reposait par l'intermédiaire de vérins
sur un chariot à double mouvement porté sur une charpente
s'appuyant d'un côté sur le quai et de l'autre sur un échafaudage ; il servait à démolir le parement, puis ensuite à le
reconstruire. Pour exécuter ce dernier travail, on maçonnait
des assises successives en arrière desquelles le béton était
coulé. Chaque assise avait environ 0 m. 57 de hauteur ; la
largeur de la maçonnerie reconstruite variait de 1 m. 20 à
1 m. 60.

Le remplissage du joint entre deux caissonnées se faisait au

fur et à mesure de la montée de la seconde ; à cet effet, la
brèche était fermée au moyen d'une tôle appliquée contre la
maçonnerie et étançonnée contre le caisson. Un cordon de
chanvre écrasé entre la tôle et la maçonnerie rendait le joint
étanche. Il était alors facile, de l'intérieur du caisson, de maçonner dans l'espèce d'auge ainsi formée et on procédait par
relèvements successifs du caisson ; on pouvait faire une bonne
maçonnerie sous une mince couche d'eau.

La réparation du mur a coûté 1.555 fr. le mètre courant.
La démolition dans l'air comprimé est revenue à 570 fr. par
mètre courant et à 81 fr. 50 par mètre cube ; la reconstruction
dans l'air comprimé à 801 fr. par mètre courant et à 114 fr. 80
par mètre cube.

642. Écluse d'Ymuiden. — A Ymuiden, sur le canal
d'Amsterdam à la mer, on avait pratiqué, avant le commencement des travaux, trois trous de sonde profonds au milieu

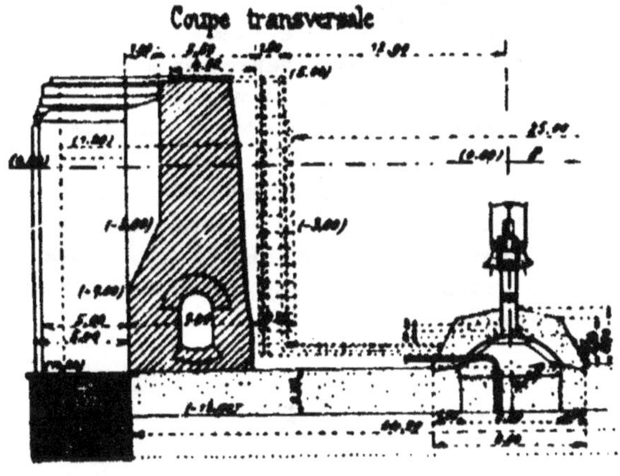

Fig. 873. — Ymuiden. Chambre de travail de la nouvelle écluse.

des têtes des écluses pour reconnaître la nature du sol de
fondation.

Ces sondages, descendus jusqu'à 21 mètres au-dessous de

l'eau constituaient de véritables puits artésiens débitant un volume d'eau tel que les fouilles n'ont pu être asséchées.

Le béton de fondation a été traversé par les eaux et en partie délavé à proximité des trois trous de sonde.

Pour remédier à cette situation et refaire dans de bonnes conditions le béton, qui laissait à désirer, on a eu recours à l'air comprimé (fig. 873).

Au-dessus de chacun des trous de sonde, on est venu établir une coupole en béton de 1 m. 40 d'épaisseur et de 1 m. 65 de flèche, qui a été revêtue intérieurement et extérieurement d'un enduit de ciment de Portland pur. Au-dessus de ces coupoles formant chambres de travail, a été disposée une cheminée avec sas à air pour le passage des ouvriers et des matériaux. Il a suffi alors d'une pression relativement faible (0 k. 600) pour permettre d'enlever sur toute sa hauteur, soit sur 2 m. 50 environ, le béton avarié et le refaire en laissant au milieu un tuyau métallique vertical de 0 m. 20 de diamètre servant à l'écoulement des eaux.

Cet écoulement a été maintenu jusqu'à la mise en eau de l'écluse, époque à laquelle les tuyaux ont été bouchés.

Si, au cours de la construction, on avait prévu le débit élevé des eaux artésiennes, il eût été possible de tuber les sondages en assurant au moyen d'une rigole, l'écoulement des eaux. On aurait dès lors effectué le coulage du béton autour de ces tuyaux en eau calme et on aurait pu ensuite tamponner les trous de sondage à un niveau inférieur à celui du radier et enlever la partie supérieure du tubage pour compléter le béton à son emplacement.

D. Réparations exécutées à l'aide de la congélation

En décrivant les principes de l'application du procédé Pœtsch aux fondations, nous avons signalé qu'à notre connaissance ce procédé n'avait pas encore été appliqué aux travaux de construction, à l'exception des puits.

644. Ascenseur des Fontinettes. — Ce procédé a été

l'objet d'une application importante à des travaux de réparation qui ont dû être récemment pratiqués à un grand ouvrage,
l'ascenseur des Fontinettes sur le canal de Neuffossé, à
Arques, près de Saint-Omer.

L'ascenseur proprement dit se compose de deux caissons
ou sas métalliques renfermant de l'eau et dans lesquels
flottent les bateaux de 300 tonneaux auxquels il s'agit de faire
franchir par une seule manœuvre une chute de 13 m. 13.
Chaque sas est fixé sur la tête d'un piston unique qui plonge
dans un cylindre de presse hydraulique installé au centre d'un
puits.

Les deux presses communiquent au moyen d'une conduite
munie d'une vanne qui permet de les isoler à volonté.

On a ainsi une véritable balance hydraulique et il suffit que
l'un des caissons ait reçu une certaine surcharge d'eau pour
que, la vanne de communication étant ouverte, il s'abaisse
en produisant l'ascension de l'autre. D'ailleurs le poids d'un
sas ne varie pas, qu'il contienne ou non des bateaux, pourvu
que la hauteur d'eau reste la même.

Les fondations des deux puits, dans lesquels sont placés les
pistons de presses, avaient été exécutées à une profondeur de
24 mètres en contrebas du terrain naturel, sur un terrain de
tuf compact après avoir traversé des couches très aquifères de
sables, de tufs ou de marnes fendillés.

Le cuvelage en fonte qui supportait la poussée des terres
avait été fondé sur un massif de maçonnerie de 2 m. 20
d'épaisseur supportant le socle de la presse.

Le diamètre du cuvelage est de 4 mètres ; celui de la presse
de 2 m. 20 (2 m. 078 intérieurement).

Après un fonctionnement de six années, de 1888 à 1894, la
fondation du puits de droite a fait un mouvement, qui a
entraîné l'ouverture d'un joint du cuvelage en fonte et d'un
joint de la presse hydraulique.

Pour refaire et élargir la fondation, on a pris le parti de
congeler le sol en exécutant, pour placer les tuyaux destinés
à produire la congélation, 20 forages creusés autour du puits
et répartis uniformément sur un cercle de 5 m. 90 de diamètre.

Mais on ne put congeler la partie supérieure du terrain, traversée par des courants d'eau dont le renouvellement s'opposait à l'abaissement régulier de la température du sol autour des tuyaux.

A la suite d'une inondation qui a produit des rentrées de sables inquiétantes, on a dû remblayer le puits en partie et reprendre la congélation, tant à l'extérieur qu'à l'intérieur d'une seconde couronne de forages établis au nombre de cinq sur une circonférence de 2 mètres de diamètre, autour d'un forage central.

Coupe à la base du cuvelage

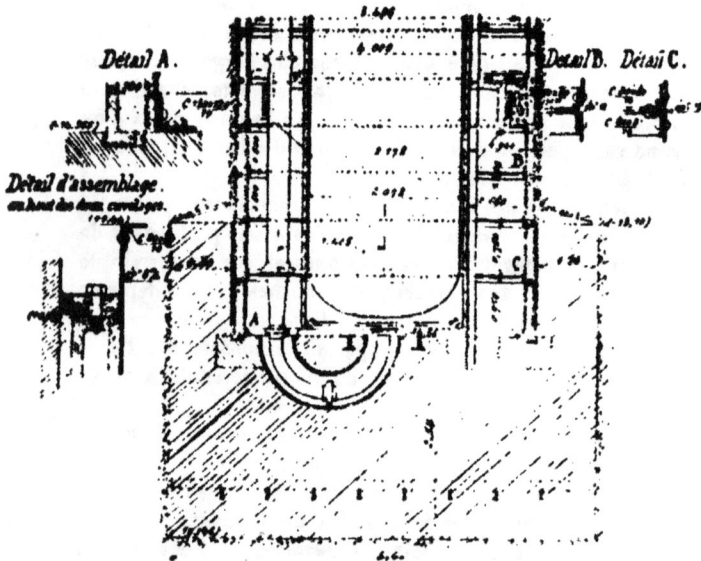

Fig. 874. — Ascenseur hydraulique des Fontinettes. Réparations du cuvelage et de la presse de droite.

Après avoir repris la congélation, on a pu élargir la fondation, la porter de 4 m. 25 à 5 m. 40 de diamètre, et la surmonter d'un contre-cuvelage en tôle d'acier, en laissant en place le premier cuvelage plus ou moins disloqué et revêtu par une chemise intérieure en béton de ciment (fig. 874).

Nous ne décrirons pas les dispositions adoptées pour réaliser la congélation du sol, elles sont tout à fait analogues à celles du puits de mine de Vicq (§ 473).

Comme dans ce fonçage, la congélation a été obtenue par la circulation de chlorure de calcium refroidi par une machine à ammoniaque.

De même qu'à Vicq, on a tubé la partie supérieure du

Disposition des tuyaux de forage et de congélation

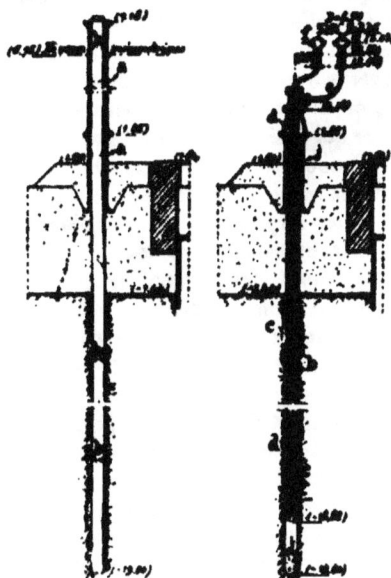

Fig. 594 (reproduction). — Ascenseur hydraulique des Fontinettes. Réparation du cuvelage.

forage, jusqu'au-dessus du niveau piézométrique des eaux qui traversent les sables, de manière à éviter autant que possible les courants transversaux (voir fig. 594).

Nous avons vu que, dans la première phase du travail, ce résultat n'a pas pu être complètement obtenu.

Mais on a fait sur les effets de la congélation des observations intéressantes, dont il y aurait lieu de tenir compte dans des travaux analogues.

On estime que la congélation s'est étendue à 3 mètres en dehors de la couronne extérieure des forages ; elle a produit une dilatation générale de la masse congelée qui a donné lieu à des mouvements dans les tours en maçonnerie situées de chaque côté du puits, et ces mouvements ont été observés jusqu'à 13 mètres environ du cuvelage de droite.

Les ingénieurs qui ont suivi les travaux pensent que si la congélation avait été faite plus lentement et n'avait pas été étendue à une masse aussi considérable, ces effets, d'ailleurs d'une importance secondaire, auraient pu être en partie évités.

Au démontage, on a constaté que certains des tuyaux de congélation en acier qui avaient été éprouvés avant la mise en service étaient sectionnés horizontalement. On suppose que l'eau comprise entre le tuyau de congélation et le forage étant gelée, l'ensemble faisait corps avec le terrain, dont la dilatation a produit un effort excessif de traction.

On a également trouvé des tuyaux de congélation en partie écrasés, mais sans avoir pu expliquer le fait.

A l'occasion de cette réparation, nous devons signaler 1° les causes probables des tassements ; 2° les dispositions prises pour la réparation du cuvelage.

Les tassements paraissent devoir être en partie attribués à ce que les couches inférieures du tuf n'étaient pas homogènes et renfermaient des poches de sable argileux sans doute de moindre résistance. D'ailleurs le fonctionnement même de l'appareil produisait sur le sol des variations de pression qui ont dû avoir une influence au moins égale à celle qui provenait de la nature du terrain.

Lorsqu'un sas était au bas de sa course, on le faisait reposer sur ses tins, en mettant la presse hydraulique à l'échappement ; puis, quand le bateau montant était entré, on ouvrait la vanne de communication et instantanément la presse hydraulique était en pression et supportait à sa base tout le poids du sas.

Avant cette manœuvre, le sas étant sur ses tins, le sol de fondation de la presse ne supportait que les poids des parties de l'appareil placées au-dessous du sas, le béton, le cuvelage, la presse et l'eau interposée, soit 293 tonnes.

Quand le sas était soulevé, la charge augmentait du poids du sas et du piston et atteignait par suite 943 tonnes.

Sur le sol de fondation, la charge par centimètre variait donc de 2 k. 1 à 6 k. 7, ou, en tenant compte de la sous-pression, qui pouvait avoir une valeur de 1 kgr. par centimètre carré, de 1 k. 1 à 5 k. 7.

Ces variations brusques, qui se reproduisaient à chaque manœuvre, c'est-à-dire 20 ou 30 fois et quelquefois plus par jour, martelaient le terrain en produisant des oscillations dont l'amplitude allait en augmentant jusqu'à atteindre 4 millimètres. Ce sont ces coups de marteau répétés qui ont certainement le plus contribué au tassement de la fondation, bien qu'elle ne fût pas très chargée.

C'est le point sur lequel nous appelons particulièrement l'attention : des effets analogues s'observent souvent dans les murs de quais, lorsque par suite de variations dans l'intensité et dans le point d'application des pressions, ils subissent dans leur équilibre de fréquentes modifications qui tendent à comprimer inégalement le sol de fondation.

Il est rare qu'il en soit ainsi dans des fondations qui ne sont chargées que par des forces verticales ; mais c'est cependant une éventualité à prévoir, lorsque le sol n'est pas très résistant et lorsque ces charges sont très variables.

Aux Fontinettes, on y a remédié en installant un robinet qui, lorsque le sas est au bas de sa course, introduit dans la presse de l'eau sous pression qui compense les pertes ; de cette manière le sas ne reposera plus sur ses tins qu'en cas de réparations et les pressions sur le sol de fondation seront beaucoup moins variables.

En portant la fondation à 5 m. 60 de largeur et en augmentant son épaisseur de 2 m. 14 à 2 m. 56, en construisant le nouveau cuvelage, le béton et les armatures métalliques, on a ajouté une surcharge de 180 tonnes, mais, eu égard à l'augmentation des surfaces, les variations de pression, qui ne se

produiront plus qu'exceptionnellement, seront comprises entre
1 k. 9 et 4 k. 1 ou, en tenant compte de la sous-pression, entre
0 k. 9 et 3 k. 1,

En pratique, sauf le cas de réparations, elles resteront
voisines de 3 k. 1 et ne varieront que faiblement pendant les
manœuvres.

Quant au mode de réparation du cuvelage, il a consisté à
cercler au moyen de rails en fer l'ancien cuvelage qui était
déformé et à garnir l'intervalle entre les nervures en béton de
sable ; puis, pour que le nouveau cuvelage, qui est solidaire de
la fondation, fût indépendant de l'ancien, on a rempli l'intervalle avec un mélange de brai et de coaltar coulé à chaud qui
préserve le contre-cuvelage de l'oxydation et lui permet de se
déplacer indépendamment du cuvelage extérieur.

A la base, des ancrages très solides ont relié le contre-
cuvelage et la fondation, de manière à les rendre entièrement
solidaires ; enfin, à la partie supérieure, les deux cuvelages
sont reliés entre eux par un joint élastique (voir fig. 874).

Malgré les difficultés rencontrées dans ces réparations, on
doit reconnaître que la congélation du sol a permis de les
réaliser dans des conditions qu'il eût peut-être été difficile
d'obtenir avec les autres procédés connus.

C'est une application aussi exceptionnelle que l'ouvrage
pour lequel elle a été employée ; elle a été proposée et menée
à bonne fin par MM. Gruson, Ingénieur en chef, et Charguéraud, Ingénieur des ponts et chaussées.

E. Démolitions

642. Généralités. — Les démolitions totales ou partielles
des ouvrages en maçonnerie peuvent avoir pour but :

de rendre libre l'emplacement nécessaire à la construction
d'un nouvel ouvrage, avec lequel l'ouvrage ancien doit se
raccorder ;

ou d'employer ailleurs des matériaux devenus inutiles dans
leur emplacement primitif ;

ou de faire disparaître, notamment sous l'eau, un obstacle
à l'écoulement des crues ou un écueil à la navigation.

Dans les deux premiers cas, la démolition doit être faite avec précaution pour ne pas ébranler les parties voisines des ouvrages ou pour permettre le réemploi des matériaux ; on préférera donc, comme dans les carrières devant fournir des blocs réguliers, l'usage du pic, de la pince et des coins à l'emploi de la mine, et si on a recours aux explosifs, on procèdera par petites charges.

Lorsque le réemploi des matériaux présente un intérêt secondaire et si on a surtout en vue une démolition rapide et économique, on se trouvera dans des conditions très analogues à celles que nous avons indiquées dans les articles 317 et suivants pour les carrières de moellons et pour les dérochements sous l'eau, et l'on aura seulement à tenir compte dans les dispositions à prendre :

1° de l'importance des massifs d'où dépendra le choix à faire entre des mines plus ou moins fortes ;

2° de leur compacité qui fera préférer des explosifs plus ou moins brisants ;

3° enfin du matériel dont on disposera et de la profondeur à atteindre sous l'eau, d'après lesquels on choisira entre l'emploi de mines superficielles, forées à l'air libre ou exécutées à l'air comprimé.

Dans tous les cas, des installations analogues à celles qui ont été décrites dans les articles 339 et 340 devront être employées à la vérification exacte des profondeurs lorsqu'on opèrera dans les fleuves ou rivières navigables ou dans les ports.

Le métré des démolitions de maçonneries donne lieu à quelques remarques.

Pour les maçonneries hors d'eau, il sera généralement possible de faire le métré du volume en place avant démolition, et, s'il n'y a pas de sujétion de réemploi, un prix moyen unique pourra être prévu, les matériaux devant être conduits en remblai ou aux décharges publiques ou rester à la disposition de l'entrepreneur.

Si les matériaux doivent être réservés en vue d'un réemploi, on devra ajouter à ce prix des plus-values applicables aux sujétions, au triage, au transport en dépôt et à l'emmétrage, en divisant les matériaux en deux ou trois catégories suivant leurs dimensions et en indiquant s'ils seront mesurés par morceaux (pierre de taille et bois), ou en tas après emmétrage (moellons ou briques).

Des prix analogues, mais plus élevés, seront prévus pour les démolitions sous l'eau. Lorsque le cube et la consistance des maçonneries sont connus par des dessins, il sera possible de traiter à forfait pour la démolition et le dérasement des maçonneries jusqu'à une cote fixée par le devis.

646. Démolition du viaduc du Manoir sur la Seine. — En 1892, la Compagnie des chemins de fer de l'Ouest, après construction d'un nouveau viaduc sur la Seine, entre Saint-Pierre-du-Vauvray et Pont-de-l'Arche (Eure), a eu à démolir l'ancien ouvrage, dit « viaduc du Manoir », dont l'axe était seulement à 20 mètres de l'ouvrage livré à l'exploitation.

Au-dessous de l'eau, la démolition fut continuée à la main sur une certaine profondeur, les plongeurs fixant sur les blocs de pierre des crocs ou des chaînes manœuvrés par une grue ; puis on eut recours à la poudre Favier employée dans des trous forés par charges de 500 grammes, auxquelles on mettait le feu dans l'intervalle du passage des trains pour diminuer autant que possible les vibrations produites dans le viaduc voisin.

La profondeur à atteindre variait suivant l'emplacement des piles et allait jusqu'à 4 m. 25 sous la retenue du barrage d'aval.

La démolition était payée au mètre cube en place au moyen de profils levés à diverses périodes de l'exécution.

Les matériaux extraits restaient la propriété de l'entrepreneur.

Au prix du dragage, évalué au moyen de l'emmétrage de tous les matériaux dragués, venait s'ajouter une plus-value applicable à chacun des gros blocs extraits en dehors des maçonneries, à l'exception des bois ; cette catégorie comprenait les pierres ne pouvant passer en aucun sens dans un cercle de 0 m. 40 de diamètre et celles dont une des dimensions linéaires dépassait 0 m. 60.

§ 18. — CONDITIONS ET LIMITES D'EMPLOI DES DIFFÉRENTS MODES DE FONDATION

Indépendamment des conditions de stabilité ou de solidité, dont nous avons résumé les principes à l'art. 605, et des prix de revient qui feront l'objet d'un chapitre spécial, les différents modes de fondation peuvent être comparés en tenant compte des éléments suivants :

Classification des terrains ;

Circonstances et durée d'exécution ;

Disposition et destination des ouvrages.

647. Classification des terrains de fondation. — Les terrains sur lesquels ou à travers lesquels doivent s'exécuter des travaux de fondation peuvent être classés d'après leur compressibilité, leur résistance aux affouillements, leur étanchéité.

·Sans revenir sur les réserves qui ont été précédemment indiquées au sujet de l'indécision que présente une classification dans laquelle on ne devrait pas seulement faire intervenir la consistance des terrains, mais aussi l'intensité des forces qui tendent à détruire cette consistance, soit par compression, soit par choc, on peut classer les terrains en :

incompressibles et *inaffouillables,*

c'est-à-dire qui, dans les circonstances données, peuvent supporter les pressions auxquelles ils sont soumis et résister aux affouillements auxquels ils sont exposés ; ils comprennent les roches compactes, en massifs ou en bancs assez épais et d'une dureté suffisante pour n'être pas susceptibles d'être altérées par érosion ou déplacées par arrachement ou par clivage ;

incompressibles et *affouillables* :

ce sont les sables, graviers, cailloux, l'argile compacte en couches minces, les tufs solides ou marnes dures, les calcaires feuilletés ou délités et certaines roches schisteuses divisées en feuillets.

Les différents terrains de cette classe sont plus ou moins résistants, les uns à la compression, les autres à l'affouillement, et, dans les appréciations qu'on doit faire à ce point de vue, il est nécessaire de tenir compte de l'ancienneté des dépôts d'alluvion auxquels ils appartiennent quelquefois.

D'une manière générale, les sables et graviers résistent mieux à la compression qu'à l'affouillement et le contraire se produit pour les argiles, excepté lorsqu'elles sont très sableuses ;

compressibles et *affouillables*,

comprenant notamment la terre végétale ou argileuse, le sable argileux, l'argile molle, la vase et la tourbe ; plusieurs de ces terrains sont plus compressibles qu'affouillables.

Au point de vue de la perméabilité, qui rend plus ou moins onéreuses les fondations par épuisements et qui peut, dans certaines limites de débit et de profondeur, interdire leur emploi, on distingue les terrains en :

terrains *étanches* ou *imperméables* : roches compactes, tuf solide, argile ou vase non sableuse ;

terrains *perméables* : argiles sableuses, sables argileux, sables, graviers, cailloux de moyenne dimension, roches fendillées ;

terrains *très perméables* : cailloux de grosses dimensions, remblais pierreux, amas de blocs.

648. Circonstances et durée d'exécution. — Les circonstances d'exécution dont on peut avoir à tenir compte dans le choix d'un mode de fondation se rapportent : à l'importance des ouvrages, à leur situation, aux difficultés qui peuvent provenir soit des terrains à traverser pour atteindre le sol de fondation, soit du régime des eaux aux abords, enfin aux délais d'exécution.

L'importance des ouvrages est un élément sérieux du choix à faire entre différents procédés qui peuvent être plus ou

moins coûteux : un ouvrage secondaire, tel qu'une maison de
garde, un petit aqueduc, un ponceau, peuvent n'être pas
fondés aussi solidement qu'un monument, un grand pont ou
une écluse.

Au point de vue de la situation des ouvrages, il y a lieu de
se préoccuper de la gêne que certains procédés peuvent causer
soit par l'encombrement des voies publiques, des rivières
navigables ou des chenaux des ports, soit par une durée plus
ou moins grande d'exécution ; des ouvrages peuvent se trouver placés à proximité des bâtiments ou d'autres ouvrages, et
cette situation peut obliger à exclure des méthodes qui
auraient été avantageuses en rase campagne.

Quant aux difficultés résultant soit des terrains à traverser,
soit du régime des eaux, nous avons vu qu'après avoir choisi
un niveau de fondation, d'après la résistance du sol, eu égard
aux poids et aux poussées produits par les constructions ou supportés par elles, on a encore à tenir compte de la profondeur
d'eau ainsi que de la nature et de la perméabilité du terrain
interposé : le régime des rivières, le jeu des marées, les courants, les remous ou les lames introduisent également dans
l'application de chaque procédé des éléments dont on doit se
préoccuper.

Quant aux délais d'exécution, on doit les envisager à deux
points de vue : pour chaque construction, eu égard à toutes
les conditions qui précèdent, et en tenant compte des délais
nécessaires pour approvisionner les matériaux et du nombre
maximum des ouvriers qui peuvent travailler ensemble sans
se gêner, on arrive à un délai maximum au-dessous duquel
on ne peut pas pratiquement descendre.

Si ce délai maximum peut, dans les circonstances données,
être dépassé sans inconvénient, on usera de cette faculté
dans le choix des moyens qui permettraient de réaliser certaines économies : par exemple, pour un ouvrage en rivière,
on pourra accepter l'éventualité de certaines interruptions par
les crues, s'il doit en résulter une économie sensible dans
la hauteur des batardeaux ; pour la construction de plusieurs
ponts de même ouverture, on admettra l'emploi successif du
même matériel, par exemple des cintres.

Pour les ouvrages très variés que nous avons étudiés, il
serait fort difficile de donner sur la durée d'exécution des fondations proprement dites des indications qui puissent utilement servir de terme de comparaison ; même pour les ponts
de dimension courante, pour lesquels les différentes fondations ont en surface des dimensions comparables, les circonstances locales, l'insuffisance des épuisements, les accidents
de batardeaux, les crues, etc., augmentent souvent les délais
dans une très forte proportion. C'est en éliminant ces circonstances accidentelles, dont la durée ne peut être l'objet d'aucune prévision, que M. Croizette Desnoyers (*Cours de Ponts*,
I, p. 375) est arrivé aux données suivantes :

Pour la fondation d'une pile de pont, en rivière, avec batardeau ou caisson étanche, on peut compter deux mois ; avec
béton immergé dans une enceinte ou dans un caisson sans
fond, un à deux mois, la durée étant moindre avec les caissons
qui peuvent être préparés à l'avance.

On peut évaluer à 40 jours la durée d'une fondation à 10 mètres de profondeur par puits blindés et à deux mois la construction d'un massif descendant à 15 mètres.

Avec l'emploi des pilotis, on devrait compter 2 à 3 mois
par pile.

Pour les fondations à l'air comprimé, les installations sont
assez longues, mais les travaux, une fois engagés, ont une
marche régulière et sont moins exposés que dans les autres
systèmes à des interruptions accidentelles. M. Croizette Desnoyers compte sur une durée de 3 mois pour chaque fondation
de 12 à 15 mètres de profondeur, mais ce délai, qui pourrait
être insuffisant pour un petit nombre de fondations à faire sur
le même chantier, serait trop fort s'il s'agissait de plusieurs
fondations semblables pouvant être successivement engagées
avant l'achèvement de la précédente.

Le nombre des ouvrages ou parties d'ouvrages analogues
que comporte l'exécution d'un travail déterminé est également
à prendre en considération, au point de vue de l'outillage que
comporte l'organisation du chantier.

Suivant qu'il s'agit de construire un ouvrage unique, dont
la dépense doit entièrement amortir les frais généraux, ou une

série d'ouvrages ou de parties d'ouvrages analogues, en vue desquels on peut faire des dépenses communes d'installation ou de matériel, on pourra recourir à des procédés différents.

Ce n'est guère que pour des ouvrages très importants qu'on crée, en vue de leur construction, un outillage spécial ; on doit donc se préoccuper, lorsqu'on prépare le projet d'un ouvrage d'importance moyenne, des ressources d'outillage qu'on peut trouver dans la région où on opère. Ainsi on peut compter sur l'emploi des dragues beaucoup plus largement dans les ports ou sur les rivières navigables que sur les petits cours d'eau, où ces engins ne peuvent être transportés d'un point à l'autre et où toutes les installations doivent être faites sur le chantier même.

De même, pour l'air comprimé, on peut y recourir plus aisément lorsqu'on est à proximité de chantiers déjà installés dans ce système que lorsqu'il faut, surtout pour un cube peu important, transporter à grande distance les éléments d'une installation spéciale.

649. Comparaison entre les différents modes de fondation d'après la disposition et la destination des ouvrages. — C'est en tenant compte de ces nombreux éléments qu'on devra choisir entre les différents modes de fondation, en les combinant au besoin entre eux et en les adaptant aux circonstances locales.

On remarquera d'abord que, lorsqu'on dépassera des profondeurs de 8 à 10 mètres sous l'eau, en rivière ou sur le bord de la mer, ou de 10 à 15 mètres en pleine terre, un certain nombre de procédés, tels que les épuisements, le béton immergé, les blocs artificiels, ne peuvent plus être généralement employés ; on peut donc d'abord diviser l'étude comparative que nous avons à faire en deux catégories : profondeurs restreintes, grandes profondeurs.

Nous citerons quelques exemples de chaque catégorie, en indiquant dans quelles hypothèses nous supposons qu'on se trouve placé ; c'est une des difficultés les plus sérieuses de la pratique de bien poser les données du problème à résoudre : elles comportent, pour l'ingénieur, des appréciations toujours délicates et parfois des plus difficiles.

Fondations à profondeurs restreintes.

TERRAINS INCOMPRESSIBLES ET INAFFOUILLABLES. — 1° *à l'abri des eaux courantes :*

A. — Si on est à l'abri des eaux courantes, en terrain perméable, avec pressions modérées sur le sol de fondation, on opèrera de deux manières, suivant la perméabilité du sol :

en terrain moyennement perméable, avec épuisements et batardeaux s'il y a lieu, pour construire entièrement à sec ; on pourra au besoin blinder les fouilles sur une partie de leur profondeur ;

en terrain très perméable, par dragages pour fonder par béton immergé dans une enceinte ou dans un caisson sans fond si on se trouve dans les cas où le béton immergé peut être employé sans danger.

Pour de petits ouvrages à fonder à plus de 5 mètres de profondeur, il pourra être économique de fonder sur pilotis en employant des pieux en bois dans les terrains où le battage est facile et des pieux en fer à vis, si on devait traverser de gros graviers, des débris de rochers ou des enrochements.

Dans le cas de pressions supérieures à 6 kgs par centimètre carré, le béton immergé devrait être fait avec mortier de ciment.

Dans le cas de pressions faibles sur le sol de fondation et d'ouvrages pouvant présenter, sans avaries graves, quelques tassements, on pourra recourir aux blocs artificiels, reposant quelquefois sur une fondation en béton ou en enrochements ; ou bien on emploiera des massifs descendus par havage, surtout lorsque, pour traverser des terrains de sables fins, ils pourront être enfoncés à l'aide d'injection d'eau.

Lorsque, pour de faibles profondeurs, on croira nécessaire, à cause de la grande perméabilité du sol, de recourir à l'air comprimé, on évitera pour les ouvrages exposés à des souspressions d'incorporer dans les fondations des fers divisant horizontalement les massifs, et on emploiera soit des chambres de travail en maçonnerie, soit des caissons-cloches.

A'. — Si le terrain à traverser est étanche, on fera une

fouille à talus sur une faible profondeur en contrebas du sol
et, au-dessous, suivant que les pressions devront être plus ou
moins fortes, on fondera sur pilotis, ou on creusera une fouille
blindée, qui permettra de descendre à 10 mètres de profondeur et même au delà. Si les pressions sont fortes et la fouille
de grande surface, on pourra descendre jusqu'au fond un puits
de petite section et l'élargir à l'aide de galeries à partir du
fond (voir art. 463).

2° *dans les eaux courantes* (1) :

B. — Si on est en pleine rivière ou près de la mer, en terrain perméable, la fondation la plus économique consiste à
employer le béton immergé.

Lorsque les pressions doivent être fortes, si le régime n'est
pas torrentiel, on fera le béton immergé avec mortier de ciment.

Dans les cours d'eau torrentiels, surtout si les pressions
sont fortes, il sera nécessaire de fonder sur maçonnerie construite par épuisements à l'intérieur de batardeaux ou de caissons étanches, mais le plus souvent, les épuisements seront
importants et une profondeur de 6 mètres ne pourra pas être
dépassée.

B'. — En terrain étanche, on pourra fonder par épuisements jusqu'à de plus grandes profondeurs ; pour des ouvrages
ne produisant pas de fortes pressions, il pourra être plus économique de fonder sur pilotis, en empâtant la tête des pieux
dans un massif de béton.

Si, dans ces terrains, pour des profondeurs de 5 à 7 mètres, on
avait à sa disposition des appareils à air comprimé, avec caissons-cloches du système Montagnier, ce serait le cas de les
transformer en caissons batardeaux, dès que l'épuisement
deviendrait facile à l'intérieur, par exemple si un terrain
étanche était superposé à une roche fissurée, et permettait
d'étancher le joint de la base autour des premières assises de
maçonnerie.

Les ouvrages supportant une retenue d'eau élevée, à partir
de 3 ou 4 mètres de hauteur, ne peuvent être fondés sans

_____

(1) Dans ce paragraphe et dans les suivants, les mots *eaux courantes*
doivent s'entendre aussi bien des eaux soumises à l'agitation de la mer qu'à
celles qui s'écoulent dans les fleuves et rivières.

danger que sur des terrains de roches compactes, non fissurées.

TERRAINS INCOMPRESSIBLES ET AFFOUILLABLES. — 1° *à l'abri
des eaux courantes* :

C. — En dehors des eaux courantes on appliquera les procédés indiqués en A et A'; mais il peut se faire que l'ouvrage
se trouve en terrain submersible, pouvant être, par suite, lors
des crues, exposé à des courants ou à des remous, contre
lesquels on emploiera les moyens de défense qui seront rap-
pelés ci-après.

Même si l'ouvrage doit supporter une retenue d'eau peu
élevée, on veillera aux filtrations qui tendront à se produire
au-dessous, en les combattant par des parafouilles ou par des
murs de garde descendant assez profondément. Dans ces terrains, le danger des filtrations et la difficulté de les éviter augmentent très vite avec la hauteur des retenues qu'il importe
de restreindre autant que possible.

2° *dans les eaux courantes :*

D. — Dans les terrains de cette catégorie, les fondations
exposées aux eaux courantes ont toujours besoin d'être défendues contre les affouillements : au-dessous de l'ouvrage, par
des parafouilles, des murs de garde, des enceintes jointives en
charpente ; autour de l'ouvrage par des enrochements, des
crèches basses, des blocs naturels ou artificiels, des plateformes en fascinages.

On devra les encastrer dans le sol d'autant plus profondément que les affouillements paraîtront plus probables, et
lorsque, comme dans les argiles ou les marnes, les eaux ou
les intempéries semblent devoir modifier la résistance des
terres, il pourra être nécessaire de recourir à des radiers généraux soit en les appareillant de manière à les faire concourir à
la résistance des fondations, soit en les considérant comme de
simples revêtements.

Il est fréquent que, dans de semblables terrains, on ait
recours à l'air comprimé pour approfondir les fondations, de
manière à se placer en contrebas du niveau des affouillements, même lorsque des couches placées à un niveau supérieur auraient pu supporter les pressions produites par les
constructions.

TERRAINS COMPRESSIBLES ET AFFOUILLABLES. — La première règle qui s'applique à ces terrains consiste à y diminuer autant que possible les pressions ; on doit renoncer à y établir des ouvrages chargeant beaucoup le sol.

Les procédés qu'on y emploie ont pour but de consolider le sous-sol et de fonder les constructions sur des supports résistant surtout par frottement latéral ; mais ces terrains résistent mal aux poussées, et on est souvent conduit à construire deux ouvrages juxtaposés, l'un constituant une digue à large base pour résister aux poussées, l'autre fondé sur des plateformes en charpente ou en fascinages pour supporter les pressions verticales.

1° *en dehors des courants :*

E. — En dehors des eaux courantes, on emploie la compression préalable du sol, les pilotis, les puits blindés ; les différentes parties des ouvrages doivent être rendues solidaires, de manière à augmenter autant que possible leur base d'implantation.

2° *dans les eaux courantes :*

F. — Dans les courants ou près de la mer, on répartit les pressions sur de grandes surfaces sous les ouvrages à l'aide de fascinages, et on combat également par ce procédé les affouillements qui peuvent se produire aux abords. On emploie aussi des pieux supportant de larges plateformes de béton ou de charpente, ou, pour des constructions chargeant peu, des massifs descendus par havage ; les pieux à vis peuvent être utilem   employés pour les constructions qui ne sont pas très char   s, mais on doit surtout se préoccuper de défendre avec soin les abords de l'ouvrage contre les affouillements.

C'est à ce point de vue que l'emploi de l'air comprimé peut être utile, en abaissant le niveau des fondations et en permettant d'atteindre des couches plus résistantes et moins affouillables.

Fondations à grandes profondeurs.

Les fondations à de grandes profondeurs s'exécutent le plus souvent dans les terrains de la dernière catégorie.

Les procédés qui permettent d'exécuter ces fondations difficiles sont :

jusqu'à 15 ou 20 mètres, l'emploi des pilotis, combiné avec des plateformes de fascinages, acceptable pour des ouvrages chargeant peu, résistant mal aux poussées ; les puits blindés dans les terrains étanches ;

jusqu'à 30 ou 35 mètres au maximum, l'air comprimé, dont les prix sont actuellement comparables à ceux des autres modes de fondation ; avec ce procédé, on peut voir le terrain sur lequel on fonde et faire varier dans certaines limites la profondeur à atteindre pourvu qu'on ait suffisamment augmenté les empattements.

Au-delà de 35 mètres, deux procédés seulement permettent de lutter contre les difficultés exceptionnelles qui se présentent :

en dehors des eaux courantes, la congélation du sol qui peut permettre de construire des massifs de maçonnerie à de grandes profondeurs ;

Au milieu des eaux courantes, les dragages à l'intérieur de caissons s'enfonçant par une surcharge en maçonnerie.

Ce dernier procédé est peut-être un peu aléatoire pour les très grandes profondeurs, mais il est le seul qui ait permis jusqu'ici d'aborder, dans les eaux courantes, des fondations descendant à plus de 35 mètres de profondeur.

On ne peut, dans une étude de ce genre, prévoir ni tous les cas, ni tous le procédés, ni toutes les circonstances d'application. Nous avons dû nous borner à donner, au moyen d'indications générales, des points de repère qui permettent, en procédant par élimination, de concentrer, dans chaque cas particulier, les études à faire sur un petit nombre de procédés ; la discussion se trouve ainsi limitée, elle peut donc conduire plus rapidement à un choix bien justifié.

CHAPITRE VI

TRAVAUX EN ÉLÉVATION

650. Généralités. — Les articles 42 et suivants ont fait connaître les dispositions générales que doivent recevoir, dans les parties en élévation, les travaux de maçonnerie, de bois ou de métal.

Il est utile de compléter ces données, notamment au point de vue de la conservation des matériaux ; mais nous laisserons de côté toutes les questions qui ne se rattachent pas étroitement à la construction, par exemple la décoration des ouvrages.

651. Ouvrages en maçonnerie. — Les dispositions des maçonneries en élévation sont le plus souvent commandées par l'appareil (art. 68), par la combinaison de matériaux de différentes dimensions (art. 69), par l'emploi des voûtes (art. 140).

Lorsque les maçonneries sont à parements verticaux, leurs lits sont horizontaux ou normaux aux têtes des voûtes.

Lorsqu'elles sont à parements inclinés, si l'inclinaison est forte, les lits devront être inclinés pour rester normaux aux parements ; mais, lorsque l'inclinaison est faible, le maintien des joints horizontaux, bien qu'il introduise un peu de complication dans l'appareil, peut être admis pour un ouvrage soigné, afin de diminuer l'action de l'humidité sur les joints.

Avec des maçonneries à parements verticaux ou très peu inclinés, il est possible de placer de distance en distance des assises saillantes, formant bandeau ou corniche, et écartant l'humidité des parements ; on peut, dans ce cas, employer à l'abri des corniches des matériaux qui ne seraient pas entièrement réfractaires à la gelée, s'ils étaient mouillés.

Lorsque les parements sont très inclinés, les pluies mouillent leur surface entière et il est nécessaire de n'y admettre que des matériaux peu perméables et d'éviter toutes les saillies qui pourraient arrêter l'écoulement des eaux.

Lorsque les ouvrages en maçonnerie ont une faible hauteur, au-dessous de 10 mètres par exemple, on peut sans inconvénient y employer en parements des matériaux dont la hauteur d'assise ne soit pas la même pour toutes les pierres rencontrées par un même plan horizontal. Pour les ouvrages de plus grande hauteur, il est préférable d'éviter les inégalités de tassement qui peuvent provenir d'épaisseurs inégales de mortier et d'employer dans chaque assise des matériaux de même hauteur de parement.

Nous montrerons l'application de ces règles à quelques ouvrages, après avoir donné sur les dispositions et dimensions des murs de soutènement, les renseignements que nous avons mentionnés à l'art. 453, sans les développer.

452. Murs de soutènement. — Lorsque, par suite de déclivité du terrain, ou du prix élevé du sol, on ne peut pas laisser au talus d'un remblai son inclinaison naturelle, on peut quelquefois se borner à consolider le talus raidi au moyen de revêtements plus ou moins résistants : gazonnements, perrés à pierres sèches ou perrés maçonnés. Mais, lorsque le talus descend au-dessous de 45°, on a recours à l'emploi d'un mur de soutènement, qui s'appellera mur de pied, si sa hauteur est faible par rapport à celle du remblai.

Le plus souvent un mur de soutènement pourra être construit à sec, sauf peut-être un faible épuisement dans les fouilles. Sa base sera au-dessus du niveau des eaux et ne sera pas exposée aux affouillements ; les remblais ne seront généralement pas noyés, lorsqu'on aura eu la précaution de traverser le mur par des barbacanes assez nombreuses, aboutissant, lorsque l'abondance des eaux et la nature du remblai le comportent, à un filtre en pierres sèches, interposé entre la face postérieure du mur et le remblai.

Lorsque le pied d'un mur de soutènement sera au-dessous du niveau de l'eau et pourra être exposé aux affouillements, il rentrera dans la catégorie des murs de quai, dont nous avons parlé plus haut ; nous nous bornons ici aux indications générales qui concernent la construction de la partie de ces ouvrages placée au-dessus des fondations.

Dans la construction d'un mur de soutènement proprement dit, on aura à faire intervenir ;

1° la résistance du terrain à la base, d'où résulte, en tenant compte de la poussée des terres, la surface d'appui nécessaire et, par suite, l'empatement ou risberme à ménager en dehors du parement du mur au niveau du sol ;

2° le calcul des pressions à différentes hauteurs, d'où résulte la détermination des profils correspondants et de l'épaisseur de chaque section ;

3° les dispositions à prendre pour éloigner ou écouler les eaux d'infiltration.

Sur les pressions, nous ne pouvons que nous référer aux indications données par l'article 28 (tome I).

En ce qui concerne les poussées, on consultera les éléments donnés à l'article 35 (tome I) et les mémoires spéciaux qui proposent des formules différentes, suivant qu'on tient compte du frottement des terres contre la paroi postérieure du mur ou qu'on néglige cet élément. Ce dernier système est le plus favorable à la stabilité ; il doit être employé lorsque le frottement est susceptible de diminution, par exemple par suite de l'humidité des remblais.

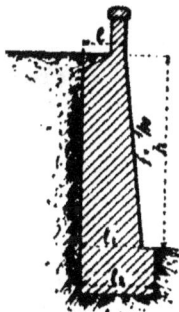

Fig. 875. — Mur avec parement postérieur vertical (*Type n° 1*).

En pratique les murs de soutènement se construisent suivant trois systèmes principaux, qui peuvent d'ailleurs se combiner entre eux.

Premier type (fig. 875). Parement extérieur avec fruit, compris entre 1/10 et 1/5 ; parement postérieur vertical, ou avec fruit, ou avec redans.

Lorsque les épaisseurs sont suffisantes, ce type donne le maximum de stabilité ; mais il est coûteux. Pour le parement postérieur, un fruit continu doit être préféré à des retraites succes-

33

sives qui divisent les remblais lorsqu'ils tassent et favorisent
les amas d'eau ; mais cette remarque ne s'applique pas au cas
où un filtre continu à pierres sèches recouvre ces retraites et
se termine du côté du remblai par une paroi verticale.

Deuxième type (fig. 876). Parement extérieur incliné, droit

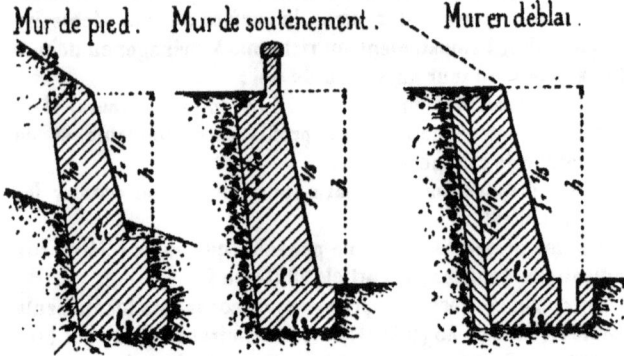

Mur de pied.   Mur de soutènement .   Mur en déblai .

Fig. 876. — Mur avec parement postérieur incliné (*Type n° 2*).

ou courbe ; parement postérieur quelquefois parallèle au précédent, mais devant présenter des élargissements successifs
dès que la hauteur est un peu grande.

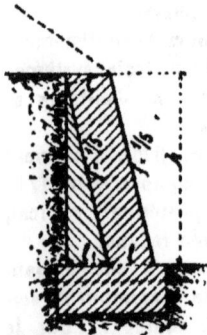

Fig. 877. — Mur à parement
postérieur incliné avec
contreforts   verticaux
(*Type n° 3*).

Dans ce système, le mur n'est pas stable par lui-même, surtout lorsque les
deux parements sont parallèles ; le remblai doit s'élever en même temps et ne
doit pas subir de tassements.

Il ne faut donc l'employer qu'avec des
remblais exécutés avec soin, compacts
et qui ne soient pas exposés à tasser.

Troisième type (fig. 877). Parement
extérieur incliné et parement intérieur
parallèle s'appuyant sur des contreforts
dont le parement postérieur est vertical ; ceux-ci sont espacés d'environ cinq
fois l'épaisseur de chaque contrefort, les
vides étant remplis de pierres sèches.

Ce type est plus économique que le premier et d'une exécution plus facile que le second.

Lorsqu'on peut craindre des tassements notables des remblais, il convient de garnir de maçonnerie à pierres sèches tout le périmètre des contreforts, de manière à mieux diviser les masses que ne le ferait un remblai plus ou moins pierreux versé sans précaution. Les contreforts sont souvent employés même dans les murs dont le profil moyen est assez épais ; lorsqu'ils ont une saillie suffisante, ils servent surtout à limiter les mouvements de masses dans les remblais.

En dehors des murs de soutènement des remblais ou des murs de pied, on construit également en tranchée des murs qui servent soit à diminuer l'ouverture de la tranchée, soit à revêtir les fossés et le pied des talus de déblai. Leurs dispositions ne diffèrent des précédentes que par quelques détails ; leurs dimensions, à égalité de hauteur, sont généralement un peu moindres.

Sans entrer dans l'exposé des méthodes de calcul des murs de soutènement, il peut être utile de comparer, d'après la pratique de divers services de construction de chemins de fer, les dispositions et dimensions usuelles.

Murs arasés au niveau des remblais	Hauteur au-dessus du terrain solide					
$h =$	1	2	5	10	15	20
Type n° 1. Fig. 875. Mur avec remblai de terres sèches. Fruit 1/10. $\quad l =$	0,50	0,50	0,80	1,55	2,33	3,13
$l_1 =$	0,60	0,70	1,30	2,55	2,83	5,13
Type n° 1. Fig. 875. Mur avec remblai de terres pierreuses. Fruit 1/5. $\quad l =$	0,40	0,43	0,60	0,78	1,17	2,56
$l_1 =$	0,60	0,83	1.60	2,78	4,17	5,56
Type n° 1. Fig. 875. Mur avec remblai de terres sablonneuses. Fruit 1/5. $\quad l =$	0,50	0,65	1.00	1,47	2,21	2,94
$l_1 =$	0,70	1,05	2,00	3,47	5,21	6,94
Type n° 3. Fig. 877. Mur avec remblai de terres pierreuses. Fruit 1/5. $\quad l =$	0,20	0,26	0,63	0,71	1,21	1,33
$l_1 =$	0,20	0,40	1,00	2,00	3,00	4,00
Type n° 3. Fig. 877. Mur avec remblai de terres mouillées. Fruit 1/5. $\quad l =$	0,51	0,69	1,08	1,63	2,45	3,26
$l_1 =$	0,20	0,40	1,00	2,00	3,00	4,00

Type n° 3. Fig. 877. Mur avec remblai de terres pierreuses Fruit 1/4.
$\begin{cases} l = 0{,}40 \quad 0{,}40 \quad 0{,}50 \quad 0{,}59 \quad 0{,}89 \quad 1{,}18 \\ l_1 = 0{,}25 \quad 0{,}50 \quad 1{,}25 \quad 2{,}50 \quad 3{,}75 \quad 5{,}00 \end{cases}$

Type n° 3. Fig. 877. Mur avec remblai de terres sablonneuses. Fruit 1/4.
$\begin{cases} l = 0{,}48 \quad 0{,}61 \quad 0{,}90 \quad 1{,}27 \quad 1{,}91 \quad 2{,}54 \\ l_1 = 0{,}73 \quad 1{,}11 \quad 2{,}15 \quad 3{,}77 \quad 5{,}66 \quad 7{,}54 \end{cases}$

Nota. — Pour les murs à contrefort (*Type n° 3, Fig. 877*), la largeur l_1 est celle du contrefort à la base du mur ; l'espacement des contreforts est égal à 5 fois la largeur totale $l + l_1$.

Murs surchargés. — Nous appelons murs *surchargés* ceux qui sont surmontés, au-dessus de leur couronnement, d'une hauteur h_1 de remblai.

Pour les hauteurs h_1 inférieures à 1,5 h, on ajoute souvent aux épaisseurs précédentes 0,15 h_1 et on limite la surépaisseur à 0,15 h lorsque $h_1 > 1,5 h$.

On peut également appliquer les chiffres du tableau suivant, où on a supposé $h_1 = 2 h$.

	Hauteur au-dessus du terrain solide					
$h =$	1	2	5	10	15	20
Type n° 1. Fig. 875. Mur avec remblai de terres pierreuses. Fruit 1/5.						
$l =$	0,40	0,42	1,05	2,10	3,15	4,20
$l_1 =$	0,60	0,82	2,05	4,10	6,15	8,20
Type n° 1. Fig. 875. Mur avec remblai de terres sablonneuses. Fruit 1/5.						
$l =$	0,50	0,56	1,40	2,80	4,35	5,80
$l_1 =$	0,70	1,06	2,40	4,80	7,35	9,80
Type n° 3. Fig. 877. Mur avec remblai de terres pierreuses. Fruit 1/5.						
$l =$	0,40	0,45	1,12	2,25	3,37	4,50
$l_1 =$	0,20	0,40	1,00	2,00	3,00	4,00
Type n° 3. Fig. 877. Mur avec remblai de terres sablonneuses. Fruit 1/5.						
$l =$	0,50	0,61	1,53	3,07	4,60	6,14
$l_1 =$	0,20	0,40	1,00	2,00	3,00	4,00
Type n° 3. Fig. 877. Mur avec remblai de terres sablonneuses. Fruit 1/4.						
$l =$	0,40	0,40	0,94	1,88	2,82	3,76
$l_1 =$	0,25	0,50	1,25	2,50	3,75	5,00
Type n° 3. Fig. 877. Mur avec remblai de terres sablonneuses. Fruit 1/10.						
$l =$	0,50	0,54	1,34	2,68	4,02	5,36
$l_1 =$	0,25	0,50	1,25	2,50	3,75	5,00
Murs en déblai.						
Type n° 1. Fig. 875. Mur soutenant des terres sèches. Fruit 1/20.						
$l =$	0,45	0,52	0,71	1,43	2,24	2,80
$l_1 =$	0,50	0,62	0,96	1,93	2,89	3,80
Type n° 2. Fig. 876. Mur soutenant des terres humides. Fruit 1/5.						
$l =$	0,52	0,62	0,92	1,42	1,92	2,42
$l_1 =$	0,62	0,82	1,42	2,42	3,42	4,42

Dans ce dernier exemple, les contreforts ont une saillie constante de 0 m. 30, une largeur de 1 mètre et ils sont espacés de 5 mètres d'axe en axe ; la largeur l_2, à la base du mur, se calcule par la relation :

$$l_2 = l_1 + 0,30 + 0,10 \, h$$

Indépendamment des considérations locales qui peuvent déterminer le choix entre les différents types, les chiffres suivants donnent une idée de leur valeur économique relative : ce sont, pour deux hauteurs données, les volumes de maçonnerie à mortier que comporte chacun d'eux sans tenir compte de la maçonnerie à pierres sèches.

Volume par mètre courant des murs de soutènement de différents types.

| | | Hauteur du mur | | Fruit du |
	Murs arasés au niveau des remblais	5 m.	15 m.	parement
Type n° 1	Mur avec remb. de terr. sèches.	6 m³ 05	38 m³ 70	1/10
(fig. 875)	— pierreuses.	5 , 50	40 , 80	1/5
	— mouillées.	7 , 50	55 , 63	1/5
Type n° 3	— pierreuses.	3 , 90	25 , 63	1/5
(fig. 877)	— mouillées.	5 , 90	41 , 17	1/5
Type n° 3	— pierreuses.	3 , 12	18 , 90	1/4
(fig. 877)	— mouillées.	5 , 10	34 , 20	1/4

Murs surchargés

Type n° 1	Mur avec remb. de terr. pierr.	7 m³ 73	69 m³ 53	1/5
(fig. 875)	— mouillées.	9 , 78	87 , 08	1/5
	— pierreuses.	6 , 13	55 , 13	1/5
Type n° 3	— mouillées.	8 , 20	73 , 80	1/5
(fig. 877)	— pierreuses.	5 , 32	47 , 92	1/4
	— mouillées.	7 , 35	66 , 15	1/4

Murs en déblai

Type n° 1	Mur soutenant des terres sèches	4 , 18	28 , 48	1/20
(fig. 875)				
Type n° 2	Mur souten. des terres humides	6 , 15	40 , 75	1/5
(fig. 876)				

L'humidité des terres est une des causes qui influent de la manière la plus défavorable sur les poussées. D'autre part les mortiers des maçonneries en contact avec des terres humides tendent à se décomposer par suite de la présence d'acide car-

bonique en excès, et, à ces deux points de vue, il y a tout
intérêt à écarter les eaux des déblais dans le voisinage des
murs de soutènement ou à faire filtrer à travers des massifs de
maçonnerie à pierres sèches les eaux qui n'auraient pu être
détournées. Celles-ci doivent traverser le mur par des barbacanes espacées de 3 à 5 mètres dans chaque ligne horizontale
et placées en quinconce dans des lignes successives, distantes
de 2 à 3 mètres. Derrière ces barbacanes, les massifs filtrants
doivent, suivant la perméabilité des remblais, être plus ou
moins continus ; lorsqu'une faible épaisseur suffit, on les compose de graviers ou de pierre cassée ; avec de plus fortes épaisseurs, et généralement avec les types de murs à contreforts,
on emploie la maçonnerie à pierres sèches.

**453. Murs de soutènement exposés à des affouille-
ments.** — Les murs de soutènement exposés à des affouillements peuvent être défendus, tout en conservant les mêmes
formes, au moyen des procédés que nous avons indiqués en
parlant des murs de quai.

Lorsqu'ils sont exposés à la houle sur le bord de la mer ou
dans des parties d'un avant-port où ils n'ont pas à être acces-
tables, il y a intérêt à modifier leur profil en parement en vue
de diminuer l'action du ressac à la base et, pour ne pas avoir
un trop gros cube, tout en obtenant un profil entièrement
stable par lui-même, on peut pratiquer des évidements analogues à ceux que représentent les figures 878 à 880.

Une première application de ce type a été faite en 1857 par
M. Hardy, ingénieur du port d'Alger, aux abords d'un bâtiment, le long duquel passait un chemin vicinal très exposé
aux affouillements, son talus reposant sur une plage de sable
battue par la mer (1).

Le mur représenté par les figures 878 à 880 a été construit (1901) par le service vicinal du département d'Alger le
long de la gare de Bab-el-Oued, sur le tramway de St-Eugène
à Rovigo ; on remarquera que, sur une épaisseur de 3 m. 25,

(1) Note sur un travail de défense de côté exécuté à la Salpétrière, près
Alger, par M. Hardy, ingénieur des Ponts et Chaussées (*Annales des Ponts
et Chaussées* ; 1902, 1ᵉʳ sem., p. 173).

avec une largeur de 1 m. 65, règne au-dessous de la partie
antérieure du mur un parafouille continu, défendu du côté de
la mer par de gros enrochements. La stabilité du mur est indépendante des remblais et le cube de maçonnerie exécuté par
mètre courant a été très réduit par les évidements pratiqués
entre les contreforts.

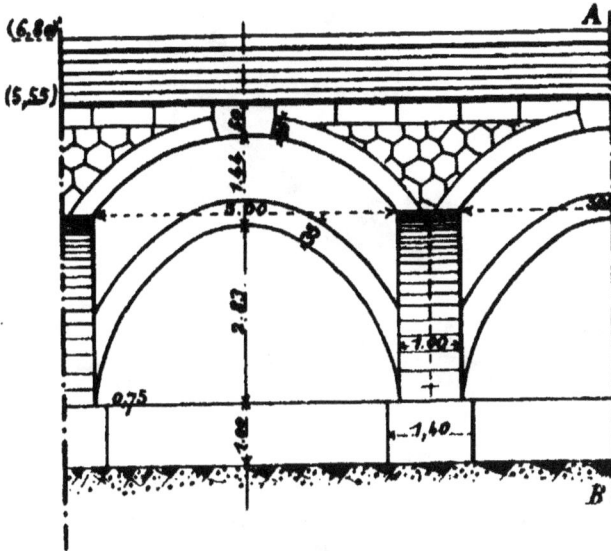

Fig. 878. — Mur de défense de la gare de Bab-el-Oued à Alger.
Élévation intérieure.

Comme les perrés, les murs de soutènement sont, suivant
les cas, couronnés par des moellons posés en hérisson ou par
un bandeau saillant en pierre de taille formant plinthe.

Mais, eu égard au fruit, cette plinthe, généralement peu
saillante, ne protège guère les parements.

634. Ponts. — Dans les ponts, au contraire, les saillies
sont plus fortes, fréquemment accentuées par des corbeaux et
atteignant de 0 m. 25 à 0 m. 40 dans les ouvrages de dimen-

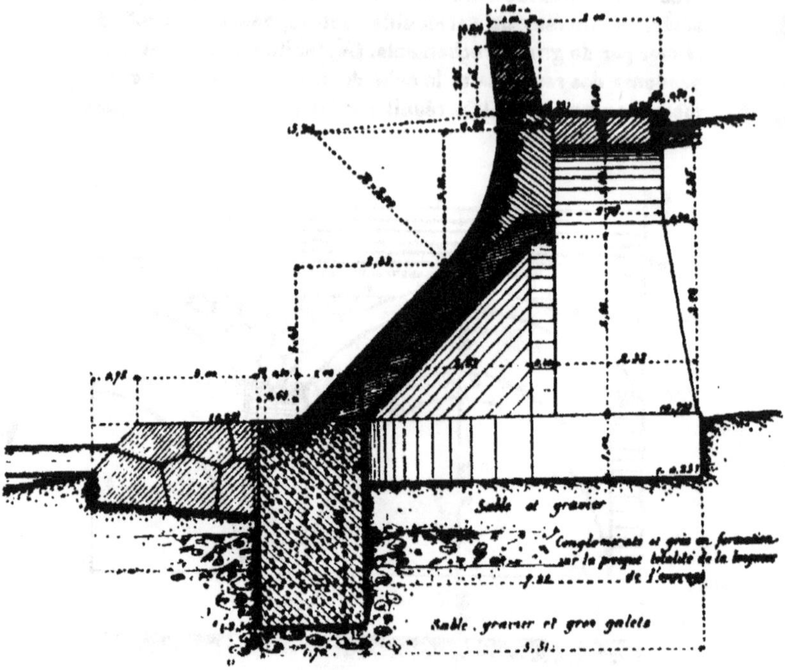

Fig. 879. — Mur de défense de la gare de Bab-el-Oued à Alger.
Coupe transversale.

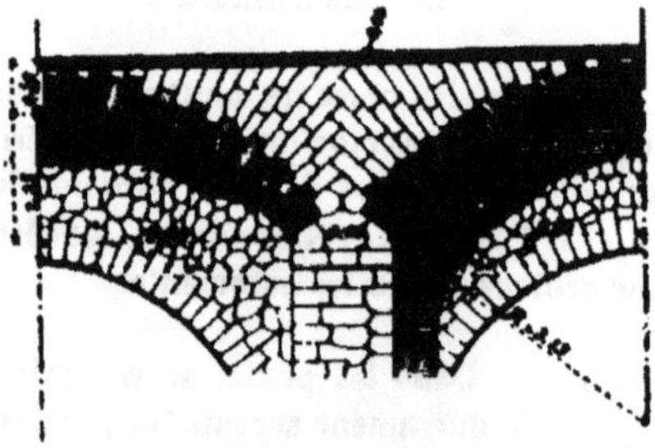

Fig. 880. — Mur de défense de la gare de Bab-el-Oued à Alger.
Coupe longitudinale.

sions courantes pour dépasser 1 mètre dans quelques ouvrages exceptionnels.

Du xiiie au xive siècle, les saillies des plinthes ont augmenté en même temps que leurs profils devenaient plus conformes à ceux de l'architecture classique.

De nos jours, en France, les ingénieurs se sont partagés en deux écoles, se rattachant à l'une ou à l'autre de ces deux époques et il semble, à première vue, qu'il n'y ait dans leur choix qu'une question de goût.

La construction y est cependant très intéressée : il s'agit de mettre les parements des têtes à l'abri de l'humidité et, bien qu'on y réussisse rarement, on doit chercher à empêcher que l'écoulement des eaux, souvent chargées de poussières ou de fumée, produise ces larmes noirâtres qui altèrent si rapidement l'aspect de nos ouvrages et de nos édifices. Ajoutons que, partout où les eaux séjournent, elles favorisent les dégâts des gelées ou aident au développement des végétations qui détériorent les parements ou les joints.

Pour éviter ces causes de destruction des ouvrages, il faut :

Que les parties supérieures des plinthes ou corniches soient inclinées pour former revers d'eau, et cela d'autant plus qu'on emploie des pierres plus perméables, pouvant être altérées par l'humidité ou par la gelée ;

Que les faces antérieures ne présentent pas de moulures à profil adouci, pouvant retenir l'humidité ;

Que les arêtes inférieures soient à angle aigu ou accompagnées d'un évidement formant larmier ;

Enfin, pour éviter les souillures produites par les poussières ou par la fumée, il est utile de réduire ou même d'éviter entièrement dans les moulures les surfaces verticales.

On pourra faire sur les figures qui suivent l'application de ces règles, et on reconnaîtra sans peine qu'elles sont beaucoup mieux satisfaites par les profils imités du xiiie siècle, empruntés à l'art gothique ou établis d'après les mêmes principes. En observant les ouvrages ou les édifices où ces règles ont été appliquées, on sera frappé de l'état de conservation et de la propreté relative de leurs parements.

Les mêmes profils s'appliquent aux ponts et aux viaducs ;

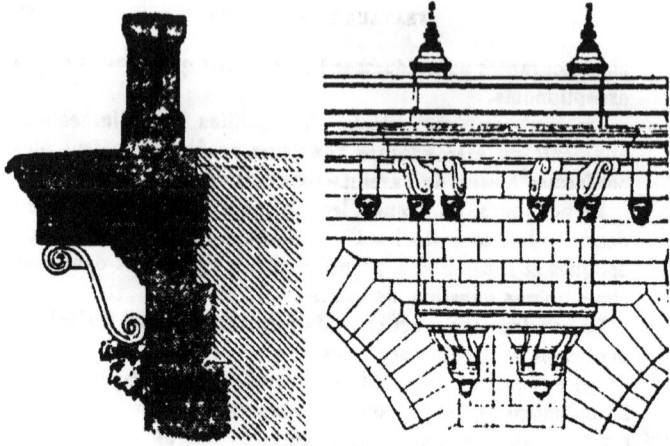

Fig. 881. — Pont-Neuf sur la Seine à Paris (1578). Arches de 14 m. 35.

Archivolte et entablement
(Les cotes en dessous sont en pieds)

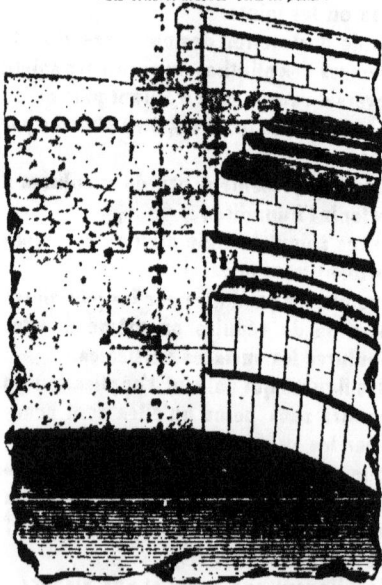

Viaduc de la Manse

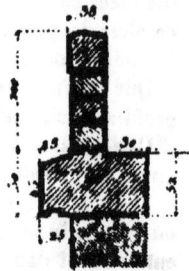

Fig. 883. — (1856). Arches de
15 mètres. Hauteur au-dessus
du sol : 33 mètres.

fig. 882.— Pont de Lavaur sur le Tarn (1773-1784)
Arches de 48 m. 70.

ils diffèrent suivant la dimension des arches et leur hauteur
au-dessus du sol, mais pour des motifs tirés de la décoration
ou de la perspective et qui sont étrangers à notre sujet.

Fig. 884. — Pont de la Corrèze (1893). Chemin de fer de Limoges à Brives.
Arches de 14 mètres. Corniche sur modillons.

Pont de la Creuse.   Pont de Montlouis

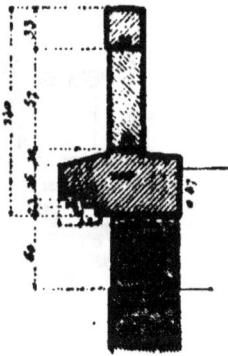

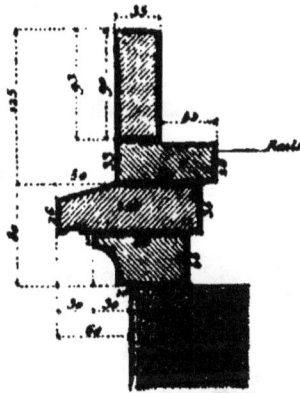

Fig. 885. — Pont de la Creuse
(1848). Arches de 31 mètres.

Fig. 886. — Pont de Montlouis sur la
Loire (1845). Arches de 24 m. 75.

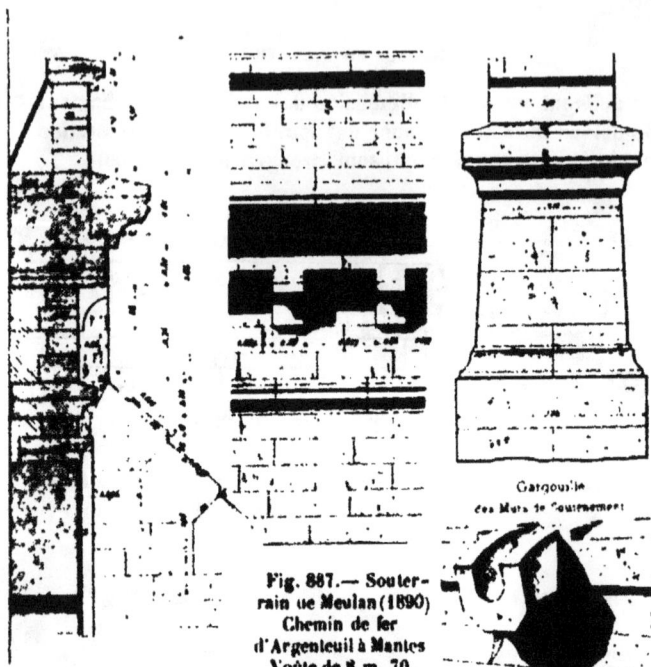

Fig. 887. — Souterrain de Meulan (1890)
Chemin de fer
d'Argenteuil à Mantes
Voûte de 8 m. 70.

Gargouille
des Murs de Soutènement

Fig. 888. — Viaduc de la Frette (1892). Chemin de fer d'Argenteuil à Mantes. — Arches de 10 mètres. Hauteur au-dessus du sol : 22 m. 40.

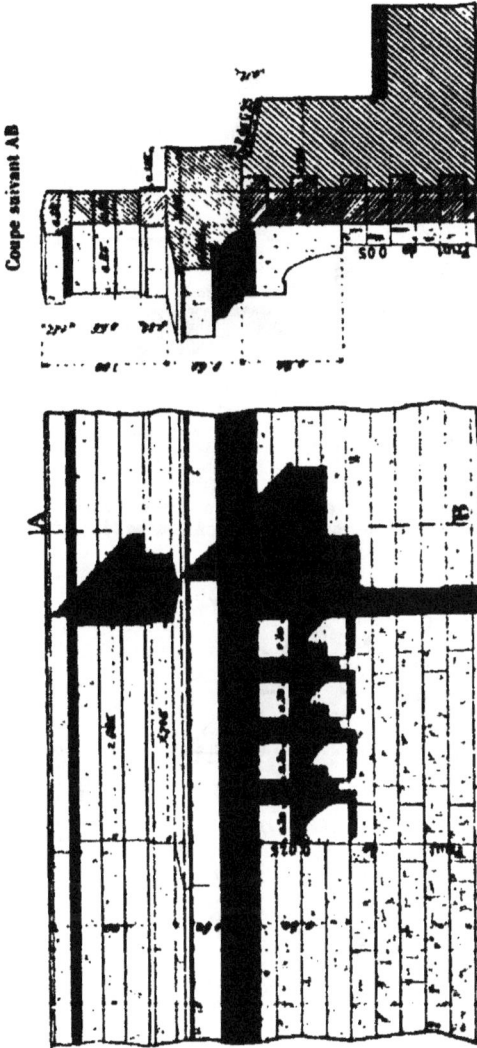

Fig. 889. — Viaduc de Meulan (1890). Chemin de fer d'Argenteuil à Mantes. Arches de 18 m. 70.

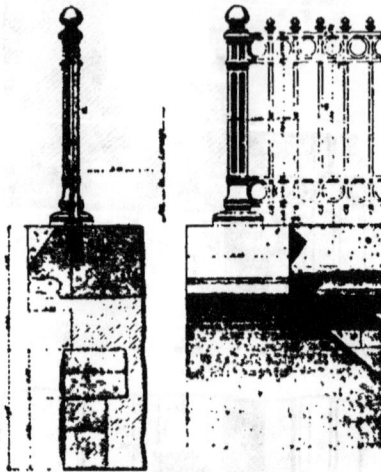

Fig. 590. — Viaduc dans la gare de Meulan (1890).
Chemin de fer d'Argenteuil à Mantes. Arches de 23 m. 50.

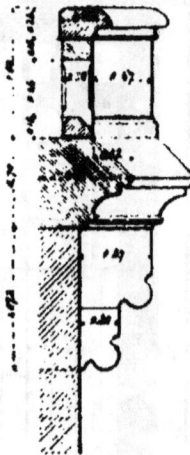

Fig. 591. — Viaduc sur le bras non navigable de la Seine à Mantes (1889).
Chemin de fer d'Argenteuil à Mantes. Arches elliptiques de 32 mètres.

Dans les ouvrages construits entièrement en briques, les corniches sont en général peu saillantes et simplement formées de quelques rangs de briques posées soit à joints parallèles, soit en chevrons, de manière à écarter les eaux des parements.

Parapets en briques.

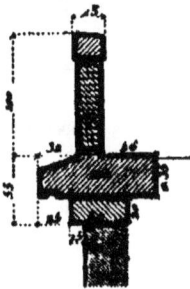

Fig. 892. — Parapets en briques avec corniches en pierre.

Mais on emploie aussi la brique en parapets pour en diminuer l'épaisseur (fig. 892) et en corbeaux supportant une cor-

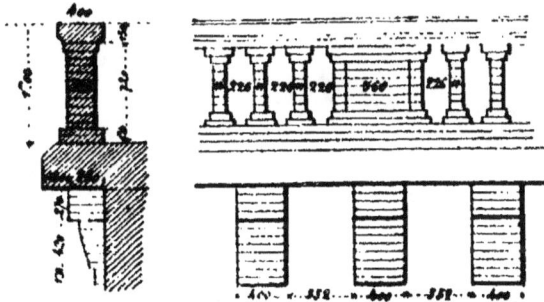

Fig. 893. — Corbeaux et parapets en briques.

niche en pierres de taille, surmontée par un parapet en briques (fig. 893).

Les plinthes peuvent être construites en briques, de même que les bahuts et les couronnements (fig. 894).

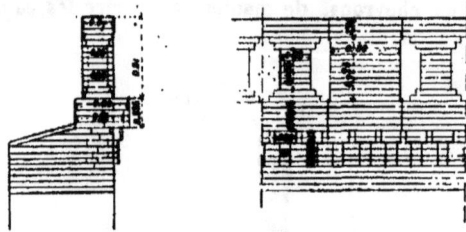

Fig. 894. — Plinthes et parapets en briques.

Pour des ouvrages importants, il serait facile de faire mouler des briques spéciales pour corniches ou parapets avec

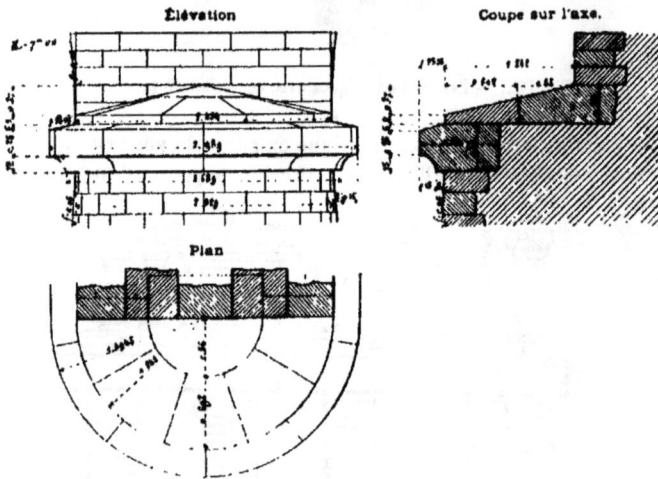

Fig. 895. — Corniche sur avant-bec. Pont de la Corrèze.
Chemin de fer de Limoges à Brives.

larmiers ; on pourrait donner à ces briques des dimensions supérieures à celles des échantillons courants, de manière à augmenter les saillies et à introduire plus de variété dans la décoration de ces ouvrages.

Les figures qui précèdent concernent des parements droits ou à grande courbure. Dans les ponts, des corniches courbes

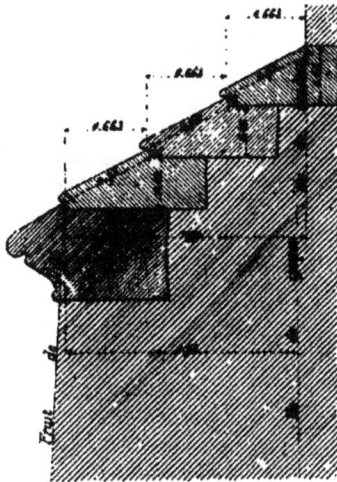

Fig. 896. — Corniche sur avant-bec. Pont sur la Seine à Mantes.
Chemin de fer d'Argenteuil à Mantes.

se placent au-dessus des avant et arrière-becs; elles sont conçues dans deux systèmes, dont nous présentons des exemples empruntés à des ouvrages modernes (fig. 895 et 896).

655. Travaux de navigation. — Dans les parties des ouvrages de navigation en saillie au-dessus des eaux, on doit distinguer : 1° les parties qui doivent être accostables aux bateaux ou navires ou qui sont exposées dans les crues aux chocs des corps flottants ; 2° celles qui n'ont à craindre aucun choc.

Ces dernières seront couronnées par des plinthes ou corniches, généralement moins saillantes que celles des ponts, mais tout à fait analogues dans leurs dispositions générales.

Au contraire, les couronnements des murs ou des ouvrages exposés aux chocs ne doivent présenter aucune saillie sur les maçonneries inférieures; ils sont constitués par des pierres de forte épaisseur, de 0 m. 40 à 0 m. 50, qu'on devra souvent relier, à moins qu'elles n'aient de très grandes longueurs, par des ancrages de 0 m. 30 à 0 m. 40, par des joints à grains d'orge, ou par des clefs verticales réunissant deux assises dans le sens de la hauteur (fig. 897).

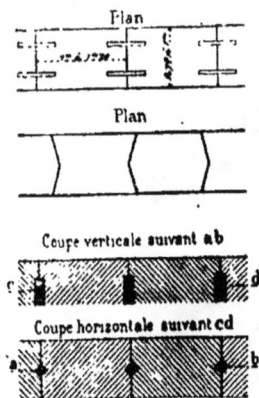

Fig 897. — Assemblages de maçonneries de couronnement.

Indépendamment des chocs, ces dispositifs peuvent être utiles pour empêcher les couronnements d'être déplacés par les gelées, lorsqu'ils sont construits le long de terre-pleins dont la congélation augmente le volume ; c'est le motif pour lequel, dans les couronnements d'écluses, on revêt de maçonnerie la partie supérieure des murs sur une largeur d'au moins 1 m. 20.

656. Ouvrages en charpente. — Les charpentes en élévation présentent les dispositions indiquées aux articles 190 et suivants pour leurs assemblages ; elles sont en général constituées par des pièces équarries à vives arêtes, assemblées avec précision et disposées de manière à écarter les eaux pluviales et à faciliter l'assèchement des bois, en les mettant, autant que possible, à l'abri de l'humidité.

En Allemagne, en Autriche et en Suisse, on rencontre souvent des ponts en charpente surmontés d'une toiture; quelquefois aussi, mais surtout du côté des vents régnants, leurs faces latérales sont recouvertes par des pans de bois. Il convient seulement de laisser entre la charpente proprement dite et son revêtement des vides assez grands pour permettre la circulation de l'air. C'est à l'aide de ces précautions, qu'on soustrait à l'action d'une humidité prolongée les charpentes placées dans les pays de montagnes au fond de vallées humides et peu exposées au soleil.

C'est une pratique très recommandable qui permet d'augmenter dans une grande proportion la durée de ces ouvrages. Même lorsqu'on n'y a pas recours, il est souvent possible de donner aux pièces secondaires des tabliers une assez forte saillie par rapport aux pièces principales, pour protéger celles-ci contre les intempéries.

Les points à soigner particulièrement et à surveiller pour assurer la conservation des ouvrages en charpente sont : les assemblages, les encastrements des ferrements et les surfaces de contact avec les maçonneries.

Dans les assemblages, il importe d'éviter l'introduction de l'eau ; en dehors d'une taille précise, il est nécessaire que les surfaces de contact soient goudronnées avant l'assemblage définitif avec assez de soin pour que tous les vides soient entièrement remplis. Il en est de même pour les encastrements des ferrements.

Quant aux points de contact avec les maçonneries, s'il s'agit de pièces horizontales engagées, comme des poutres de pont, elles devront rester apparentes sur leurs faces latérales et sur leurs abouts, et les sommiers devront présenter une pente favorable à l'éboulement des eaux. S'il s'agit de pièces verticales, on devra éviter de les encastrer dans les dés en pierre qui les supportent, à moins de creuser latéralement des rigoles pour maintenir à sec le pied des poteaux ou montants.

Dans tous les cas, les goudronnages et peintures qui protègent ces ouvrages devront être assez fréquemment renouvelés, toutes les fois que, par leur emplacement, ils seront exposés à des alternatives de sécheresse et d'humidité.

657. Ouvrages en fer, fonte ou acier. — Les ouvrages métalliques, construits d'après les règles exposées aux articles 206 et suivants, sont disposés pour satisfaire à des conditions de résistance qui ne varient pas suivant leur emplacement. Sauf les questions de décoration que nous n'avons pas à traiter ici et qui ne s'appliquent qu'à des ouvrages exceptionnels, les règles de construction sont les mêmes, et nous ne pouvons que rappeler les remarques déjà faites aux articles 235 et suivants sur la rouille, sur les dispositions à

donner aux assemblages pour qu'ils soient sur tous les points
accessibles à la peinture, enfin sur les précautions à prendre
pour la conservation des fers engagés dans les maçonneries.

Dans les ouvrages métalliques, les pièces dont la conservation est le mieux assurée sont celles qui restent apparentes
sur toutes leurs faces, et qui peuvent être facilement visitées
et repeintes ; dans les grands ponts, on a recours à des passerelles spéciales pour faciliter ces visites qui constituent un
élément important de la conservation de l'ouvrage.

Les fers partiellement engagés dans des maçonneries qui
ne seraient pas très compactes seraient dans de mauvaises
conditions pour se conserver ; la rouille s'y développerait sous
l'action de l'humidité pénétrant les maçonneries.

Au contraire les fers entourés de maçonneries compactes et
adhérentes, comme celles qu'on construit dans les ouvrages
en ciment armé, sont dans des conditions de conservation très
satisfaisantes, quand ces ouvrages ne sont pas exposés à de
trop grandes variations de température et d'humidité.

Mais l'expérience n'a pas encore prononcé d'une manière
complète sur le degré de sécurité qu'on peut attendre d'ouvrages soumis à de fortes charges d'eau, lorsque celles-ci
sont variables et lorsque les maçonneries sont exposées à de
grands écarts de température ; on peut craindre qu'il ne se
produise dans les revêtements en ciment des fissures qui,
s'agrandissant par la gelée, favorisent l'attaque ultérieure des
fers par la rouille.

CHAPITRE VII

PRIX DE REVIENT

---

838. Généralités : prix élémentaires. — Les prix de revient des ouvrages que nous avons étudiés dans les chapitres précédents ne peuvent être l'objet que d'indications approximatives, utiles pour la rédaction des avant-projets ; des estimations détaillées peuvent seules servir de base aux projets définitifs.

Nous donnerons d'abord les prix obtenus dans des fondations d'ouvrages ; la date d'exécution permet de comparer les variations survenues avec le temps dans l'application de certains procédés.

Pour les travaux en élévation, nous nous bornerons à ceux qui renferment des éléments de comparaison, notamment les ponts et viaducs.

Dans tous les cas, pour comparer utilement des prix d'ouvrages exécutés à des époques et dans des pays différents, il serait utile de tenir compte des variations que peuvent avoir subi, suivant les temps et les lieux, les prix élémentaires de la main-d'œuvre et des matériaux.

Faute de pouvoir donner à ce sujet des indications précises, nous devrons nous borner aux renseignements suivants :

Main-d'œuvre. — D'après les résultats d'une enquête faite par l'Office du travail de Washington, l'Office français du travail a donné, pour quelques villes principales et pour trois périodes consécutives, les salaires moyens par journée de travail des ouvriers de différentes professions.

A titre de renseignement, nous y laissons subsister les professions étrangères aux travaux publics.

Salaires moyens par journée de travail

PROFESSIONS	1870-1877					1878-1887					1888-1896				
	LIÈGE	PARIS	LONDRES	NEW-YORK	SAN FRANCISCO	LIÈGE	PARIS	LONDRES	NEW-YORK	SAN FRANCISCO	LIÈGE	PARIS	LONDRES	NEW-YORK	SAN FRANCISCO
	fr. c.	fr. c.	fr. c.	fr. c.	fr. c.	fr. c.	fr. c.	fr. c.	fr. c.	fr. c.	fr. c.	fr. c.	fr. c.	fr. c.	fr. c.
Charpentiers............	»	6 15	8 10	16 »	19 35	»	7 75	8 25	17 85	17 »	4 05	8 30	8 »	18 »	16 85
Ébénistes............	3 50	6 15	7 75	8 85	»	3 50	7 65	8 30	11 35	»	3 60	8 50	8 55	11 35	»
Compositeurs typographes..	3 10	6 »	7 50	11 »	17 75	3 90	6 50	7 50	15 15	17 35	4 »	6 50	7 80	13 90	17 20
Mouleurs............	3 90	6 35	7 75	11 »	18 35	3 85	6 65	8 »	13 35	18 »	3 75	6 90	8 »	14 15	18 80
Forgerons............	4 05	6 15	7 70	12 80	18 30	4 15	6 80	8 »	13 75	19 20	4 35	8 20	8 25	13 85	17 15
Mécaniciens............	3 15	6 85	7 70	12 13	16 30	3 25	7 40	8 »	13 50	15 90	3 45	7 60	8 »	13 65	15 20
Plombiers............	»	7 05	7 40	14 »	18 70	3 90	7 20	8 20	17 85	18 20	3 90	7 25	8 45	18 90	18 35
Maçons (pierre)........	3 25	5 65	8 45	13 70	15 80	3 65	7 70	8 20	16 50	25 40	3 75	8 »	8 20	20 10	23 80
Peintres en bâtiment...	21 80	5 95	7 70	13 30	17 65	3 30	6 80	7 80	16 50	15 75	3 40	7 »	7 70	18 10	15 40
Manœuvres............	21 80	4 50	»	8 55	10 35	2 80	5 »	»	8 30	10 35	2 75	5 »	»	8 50	9 30

Pour les ouvriers employés sur les chantiers de travaux publics, les variations entre les salaires des différentes professions sont le plus souvent proportionnelles, de sorte qu'en prenant pour unité le salaire d'un manœuvre ordinaire, le rapport des salaires des ouvriers des autres professions à celui du manœuvre sera représenté par les nombres suivants :

Manœuvre, gâcheur de mortier (salaire pris pour unité)....	1
Terrassier, compagnon maçon.........................	1,20
Compagnon paveur, bardeur, maçon....................	1,30 à 1,40
Menuisier.......................................	1,50
Tailleur de pierre, piqueur de grès, poseur de pierre, serrurier.......................	1,50 à 1,60
Chef d'atelier, granitier, charpentier....................	1,60 à 1,70

Quant aux matériaux, les métaux sont les seuls dont les prix varient entre des limites assez peu étendues pour qu'on puisse calculer des moyennes générales. La statistique de l'industrie minérale en France donne des chiffres annuels, dont nous avons extrait le tableau suivant, auquel nous ajoutons les combustibles minéraux au point de vue de l'alimentation des machines et de la relation que présentent leurs prix avec ceux des métaux.

Prix moyens par tonne des métaux et des combustibles minéraux en France

	pour les années :			
	1870	1880	1890	1900
Fonte brute.....	87 fr.	87 fr.	67 fr.	80 fr.
Fonte moulée de première fusion	178	185	151	135
Fers marchands et spéciaux.. .	226	212	169	220
Tôles......................	325	327	239	259
Rails en fer.................	199	181	»	»
Rails en acier...............	340	218	140	180
Combustibles minéraux (au lieu d'extraction)...	11,69	12,74	11,04	11,95
Combustibles minéraux (au lieu de consommation)	23,11	21,74	22,54	26,57

Si on compare pour l'année 1900 les prix moyens qui précèdent avec ceux que donne la même statistique pour quelques pays étrangers, on trouve (en francs par tonne) :

	Fonte	Fer	Acier	Combustibles minéraux
France	80 fr.	220 fr.	288 fr.	14 f. 95
Belgique..........	90	195	184	17 41
Grande-Bretagne...	104	»	»	13 41
Prusse............	81	217	186	10 59
États-Unis	94	»	»	6 86

§ 1. — FONDATIONS

650. Limite des travaux comptés comme fondation. — Le cube total des fondations à exécuter sur un même chantier ou sur des chantiers voisins d'une même entreprise a une grande influence sur les prix de revient, eu égard aux dépenses d'installation et aux frais généraux.

Ceux-ci comprennent le plus souvent une partie fixe, à peu près indépendante du cube et de la profondeur, à laquelle vient s'ajouter une partie variable dépendant de ces éléments et de toutes les circonstances locales qui peuvent modifier soit le prix des matériaux ou de la main-d'œuvre, soit les accès des chantiers, soit les précautions à prendre contre les infiltrations d'eau et contre les crues.

Pour chaque mode de fondation, les prix varient dans des limites très étendues, et il n'est pas toujours facile de dégager les causes de ces variations ; il ne peut être question de faire des moyennes qui, fondées sur un petit nombre d'exemples disparates, n'auraient aucune signification précise et nous nous bornerons à citer quelques-uns des chiffres qu'on trouve dans le *Traité des ponts en maçonnerie* (Degrand et Résal, t. II, p. 323), dans plusieurs mémoires publiés par les *Annales des Ponts et Chaussées* et dans des documents communiqués par divers ingénieurs.

On remarquera que la limite de la partie d'ouvrage comptée comme fondation varie suivant qu'on est dans les rivières ou au bord de la mer. Dans les rivières, on se borne généralement à compter comme fondations les massifs en contrebas de l'étiage, bien que les maçonneries faites à l'abri des batardeaux ou des enceintes et qui n'auraient pu être exécutées sans leur construction s'élèvent au-dessus de ce niveau conventionnel, jusqu'à la hauteur des eaux moyennes.

Pour les travaux à la mer, au contraire, on compte généralement comme fondation tout ce qui se trouve en contrebas des plus hautes mers. Ces maçonneries, périodiquement immergées, doivent en effet être construites avec des soins particuliers ; mais, en fait, une partie notable de leur hauteur au-dessus des basses mers ordinaires est accessible pendant un très grand nombre de marées par mois, et donne lieu à beaucoup moins de frais accessoires que les maçonneries de fondation proprement dites. Pour ce motif, les prix moyens des ouvrages exécutés dans les mers à marées peuvent paraître moins élevés que ceux qui se trouvent dans les mers à niveau à peu près constant.

C'est sous ces réserves que les chiffres suivants doivent être comparés, en examinant séparément :

Les ponts, les travaux de navigation fluviale, et les travaux de navigation maritimes autres que les jetées.

680. Ponts. — Pour des profondeurs d'eau (comptées en contrebas du niveau moyen pendant la durée des travaux) de 5 à 6 mètres, on peut construire, au milieu des sables et graviers demi-perméables, des piles de ponts avec batardeaux et épuisements aux prix de 60 à 90 francs le mètre cube ; même avec des profondeurs allant jusqu'à 8 mètres, ce prix pourra descendre de 60 jusqu'à 30 francs dans des terrains peu perméables, avec des épuisements faciles. Mais l'importance des épuisements et la réduction des cubes compris dans chaque fondation ont pu porter ces prix à 130 et même 150 francs par mètre cube.

Lorsqu'on peut les exécuter à un prix raisonnable, les fondations par épuisements sont les meilleures, les ouvriers travaillant à l'air libre sous une surveillance facile : on y emploie des terrassiers et des maçons ordinaires qui produisent plus et mieux que dans toute autre condition.

Dans les parties des fleuves soumises à la marée, on a quelquefois obtenu des prix assez bas voisins de 40 francs, lorsque la profondeur sous basse mer était faible par rapport à l'am-

Fondations par épuisements dans des batardeaux

DATE de la construction	DÉSIGNATION des ouvrages	PROFONDEUR des fondations (1)	CUBE des maçonneries de fondation	DÉPENSE par mètre cube
		MÈTRES	MÈTR. CUBES	FRANCS
	EAU DOUCE			
1846-1848	Pont de la Creuse (première pile)...........	4,00	720	56
	Pont de la Creuse (deuxième pile)...........	4,00	680	63
1879-1880	Pont de Laroche, sur l'Isle, deux piles............	2,70 à 2,80	191	136 à 147 (2)
1879-1880	Pont de Beynac, sur la Dordogne, une pile....	3,10	154	134 (3)
1879-1880	Pont du Garrit, sur la Dordogne, deux piles..	1,80 à 2,00	165	88 à 149
1889-1890	Viaducs du chemin de fer d'Argenteuil à Mantes : sur le grand ravin de la Frette (six piles, deux culées).....	7,00	1545	21
1889-1890	Viaduc de Triel (neuf piles)	3,00 à 8,00	1075	18
1889-1890	Viaduc de Maurecourt (deux piles, deux culées).	2,35	886	25
	EAU DE MER			
1857-1858	Pont de Redon (culée gauche).................	14,20	1290	68
1859-1861	Viaduc d'Auray (moyenne)	3,95 à 6,38	3250	42
1861-1862	Viaduc d'Hennebont (pile de rive)	8,90	837	72
	Viaduc d'Hennebont (pile centrale)..	9,60	749	134
1861-1863	Viaduc de Quimperlé (une pile).................	5,50	457	41
1864-1866	Pont du Scorff (pile culée).	8,25	1262	71
1864-1866	Viaduc de Port-Launay (pile en rivière).......	7,60	775	100

(1) Les profondeurs sont comptées en contrebas de l'étiage, des hautes mers ou du sol de la vallée.

(2) Y compris 1000 fr. d'achat de matériel.

(3) Y compris 3000 fr. d'achat de matériel.

plitude des marées ; dans ce cas, l'importance relative de la zone comprise entre les basses et les hautes mers, qui est la moins coûteuse, était relativement grande et diminuait le prix moyen.

Pour les fouilles creusées en dehors du lit des cours d'eau, les profondeurs précédentes peuvent être dépassées économiquement, sauf à blinder, s'il y a lieu, une partie des fouilles : on peut atteindre 10 à 12 mètres et même plus ; la quantité plutôt que la hauteur des épuisements limite l'application du procédé. Il en résulte même souvent que pour les ponts d'une seule portée il y a intérêt à augmenter l'ouverture pour pouvoir fonder en fouille ouverte à l'abri des berges naturelles, plutôt que de réduire la portée au strict nécessaire, en acceptant l'obligation de fonder au moyen de batardeaux dans le lit du cours d'eau. Le premier système, avantageux pour les épuisements, peut n'être pas onéreux pour les maçonneries si on peut noyer les culées dans les remblais, et le prix du mètre cube de fondation, malgré des épuisements d'une certaine importance, peut descendre au-dessous de 40 francs et s'abaisser jusqu'à 25 francs.

Les fondations sur béton immergé dans des caissons sans fond ne s'appliquent plus maintenant à des profondeurs supérieures à 5 ou 6 mètres sous l'eau ; elles comportent l'exécution des dragages à la machine, et ne doivent être employées que sur les cours d'eau à régime tranquille, dont l'eau est généralement claire ; les prix ordinaires sont compris entre 70 et 80 francs le mètre cube, ils peuvent descendre au-dessous de 35 francs ou s'élever à 160 francs, et monter jusqu'à 200 francs et même au-delà ; mais alors leur emploi ne serait justifié que pour de très petits cubes.

Les fondations sur pilotis sont économiques lorsqu'il s'agit de résister à peu près exclusivement à des charges verticales : employées autrefois avec des grillages, plateformes ou caissons reposant sur la tête des pieux, elles permettaient d'établir la plateforme inférieure des maçonneries de 6 à 12 mètres au-dessus du fond où s'arrêtait la pointe des pieux ; mais ces fondations ont fréquemment donné lieu à des mécomptes, surtout avec des pieux de grande longueur, dans les terrains où se produisent des poussées latérales, auxquelles les pieux résistent mal ; on se sert maintenant des pieux plutôt pour consolider et resserrer le sous-sol que pour porter directement les charges et, excepté dans les travaux des ports, on cherche à ne pas dépasser une longueur de pieux de 10 mètres, à moins qu'ils n'aient un très gros équarrissage.

Fondations sur massifs de béton immergé

DATE de la construction	DÉSIGNATION des ouvrages	PROFONDEUR des fondations	CUBE des maçonneries de fondation	DÉPENSE par mètre cube
		MÈTRES	MÈTRES CUBES	FRANCS
1843-1845	Pont de Montlouis, sur la Loire..........	5,00	420	76
1846-1848	Pont de Châtellerault, sur la Vienne......	3,66	307	33
1855-1857	Pont de Plessis-lès-Tours, sur la Loire..	5,00	380	82
	Pont de Château-du-Loir, sur le Loir....	3,65	255	82
1856-1857	Pont du Mont, sur l'Huisne	4,85	310	74
1879-1880	Pont de Beynac, sur la Dordogne (trois piles)	3,00 à 3,20	491	159 à 271 (1)
1879-1880	Pont du Garrit, sur la Dordogne (deux piles)	2,20 à 2,30	87	174 à 198

(1) Y compris 13.000 fr. d'achat de matériel.

Les plateformes portées par des pieux doivent avoir une grande surface et déborder les massifs supérieurs en vue de la résistance aux efforts horizontaux : si on évalue leur prix comme si ces plateformes remplaçaient un cube de maçonnerie égal à leur surface multipliée par la longueur des pieux, on trouve des prix moyens de 20 à 40 francs, exceptionnellement 60 francs ; mais ces prix sont un peu fictifs, la surface des grillages ou des plateformes étant notablement supérieure à celle de la maçonnerie superposée.

Fondations sur pilotis

DÉSIGNATION des ouvrages	PROFONDEUR des fondations	CUBE des maçonneries de fondation	DÉPENSE par mètre cube
	MÈTRES	MÈTRES CUBES	FRANCS
Pont sur le Brivet, deux culées..	7,00	1197 (1)	20
Pont de la prairie Saint-Nicolas, deux culées	11,50	1311	31
Pont de l'Isac, deux culées	11,50	4364	39
Pont de l'Oust, deux culées et deux piles..................	11,50	3450	60
Viaduc des Bas Vals sur la ligne d'Argenteuil à Mantes, deux piles, deux culées...........	12,00	2108	51

(1) Pour les fondations sur pilotis, le cube porté dans les tableaux est égal au produit de la surface des plateformes par la profondeur : la surface est ici de 171 m² et la profondeur 7 m. 00. 171 × 7 = 1197 m³. C'est le cube fictif remplacé par les pieux.

Les fondations par puits blindés, qui ne s'appliquent qu'en terrains peu perméables, donnent lieu à une dépense de 50 à 60 francs par mètre cube, pour une profondeur de 15 mètres.

Les fondations de ponts par havage à l'intérieur de caissons en charpente, lorsqu'elles peuvent s'exécuter par épuisement au milieu de vases ou de tourbes peu perméables sont très économiques et nous avons eu occasion de citer 13 ponts construits dans la vallée de l'Ourcq, pour la construction de la ligne d'Esternay, dans lesquels on a atteint des profondeurs de 7 à 24 mètres, avec des prix, par mètre cube de massif, variables de 26 fr. 30 à 34 fr. 80, donnant une moyenne générale inférieure à 31 francs.

Pour les fondations de ponts par l'air comprimé, les prix par mètre cube s'étaient maintenus, jusqu'en 1878, entre 150 et 100 francs ; de 1878 à 1883, ils ont été voisins de 100 francs. Depuis cette époque, ils se sont abaissés de 75 à 65 francs pour les fondations présentant un certain cube, et même au-dessous.

Les différents modes d'emploi de l'air comprimé ont participé à cet abaissement des prix. Lorsqu'on a fait des comparaisons entre des fondations analogues avec des caissons ordinaires ou avec des caissons en maçonnerie sur rouets, il a semblé que ces derniers avaient l'avantage au point de vue économique ; mais, à cause de la forme elliptique qu'il est utile de leur donner, ces massifs, surtout pour les culées, doivent avoir de plus fortes saillies sur les parements supérieurs, ce qui annule presque l'économie apparente que le système paraît réaliser.

Il est d'ailleurs nécessaire, pour discuter les prix de fondation par l'air comprimé, de bien se rendre compte s'ils sont rapportés au mètre cube de massif mesuré au moyen du produit de la surface du caisson multiplié par la profondeur sous l'étiage (déblai apparent), ou au mètre cube de la maçonnerie construite sous l'étiage à l'intérieur du caisson, maçonnerie qui, à cause des retraites successives, a un cube sensiblement inférieur à celui du massif, c'est-à-dire du déblai apparent.

Pour un pont construit sur l'Adour, à Riscle, et fondé sur rouet (renseignements communiqués par M. Bernis, ingénieur des Ponts et Chaussées) le rapport entre le cube des maçonneries et le cube de massif a varié suivant les profondeurs de 0,83 à 0,89 pour les piles et de 0,72 à 0,92 pour les culées ; il a été en moyenne de 0,80.

Sur un cube C de massif, on a donc exécuté en moyenne un cube 0,80 C de maçonnerie, et on a économisé un cube de 0,20 C, dont la valeur propre en matériaux et main-d'œuvre, calculée comme pour une maçonnerie ordinaire à l'air libre, aurait été p. Si A est le prix du mètre cube de massif et B le prix du mètre cube de maçonnerie, on aura la relation :

$$B \times 0,80\ C = AC - p \times 0,20\ C$$

D'où

$$B = \frac{A - 0,20\ p}{0,80} = 1,25 \times A - \frac{p}{4}$$

Pour terminer ce qui se rapporte aux évaluations des fondations de ponts, on peut dire que les fondations d'une pile de pont de chemin de fer à une voie, à plus de 2 mètres sous l'étiage, descendent rarement au-dessous de 3.500 francs par mètre de profondeur, et qu'elles se tiennent souvent entre 5 et 6.000 fr. par mètre de profondeur, sans qu'il y ait un rapport bien net entre l'augmentation des profondeurs et l'augmentation des prix.

Dans son mémoire de 1883, sur les ponts de Marmande, M. Séjourné a donné les prix d'un grand nombre d'ouvrages construits à l'aide de l'air comprimé jusqu'en 1880. Nous avons réuni dans un tableau, pages 544 et 545, les documents analogues pour un certain nombre d'ouvrages postérieurs.

661. Travaux de navigation intérieure. — Pour les travaux en rivière et les travaux maritimes, les comparaisons à faire entre les différents ouvrages sont encore plus difficiles, parce que la même installation sert souvent à construire plusieurs ouvrages entre lesquels la répartition des frais généraux est toujours un peu arbitraire et n'est pas comparable à celle qu'on pourrait faire sur d'autres chantiers.

Par exemple, sur une rivière, on exécutera en même temps par épuisements les maçonneries d'une écluse et les terrassements d'une dérivation ; dans un port, une écluse, des murs de quai, des bassins de radoub seront construits simultanément à l'aide d'un épuisement général et d'épuisements partiels : on ne peut faire arbitrairement la répartition de ces dépenses, lorsqu'elle ne se trouve pas dans les mémoires originaux publiés par les ingénieurs qui ont dirigé les travaux.

On remarquera d'ailleurs que, tandis que pour les ponts, les massifs de fondation se continuent jusqu'à l'étiage et au-dessus par des maçonneries dont la section est seulement un peu réduite, pour les écluses et les barrages mobiles, les massifs principaux s'arrêtent à un niveau très inférieur à celui de l'étiage ou des basses-mers, au-dessous de la première assise de maçonneries de sujétion.

Les buses des écluses et les seuils des barrages mobiles sont, en effet, le plus souvent arasés au-dessous des plus basses eaux, et, pour les construire, il faut arrêter les maçonneries générales de fondation à un niveau inférieur de 0 m. 60

Fondations de ponts exécutées depuis

DATES	DÉSIGNATION ET EMPLACEMENT DES OUVRAGES	RIVIÈRES	NOMBRE de fondations	PROFONDEUR sous l'étiage ou sous les plus hautes mers	SURFACE à la base d'une		TERRAIN TRAVERSÉ
					PILE	CULÉE	
				mètres	mètr. carrés	mètr. carrés	

A. Sur caissons

DATES	DÉSIGNATION ET EMPLACEMENT DES OUVRAGES	RIVIÈRES	NOMBRE	PROFONDEUR	PILE	CULÉE	TERRAIN
1879-80	Cahors (Chemin de fer de Montauban à Brive).........	Lot	6	de 4,84 à 6,62	94,56	93,43	Sable, vase.
1880-81	Nantes (Jonction des gares)..........	Loire	5	de 16,75 à 20,95	92,56	119,96	Sable, vase argileuse dure (jalle
1880	Pech (Chemin de fer de Saint-Denis au Buisson).........	Dordogne	4	de 3,90 à 4,10	41,65	»	Gravier sur faible épaisseur
1880	Ramous (Chemin de fer de Puyôo à Saint-Palais).	Gave de Pau	3	de 5 m. à 8 m.	49,30	»	Gravier et galets
1880-81	Albia (Chemin de fer de Montauban à Brive)..........	Aveyron	2	de 6,27 à 8,37	86,56	»	Gravier et tuf
1880-81	Marmande (Chemin de fer de Marmande à Casteljaloux)....	Garonne (Gd pont)	5	8 à 9 m.	74,03	90,38	Gravier et tuf
		Viaduc (partie)	12	5 à 7 m.	45,17	67,31	Gravier et tuf
1880-81	Castagnède (Chemin de fer de Puyôo à Saint-Palais).....	Gave d'Oloron	4	de 5,85 à 9,74	27,55	32,30	Gravier et gros galets
1881-84	Saumur (Raccordement des gares de Saumur).........	Loire	15	de 8,38 à 15,97	115,42	161,66	Sol les uns peu vaseux

...ées à l'aide de l'air comprimé.

SOL de FONDATION	CUBE total DES MASSIFS	PRIX par mètre cube DE MASSIF	OBSERVATIONS
	mètres cubes	francs	NOTA.— Les prix par mètre cube de massif construit en contrebas de l'étiage ou des plus hautes mers sont ceux qui résultent des soumissions ou adjudications ; ils comprennent toutes les dépenses de fonçage, même lorsque les déblais ont commencé à un niveau plus élevé.

...étalliques incorporés

SOL de FONDATION	CUBE total DES MASSIFS	PRIX par mètre cube DE MASSIF	OBSERVATIONS
Calcaire compact.	3765 m³	88 fr. 80	
Gravier et rocher.	9324	85 fr. 35	
Rocher calcaire	666	150 fr.	
Marne et rocher.	1006	91 fr.	$91 = 66\,(a) + 25\,(b)$. (a) Prix payé à l'entreprise, y compris la main-d'œuvre de remplissage de la chambre de travail, non compris la maçonnerie. (b) Prix approximatif moyen de la maçonnerie, y compris la fourniture du béton.
Tuf.	1286	93 fr. 65	
Tuf. Tuf.	9854	77 fr. 44	D'après M. Séjourné (*Annales des Ponts et Chaussées*, 1883, p. 162) les prix de revient par mètre cube ont varié de 62 fr. 73 à 73 fr. 82 (Grand pont avec caissons surmontés de hausses) et de 61 fr. 98 à 73 fr. (Viaduc avec caissons sans hausses).— Pour une pile, ce dernier prix a été porté à 82 fr. 21 par suite d'un accident.
Conglomérats à gros galets et d'argile.	972	116 fr.	
Argile compacte, sables argileux, marnes compactes	20609	92 fr. 67	Prix porté à 97 fr. 19 en règlement de compte. Le cube de la maçonnerie exécutée a été de 16987 m³ soit 0,824 du cube du massif ; le prix par mètre de maçonnerie a donc été de $\dfrac{92,67}{0,824} = 112$ fr. 46, porté en règlement de compte à $\dfrac{97,19}{0,824} = 117$ fr. 94.

Fondations de ponts exécutées depuis

DATES	DÉSIGNATION ET EMPLACEMENT DES OUVRAGES	RIVIÈRES	NOMBRE de fondations	PROFONDEUR sous l'étiage ou sous les plus hautes mers	SURFACE à la base d'une		TERRAINS TRAVERSÉS
					PILE	CULÉE	
				mètres	métr. carrés	métr. carrés	
1883-86	Cubzac (Chemin de fer de Cavignac à Bordeaux) Viaduc de la rive gauche....	Vallée de la Dordogne	7	de 8,85 à 13,08	41,11	»	Vase, sable fi
1883-86	Cubzac (Chemin de fer de Cavignac à Bordeaux) Pont......	Dordogne	8	de 14,40 à 23,63	122,34	172,48	Vase, sables e graviers
1883-86	Viaduc en maçonnerie............	Vallée de la Dordogne	41	de 8 à 11,14	48,40 et 62,15	99 et 114	Vases, sables
1887-90	Lyon (Pont Morand).	Rhône	4	de 2,93 à 13,92	178,83	380 à 410,42 2 caissons	Sables e graviers (affouill
	Lyon (Pont Lafayette)	Rhône	4	de 3 à 13,24	169,68	429,81 2 caissons	bles jus qu'à 11 m
1889	Saint-Sever (Mont-de-Marsan à St-Sever)	Adour	4	de 5,61 à 8,30	34,75	90,38	Gravier
1889-90	Chemin de fer d'Argenteuil à Mantes: Pont de Mantes sur le bras navigable ...	Seine	5	de 6,10 à 10,65	108,30	148,29	Gravier
	Pont de Mantes sur le bras non navigable	Seine	4	de 8,50 à 10,50	111,48	143,00	Gravier
	Viaduc de Meulan ..	Seine	3	15,50	48,60	90,00	Sables et argiles

...on à l'aide de l'air comprimé (SUITE).

SOL de FONDATION	CUBE total DES MASSIFS	PRIX par mètre cube DE MASSIF	OBSERVATIONS
			NOTA.— Les prix par mètre cube de massif construit en contrebas de l'étiage ou des plus hautes mers sont ceux qui résultent des soumissions ou adjudications ; ils comprennent toutes les dépenses de fonçage, même lorsque les déblais ont commencé à un niveau plus élevé.
	mètres cubes	francs	
...rne rocheuse compacte.	11283	63 fr. 02	6 travées de 44 m. 98.
...rne rocheuse compacte.	21106,19	78 fr. 18	6 travées de 73 m. 60. 2 travées de rive de 60 mèt.
...os gravier.	32111	66 fr. 80	40 arches en maçonnerie de 12 mètres.
Sables et graviers.	8430	62 fr.	Piles.
		94 fr.	Culée droite.
	7177	62 fr.	Piles.
Marne.	1640	75 fr. 11	Pour les culées jusqu'à 5 mèt. de profondeur ; 54 fr. 53 au-delà.
		90 fr. 99	Pour les piles jusqu'à 5 mèt. de profondeur ; 64 fr. 23 au delà. D'après M. Bernis, Ingénieur des Ponts et Chaussées, les prix de revient, sans bénéfice, auraient varié de 57 fr. 97 à 77 fr. 16
Craie.	4694	54 fr. 40	4 arches elliptiques de 34 mèt. d'ouverture et de 10 m. 30 de flèche.
Marne crayeuse.	4340	53 fr. 70	3 arches elliptiques de 32 mèt. d'ouverture et de 10 m. 30 de flèche.
Craie.	2771	47 fr. 20	3 arches en maçonnerie de 18 m. 70 d'ouverture. (Monographie de la ligne d'Argenteuil à Mantes, par M. A. Bonnel, Ingénieur des Ponts et Chaussées. — Revue générale des Chemins de fer, 1895).

Fondations de ponts exécutées dep...

DATES	DÉSIGNATION ET EMPLACEMENT DES OUVRAGES	RIVIÈRES	NOMBRE de fondations	PROFON-DEUR sous l'étiage ou sous les plus hautes mers	SURFACE à la base d'une		TERRAIN TRAVERSÉ
					PILE	CULÉE	
				mètres	mètr. carrés	mètr. carrés	

B. Sur rouets ou à l'aide...

DATES	DÉSIGNATION ET EMPLACEMENT DES OUVRAGES	RIVIÈRES	NOMBRE de fondations	PROFONDEUR	SURFACE PILE	CULÉE	TERRAIN
1880	Garrit (Chemin de fer de Saint-Denis au Buisson).........	Dordogne	2	2 m.	33,80	»	Gravier
1880 81	Marmande (Chemin de fer de Marmande à Casteljaloux : partie du viaduc).	Garonne	4	de 5,35 à 7,00	45,99	68,63	Gravier et tuf
1881	Marcuil (Ligne de Brive à Montauban)	Dordogne	8	de 3,50 à 6,00	85,89	117,08	Gravier
1891	Pont de Riscle (Eauze à Riscle)	Adour	7	de 7,46 à 10,16	40,06	58,81	Gravier

...ssé à l'aide de l'air comprimé (suite).

SOL de FONDATION	CUBE total DES MASSIFS	PRIX par mètre cube DE MASSIF	OBSERVATIONS
	mètres cubes	francs	NOTA.— Les prix par mètre cube de massif construit en contrebas de l'étiage ou des plus hautes mers sont ceux qui résultent des soumissions et adjudications; ils comprennent toutes les dépenses de fonçage, même lorsque les déblais ont commencé à un niveau plus élevé.

...e caissons-cloches

Roche calcaire.	131,80	318 fr.	Fondations à l'aide du caisson-batardeau, système Montagnier.
Tuf.	1300	77 fr. 44	FONDATION SUR ROUETS : d'après M. Séjourné (*Annales des Ponts et Chaussées*, 1883, p. 162) les prix de revient, par mètre cube, ont varié de 61 fr. 75 à 83 fr. 99.
Rocher calcaire.	2400	95 fr.	Fondations à l'aide du caisson-batardeau Montagnier.
Marne.	2809	54 fr. 59	FONDATION SUR ROUETS : ce prix a été appliqué jusqu'à des profondeurs variables suivant les fondations, de 7 m. 46 à 10 m. 78; il a été réduit à 38 fr. 87 en contrebas de ces profondeurs. D'après M. Bernis, Ingénieur des Ponts et Chaussées, les prix de revient, sans bénéfice, auraient varié de 50 fr. 57 à 65 fr. 49.

à 0 m. 80 à celui du busc de l'écluse ou du seuil du barrage ;
le cube des maçonneries réellement exécutées jusqu'à l'achèvement du fonçage est donc très inférieur au cube du massif
de déblai exécuté sous l'étiage ou sous les hautes-mers, le
massif étant évalué comme précédemment au moyen du produit de la surface du caisson par la profondeur atteinte sous
l'étiage ou sous les hautes-mers. Les prix moyens rapportés
au mètre cube de maçonnerie doivent être plus élevés que
les prix rapportés au mètre cube de massif.

Cette remarque a été faite par M. Lavollée, ingénieur en
chef des Ponts et Chaussées, dans son mémoire des Annales
des Ponts et Chaussées (1884). Comparant les barrages du
Coudray et d'Evry fondés, le premier à l'aide d'un caisson
batardeau, le second sur un caisson en tôle incorporé, à trois
autres barrages construits à l'aide d'épuisements sur la Haute-
Seine, il a obtenu les résultats suivants :

Pour les barrages, construits par épuisements dans des
batardeaux à Ablon, La Cave et Samois, les prix par mètre
cube de maçonnerie (en n'y comprenant pas les parements
payés à part) ont varié de 118 à 127 francs.

Le barrage du Coudray a coûté, par mètre cube de maçonnerie 148 francs et celui d'Evry 109 francs, prix qui ne diffèrent
pas notablement des précédents.

Mais, pour ces deux ouvrages, les maçonneries de fondation ont été arasées à 2 m. 20 en contrebas du niveau des
eaux et, par conséquent, les dépenses du caisson, du fonçage
et les faux-frais de l'entreprise ont été répartis sur une
quantité de maçonnerie inférieure au cube total des caissons.
Le rapport entre le cube des maçonneries et le cube du massif
a été de

$$\frac{2.022}{3.694} = 0,52 \text{ au Coudray}$$

et de

$$\frac{2.140}{3.258} = 0,65 \text{ à Evry.}$$

M. Lavollée estime qu'en tenant compte de la différence
entre les cubes des matériaux qui auraient été mis en œuvre
dans les deux hypothèses, si on avait rapporté les prix au

mètre cube de massif, on aurait trouvé 91 francs pour le premier et 79 francs pour le second, c'est-à-dire des prix beaucoup
plus voisins de ceux qui se rapportent aux ponts.

662. Travaux maritimes. — Donnons quelques indications analogues pour des travaux maritimes.

a) A l'intérieur des ports

Pour des fondations exécutées entièrement par havage, on
a obtenu, dans différents ports, des prix, par mètre cube de
massif, compris entre 30 francs (Bordeaux) et 57 francs (Saint-
Nazaire).

A Calais, pour la construction de la jetée Est (1892-1896)
des puits de 5 mètres de côté ont été descendus à 5 ou 6 mètres
de profondeur ; on a payé par mètre cube de maçonnerie à la
base des puits, enfoncé par havage, 34 fr. 20 ; au-dessus,
20 fr. 32. Le remplissage des puits a coûté 64 fr. 44 et les
jonctions 230 fr. 84 par mètre cube. En moyenne, le mètre
cube de massif en place a coûté 28 fr. 80.

A Dieppe (M. Alexandre. *Annales*, 1887, p. 600) l'écluse aval
du bassin de mi-marée, fondée à l'air comprimé, en comptant
comme fondation les travaux faits jusqu'à la cote 6 mètres,
considérée comme correspondant à la cote d'étiage des rivières,
a coûté, par mètre cube de maçonnerie, y compris la fourniture du ciment, 83 fr. 68 pour un cube de 9.488 m².

A Rochefort (M. Crahay de Franchimont. *Annales*, mai 1895)
l'écluse et les murs du quai du 3ᵉ bassin ont été fondés en
partie par havage et en partie par l'air comprimé.

Les prix d'adjudication des maçonneries exécutées par ces
deux procédés variaient, suivant la nature des mortiers, de
34 fr. 26 (chaux de Marans) à 50 fr. 10 (ciment de Portland)
y compris la fourniture de la chaux ou du ciment, jusqu'au
niveau du zéro (1 m. 52 au-dessus de la basse-mer de vive
eau moyenne).

On a évalué les prix de revient, y compris les déblais et la
fourniture du ciment :

	Avec chaux de Marans		Avec ciment de Portland
Par havage, à l'air libre, de............	24 fr. 20	à	40 fr. 05
— — comprimé..........	94 21	à	110 05
et, en moyenne.......................	34 26	à	42 93
Le cube total a atteint...............	160.000 mètres cubes.		

Pour les fondations des jetées du nouveau port de La Pallice, exécutées à l'air comprimé et comptées jusqu'à 1 m. 50 au-dessus des basses mers, le cube a été de 17.833 m³ et le prix payé de 70 fr. 49, non compris la fourniture du ciment de Portland, qui a coûté en moyenne, par mètre cube de maçonnerie, 12 fr. 36, d'où un prix total de 82 fr. 85.

b) *Pour la fondation des digues et jetées*

A Trieste (1), les enrochements employés à la construction de la digue ont été payés :

Par tonne de pierrailles.	1 fr.	05
— moellons	2	30
Par blocs de première catégorie .	2	95
— deuxième catégorie .	3	55
— troisième catégorie .	3	80

Le prix moyen, en tenant compte des proportions des matériaux de différentes catégories, était de 2 fr. 50 par tonne, soit pour un mètre cube plein pesant 2.500 kilogrammes, de 6 fr. 25.

Pour les endiguements de la Basse-Loire, exécutés de 1860 à 1863, le prix moyen du mètre cube de moellons, en place, pesant 1700 kilogrammes, a été de 3 fr. 30.

A Marseille, en 1884, le prix du mètre cube plein d'enrochements pesant 2.600 kilogrammes a été de 5 fr. 68 ; à Gênes, en 1885, il n'a pas dépassé 5 fr. 73 pour une densité de 2.700 kilogrammes.

Le prix de la façon des blocs artificiels en maçonnerie ne diffère pas du prix courant des maçonneries de chaque région.

Pour l'emploi, à Alger, de blocs de 20 à 40 mètres cubes,

(1) Pontzen : *ouvrage cité*, p. 507.

par suspension ou par basculement, on paie de 2 fr. 50 à 3 fr. 50 par mètre cube.

A Cette, des blocs de 20 mètres cubes ont coûté :

Pour déchargement à la bande . . . 3 fr. 10 par mètre cube.

— sans arrimage . 4 25 —

— avec arrimage . 5 » —

A Bayonne, pour la construction d'un quai en blocs arrimés, on paie 6 fr. par mètre cube pour la mise en place.

Quant au prix total des digues, on peut comparer les chiffres suivants :

A Marseille, sans le mur de garde, qui a coûté 660 fr. par mètre courant, on compte pour la fondation :

Par des fonds de 10 mètres . . . 3.150 fr. ⎱ par
— 20 — 5.650 » ⎰ mètre
— 30 — 9.300 » ⎰ courant.

A Cette, par des fonds de 10 à 12 mètres, le prix total a été de. . . . . 7.000 fr. ⎱
A Boulogne, par fonds de 6 à 7 mètres 7.500 » ⎰
— — 8 — 9.000 » ⎰ par
— — 9 — 11.265 » ⎰ mètre
La digue de Gênes, de 15 à 28 — 12.000 » ⎰ courant.
— Douvres, en blocs arrimés 32.000 » ⎰

662. Prix. Marchés. — Les travaux de fondation se traitent en général à prix d'unité ; on paie séparément les différentes natures d'ouvrages : maçonneries, charpentes d'enceintes, déblais, etc. Le remplissage des batardeaux et les épuisements sont généralement payés en régie et effectués à la tâche ou par marchés spéciaux.

Les Compagnies de chemins de fer, lorsqu'elles ont un grand nombre de fondations à établir dans des terrains analogues, les traitent quelquefois à forfait, mais ce mode de procéder, pour n'exposer à des mécomptes ni l'entrepreneur, ni la Compagnie, ne doit être admis que lorsque, par des travaux exécutés dans la même région, on a pu se rendre compte des prix de revient dans des circonstances comparables.

Pour les travaux à l'air comprimé, eu égard à l'importance

relative des installations et à la mise en œuvre d'un matériel spécial, on fait généralement des prix moyens à forfait par mètre cube de massif, pour une profondeur déterminée en contre-bas de l'étiage ou d'une cote définie par le devis, cette profondeur pouvant, suivant les cas, varier pour chaque partie d'ouvrage ou être constante pour l'ensemble.

En fait, on ne s'arrêtera généralement pas pour chaque fondation à la profondeur prévue. Deux cas pourront se présenter : ou on rencontrera plus tôt un bon terrain de fondation, ou on devra descendre plus bas.

Si on n'atteint pas la profondeur prévue, les frais d'installation et la dépense du caisson se répartiront sur un cube moindre que celui prévu ; en devra donc, en sus du prix afférent à ce cube, payer à l'entrepreneur une indemnité pour la partie de ses installations et de la dépense du caisson qui n'est pas rémunérée par le cube exécuté.

Si, au contraire, on dépasse la profondeur prévue, quelques frais supplémentaires seront à faire par suite de l'augmentation du montage des déblais, de la fourniture d'air à une pression plus forte et du remplissage en béton d'une plus grande longueur de cheminée, mais en revanche, à l'exception des hausses, on ne devra rien compter pour les installations et pour la dépense du caisson, qui sont considérées comme précédemment amorties.

Il suit de là que les prix d'une fondation à l'air comprimé, en indiquant clairement, s'il s'agit du mètre cube de massif ou du mètre cube de maçonnerie, devront être au nombre de trois, dont l'ordre de grandeur est indiqué par les chiffres suivants :

Le mètre cube de massif de fondation exécuté à l'air comprimé entre les cotes A et B définies par le devis . .   70 fr.

Le mètre cube de massif de fondation exécuté à l'air comprimé, en contre-bas de la cote B. . . . . .   50 »

Indemnité à allouer par mètre cube de massif non exécuté pour chaque fondation arrêtée par ordre à un niveau supérieur à la cote B. . . . .   30 »

Pour indiquer de quels éléments se composent ces différents prix, je donnerai deux exemples extraits de relevés faits dans des travaux récents de fondation de ponts, en arrondissant les chiffres communiqués par M. Bernis, ingénieur des ponts et chaussées, qui a adopté la classification admise par M. Séjourné dans son mémoire sur le pont de Marmande (*Annales*, 1883).

Il s'agissait de fondations à l'air comprimé, dans un terrain moyennement résistant, avec accès facile pour les piles en rivière (2 culées et 3 ou 4 piles en rivière). Ces fondations descendaient de 6 à 9 m. en contre-bas de l'étiage ; elles étaient évaluées au mètre cube de massif.

Pour un cube total de massif de 1.500 m² à 3.000 m², les éléments des dépenses ont été les suivants :

Matériel : intérêts, amortissement, entretien et fonctionnement........................	6 fr.	3 fr.
Installations et ponts de service...............	2 »	3 »
Frais généraux........................	10 »	7 50
Fers..	23 »	22 »
Maçonneries (cube variable d'après les retraites et les profondeurs de chaque massif)...............	22 »	22 »
Fonçage (en gravier facile)....................	10 »	10 »
	73 fr.	67 fr. 50

Ces prix tiennent compte des frais généraux, mais non du bénéfice de l'entrepreneur ; ils sont susceptibles de variation suivant les prix des matériaux, fers et maçonneries, suivant le nombre des fondations, leurs difficultés d'accès et enfin, surtout en ce qui concerne le fonçage, suivant les difficultés du terrain traversé qui augmentent les prix du déblai et la durée des travaux et portent souvent le fonçage à 12 ou 15 fr. par mètre cube, en produisant une augmentation proportionnelle dans la durée de fonctionnement des appareils et dans les frais généraux.

On pourra utilement comparer ces éléments à ceux qui résultent de la construction du pont de Chillicothe (État d'Ohio) décrit p. 314.

Il avait été consenti un prix à forfait pour le massif à établir entre une cote de 1 m. 53 sous l'étiage et des profondeurs de 7 m. 32 pour une pile et de 9 m. 15 pour une autre. Ce prix était de 41.500 fr.

Il devait en outre être payé : par mètre cube de pierre, fer ou bois de charpente remonté par l'écluse. . . . .　58 fr. 75

Par mètre cube de déblai de schiste nécessitant l'emploi de la mine . . . .　45　70

Chaque mètre de profondeur en contre-bas des cotes prévues était payé :

Jusqu'à 12 m. 20 . . . . . .　2.460 fr.
De 12 m. 20 à 18 m. 30 . .　2.624　»

Le prix de la maçonnerie des piles était compté 47 fr. 35.

Eu égard aux dépenses dûes à des suppléments de profondeur (24.464 fr.) et aux extractions de rocher et de matériaux (4.941 fr.), la dépense totale des deux piles s'est élevée à 70.605 fr.

Soit par mètre courant, en moyenne, à 3.053 fr. pour une surface de 37 mètres carrés, et, par mètre cube de massif, à 82 fr. 34. Si on n'avait pas rencontré les matériaux d'anciennes fondations, le prix par mètre cube se serait abaissé à 76 fr.

Les prix élémentaires payés sur ces travaux présentent d'ailleurs, avec ceux qui sont pratiqués en Europe, des différences notables.

La main-d'œuvre est plus coûteuse.

On a payé la journée de manœuvre . . .　6 fr. 25
—　　d'autres ouvriers .　7 fr. 50 à 10 fr.
—　　de contremaître. .　10　» à 25　»
l'heure de tailleur de pierre. .　1 fr. 25

La charpente et le sable étaient à bon marché, les pierres à un prix élevé.

Le mètre cube de bois de charpente valait .　23 fr. 20
—　　de sable ou gravier. . . . .　1　65
—　　de pierre . . . .　21　85

Le cube total des déblais à exécuter à l'aide de l'air comprimé est un élément essentiel du prix de revient.

Sur la Charente, en 1895, à la suite d'essais infructueux de fondation de deux piles en rivière par batardeaux et épuisements, on a pris le parti d'employer l'air comprimé. Le pont de service et les échafaudages généraux étaient déjà exécutés : en dehors de cette dépense, les travaux ont coûté, pour un

cube de 230 m. de maçonnerie et un poids de 22.983 kgs
de fer :

Matériel..................	20 fr.
Installations...............	8 fr.
Fers....................	50 fr.
Maçonneries..............	18 fr.
Fonçage et frais généraux...	40 fr.
	136 fr. par mètre cube de maçonnerie.

Cette application pouvait être justifiée par l'urgence, mais
le chiffre très élevé de la fourniture des fers pour un faible
cube et le prix élevé du fonçage provenant sans doute du défaut de spécialité des ouvriers, montrent qu'on n'a pas intérêt,
en général, à recourir à l'air comprimé pour de faibles cubes.

Si, pour les barrages construits par M. Lavollée, on fait,
dans le même ordre, la décomposition des prix de revient, on
trouve :

1° Barrages fondés à l'aide de l'air comprimé

	LE COUDRAY	EVRY
Cube exécuté :	2022 m³	2140 m³.
Matériel : intérêts, amortissement, entretien et fonctionnement....................	30 f. 11	11 f. 11
Installations.........................	18 36	7 48
Frais généraux.......................	13 90	7 49
Fers..............................	24 33	30 51
Maçonneries.........................	34 94	34 67
Fonçage............................	26 76	17 99
	148 f. 40	109 f. 25

par mètre cube de maçonnerie, sans tenir compte des parements vus.

2° Barrages fondés par épuisements à l'abri de batardeaux

	SAMOIS	LA CAVE	ABLON
Cube exécuté :	1.895 m³	1.491 m³	1859 m³
Terrassements et dragages....	6 f. 11	6 f. 14	7 f. 94
Batardeaux.................	64 16	64 76	54 17
Épuisements..............	14 38	13 63	10 67
Maçonneries..............	42 65	41 40	45 76
	127 f. 30	126 f. 13	118 f. 54

par mètre cube de maçonnerie, sans tenir compte des parements vus.

§ 2. — TRAVAUX EN ÉLÉVATION

664. Généralités. — Dans les travaux de navigation et
dans les travaux maritimes, la partie des ouvrages qui est élevée au-dessus des fondations est peu importante et ne peut
que difficilement être séparée des fondations proprement
dites. Dans ces ouvrages, les travaux en élévation dépendent
essentiellement des circonstances locales et de la destination
des constructions ; ils ne renferment pas d'élément commun
qui puisse servir de terme de comparaison. On ne peut donc
donner aucun renseignement utile sur leur prix de revient, à
moins d'entrer dans des détails qui ne rentrent pas dans notre
cadre.

Quant aux ponts et viaducs, l'ouvrage de l'*Encyclopédie* :
Degrand et Résal, «*Ponts en maçonnerie*», renferme plusieurs
tableaux (p. 651 et suivantes) qui font connaître : 1° les prix
d'ouvrages courants à construire d'après des types généraux,
notamment pour la construction des chemins de fer ;

2° les dépenses totales d'un certain nombre de grands ponts
ou viaducs.

Nous nous bornons à renvoyer à ces tableaux pour les
ouvrages courants et pour les anciens ponts et viaducs.

Mais il est intéressant de rapprocher les chiffres de
MM. Degrand et Résal de ceux des tableaux suivants qui se
rapportent à des ouvrages construits depuis l'époque de leur
publication.

665. Ponts et viaducs. — Pour les ponts et les viaducs,
la hardiesse des ouvrages peut être mesurée par le rapport du
vide au plein dans les maçonneries en élévation.

Pour des ponts ou viaducs de même largeur, le cube total
des maçonneries par mètre superficiel en élévation fournit un
élément de comparaison, qu'on peut rapprocher du cube total
par mètre linéaire pour les ouvrages de même hauteur.

En vue de la préparation des avant-projets, les dépenses peuvent être utilement décomposées en les rapportant au mètre linéaire, au mètre superficiel en élévation ou en plan et enfin au mètre cube de maçonnerie ; c'est l'objet des tableaux qui terminent ce volume.

DESIGNATION DES OUVRAGES	DATE DE LA CONSTRUCTION	DIMENSIONS PRINCIPALES			MODE ET TERRAIN DE FONDATION	VOLUME DES MAÇONNERIES			
		LARGEUR ENTRE LES TÊTES	OUVERT. DE LA PLUS GRANDE ARCHE	FLÈCHE		FONDATION	ÉLÉVATION	TOTAL	
		mètres	mètres	mètres		mètr. cubes	mètr. cubes	mètres cubes	m. tr.
Pont de Charost (chemin de fer d'Issoudun à Saint-Florent)...............	1890 1892	8.36	12.00	6.00	Rocher calcaire	1199	1646	2845	25
Pont sur l'Arnon (chemin de fer d'Issoudun à Saint-Florent)...............	1891 1893	8.36	12.00	6.00	Rocher calcaire	933	1962	2895	21
Pont sur la Corrèze (chemin de fer de Limoges à Brives)..............	1892	8.00	14.00	7.00	Grès			4075	41
Pont de Chauvigny sur la Vienne (chemin de fer de Poitiers au Blanc).....	1882	4.80	24.00	10.00	Air comprimé Calcaire compact	2778	5476	8254	1
Pont de Bléré sur le Cher (route Nationale n° 76 de Nevers à Tours)........	1900	8.50	24.00	6.57	Épuisements			6000	75
Pont de la Roche Posay sur la Creuse (chemin de fer de Châtellerault à Tournon-Saint-Martin)........	1887 1889	4.80	37.00	13.80	Épuisements (bâtardeaux ou caissons sans fond) Tuf calcaire	1150	4336	5486	110
Pont sur le bras navigable de la Seine à Mantes (chemin de fer d'Argenteuil à Mantes)...............	1888 1890	8.46	37.00	10.30	Air comprimé Craie	4695	6816	11511	110

PONTS

(TOTAL)	SUPERFICIE EN ÉLÉVATION			CUBE TOTAL			DÉPENSES			DEPENSE			
				PAR MÈTRE SUPERFICIEL		PAR MÈTRE LINÉAIRE							
	N DE	PLEIN	RAPPORT	en élévat.	en plan		FONDATION	ÉLÉVATION	TOTAL	PAR MÈTRE LINÉAIRE	par mèt. super. en élévation	par mèt. super. ficiel en plan	Prix moyen du mètre maçonnerie
Mètres cubes	mètres cubes	mètres carrés		mètres cubes	mètres cubes	mètres cubes	francs	francs	francs	fr	fr	fr	fr
2845	251	188	1.33	3.75	8.22	69	25.250	45.200	70.450	1701	160	203	25
2895	214	256	0.84	4.17	5.72	49	22.800	49.150	71.950	1207	133	142	25
4075	445	369	1.21	5.01	7.84	72	»	»	125.000	2215	153	240	31
8258	1250	926	1.36	3.78	9.56	49	270.000	327.000	597.000	3542	273	692	72
6000	775	726	1.07	»	»	»	35.000	302.000	337.000	1872	»	208	56
5485	1167	948	1.17	2.00	6.16	32	37.000	198.000	245.000	1376	109	264	43
4511	1100	1005	1.10	5.47	8.36	68	255.500	441.700	687.200	4064	326	499	60

36

DÉSIGNATION DES OUVRAGES	DATE DE LA CONSTRUCTION	DIMENSIONS PRINCIPALES			MODE ET TERRAIN DE FONDATION	VOLUME DES MAÇONNERIES		
		LARGEUR ENTRE LES TÊTES	OUVERTURE DE LA PLUS GRANDE ARCHE	FLÈCHE		FONDATION	ÉLÉVATION	TOTAL
		mètres	mètres	mètres		mètr. cubes	mètr. cubes	m. in. cubes
Pont Boucicaut sur la Saône..............	1888 1890	8.76	40.00	5.00	Caissons sans fond sur enrochements Sables fins affouillables	»	»	»
Pont de Pouch (chemin de fer de Limoges à Brive).	1892	8.00	47.85	13.00	Rocher compact	»	»	4393
Pont du Giour-Noir (chemin de fer de Limoges à Brive).................	1888	8.50	64.94	16.10	Epuisements Granit amphibolique	»	»	»
Pont de Luxembourg sur la vallée de la Pétrusse (chiffres approximatifs)...	1900 1903	16.00 entre parapets	84.65	31.00	A sec Grès	6025	11445	17470

PONTS

ouv	tal	SUPERFICIE EN ÉLÉVATION			CUBE TOTAL		PAR MÈTRE LINÉAIRE	DÉPENSES			PAR MÈTRE LINÉAIRE	par mèt. superf. en élévation	par mèt. superficiel en plan	Prix moyen du mètre maçonner
		VIDE	PLEIN	RAPPORT	PAR MÈTRE SUPERFICIEL en élévat.	en plan		FONDATION	ÉLÉVATION	TOTAL				
		mètres carrés	mètres carrés		mètres cubes	mètres cubes	mètres cubes	francs	francs	francs	fr	fr.	fr.	fr.
»	»	»	»		»	»	»	128.000	358 000	486.000	2077	171	234	»
393		546	239	2.28	5.60	8.30	78.5	»	»	144.000	2567	183	272	33
»		927	948	0.98	3.81	8.23	66	»	»	346.500	3195	185	400	40
470		3356	2034	1.65	3.24	»	91	517.500	982.500	1.500.000	7772	278	»	86

DÉSIGNATION DES OUVRAGES	DATE DE LA CONSTRUCTION	DIMENSIONS PRINCIPALES			MODE LE TERRAIN DE FONDATION	VOLUME DES MAÇONNERIES		
		LARGEUR ENTRE LES TÊTES	OUVERTURE DE LA PLUS GRANDE ARCHE	HAUTEUR MOYENNE AU-DESSUS DES FONDATIONS		FONDATION	ÉLÉVATION	TOTAL
		mètres	mètres	mètres		mètres cubes	mètres cubes	m. c.
Viaduc de la Caronnière (chemin de fer de Poitiers au Blanc)	1883	4.80	10.00	18.28	Epuisements Rocher	363	2378	2741
Viaduc du Clan (chemin de fer de Limoges à Brive)	1888 1890	8.50	10.00	25.00	»	»	»	9200
Viaduc de la Frette (chemin de fer d'Argenteuil à Mantes)	1890	8.50	10.00	22.00	Epuisements Sables et calcaire tendre	1545	5579	7125
Viaduc de Fromental (chemin de fer d'Argenton à la Châtre)	1896 1901	4.70	10.00	17.19	Micaschiste et sable granitique	998	2054	30.2
Viaduc de la Pélisserie (chemin de fer de Limoges à Brive)	1885 1887	8.50	12.00	32.00	Epuisements	»	»	8455
Viaduc de la Sèvre (chemin de fer de Clisson à Cholet)	1878 1880	4.80	15.00	32.00	Epuisements Rocher	»	»	10217
Viaduc de Limoges (chemin de fer de Limoges à Brive)	1885 1887	8.50	15.00	31.50	Epuisements Rocher granitique	.	»	3034
Viaduc de la Charente (chemin de fer de Confolens à Excideuil)	1885	4.90	16.00	24.00	»	600	5775	6375

VIADUCS

	SUPERFICIE EN ÉLÉVATION		CUBE TOTAL			DÉPENSES			DÉPENSE			
		RAPPORT	PAR MÈTRE SUPERFICIEL		PAR MÈTRE LINÉAIRE				PAR MÈTRE LINÉAIRE	par mèt. superf. en élévation	par mèt. super-ficiel en plan	prix moyen du mèt. cube construit
N DE	PLEIN		en élevat	en plan		FONDATION	ÉLÉVATION	TOTAL				
à trois cps	mètres carrés		mètres cubes	mètres cubes	mètres cubes	francs	francs	francs	fr	fr	fr	fr
1	817	383	2.13	2.28	6.17	29.80	6.000	115.000	121.000	1315	101	271	44
b	2059	1101	1.87	2.91	5.56	55.00	»	»	324.000	1920	103	200	35
5	1272	645	1.94	3.68	9.16	74.00	32.000	224.000	256.000	2665	132	328	36
2	785	445	1.63	1.75	9.60	45.14	15.845	84.155	100.000	1480	86	345	33
5	1785	847	1.87	3.34	8.12	72.00	»	»	257.500	2258	106	257	32
17	»	»	»	»	»	54.34	»	»	440.500	2244	»	»	43
4	5053	3170	2.22	2.98	8.26	72.00	»	»	1.024.000	2417	100	278	34
6	4532	868	1.77	2.44	9.03	45.54	207.300	241.400	247.000	1764	103	350	39

DÉSIGNATION DES OUVRAGES	DATE DE LA CONSTRUCTION	DIMENSIONS PRINCIPALES			MODE ET TERRAIN DE FONDATION	VOLUME DES MAÇONNERIES		
		LARGEUR ENTRE LES TÊTES	OUVERTURE DE LA PLUS GRANDE ARCHE	HAUT. MOYENNE AU-DESSUS DE FONDATIONS		FONDATION	ÉLÉVATION	TOTAL
		mètres	mètres	mètres		mètres cubes	mètres cubes	m. cubes
Viaduc du Vigen (chemin de fer de Limoges à Brive)..............	1887 1889	8.50	16.00	44.60	Épuisements Tuf compact	»	»	240.67
Viaduc de Saint-Germain-les-Belles (chemin de fer de Limoges à Brive)......	1887 1889	8.56	17.00	48.38	Épuisements Sable argileux et kaolin	»	»	40.500
Viaduc de l'Isle-Jourdain sur la Vienne (chemin de fer de Civray au Blanc) ..	1882 1884	4.95	20.00	38.60	Épuisements Granit	2277	15537	17814
Viaduc du Blanc (chemin de fer de Civray au Blanc)..	1881 1883	4.80	20.00	38.11	»	16875	26496	43371
Viaduc de l'Auzon (chemin de fer d'Argenton à la Châtre)...............	1897 1901	4.80	20.00	33.47	Épuisements Marne compacte	33493	27366	60859
Viaduc de Saint-Florent sur le Cher (chemin de fer d'Issoudun à Saint-Florent)	1889 1892	8.20	30.00	21.60	Épuisements et air comprimé Calcaire fissuré et argile	10707	22189	32896

VIADUCS

SUPERFICIE EN ÉLÉVATION			CUBE TOTAL			DÉPENSES			DÉPENSE			
			PAR MÈTRE SUPERFICIEL		PAR MÈTRE LINÉAIRE							
VIDE	PLEIN	RAPPORT	en élévat.	en plan		FONDATION	ÉLÉVATION	TOTAL	PAR MÈTRE LINÉAIRE	par mèt. superf. en élévation	par mèt. superficiel en plan	Prix moyen du m³ de maçonnerie
mètres carrés	mètres carrés		mètres cubes	mètres cubes	mètres cubes	francs	francs	francs	fr.	fr.	fr.	fr.
4069	2067	1.97	3.92	11.44	114	»	»	703.600	3341	115	326	29
5663	3706	1.53	4.30	12.02	133	»	»	1.068.000	3402	110	307	27
6190	2620	2.36	1.76	11.35	59	103.060	733.000	836.060	2750	95	533	47
10830	4664	2.32	1.71	16.86	82	990.000	1.223.000	2.213.000	4191	112	860	51
11644	5062	2.30	1.64	25.40	122	801.550	1.164.600	1.965.550	3939	118	821	32
7907	2880	2.75	2.06	7.27	63	344.000	961.000	1.305.000	2489	121	288	40

INDEX BIBLIOGRAPHIQUE

Les publications périodiques sont désignées par les abréviations suivantes :

A. P. C. *Annales des Ponts et Chaussées.*
  I. C. *Mémoires de la Société des ingénieurs civils de France.*
  G. C. *Génie civil.*
A. T. P. *Annales des Travaux Publics.*
  R. T. *Revue technique.*
B. S. E. *Bulletin de la Société d'encouragement.*

FONDATIONS A L'AIR LIBRE

Notice sur la construction d'un pont de chemin de fer sur la Laibach (ligne de Vienne à Trieste). Journal des ingénieurs et architectes autrichiens (29 décembre 1901).

Expériences faites en vue de l'amélioration du barrage des Settons, par M. BARELLÉ, ingénieur des Ponts et Chaussées (A. P. C., 1899, I, p. 300).

Ecole nationale des Ponts et Chaussées, *Collection des dessins distribués aux élèves*, 6e série, 28e livraison, 1896 (Profils de murs de quai).

Pont de Nogent-sur-Marne. Emploi de la tôle dans les fondations, note de M. PLUYETTE, ingénieur des Ponts et Chaussées (A. P. C., 1856, II, p. 282).

L'Emploi de la dynamite dans la fondation d'un mur de fortification (Revue militaire, 1897, capitaine BOSSEREN).

Construction des trois bassins de radoub de Toulon par M. NOEL, ingénieur en chef des Ponts et Chaussées (A. P. C., 1850, I, p. 199).

Ecole nationale des Ponts et Chaussées, *Cours de travaux maritimes*, par M. QUINETTE DE RICHEMONT, inspecteur général des Ponts et Chaussées (1896-1898).

Note sur le décintrement des ponts, par M. CHOULETTE-DESNOYERS (A. P. C., 1849, p. 129).

Viaduc du Point du Jour, par MM. BASSOMPIERRE et de VILLIERS DE TERRAGE (A. P. C., 1870, I, p. 56).

Creusement de puits de mine par le procédé Poetsch (Bulletin de la Société de l'industrie minérale de Saint-Etienne, janvier 1895).

Note sur les expériences de congélation des terrains, par M. ALBY, ingénieur des Ponts et Chaussées (A. P. C., 1887, II, p. 338).

Application du procédé Poetsch aux mines d'Auboué (Meurthe-et-Moselle) (Revue technique, 25 avril 1901).

Fondations de bâtiments sur pieux (Comptes rendus de la Société d'encouragement, 1896, p. 1532).

Pont Saint-Jean, sur l'Adour, par M. TRÉPIED, ingénieur des Ponts et Chaussées (A. P. C., 1885, II, p. 645).

Grand pont sur la nouvelle Meuse, à Rotterdam (M. CROIZETTE-DESNOYERS. Les travaux publics de Hollande).

Emploi de pieux métalliques dans les fondations (Collection des dessins distribués aux élèves de l'École des Ponts et Chaussées, 6e série, section F, pl. 3 à 6).

Études sur l'emploi des pieux métalliques dans les fondations d'ouvrages d'art, par M. GRANGE, agent voyer en chef de la Vienne (Baudry, 1892).

Port de Sfax, note par M. BEZAULT, ingénieur des Ponts et Chaussées (A. P. C., 1897, II. p. 160).

Port du Havre. Note sur la construction des murs de quai de la darse Ouest du 9e bassin à flot, par M. Eb. WIDMER, ingénieur des Ponts et Chaussées (A. P. C., 1885, I, p. 95).

Fondations par havage du troisième bassin à flot de Rochefort, par M. CHAHAY DE FRANCHIMONT, ingénieur des Ponts et Chaussées (A. P. C., 1881, I, p. 143).

Fondations dans les terrains vaseux de Bretagne (Chemin de fer de Nantes à Lorient et à Brest), par M. CROIZETTE-DESNOYERS (A. P. C., 1864, I, p. 273).

Notice sur les travaux publics de Hollande, par M. CROIZETTE DESNOYERS.

FONDATIONS EXÉCUTÉES A L'AIDE DE L'AIR COMPRIMÉ

Travaux publics. Ouvrages exécutés au moyen de l'air comprimé. Dragages, dérochements, terrassements, outillage, par M. HERSENT, ingénieur civil (Chaix, 1889).

PAUL BERT, Comptes rendus de l'Académie des sciences (août 1872, février et mars 1873).

Note sur les limites de l'air respirable, par M. ETIENNE, ingénieur en chef des Ponts et Chaussées (A. P. C., 1891, I, p. 941).

POL et WATELLE. *Mémoire sur les effets de la compression de l'air ; observations faites aux mines de Douchy (Nord)* (Annales d'hygiène publique et de médecine légale, 1854).

Dr FRANÇOIS. *Observations faites pendant la construction du pont de Kehl* (Annales d'hygiène publique et de médecine légale, 1860).

Dr Foley. *Du travail dans l'air comprimé* (Etude médicale et biologique, Paris, J. B. Baillère et fils, 1863).

Dr A. Jaminet. *Physical effects of compressed air* (Saint-Louis, 1871).

Dr Andrew Smith. *The effects of high atmospheric pressure including the* Caisson Disease (Brooklyn, 1873).

H. Hersent. *Notes sur l'emploi de l'air comprimé* : expériences faites à Bordeaux par M. Pagnard, directeur des travaux de M. Hersent, avec le concours d'une commission spéciale composée de M. Loyet, Ferré, Jolyet, Sigalas et Cassuet, membres de la Faculté de Médecine de Bordeaux (Paris, Chaix, 1895).

Dr R. Heller, W. Mayer et H. von Schrotter de Vienne (Autriche). *Communication au Congrès international de navigation de Bruxelles* (1898) *sur les influences pathologiques des variations rapides de la pression de l'air* (Règlements sanitaires pour les travaux dans l'air comprimé).

Mémoire sur les fondations du pont de Kehl, par MM. Fleur Saint-Denis, ingénieur et Castor, entrepreneur (1861).

Mémoire sur les fondations de l'écluse de Dieppe, par M. Alexandre, ingénieur en chef des Ponts et Chaussées (A. P. C., II, p. 535).

Les nouveaux quais verticaux du port de Bordeaux, par M. Pasqueau, ingénieur en chef des Ponts et Chaussées (A. P. C., 1896, I).

Pont de Brooklyn (Collection des dessins remis aux élèves de l'Ecole des Ponts et Chaussées, 1885).

Fondations à l'air comprimé, par M. Malézieux, ingénieur en chef de Ponts et Chaussées (A. P. C., 1874, I, p. 352).

Les Travaux publics de l'Amérique du Nord, par M. le Rond (Rothschild, éditeur, Paris, 1896).

Mémoire sur les fondations du pont de Marmande, par M. Séjourné (A. P. C., 1883, I).

Reconstruction des ponts Morand et Lafayette sur le Rhône à Lyon, par M. H. Tavernier, ingénieur des Ponts et Chaussées (A. P. C., 1893, II, p. 349).

Ports d'Anvers et de Gand, par M. G. Lechalas, ingénieur des Ponts et Chaussées (A. P. C., 1882, II, p. 231).

Note sur la jonction des caissons dans les fondations à l'air comprimé, par M. Menoix, ingénieur des Ponts et Chaussées (A. P. C., 1883, I, p. 18).

Barrage de Poses, sur la Seine (Portefeuille des élèves des Ponts et Chaussées, 5ᵉ série, section B, pl. 15 à 19).

Mémoire sur la construction de la troisième forme de radoub de Missiessy à Toulon, par M. Guffart, ingénieur des Ponts et Chaussées (A. P. C., 1899, p. 151).

Note sur la construction à l'air comprimé des déversoirs du Coudray et d'Evry, par M. Lavollée, ingénieur des Ponts et Chaussées (A. P. C., 1884, II, p. 272).

Notice sur les fondations à l'air comprimé des jetées du nouveau port de

La Pallice, à La Rochelle, par MM. Thurninger, ingénieur en chef et Cortolle, ingénieur des Ponts et Chaussées (A. P. C., 1889, II, p. 461).

Druckluft-Gründungen, C. Zschokke (1896).

TRAVAUX DE RÉPARATIONS

Restauration des fondations du pont de Joigny, par M. Rossignol, ingénieur des Ponts et Chaussées (A. P. C., 1890, I, p. 472).

Note sur un suçon pour les travaux de réparation à exécuter sous l'eau, par M. Prévenez, ingénieur des Ponts et Chaussées (A. P. C., 1888, II, p. 780).

Note sur l'emploi d'un caisson mobile pour la réparation des murs de quai du bassin Carnot au port de Calais, par M. Chardenaud, ingénieur des Ponts et Chaussées (A. P. C., 1897, I, p. 200).

Abaissement du radier du pont de Malzéville, à Nancy, par M. A. Picard, ingénieur des Ponts et Chaussées (A. P. C., 1879, I, p. 102).

Consolidation du mur de quai de Norfolk (Virginie). Comptes rendus de la Société américaine des ingénieurs civils (juin 1882, M. Menocal).

Réparations du pont de Villmenrod, sur l'Elbbach. Handbuch der ingenieur Wissenschaften, Von L. V. Willmann und C. Zschokke (Leipzig, 1900, p. 242).

Note sur l'emploi d'injections de ciment à l'air comprimé dans les maçonneries, terrains de fondations, etc., par M. Caméré, inspecteur général des Ponts et Chaussées (A. P. C., 1900, I, p. 408).

Notice sur les travaux de restauration du Pont-Neuf à Paris, par M. Guiard, ingénieur des Ponts et Chaussées (A. P. C., 1891, I, p. 885).

TRAVAUX EN ÉLÉVATION

Note sur un travail de défense de côte exécuté à la Salpétrière près Alger, par M. Hardy, ingénieur des Ponts et Chaussées (A. P. C., 1862, I, p. 173).

Monographie de la ligne d'Argenteuil à Mantes, par M. A. Bonnet, ingénieur des Ponts et Ch   générale des chemins de fer. 1885).

TABLE DES MATIÈRES

DEUXIÈME SECTION

Fondations exécutées à l'aide de l'air comprimé

CHAPITRE VI

Travaux en élévation

CHAPITRE VII

Prix de revient

§ 1. — Fondations

§ 2. — Travaux en élévation

Voir ci-après :

TABLE DES FIGURES DES DEUX VOLUMES.
TABLE ALPHABÉTIQUE DES DEUX VOLUMES.

TABLE DES FIGURES

DES DEUX VOLUMES

CHAPITRE II

Qualités et mode d'emploi des matériaux dans les travaux d'art

§ 1. — *Conditions générales applicables à tous les matériaux.*

§ 2. — *Maçonneries.*

CHAPITRE III

Travaux préparatoires

§ 1. — *Terrassements généraux : Résumé des procédés d'exécution.*

Tome Second

CHAPITRE V

Fondations

PREMIÈRE SECTION

Fondations à l'air libre, à sec ou sous l'eau

§ 1. — Fondations à sec.

PAGES

TROISIÈME SECTION

Questions communes aux différents modes de fondation

§ 14. — *Stabilité et solidité des constructions.*

§ 15. — *Protection des fondations contre les affouillements.*

CHAPITRE VI

Travaux en élévation

TABLE ALPHABÉTIQUE DES DEUX VOLUMES

(Les chiffres romains désignent les numéros des volumes)

www.ingramcontent.com/pod-product-compliance
Lightning Source LLC
Chambersburg PA
CBHW060846220326
41599CB00017B/2398